DIE GRUNDLEHREN DER

MATHEMATISCHEN WISSENSCHAFTEN

IN EINZELDARSTELLUNGEN MIT BESONDERER
BERÜCKSICHTIGUNG DER ANWENDUNGSGEBIETE

HERAUSGEGEBEN VON

R. GRAMMEL · E. HOPF · H. HOPF · F. RELLICH
F. K. SCHMIDT · B. L. VAN DER WAERDEN

BAND LXXII

GRUNDLAGEN DER ANALYTISCHEN TOPOLOGIE

VON

GEORG NÖBELING

SPRINGER-VERLAG
BERLIN · GÖTTINGEN · HEIDELBERG
1954

GRUNDLAGEN DER
ANALYTISCHEN TOPOLOGIE

VON

GEORG NÖBELING

O. PROFESSOR DER MATHEMATIK AN DER UNIVERSITÄT ERLANGEN

SPRINGER-VERLAG
BERLIN · GÖTTINGEN · HEIDELBERG
1954

DRUCK DER UNIVERSITÄTSDRUCKEREI H. STÜRTZ AG., WÜRZBURG

Vorwort.

In einem Buche durchschnittlichen Umfanges die gesamte analytische Topologie oder auch nur ihre Hauptgebiete einigermaßen vollständig darzustellen, ist unmöglich. Deshalb werden in diesem Buch nur ihre Grundlagen behandelt. Auf die Darstellung der schönen Theorien der Kurven, der Dimension, der Retrakte usw. mußte verzichtet werden; für sie sei verwiesen auf die in der Bibliographie genannten Werke.

Dieser Verzicht war insbesondere auch deshalb erforderlich, weil in diesem Buch — einer gegenwärtigen Entwicklungstendenz folgend — die analytisch topologischen Grundbegriffe in großer Allgemeinheit entwickelt werden, was mehr Raum beansprucht, als wenn man von vornherein Voraussetzungen macht, die zwar bequem sind, aber der Natur der Sache eigentlich nicht entsprechen. Man kann darüber streiten, ob es zweckmäßig ist, in einem Buch, das auch ein Lehrbuch sein will, eine so große Allgemeinheit anzustreben, wie es hier geschieht. Mir scheint jedoch, daß in einem solchen Buch auch Gegenwartstendenzen berücksichtigt werden müssen. Ob und wieweit diese Tendenzen „wichtig" sind, darüber ist heute wohl noch kein Urteil möglich.

Der befolgte Grundsatz des Zitierens oder besser Nichtzitierens ist dieser: Nur wenn Begriffe und Sätze allgemein unter dem Namen ihrer Urheber bekannt sind, werden diese Namen genannt. Ein genaues Zitieren würde stets auch zu sagen erfordern, unter welchen spezielleren Voraussetzungen der jeweilige Satz von seinem Entdecker bewiesen wurde und ob und in welchem Umfange der hier dargestellte, den allgemeineren Voraussetzungen angepaßte Beweis neu ist; dies wäre jedoch zu umständlich.

Den Herren O. HAUPT, D. KAPPOS und H. J. KOWALSKY habe ich für zahlreiche kritische Bemerkungen herzlich zu danken. Vor allem aber bin ich Herrn H. BAUER zu größtem Dank verpflichtet; er hat das ganze Manuskript gelesen und viele Verbesserungen beigetragen.

Dem Springer-Verlag sei gedankt für die traditionell schöne und sorgfältige Ausstattung dieses Buches.

Erlangen, im Juni 1954.

G. NÖBELING.

Inhaltsverzeichnis.

Einleitung.

Zu den Grundbegriffen der *Analysis* gehören die Begriffe der Konvergenz einer Folge und der Stetigkeit einer Funktion. Diese beiden Begriffe lassen sich folgendermaßen umschreiben. Eine Folge $(x_1, x_2, \ldots)$ heißt konvergent gegen x, wenn schließlich alle x_n dem x „beliebig benachbart" sind; eine Funktion f heißt stetig an der Stelle x_0, wenn bei beliebigem $\varepsilon > 0$ für jedes x, das dem x_0 „hinreichend benachbart" ist, die Ungleichung $|f(x) - f(x_0)| < \varepsilon$ gilt. Um diese Umschreibungen zu präzisen Definitionen zu machen, muß man die Begriffe „beliebig benachbart" und „hinreichend benachbart" definieren. In der reellen oder komplexen Analysis geschieht dies mittels des absoluten Betrages $|x - y|$, der ein Maßstab dafür ist, wie sehr die Zahlen x und y einander benachbart sind.

Nun werden aber die Begriffe der Konvergenz und der Stetigkeit auch in mathematischen Disziplinen gebraucht, in denen der absolute Betrag nicht zur Verfügung steht. Es ist daher erwünscht, jene Begriffe statt mittels des absoluten Betrages mit anderen, allgemeineren Hilfsmitteln zu definieren.

Die *analytische Topologie* führt dies als eine ihrer Hauptaufgaben durch[1]. An die Stelle des absoluten Betrages kann dabei jeder der folgenden drei Begriffe treten: Erstens der Begriff der *Metrik* (M. FRÉCHET) oder allgemeiner der *uniformen Struktur* (A. WEIL), zweitens der Begriff der *Umgebung* (F. HAUSDORFF), drittens der Begriff der *abgeschlossenen Hülle* (C. KURATOWSKI).

Am anschaulichsten und dem absoluten Betrag am nächsten stehend ist der Begriff der Metrik. Es sei E eine Menge irgendwelcher Dinge, die wir Punkte nennen. Ist nun je zwei Punkten p und q eine reelle Zahl $\delta(p, q) \geq 0$ als ihr Abstand zugeordnet (wobei noch drei Abstandsaxiome erfüllt sein sollen), so sagt man, es liege ein metrischer Raum vor. Die Funktion δ heißt eine Metrik; sie ist ein Maß für das Benachbartsein der Punkte p und q.

Wesentlich allgemeiner ist der Begriff der Umgebung. Bei ihm handelt es sich darum, daß Teilmengen von E Umgebungen eines Punktes p

---

[1] Es ist auch der Name *allgemeine* Topologie gebräuchlich. Für eine Theorie der Grundbegriffe der Analysis erscheint uns jedoch der Name *analytische* Topologie deutlicher. Außerdem liegt im letzteren eine klarere Abgrenzung gegenüber der *algebraischen* Topologie.

gcnannt werden (falls sie drei Umgebungsaxiomen genügen). Man spricht dann von einem topologischen Raum. Dem Umgebungsbegriff liegt die Vorstellung zugrunde, daß in einer Umgebung von p alle Punkte von E zusammengefaßt werden, die dem Punkt p mindestens von einer gewissen Ordnung benachbart sind [1].

Ist A eine Punktmenge eines topologischen Raumes, so bezeichnet man die Menge $\overline{A}$ aller Punkte p des Raumes mit der Eigenschaft, daß jede Umgebung von p Punkte von A enthält, als die abgeschlossene Hülle von A. Sie ist, anschaulich gesprochen, die Menge aller Punkte p, die der Menge A beliebig benachbart sind. Zu jeder Menge A gehört also eine Menge $\overline{A}$ und diese Mengen $\overline{A}$ haben folgende drei Eigenschaften:

$$\boldsymbol{H_0}. \text{ Aus } A_1 \le A_2 \text{ folgt } \overline{A_1} \le \overline{A_2}; \quad \boldsymbol{H_1}. \ A \le \overline{A}; \quad \boldsymbol{H_2}. \ \overline{\overline{A}} = \overline{A}.$$

(Dabei bedeutet das Zeichen $\le$ zunächst „ist eine Teilmenge von" und $\overline{\overline{A}}$ ist die abgeschlossene Hülle von $\overline{A}$.)

Ist umgekehrt jeder Teilmenge A von E eine Teilmenge $\overline{A}$ von E derart zugeordnet, daß die Hüllenaxiome $\boldsymbol{H_0}$, $\boldsymbol{H_1}$ und $\boldsymbol{H_2}$ gelten, so kann man mit ihrer Hilfe die Umgebungen definieren. Es läßt sich also der topologische Raum statt mittels der Umgebungen auch mittels der abgeschlossenen Hüllen definieren.

Kehren wir nun noch einmal zur Analysis zurück. Hier tritt der Begriff der Konvergenz nicht nur für *Punkt*folgen und der Begriff der Stetigkeit nicht nur für *Punkt*funktionen auf. Denn beispielsweise heißt in der $x_1 x_2$-Ebene die Folge der Intervalle $[x_1 = 1/n, \ 0 \le x_2 \le 1 - 1/n]$ konvergent gegen das Intervall $[x_1 = 0, \ 0 \le x_2 \le 1]$ und im Sinne dieser Konvergenz ist die Intervallänge eine stetige Funktion.

Dementsprechend dehnt man in einem metrischen oder topologischen Raum den Konvergenzbegriff aus auf Folgen von Punkt*mengen*. Ebenso kann man den Begriff der Stetigkeit auf Funktionen erweitern, deren Definitionsbereich ein System von Punktmengen ist. Hierdurch und auch in mancher anderen Hinsicht treten in den metrischen und topologischen Räumen die Punktmengen weitgehend in den Vordergrund, während die einzelnen Punkte zurücktreten. Die Punkte erscheinen oft nur als ein Hilfsmittel, die Punktmengen zu definieren; anders ausgedrückt, man operiert mit den Punktmengen weitgehend rein formal, ohne zu benutzen, daß es sich um Punktmengen handelt.

Um diese Verhältnisse zu klären und auch vom methodischen Standpunkt aus erscheint es gerechtfertigt zu fragen, ob man nicht auf die

---

[1] Die analytische Topologie, als Theorie der metrischen oder topologischen Räume, kann also bezeichnet werden als eine allgemeine Theorie des Benachbartseins.

Punkte zunächst verzichten und sie erst dann einführen kann, wenn man sie wirklich braucht.

Dies ist in der Tat möglich. Einen bequemen Ansatz hierfür bieten die Hüllenaxiome H_0, H_1 und H_2. In ihnen ist nämlich von Punkten überhaupt keine Rede. Sie haben einen Sinn, sobald der Buchstabe A und das Zeichen $\leq$ erklärt ist. Dies ist aber der Fall in einem teilweise geordneten System oder, wie wir sagen wollen, in einem Verein. Hierunter versteht man ein System $\mathfrak{B}$ von Dingen (die wir mit großen lateinischen Buchstaben bezeichnen), in welchem das Zeichen $\leq$ erklärt ist und zwei einfache Axiome erfüllt. Ist nun in einem Verein $\mathfrak{B}$ jedem Element A ein Element $\overline{A}$ derart zugeordnet, daß die Hüllenaxiome H_0, H_1 und H_2 erfüllt sind, so nennen wir $\mathfrak{B}$ einen topologischen Verein.

In einem topologischen Verein können wir die Konvergenz von Folgen und die Stetigkeit von Funktionen definieren und manche Sätze über sie beweisen. Diese Konvergenz umfaßt die Konvergenz sowohl von Punkt- als auch von Mengenfolgen in metrischen oder topologischen Räumen und diese Stetigkeit umschließt die Stetigkeit sowohl der Punkt- als auch der Mengenfunktionen.

Selbstverständlich müssen wir für manche feineren Sätze über $\mathfrak{B}$ mehr voraussetzen, z. B. daß $\mathfrak{B}$ ein BOOLE-Verband ist oder noch spezieller, daß $\mathfrak{B}$ ein Raum ist. Hierdurch wird zwar die Theorie etwas komplizierter als wenn man sich durchgehend auf Räume beschränkt. Aber dem steht der Vorteil gegenüber, daß die inneren Zusammenhänge klarer hervortreten und eine größere Allgemeinheit des Hauptteiles der Theorie erzielt wird.

I. Vorbereitungen.

In diesem einleitenden Kapitel entwickeln wir Begriffe und Sätze der Vereins- und Verbandstheorie, die wir in den folgenden Kapiteln brauchen werden.

§ 1. Vereine und Verbände.

Es sei $\mathfrak{V}$ eine Menge[1] irgendwelcher Dinge. Diese Dinge, die Elemente von $\mathfrak{V}$, bezeichnen wir mit großen lateinischen Buchstaben $A, B, \ldots$. In $\mathfrak{V}$ sei eine zweistellige Relation $A \leq B$ definiert[2], die folgenden zwei Axiomen genügt:

Axiom V_1. *Aus $A \leq B \leq C$ folgt $A \leq C$.*

Axiom V_2. *Aus $A \leq B \leq A$ folgt $A = B$ und umgekehrt[3].*

Dann nennen wir $\mathfrak{V}$ einen *Verein* und die Elemente $A, B, \ldots$ *Somen*. Besteht für *je* zwei Somen A und B von $\mathfrak{V}$ mindestens eine der Relationen $A \leq B$ und $B \leq A$, so heiße $\mathfrak{V}$ ein *linearer* Verein oder eine *Kette*[4].

Statt $A \leq B$ schreiben wir auch $B \geq A$. Wir lesen die Relation $A \leq B$ (bzw. $B \geq A$) folgendermaßen: ,,A ist enthalten in B", ,,A ist ein Teilsoma von B" oder ,,A ist kleiner oder gleich B" (bzw. ,,B enthält A", ,,B ist ein Obersoma von A" oder ,,B ist größer oder gleich A"). Ist $A \leq B$ und $A \neq B$ (d.h. nicht $A = B$), so schreiben wir dafür $A < B$ (oder $B > A$) und sagen: ,,A ist ein echtes Teilsoma von B" oder ,,A ist kleiner als B" (bzw. ,,B ist ein echtes Obersoma von A" oder ,,B ist größer als A"). Die Relation $A \leq B$ ist äquivalent mit: $A < B$ oder $A = B$.

---

[1] Die einfachsten Begriffe der Mengenlehre setzen wir als bekannt voraus. (Hierzu zählen wir nicht den Begriff der Mächtigkeit einer Menge, den wir im Anhang definieren.)

[2] Das heißt: Sind A und B Elemente von $\mathfrak{V}$, so liegt eindeutig fest, ob die Relation $A \leq B$ besteht oder nicht. Es wird nicht verlangt, daß für *je* zwei Elemente A und B von $\mathfrak{V}$ mindestens eine der Relationen $A \leq B$ und $B \leq A$ besteht.

[3] Hieraus folgt, daß $A \leq A$ ist für jedes $A \in \mathfrak{V}$. ($A = B$ bedeute, daß das mit A bezeichnete Element von $\mathfrak{V}$ identisch ist mit dem mit B bezeichneten Element.)

[4] Der Begriff des Vereins und des linearen Vereins wurde von F. HAUSDORFF eingeführt. Er verwendet die Namen ,,teilweise geordnete Menge" und ,,geordnete Menge". Manche Autoren sagen statt dessen ,,geordnete Menge" und ,,vollständig geordnete Menge". Wir haben das Wort Verein in Analogie zum Wort Verband (S. 6) gewählt.

Ein erstes *Beispiel* ist der Verein der reellen Zahlen X mit $-\infty \leq$ $X \leq +\infty$, wobei $A \leq B$ die übliche Bedeutung hat.

Das für uns wichtigste *Beispiel* ist das folgende. Von zwei Mengen A und B irgendwelcher Dinge sagt man, A sei eine Teilmenge von B, in Zeichen $A \subseteq B$ oder $B \supseteq A$, wenn aus $x \in A$ [1] folgt $x \in B$, d.h. wenn jedes Element von A auch ein Element von B ist; die (symbolische) kein Element enthaltende, sog. leere Menge L gilt als Teilmenge jeder Menge. Das Zeichen $A \subset B$ oder $B \supset A$ bedeutet, daß A eine echte Teilmenge von B ist, d.h. daß mindestens ein Element von B kein Element von A ist. Wenn nun $\mathfrak{B}$ ein System von Mengen $A, B, \ldots$ ist und der Relation $A \leq B$ die Bedeutung $A \subseteq B$ gegeben wird, so ist $\mathfrak{B}$ ein Verein; wir nennen ihn einen *Mengenverein*. Die Menge E aller Dinge, die Elemente von mindestens einer Menge aus $\mathfrak{B}$ sind, heiße der *Träger* von $\mathfrak{B}$.

Es sei $\mathfrak{B}$ ein beliebiger Verein. Weiter sei $\mathfrak{B}'$ eine Menge beliebiger Dinge und jedem Soma A aus $\mathfrak{B}$ sei eineindeutig ein Element A' von $\mathfrak{B}'$ zugeordnet. In $\mathfrak{B}'$ werde nun folgendermaßen eine Relation $\geq$ definiert: Es sei $A' \geq B'$ dann und nur dann, wenn $A \leq B$ ist. Hierdurch wird $\mathfrak{B}'$ *ein Verein* (sog. DUALITÄTSPRINZIP). Denn da die Axiome V_1 und V_2 in $\mathfrak{B}$ gelten, so gelten sie auch in $\mathfrak{B}'$, wie unmittelbar nachgeprüft werden kann. Man nennt $\mathfrak{B}'$ *dual* zu $\mathfrak{B}$. Umgekehrt ist auch $\mathfrak{B}$ zu $\mathfrak{B}'$ dual. Jedem Begriff in $\mathfrak{B}$ entspricht ein dualer Begriff in $\mathfrak{B}'$ (beispielsweise ist der sogleich zu definierende Begriff der oberen Schranke in $\mathfrak{B}$ dual zum Begriff der unteren Schranke in $\mathfrak{B}'$, der Begriff des Einssomas in $\mathfrak{B}$ dual zum Begriff des Nullsomas in $\mathfrak{B}'$, der Begriff eines maximalen Somas in $\mathfrak{B}$ dual zum Begriff eines minimalen Somas in $\mathfrak{B}'$). Ebenso entspricht jedem Satz $\mathfrak{S}$ in $\mathfrak{B}$ ein dualer Satz $\mathfrak{S}'$ in $\mathfrak{B}'$; dieser Satz $\mathfrak{S}'$ folgt aus dem Satz $\mathfrak{S}$ mittels der Zuordnung der Somen von $\mathfrak{B}$ und der Somen von $\mathfrak{B}'$; *mit $\mathfrak{S}$ ist daher auch $\mathfrak{S}'$ bewiesen* (gilt beispielsweise in $\mathfrak{B}$ der Satz $\mathfrak{S}$, daß ein Soma S mit $A \leq S$ für jedes Soma $A \in \mathfrak{B}$ existiert, so folgt hieraus der zu $\mathfrak{S}$ duale Satz $\mathfrak{S}'$ in $\mathfrak{B}'$, daß ein Soma S' existiert mit $A' \geq S'$ für jedes Soma $A' \in \mathfrak{B}'$). Wir erhalten formal aus einem Begriff oder Satz in $\mathfrak{B}$ den dualen Begriff bzw. Satz in $\mathfrak{B}'$, indem wir das Zeichen $\leq$ überall, wo es im erstgenannten Begriff oder Satz explizit oder implizit auftritt, ersetzen durch das Zeichen $\geq$ und außerdem jedes auftretende Soma A durch das ihm entsprechende Soma A' [2]. *Gilt ein Satz $\mathfrak{S}$ für jeden Verein, so gilt auch der duale Satz $\mathfrak{S}'$ für jeden Verein;* denn ist $\mathfrak{B}'$ ein beliebiger Verein, so existiert zu ihm ein dualer Verein $\mathfrak{B}$; da $\mathfrak{S}$ in $\mathfrak{B}$ gilt, so gilt $\mathfrak{S}'$ in $\mathfrak{B}'$.

---

[1] Das Zeichen $\in$ bedeutet „Element von".

[2] Wir werden zu einem Begriff oder Satz den dualen Begriff oder Satz nur angeben, wenn dies für uns von Interesse ist.

Ist im Verein $\mathfrak{V}$ eine Somenfamilie $(A_i)_{i \subset I}$ gegeben[1], so heißt ein Soma S aus $\mathfrak{V}$ eine *obere Schranke* der Familie, wenn $A_i \leq S$ ist für jedes $i \in I$, und ein Soma S aus $\mathfrak{V}$ heißt eine *untere Schranke* der Familie, wenn $S \leq A_i$ ist für jedes $i \in I$.

Nach dem Axiom V_2 existiert im Verein $\mathfrak{V}$ höchstens eine einzige obere Schranke E des ganzen Vereins $\mathfrak{V}$ (also ein Soma E mit $A \leq E$ für alle, $A \in \mathfrak{V}$); existiert sie, so heißt sie das *Einssoma* von $\mathfrak{V}$. Ebenso existiert in $\mathfrak{V}$ höchstens eine einzige untere Schranke O von ganz $\mathfrak{V}$ (also ein Soma O mit $O \leq A$ für alle $A \in \mathfrak{V}$); existiert sie, so heißt sie das *Nullsoma* von $\mathfrak{V}$. Wir sagen von einem Soma A, es *verschwinde nicht*, wenn A nicht das Nullsoma O von $\mathfrak{V}$ ist, gleichgültig, ob das Nullsoma O in $\mathfrak{V}$ existiert oder nicht (mit anderen Worten: A heißt nicht verschwindend, wenn in $\mathfrak{V}$ mindestens ein Soma B derart existiert, daß nicht $A \leq B$ ist).

Die Somen A_i einer Somenfamilie $(A_i)_{i \in I}$ heißen *teilerfremd*, wenn sie kein gemeinsames, nicht verschwindendes Teilsoma besitzen (mit anderen Worten, wenn sie nur das Nullsoma 0 als gemeinsames Teilsoma haben, falls O überhaupt in $\mathfrak{V}$ existiert); sie heißen paarweise teilerfremd, wenn sie zu je zwei kein gemeinsames, nicht verschwindendes Teilsoma haben.

Ein Soma M eines Vereins $\mathfrak{V}$ heißt *maximal*, wenn in $\mathfrak{V}$ kein Soma A mit $M < A$ existiert. Besitzt $\mathfrak{V}$ ein Einssoma E, so ist E maximal, und zwar das einzige maximale Soma; besitzt $\mathfrak{V}$ kein Einssoma E, so braucht $\mathfrak{V}$ auch keine maximalen Somen zu besitzen. Ein Soma M von $\mathfrak{V}$ heißt *minimal*, wenn in $\mathfrak{V}$ kein Soma A mit $A < M$ existiert. Besitzt $\mathfrak{V}$ ein Nullsoma O, so ist O minimal, und zwar das einzige minimale Soma; besitzt $\mathfrak{V}$ kein Nullsoma O, so braucht $\mathfrak{V}$ auch keine minimalen Somen zu besitzen. Ein Soma P von $\mathfrak{V}$ heißt ein *Atom*, wenn P nicht verschwindet und in $\mathfrak{V}$ kein nicht verschwindendes Soma A mit $A < P$ existiert (existiert in $\mathfrak{V}$ ein Nullsoma O, so ist P dann und

---

[1] Das heißt: Jedem Element i irgendeiner Menge I sei eindeutig ein Soma A_i aus $\mathfrak{V}$ zugeordnet. Dabei kann sehr wohl $A_{i_1} = A_{i_2}$ für $i_1 \neq i_2$ sein. Beispielsweise ist eine Somenfolge $(A_1, A_2, \ldots)$, wofür wir auch $(A_i)_{i=1,2,\ldots}$ schreiben, eine Somenfamilie (I ist in diesem Fall die Menge der natürlichen Zahlen). Ebenso ist eine beliebige Somenmenge $\mathfrak{M}$ eine Somenfamilie (denn wir können $I = \mathfrak{M}$ wählen und jedes Soma aus $\mathfrak{M}$ sich selbst zuordnen). Insbesondere können wir auch die leere Menge als Somenfamilie in $\mathfrak{V}$ auffassen; wir nennen sie dann die leere Somenfamilie. Der Unterschied zwischen einer Somenfamilie und einer Somenmenge besteht darin, daß in einer Somenfamilie ein Soma mehrfach auftreten kann, in einer Somenmenge hingegen nicht. Unter der Mächtigkeit einer Somenfamilie $(A_i)_{i \in I}$ verstehen wir die Mächtigkeit von I. — Ist I_0 eine Teilmenge von I, so nennen wir die Familie $(A_i)_{i \in I_0}$ eine Teilfamilie von $(A_i)_{i \in I}$. — Wir verabreden ein für allemal, daß die Indexmengen $I, J, \ldots$ von Somenfamilien $(A_i)_{i \in I}, (A_j)_{j \in J}, \ldots$ beliebige Mächtigkeiten ≥ 0 haben dürfen, wenn nichts anderes gesagt ist.

nur dann ein Atom, wenn $P > O$ ist und kein Soma A mit $O < A < P$ existiert); es braucht in $\mathfrak{B}$ keine Atome zu geben.

Beispiele. 1. Im Verein der reellen Zahlen (S. 2) ist $+\infty$ das Einssoma und $-\infty$ das Nullsoma; Atome existieren nicht. — 2. Es sei $\mathfrak{B}$ ein Mengenverein und E sein Träger. Gehört E zu $\mathfrak{B}$, so ist E das Einssoma von $\mathfrak{B}$. Gehört die leere Menge L zu $\mathfrak{B}$, so ist L das Nullsoma 0 von $\mathfrak{B}$; jedoch braucht umgekehrt das Nullsoma O von $\mathfrak{B}$ nicht die leere Menge L zu sein (Beispiel: O ist eine nicht leere Teilmenge von E und $\mathfrak{B}$ ist das System aller Mengen A mit $O \subseteqq A \subseteqq E$). — 3. Ist $\mathfrak{B}$ der Mengenverein aller Teilmengen einer Menge E, so sind zwei Mengen A_1 und A_2, als Somen von $\mathfrak{B}$ betrachtet, teilerfremd im obigen Sinne, wenn sie elementfremd sind im mengentheoretischen Sinne, d.h. wenn sie kein gemeinsames Element besitzen. Die einelementigen Mengen aus $\mathfrak{B}$, d.h. diejenigen Mengen P aus $\mathfrak{B}$, die nur je ein einziges Element p besitzen [wir schreiben dann $P = (p)$], sind die Atome von $\mathfrak{B}$.

Im Verein $\mathfrak{B}$ sei eine Somenfamilie $(A_i)_{i \in I}$ gegeben. Existiert in $\mathfrak{B}$ eine kleinste obere Schranke V der Familie, also ein Soma V mit folgenden zwei Eigenschaften:

$A_i \leqq V$ für alle $i \in I$; ist $A_i \leqq B$ für alle $i \in I$, so ist $V \leqq B$,

so heißt V die *Vereinigung* der Familie oder der A_i. Sie ist nach dem Axiom V_2 eindeutig bestimmt. (Ist die Familie $(A_i)_{i \in I}$ speziell leer, so ist die Existenz ihrer Vereinigung V gleichbedeutend mit der Existenz des Nullsomas O von $\mathfrak{B}$ und es ist dann $V = O$; denn ist B ein beliebiges Soma aus $\mathfrak{B}$, so gilt $A_i \leqq B$ für alle $i \in I$ [1].) Wir bezeichnen die Vereinigung V der Familie $(A_i)_{i \in I}$ mit $\bigvee_{i \in I} A_i$ oder, falls keine Mißverständnisse zu befürchten sind, mit $\bigvee_i A_i$ oder mit $\bigvee A_i$; ist I speziell die Menge der natürlichen Zahlen $i = 1, \ldots, n$ bzw. aller natürlichen Zahlen $i = 1, 2, \ldots$, so schreiben wir $\bigvee_{i=1}^{n} A_i$ oder $A_1 \vee \cdots \vee A_n$ bzw. $\bigvee_{i=1}^{\infty} A_i$ oder $A_1 \vee A_2 \vee \cdots$. Für die Vereinigung einer Menge $\mathfrak{A}$ von Somen A schreiben wir $\bigvee_{A \in \mathfrak{A}} A$ oder kurz $\bigvee A$.

In $\mathfrak{B}$ sei wieder eine Somenfamilie $(A_i)_{i \in I}$ gegeben. Existiert in $\mathfrak{B}$ eine größte untere Schranke D der Familie, also ein Soma D mit folgenden zwei Eigenschaften:

$D \leqq A_i$ für alle $i \in I$; ist $B \leqq A_i$ für alle $i \in I$, so ist $B \leqq D$,

so heißt D der *Durchschnitt* der Familie oder der A_i. Er ist nach dem Axiom V_2 eindeutig bestimmt. (Ist die Familie speziell leer, so ist die Existenz ihres Durchschnittes äquivalent mit der Existenz des Einssomas E von $\mathfrak{B}$ und es ist dann $D = E$.) Wir bezeichnen den

---

[1] Die Aussage „Alle a haben die Eigenschaft F" wird als richtig betrachtet, wenn es überhaupt keine a gibt.

Durchschnitt D mit $\bigwedge\limits_{i \in I} A_i$, $\bigwedge\limits_{i} A_i$ oder $\bigwedge A_i$, für $i = 1, \ldots, n$ bzw.

$i = 1, 2, \ldots$ mit $\bigwedge\limits_{i=1}^{n} A_i$ oder $A_1 \wedge \cdots \wedge A_n$ bzw. $\bigwedge\limits_{i=1}^{\infty} A$ oder $A_1 \wedge A_2 \wedge \cdots$,

für eine Menge $\mathfrak{A}$ von Somen A mit $\bigwedge\limits_{A \in \mathfrak{A}} A$ oder kurz mit $\bigwedge A$.

Die Begriffe der Vereinigung und des Durchschnittes sind dual.

Nun sei $\mathfrak{B}$ speziell ein Mengenverein mit dem Träger E. In $\mathfrak{B}$ sei eine Mengenfamilie $(A_i)_{i \in I}$ gegeben. Von ihrer vereinstheoretischen Vereinigung $\bigvee\limits_{i \in I} A_i$ und ihrem vereinstheoretischen Durchschnitt $\bigvee\limits_{i \in I}$ sind zu unterscheiden ihre *mengentheoretische Vereinigung* $\bigcup\limits_{i \in I} A_i$ und ihr *mengentheoretischer Durchschnitt* $\bigcap\limits_{i \in I} A_i$. Diese sind folgendermaßen definiert: $\bigcup\limits_{i \in I} A_i$ ist die Menge aller $x \in E$, zu denen ein $i \in I$ mit $x \in A_i$ existiert (also die Menge aller Elemente x aller Mengen A_i); $\bigcap\limits_{i \in I} A_i$ ist die Menge aller $x \in E$ mit $x \in A_i$ für alle $i \in I$ (also die Menge aller allen Mengen A_i gemeinsamen Elemente). Bezüglich kürzerer Schreibweise verabreden wir für die Zeichen $\bigcup$ und $\bigcap$ dasselbe wie oben für die Zeichen $\bigvee$ und $\bigwedge$; insbesondere schreiben wir für $\bigcup\limits_{i=1}^{n} A_i$ und $\bigcap\limits_{i=1}^{n} A_i$ auch $A_1 \cup \cdots \cup A_n$ und $A_1 \cap \cdots \cap A_n$.

Beispiele. 1. Im Verein der reellen Zahlen (S. 2) ist $A_1 \vee A_2 = \max(A_1, A_2)$ und $A_1 \wedge A_2 = \min(A_1, A_2)$. — 2. Der Mengenverein $\mathfrak{B}$ bestehe aus der leeren Menge und allen Intervallen $[x_1 < x < x_2]$ der reellen Zahlengeraden E. Die Vereinigung $A_1 \vee A_2$ der Somen $A_1 = [0 < x < 1]$ und $A_2 = [2 < x < 3]$ ist das Soma $[0 < x < 3]$, also verschieden von der mengentheoretischen Vereinigung $A_1 \cup A_2$, die die Menge aller x mit $0 < x < 1$ oder $2 < x < 3$ ist. Hingegen ist $A_1 \wedge A_2 = A_1 \cap A_2$ für je zwei Somen aus $\mathfrak{B}$.

Im Unterschied zum vorstehenden Beispiel 2 *gelten im Mengenverein* $\mathfrak{E}$ *aller Teilmengen einer Menge E für jede Mengenfamilie $(A_i)_{i \in I}$ die Gleichungen*

$$\bigcup A_i = \bigvee A_i, \qquad \bigcap A_i = \bigwedge A_i.$$

Mithin bleiben für $\mathfrak{B} = \mathfrak{E}$ die Sätze dieses Paragraphen 1 richtig, wenn man darin die Zeichen $\leq$, $\bigvee$, $\vee$, $\bigwedge$, $\wedge$ durch die Zeichen $\subseteq$, $\bigcup$, $\cup$, $\bigcap$, $\cap$ ersetzt und für die Somen A_i Mengen nimmt (speziell für das Nullsoma O die leere Menge L).

In jedem Verein gelten folgende einfache Sätze **1.1.** bis **1.5.** (für Satz **1.1.** wird die Existenz des Einssomas E bzw. des Nullsomas O vorausgesetzt, soweit davon die Rede ist; für die Sätze **1.2.** bis **1.4.** wird die Existenz der darin auftretenden Vereinigungen und Durchschnitte vorausgesetzt).

1.1. $A \vee A = A$; $\quad A \vee E = E$; $\quad A \vee O = A$;
$A \wedge A = A$; $\quad A \wedge O = O$; $\quad A \wedge E = A$.

1.2. *Es seien* $(A_i)_{i \in I}$ *und* $(B_j)_{j \in J}$ *zwei Somenfamilien. Existiert zu jedem* $i \in I$ *ein* $j \in J$ *mit* $A_i \leq B_j$, *so ist* $\vee A_i \leq \vee B_j$. *Existiert zu jedem* $i \in I$ *ein* $j \in J$ *mit* $A_i \geq B_j$, *so ist* $\wedge A_i \geq \wedge B_j$.

1.3. *Es seien* $(A_i)_{i \in I}$ *und* $(B_j)_{j \in J}$ *zwei Somenfamilien. Existiert zu jedem* $i \in I$ *ein* $j \in J$ *und zu jedem* $j \in J$ *ein* $i \in I$ *mit* $A_i = B_j$, *so ist* $\vee A_i = \vee B_j$ *und* $\wedge A_i = \wedge B_j$. *Insbesondere ist*

$$A_1 \vee A_2 = A_2 \vee A_1, \quad A_1 \wedge A_2 = A_2 \wedge A_1. \tag{1.1}$$

1.4. *Ist* $A = \underset{i}{\vee} A_i$ *und* $A_i = \underset{j}{\vee} A_{ij}$ $(i \in I, \ j \in J_i)$, *so ist* $A = \underset{i,j}{\vee} A_{ij}$. *Ist* $A = \underset{i}{\wedge} A_i$ *und* $A_i = \underset{j}{\wedge} A_{ij}$, *so ist* $A = \underset{i,j}{\wedge} A_{ij}$. *Insbesondere ist*

$$\left.\begin{array}{l} A_1 \vee (A_2 \vee A_3) = A_1 \vee A_2 \vee A_3 = (A_1 \vee A_2) \vee A_3, \\ A_1 \wedge (A_2 \wedge A_3) = A_1 \wedge A_2 \wedge A_3 = (A_1 \wedge A_2) \wedge A_3. \end{array}\right\} \tag{1.2}$$

1.5. *Die Relation* $A \leq B$ *ist gleichbedeutend mit jeder der beiden Gleichungen* $B = A \vee B$ *und* $A = A \wedge B$.

Ein Verein $\mathfrak{B}$ heißt *atomar*, wenn jedes Soma A aus $\mathfrak{B}$ darstellbar ist als Vereinigung von Atomen.

Beispiele. 1. Nicht atomar ist der Verein aller reellen Zahlen (S. 2). — 2. Der aus fünf Somen O, A, B, C und E mit $O < A < E$, $O < B < E$ und $O < C < E$ bestehende Verein $\mathfrak{B}$ ist atomar; A, B und C sind die Atome; das Einssoma E ist auf vier Arten als Vereinigung von Atomen darstellbar: $E = A \vee B = B \vee C = C \vee A = A \vee B \vee C$; das Nullsoma O ist die Vereinigung der leeren Atommenge. — 3. Der Mengenverein $\mathfrak{E}$ aller Teilmengen A einer Menge E ist atomar; die Atome sind die einelementigen Mengen $P = (p)$; jede Menge A ist die Vereinigung aller $P = (p)$ mit $p \in A$; insbesondere ist die leere Menge L die Vereinigung der leeren Atommenge.

Ein Verein $\mathfrak{B}$ heiße ein $\vee$-Verein ($\wedge$-Verein), wenn für je zwei Somen A und B aus $\mathfrak{B}$ die Vereinigung $A \vee B$ (der Durchschnitt $A \wedge B$) in $\mathfrak{B}$ existiert. Dann existiert in $\mathfrak{B}$ auch für jede endliche[1] Somenfamilie $(A_1, \ldots, A_n)$ die Vereinigung (der Durchschnitt), wie vollständige Induktion unter Verwendung von (1.2) ergibt. Ist $\mathfrak{B}$ zugleich ein $\vee$-Verein und ein $\wedge$-Verein, so heißt $\mathfrak{B}$ ein *Verband*[2].

---

[1] Die leere Somenfamilie (-menge) bezeichnen wir nicht als endlich.

[2] Zuerst eingeführt wurde dieser Begriff (auf anderem Wege) von R. DEDEKIND unter dem Namen Dualgruppe und später erneut von FRITZ KLEIN unter dem Namen Verband. Im Englischen sind die Namen lattice und structure gebräuchlich, im Französischen die Namen ensemble réticulé, réseau oder treillis.

Ist $\mathfrak{m}$ eine feste Mächtigkeit $\geq \aleph_0$ und existiert im Verein $\mathfrak{B}$ für jede Somenfamilie $(A_i)_{i \in I}$ einer Mächtigkeit $\leq \mathfrak{m}$ die Vereinigung (der Durchschnitt[1]), so nennen wir $\mathfrak{B}$ einen $\vee_\mathfrak{m}$-Verein ($\wedge_\mathfrak{m}$-Verein). In einem $\vee_\mathfrak{m}$-Verein ($\wedge_\mathfrak{m}$-Verein) existiert das Nullsoma O (das Einssoma E); denn die Vereinigung (der Durchschnitt) der leeren Somenfamilie existiert in $\mathfrak{B}$ nach Voraussetzung und ist nach ihrer Definition (S. 4) das Nullsoma (Einssoma). Ist $\mathfrak{B}$ zugleich ein $\vee_\mathfrak{m}$-Verein und ein $\wedge_\mathfrak{m}$-Verein, so nennen wir $\mathfrak{B}$ einen $\mathfrak{m}$-*Vollverband*. Einen $\vee_{\aleph_0}$-Verein, $\wedge_{\aleph_0}$-Verein, $\aleph_0$-Vollverband nennen wir bzw. auch einen σ-Verein, δ-Verein, $\sigma\,\delta$-Verband.

Existiert im Verein $\mathfrak{B}$ für jede Somenfamilie (beliebiger Mächtigkeit) die Vereinigung, so existiert in $\mathfrak{B}$ auch für jede Somenfamilie der Durchschnitt[2] und umgekehrt; denn ist $(A_i)_{i \in I}$ eine Somenfamilie und existiert die Vereinigung A der Familie aller Somen B mit $B \leq A_i$ für alle $i \in I$, so ist $A = \wedge A_i$; dual für die Umkehrung. Wir nennen dann $\mathfrak{B}$ einen *Vollverband*. In ihm existiert das Einssoma und das Nullsoma.

Ist $\mathfrak{B}$ speziell ein Mengenverein und ein Verband, so existieren in $\mathfrak{B}$ für je zwei Mengen A und B aus $\mathfrak{B}$ die Vereinigung $A \vee B$ und der Durchschnitt $A \wedge B$. Ist dabei stets $A \vee B = A \cup B$ und $A \wedge B = A \cap B$, so heiße $\mathfrak{B}$ ein *Mengenverband* (oder ein Mengenring). Den Mengenverband $\mathfrak{E}$ aller Teilmengen einer Menge E nennen wir einen *Mengenvollverband*. (Vgl. S. 5.)

Beispiele. 1. Der Verein aller reellen Zahlen (S. 2) ist ein Verband. — 2. Der Mengenverein aller höchstens abzählbaren Teilmengen einer Menge E ist ein $\sigma\,\delta$-Verband; in ihm ist $\vee A_i = \cup A_i$ und $\wedge A_i = \cap A_i$ für jede Mengenfolge $(A_1, A_2, \ldots)$. — 3. Der Mengenverein aller Intervalle $[x_1 < x < x_2]$ mit $(-\infty \leq x_1 < x_2 \leq +\infty)$ der reellen Zahlengeraden, einschließlich der leeren Menge, ist ein Vollverband, aber kein Mengenverband. (Vgl. Beispiel 2 von S. 5.)

1.6. *In einem Verband $\mathfrak{B}$ sind endlich viele Somen $A_1, \ldots, A_n$ dann und nur dann teilerfremd, wenn $A_1 \wedge \cdots \wedge A_n = O$ ist.*

Man beachte hierbei, daß, wenn in einem Verband endlich viele teilerfremde Somen $A_1, \ldots, A_n$ existieren, das Nullsoma O existiert.

1.7. *In einem Verband $\mathfrak{B}$ seien zwei Somenfamilien $(A_i)_{i \in I}$ und $(B_j)_{j \in J}$ gegeben. Existieren $\vee A_i = A$ und $\vee B_j = B$, so existiert auch $\vee (A_i \vee B_j)$ und ist gleich $A \vee B$. Existieren $\wedge A_i = A$ und $\wedge B_j = B$, so existiert auch $\wedge (A_i \wedge B_j)$ und ist gleich $A \wedge B$.*

---

[1] Hiermit ist gleichbedeutend, daß für jede Menge einer Mächtigkeit $\leq \mathfrak{m}$ von Somen die Vereinigung (der Durchschnitt) existiert.

[2] Hiermit ist gleichbedeutend, daß für jede Menge von Somen die Vereinigung (der Durchschnitt) existiert.

Beweis. Aus $A_i \leq A$ für jedes $i \in I$ und $B_j \leq B$ für jedes $j \in J$ folgt $A_i \vee B_j \leq A \vee B$ für alle i und j. Ist $A_i \vee B_j \leq C$ für alle i und j, so ist auch $A_i \leq C$ für alle i und folglich $A \leq C$; analog ist $B \leq C$. Mithin ist $A \vee B \leq C$. — Die zweite Behauptung ist zur ersten dual.

In einem Verband gilt für die Operationen $\vee$ und $\wedge$ das kommutative Gesetz (1.1) und das assoziative Gesetz (1.2). Der Verband heißt *distributiv*, wenn auch das distributive Gesetz

$$A_1 \wedge (A_2 \vee A_3) = (A_1 \wedge A_2) \vee (A_1 \wedge A_3) \tag{1.3}$$

gilt. Dann gilt auch das zu (1.3) duale Gesetz

$$A_1 \vee (A_2 \wedge A_3) = (A_1 \vee A_2) \wedge (A_1 \vee A_3). \tag{1.4}$$

Denn es ist nach (1.3)

$$\begin{aligned}
(A_1 \vee A_2) \wedge (A_1 \vee A_3) &= \big(A_1 \wedge (A_1 \vee A_3)\big) \vee \big(A_2 \wedge (A_1 \vee A_3)\big) \\
&= A_1 \vee (A_1 \wedge A_3) \vee (A_2 \wedge A_1) \vee (A_2 \wedge A_3) \\
&= A_1 \vee (A_2 \wedge A_3),
\end{aligned}$$

letzteres, weil $A_1 \wedge A_3 \leq A_1$ und $A_2 \wedge A_1 \leq A_1$, also $A_1 \vee (A_1 \wedge A_3) \vee (A_2 \wedge A_1) = A_1$ ist.

Beispiele. 1. Es sei $\mathfrak{B}$ der Verband des Beispiels 2 von S. 5. Er ist nicht distributiv, da $A \wedge (B \vee C) = A \wedge E = A$, aber $(A \wedge B) \vee (A \wedge C) = O \vee O = O$ ist. — 2. Jeder Mengenverband ist distributiv.

Ein Verband $\mathfrak{B}$ mit Einssoma E und Nullsoma O heißt *komplementär*, wenn zu jedem Soma A mindestens ein *Komplement*, d.h. ein Soma cA mit

$$A \vee cA = E, \quad A \wedge cA = O \tag{1.5}$$

existiert[1].

Von diesem Begriff eines Komplements cA ist der folgende Begriff wohl zu unterscheiden. Es sei E eine Menge und A eine Teilmenge von E. Dann nennt man die Menge aller Elemente von E, die nicht Elemente von A sind, das *mengentheoretische Komplement* $E - A$ von A (in E). In einem Mengenverband $\mathfrak{B}$ mit Einssoma E und Nullsoma O ist das mengentheoretische Komplement $E - A$ einer Menge A aus $\mathfrak{B}$ dann und nur dann das (einzige) Komplement cA von A, wenn $E - A \in \mathfrak{B}$ und das Nullsoma O die leere Menge ist.

Beispiele. 1. Der Verband der reellen Zahlen X mit $0 \leq X \leq 1$ (vgl. S. 2) ist nicht komplementär. — 2. Der Verband des Beispiels 2 von S. 2 ist komplementär; für jedes der Somen A, B und C ist jedes der beiden anderen ein Komplement. — 3. Der Mengenverband aller

---

[1] Der Buchstabe c ist als Funktionszeichen gemeint; cA ist also eine Abkürzung für $c(A)$.

Teilmengen einer Menge E ist komplementär; denn für jede Menge A dieses Verbandes ist die Menge $E - A$ das (eindeutig bestimmte) Komplement cA von A. — 4. Sind A und B zwei Mengen, so bezeichnet man als *Differenz* $B - A$ die Menge aller Elemente von B, die nicht Elemente von A sind. Ein Mengenring $\mathfrak{B}$ mit der Eigenschaft, daß zu je zwei Mengen A und B aus $\mathfrak{B}$ auch $B - A$ in $\mathfrak{B}$ liegt, heißt ein Mengenkörper.

Ein distributiver, komplementärer Verband (mit Einssoma E und Nullsoma O) heißt ein BOOLE-Verband[1].

Beispiel. Der Mengenverband aller Teilmengen einer Menge E ist ein BOOLE-Verband.

Bemerkung. Ein Verband $\mathfrak{B}$ heißt relativ komplementär, wenn zu je drei Somen A_0, A und A_1 mit $A_0 \leq A \leq A_1$ mindestens ein Soma B mit $A \vee B = A_1$ und $A \wedge B = A_0$ existiert. Jeder distributive, komplementäre Verband ist relativ komplementär; denn für $B = A_0 \vee (A_1 \wedge cA)$ ist $A \vee B = A_1$ und $A \wedge B = A_0$. Ein distributiver, relativ komplementärer Verband heißt ein verallgemeinerter BOOLE-Verband (er braucht weder ein Einssoma, noch ein Nullsoma zu besitzen)[2]. Jeder Mengenkörper ist ein verallgemeinerter BOOLE-Mengenverband.

1.8. *In einem* BOOLE-*Verband ist für jedes Soma A das Komplement cA eindeutig bestimmt.*

Beweis. Es seien C_1 und C_2 Komplemente von A. Dann ist $C_1 = C_1 \wedge E = C_1 \wedge (A \vee C_2) = (C_1 \wedge A) \vee (C_1 \wedge C_2) = 0 \vee (C_1 \wedge C_2) = C_1 \wedge C_2$. Analog ist $C_2 = C_2 \vee C_1$. Also ist $C_1 = C_2$.

1.9. *In einem* BOOLE-*Verband ist cA die Vereinigung aller Somen C mit $A \wedge C = O$ und der Durchschnitt aller Somen C mit $A \vee C = E$.*

Beweis. Einerseits ist $A \wedge cA = O$. Anderseits sei $A \wedge C = O$; dann ist $cA = cA \vee (A \wedge C) = (cA \vee A) \wedge (cA \vee C) = cA \vee C$; also ist $C \leq cA$. — Die zweite Behauptung ist zur ersten dual.

1.10. *In einem* BOOLE-*Verband folgt aus $A \leq B$ stets $cA \geq cB$.*

Beweis. Aus $A \leq B$ und $B \wedge cB = O$ folgt $A \wedge cB = O$, also $cA \geq cB$ nach **1.9.**

1.11. *In einem* BOOLE-*Verband ist $ccA = A$.*

Beweis. Nach (1.5) ist A ein Komplement von cA; nach **1.8.** ist daher $A = ccA$.

Jeder BOOLE-*Verband $\mathfrak{B}$ ist zu sich selbst dual.* Ordnen wir nämlich jedem Soma A aus $\mathfrak{B}$ sein Komplement $A' = cA$ zu, so ist hiermit nach

---

[1] Zur Erinnerung an G. BOOLE, der diesen Begriff in seinen Untersuchungen zur Logik eingeführt hat.

[2] In der Maßtheorie nennt man einen verallgemeinerten BOOLE-Verband mit Nullsoma einen BOOLE-Verband.

1.11. jedes Soma A' aus $\mathfrak{V}$ genau einem Soma A aus $\mathfrak{V}$ zugeordnet und nach **1.10.** folgt aus $A \leq B$ stets $A' \geq B'$.

Hieraus ergibt sich auf Grund des Dualitätsprinzips (S. 2) unmittelbar der folgende oft verwendete Satz.

1.12. *In einem* BOOLE-*Verband sei eine Somenfamilie* $(A_i)_{i \in I}$ *gegeben. Existiert* $\bigvee A_i$, *so existiert auch* $\bigwedge cA_i$ *und umgekehrt; im Falle der Existenz ist*

$$c \bigvee A_i = \bigwedge cA_i. \tag{1.6}$$

Existiert $\bigwedge A_i$, *so existiert auch* $\bigwedge cA_i$ *und umgekehrt; im Falle der Existenz ist*

$$c \bigwedge A_i = \bigvee cA_i. \tag{1.7}$$

Die Formeln (1.6) und (1.7) heißen die Formeln von DE MORGAN.

Korollar. *Ist ein* BOOLE-*Verband ein* $\bigvee_m$-*Verein oder ein* $\bigwedge_m$-*Verein, so ist er ein* m-*Vollverband.*

In einem BOOLE-Verband lassen sich die Distributivgesetze (1.3) und (1.4) wesentlich verschärfen:

1.13. *Existiert in einem* BOOLE-*Verband für eine Somenfamilie* $(B_j)_{j \in J}$ *die Vereinigung* $\bigvee B_j$ *bzw. der Durchschnitt* $\bigwedge B_j$, *so ist für jedes Soma* A

$$A \wedge \bigvee B_j = \bigvee (A \wedge B_j), \tag{1.8}$$

$$A \vee \bigwedge B_j = \bigwedge (A \vee B_j). \tag{1.9}$$

Insbesondere existieren die Somen auf der rechten Seite.

Beweis. Wir setzen $\bigvee B_j = B$. Aus $B_j \leq B$ folgt einerseits $A \wedge B_j \leq A \wedge B$ für jedes $j \in J$. Andererseits sei $A \wedge B_j \leq C$ für jedes $j \in J$; dann ist $A \wedge B_j \wedge cC = O$, also $B_j \leq c(A \wedge cC)$ für jedes $j \in J$; hieraus folgt $B \leq c(A \wedge cC)$, also $A \wedge B \wedge cC = O$, also $A \wedge B \leq C$. — (1.9) ist zu (1.8) dual.

Korollar 1. *Existieren in einem* BOOLE-*Verband für Somenfamilien* $(A_i)_{i \in I}$ *und* $(B_j)_{j \in J}$ *die Vereinigungen* $\bigvee A_i$ *und* $\bigvee B_j$ *bzw. die Durchschnitte* $\bigwedge A_i$ *und* $\bigwedge B_j$, *so ist*

$$\left(\bigvee_i A_i \right) \wedge \left(\bigvee_j B_j \right) = \bigvee_{i,j} (A_i \wedge B_j),$$

$$\left(\bigwedge_i A_i \right) \vee \left(\bigwedge_j B_j \right) = \bigwedge_{i,j} (A_i \vee B_j).$$

Beweis. Nach (1.8) ist $\left(\bigvee_i A_i \right) \wedge \left(\bigvee_j B_j \right) = \bigvee_i \left(A_i \wedge \bigvee_j B_j \right)$. Abermals nach (1.8) ist $A_i \wedge \bigvee_j B_j = \bigvee_j (A_i \wedge B_j)$. Also ist $\left(\bigvee_i A_i \right) \wedge \left(\bigvee_j B_j \right) = \bigvee_i \bigvee_j (A_i \wedge B_j) = \bigvee_{i,j} (A_i \wedge B_j)$. — Die zweite Behauptung ist zur ersten dual

Korollar 2. *In einem Mengenvollverband gelten für abzählbar viele*[1] *Folgen* $(A_i)_{i=1,2,\ldots}$, $(B_j)_{j=1,2,\ldots}$, $(C_k)_{k=1,2,\ldots}$, $\ldots$ *von Mengen die Gleichungen*

$$\Big(\bigcup_i A_i\Big) \cap \Big(\bigcup_j B_j\Big) \cap \Big(\bigcup_k C_k\Big) \cap \cdots = \bigcup_{i,j,k,\ldots} (A_i \cap B_j \cap C_k \cap \cdots),$$

$$\Big(\bigcap_i A_i\Big) \cup \Big(\bigcap_j B_j\Big) \cup \Big(\bigcap_k C_k\Big) \cup \cdots = \bigcap_{i,j,k,\ldots} (A_i \cup B_j \cup C_k \cup \cdots).$$

Beweis. Jedes Element der Menge links ist ein Element der Menge rechts und umgekehrt.

1.14. *Es sei* $\mathfrak{B}$ *ein* BOOLE-*Verband und* $\mathfrak{S}$ *eine Menge von Somen* S *aus* $\mathfrak{B}$*. Enthält jedes Soma* $>O$ *aus* $\mathfrak{B}$ *ein Soma* $>O$ *aus* $\mathfrak{S}$*, so ist jedes Soma* A *aus* $\mathfrak{B}$ *die Vereinigung aller Somen* $S \leq A$ *aus* $\mathfrak{S}$ *und umgekehrt.*

Beweis. Jedes Soma $>O$ aus $\mathfrak{B}$ enthalte ein Soma $>O$ aus $\mathfrak{S}$. Es sei A ein Soma aus $\mathfrak{B}$ und $(S_i)_{i \in I}$ die Familie aller Somen S aus $\mathfrak{S}$ mit $O < S \leq A$. Ist nun B ein Soma aus $\mathfrak{B}$ mit $S_i \leq B$ für alle $i \in I$, so existiert kein Soma S von $\mathfrak{S}$ mit $O < S \leq A \wedge cB$, da ein solches Soma S ein Soma S_i, also $S \leq B$ wäre; folglich ist $A \wedge cB = 0$ und daher $A \leq B$; also ist $A = \vee S_i$. — Die Umkehrung ist trivial.

Korollar. *Ein* BOOLE-*Verband ist dann und nur dann atomar, wenn jedes Soma* $>O$ *ein Atom enthält.*

1.15. *In einem atomaren* BOOLE-*Verband ist für eine Somenfamilie* $(A_i)_{i \in I}$ *die Vereinigung* $\vee A_i$ *bzw. der Durchschnitt* $\wedge A_i$ *(falls vorhanden) die Vereinigung aller in mindestens einem Soma* A_i *bzw. aller in jedem Soma* A_i *enthaltenen Atome und für ein Soma* A *das Komplement* cA *die Vereinigung aller nicht in* A *enthaltenen Atome.*

Beweis. Jedes der Somen $V = \vee A_i$, $D = \wedge A_i$ und A ist die Vereinigung aller in ihm enthaltenen Atome. — Es sei P ein Atom. Für jedes Soma B ist dann $P = P \wedge (B \vee cB) = (P \wedge B) \vee (P \wedge cB)$, also, da P ein Atom ist, entweder $P \wedge cB = O$ oder $P \wedge B = O$, also entweder $P \leq B$ oder $P \leq cB$. Unter Verwendung dieser letzteren Tatsache können wir folgendermaßen schließen. — Gilt $P \leq A_i$ für mindestens ein $i \in I$, so gilt $P \leq V$; gilt $P \leq A_i$ für kein $i \in I$, so gilt $P \leq cA_i$, also $A_i \leq cP$ für jedes $i \in I$, also $V \leq cP$ und daher nicht $P \leq V$. — Gilt $P \leq A_i$ für alle $i \in I$, so gilt $P \leq D$; gilt $P \leq A_i$ für mindestens ein $i \in I$ nicht, so gilt $P \leq cA_i$ und daher $A_i \leq cP$ für dieses i und folglich $D \leq cP$, also nicht $P \leq D$. — Gilt nicht $P \leq A$, so gilt $P \leq cA$ und umgekehrt.

Übung. Es sei $\mathfrak{B}$ ein BOOLE-Verband. Schreiben wir $(cA \wedge B) \vee (A \wedge cB) = A + B$ und $A \wedge B = A \cdot B$, so ist $\mathfrak{B}$ bezüglich dieser Operationen $+$ und $\cdot$ ein idempotenter Ring mit Einselement E im Sinne

---

[1] Eine Menge (oder Familie) heiße abzählbar, wenn sie leer, endlich oder abzählbar unendlich ist.

der Algebra. Ist umgekehrt $\mathfrak{B}$ ein idempotenter Ring mit Einselement E und definiert man Operationen $\vee$ und $\wedge$ durch $A \vee B = A + B + (A \cdot B)$ und $A \wedge B = A \cdot B$ (und die Relation $A \leq B$ durch $A \vee B = B$), so ist $\mathfrak{B}$ ein Boole-Verband. Man nennt daher einen Boole-Verband auch einen Booleschen *Ring* oder eine Boolesche *Algebra*. — Das Soma $(cA \wedge B) \vee (A \wedge cB)$ bezeichnet man als die *Diskrepanz* oder die *symmetrische Differenz* von A und B.

Wir kehren nun noch einmal zum Begriff des Vereins und der Kette zurück. Eine Kette ist ein spezieller Verein. Umgekehrt ist jeder Verein aus maximalen Ketten aufgebaut. Bezeichnen wir nämlich eine Teilmenge $\mathfrak{K}$ eines Vereins $\mathfrak{B}$ als eine *maximale Kette* (in $\mathfrak{B}$), wenn sie eine Kette ist (d.h. wenn für $A \in \mathfrak{K}$, $B \in \mathfrak{K}$ stets $A \leq B$ oder $B \leq A$ ist), jedoch keine Teilmenge $\mathfrak{L}$ von $\mathfrak{B}$ mit $\mathfrak{K} \subset \mathfrak{L}$ eine Kette ist, so gilt folgender Satz von F. Hausdorff:

1.16. *In einem Verein $\mathfrak{B}$ existiert zu jedem Soma A mindestens eine maximale Kette $\mathfrak{K}$ mit $A \in \mathfrak{K}$.*

Beweis. Wir beweisen zunächst folgenden

Hilfssatz. Es sei $\mathfrak{B}$ ein Verein mit Nullsoma O; für jede Kette $\varkappa$ in $\mathfrak{B}$ existiere in $\mathfrak{B}$ die Vereinigung der Somen aus $\varkappa$; jedem Soma $X \in \mathfrak{B}$ sei eindeutig ein Soma $f(X) \in \mathfrak{B}$ mit $X \leq f(X)$ zugeordnet. Dann existiert in $\mathfrak{B}$ ein Soma X mit $X = f(X)$.

Eine Menge $\mathfrak{A}$ von Somen A aus $\mathfrak{B}$ heiße abgeschlossen, wenn erstens $O \in \mathfrak{A}$ ist, zweitens für jede Menge von Somen aus $\mathfrak{A}$, deren Vereinigung B in $\mathfrak{B}$ existiert, auch $B \in \mathfrak{A}$ ist, drittens für jedes Soma $A \in \mathfrak{A}$ auch $f(A) \in \mathfrak{A}$ ist. Beispielsweise ist $\mathfrak{B}$ selbst abgeschlossen. Der mengentheoretische Durchschnitt $\mathfrak{D}$ aller abgeschlossenen Somenmengen $\mathfrak{A}$ ist wieder abgeschlossen; er ist nicht leer wegen $O \in \mathfrak{D}$.

Nun sei: a) $\mathfrak{C}$ die Menge aller Somen $C \in \mathfrak{D}$, für welche aus $X \in \mathfrak{D}$, $X < C$ stets folgt $f(X) \leq C$. Diese Menge $\mathfrak{C}$ ist nicht leer wegen $O \in \mathfrak{C}$. Für jedes $C \in \mathfrak{C}$ ist die Menge $\mathfrak{D}_C$ aller Somen $X \in \mathfrak{D}$ mit $X \leq C$ oder $f(C) \leq X$ abgeschlossen. Also ist $\mathfrak{D}_C = \mathfrak{D}$ für jedes $C \in \mathfrak{C}$. Weiter ist $X \leq C$ oder $C \leq X$ für jedes $X \in \mathfrak{D}_C$ wegen $C \leq f(C)$; daher gilt wegen $\mathfrak{D}_C = \mathfrak{D}$ folgendes: b) $X \leq C$ oder $C \leq X$ für jedes $C \in \mathfrak{C}$ und jedes $X \in \mathfrak{D}$. Wegen $\mathfrak{C} \subseteq \mathfrak{D}$ und b) ist $\mathfrak{C}$ eine Kette. Folglich existiert nach der Voraussetzung des Hilfssatzes die Vereinigung C^0 der Somen aus $\mathfrak{C}$. Wegen $\mathfrak{C} \subseteq \mathfrak{D}$ und der Abgeschlossenheit von $\mathfrak{D}$ ist $C^0 \in \mathfrak{D}$. Aus $X \in \mathfrak{D}$, $X < C^0$ folgt $X < C$ für mindestens ein $C \in \mathfrak{C}$ wegen b); aus $X < C$ folgt aber $f(X) \leq C$ nach a), also $f(X) \leq C^0$; folglich ist sogar $C^0 \in \mathfrak{C}$ nach a). Aus $X \in \mathfrak{D}$, $X < f(C^0)$ folgt $X \leq C^0$ wegen $\mathfrak{D} = \mathfrak{D}_{C^0}$; aus $X \leq C^0$ folgt weiter $f(X) \leq f(C^0)$, da entweder $X = C^0$ oder $X < C^0$ ist und im letzteren Fall $f(X) \leq C^0$ ist nach a) wegen $C^0 \in \mathfrak{C}$; demnach ist $f(C^0) \in \mathfrak{C}$ nach a).

Hieraus folgt $f(C^0) \leq C^0$, da C^0 die Vereinigung aller Somen aus $\mathfrak{C}$ ist. Anderseits ist $C^0 \leq f(C^0)$ nach der Definition von f. Also ist $C^0 = f(C^0)$. Das Soma $X = C^0$ leistet daher das im Hilfssatz Verlangte.

Aus dem hiermit bewiesenen Hilfssatz ergibt sich **1.16.** folgendermaßen. Es sei $\mathfrak{W}$ das System aller Ketten $\mathfrak{K}$ in $\mathfrak{V}$ mit $A \in \mathfrak{K}$. Dieses System $\mathfrak{W}$ ist ein Mengenverein. Die nur aus dem Soma A bestehende Kette in $\mathfrak{V}$ ist das Nullsoma von $\mathfrak{W}$. Ist $\varkappa$ eine Kette in $\mathfrak{W}$, also ein System von Ketten $\mathfrak{K}$ in $\mathfrak{V}$ derart, daß für $\mathfrak{K}_1 \in \varkappa$, $\mathfrak{K}_2 \in \varkappa$ stets gilt $\mathfrak{K}_1 \subseteq \mathfrak{K}_2$ oder $\mathfrak{K}_2 \subseteq \mathfrak{K}_1$, so ist die Vereinigungsmenge aller $\mathfrak{K} \in \varkappa$ die Vereinigung in $\mathfrak{W}$ der $\mathfrak{K} \in \varkappa$. Für jedes $\mathfrak{K} \in \mathfrak{W}$ definieren wir nun ein $f(\mathfrak{K}) \in \mathfrak{W}$ folgendermaßen: Existiert in $\mathfrak{W}$ ein $\mathfrak{L}$ (also eine Kette $\mathfrak{L}$ in $\mathfrak{V}$) mit $\mathfrak{K} \subset \mathfrak{L}$, so wählen wir unter diesen $\mathfrak{L}$ eines aus und bezeichnen es mit $f(\mathfrak{K})$; existiert kein solches $\mathfrak{L}$, so setzen wir $f(\mathfrak{K}) = \mathfrak{K}$. Damit sind im Verein $\mathfrak{W}$ die Bedingungen des Hilfssatzes erfüllt. Nach ihm existiert ein $\mathfrak{K} \in \mathfrak{W}$ mit $f(\mathfrak{K}) = \mathfrak{K}$. Dieses $\mathfrak{K}$ ist eine Kette in $\mathfrak{V}$ mit $A \in \mathfrak{K}$ nach Definition von $\mathfrak{W}$; sie ist maximal, da wegen $f(\mathfrak{K}) = \mathfrak{K}$ in $\mathfrak{V}$ keine Kette $\mathfrak{L}$ mit $\mathfrak{K} \subset \mathfrak{L}$ existiert.

Aus **1.16.** ergibt sich nun mühelos der folgende Satz, der als „Satz (oder Lemma) von M. ZORN" bekannt ist:

1.17. *Existiert im Verein $\mathfrak{V}$ zu jeder Kette $\mathfrak{K} \subseteq \mathfrak{V}$ eine obere (untere) Schranke, so existiert in $\mathfrak{V}$ zu jedem Soma A ein maximales Soma $M \geq A$ (ein minimales Soma $M \leq A$).*

Beweis. Nach **1.16.** existiert in $\mathfrak{V}$ eine maximale Kette $\mathfrak{K}$ mit $A \in \mathfrak{K}$. Nach Voraussetzung existiert in $\mathfrak{V}$ eine obere Schranke M von $\mathfrak{K}$. Dann ist zunächst $A \leq M$. Gäbe es nun in $\mathfrak{V}$ ein Soma B mit $M < B$, so wäre die aus $\mathfrak{K}$ durch Hinzufügung von B entstehende Menge $\mathfrak{L}$ eine Kette mit $\mathfrak{K} \subset \mathfrak{L}$, im Widerspruch dazu, daß $\mathfrak{K}$ maximal ist. Also ist M ein maximales Soma von $\mathfrak{V}$. — Die zweite Behauptung ist zur ersten dual.

§ 2. Untervereine und Unterverbände.

Es sei $\mathfrak{V}$ ein Verein und $\mathfrak{U}$ eine Teilmenge von $\mathfrak{V}$. Da die Relation $\leq$ in $\mathfrak{V}$ definiert ist, so ist sie auch in $\mathfrak{U}$ definiert: Für zwei Somen A und B aus $\mathfrak{U}$ gilt dann und nur dann $A \leq B$ in $\mathfrak{U}$, wenn $A \leq B$ in $\mathfrak{V}$ gilt. Also ist $\mathfrak{U}$ ein Verein. Wir nennen $\mathfrak{U}$ einen *Unterverein* von $\mathfrak{V}$.

Es sei wieder $\mathfrak{V}$ ein Verein und $\mathfrak{U}$ ein Unterverein von $\mathfrak{V}$. Weiter sei $(A_i)_{i \in I}$ eine Somenfamilie aus $\mathfrak{U}$. Für diese Familie existiere die Vereinigung A in $\mathfrak{U}$; sie ist definitionsgemäß das kleinste Soma in $\mathfrak{U}$, welches alle Somen A_i enthält. Diese Vereinigung A in $\mathfrak{U}$ von $(A_i)_{i \in I}$ braucht keineswegs auch die Vereinigung in $\mathfrak{V}$ von $(A_i)_{i \in I}$ zu sein; denn A ist zwar in $\mathfrak{U}$, aber im allgemeinen nicht auch in $\mathfrak{V}$ das kleinste, alle A_i enthaltende Soma; vielmehr kann es in $\mathfrak{V} - \mathfrak{U}$ Somen A' mit

$A_i \leq A'$ für alle $i \in I$ und $A' < A$ geben; in $\mathfrak{B}$ braucht die Vereinigung von $(A_i)_{i \in I}$ nicht einmal zu existieren. [Umgekehrt ist jedoch die Vereinigung in $\mathfrak{B}$ von $(A_i)_{i \in I}$, falls vorhanden und ein Soma von $\mathfrak{U}$, auch die Vereinigung in $\mathfrak{U}$ von $(A_i)_{i \in I}$.] Für den Durchschnitt gilt dasselbe. Wir definieren nun: Ist für je zwei und damit für je endlich viele Somen (für jede Somenfamilie einer Mächtigkeit $\leq \mathfrak{m}$, für jede Somenfamilie) aus $\mathfrak{U}$ die Vereinigung in $\mathfrak{U}$, falls vorhanden, gleichzeitig auch die Vereinigung in $\mathfrak{B}$, so nennen wir $\mathfrak{U}$ einen $\vee$-*invarianten* ($\vee_{\mathfrak{m}}$-invarianten, $\vee$-invarianten) Unterverein von $\mathfrak{B}$. Analog definieren wir die $\wedge$- ($\wedge_{\mathfrak{m}}$-, $\wedge$-)Invarianz. (Statt $\vee_{\aleph_0}$-invariant und $\wedge_{\aleph_0}$-invariant sagen wir auch σ-invariant und δ-invariant.) Einen Unterverein $\mathfrak{U}$ von $\mathfrak{B}$, welcher ein Verband und $\vee$- und $\wedge$-invariant ist (dies bedeutet, daß für je zwei Somen aus $\mathfrak{U}$ die Vereinigung und der Durchschnitt in $\mathfrak{U}$ existieren und diese gleichzeitig die Vereinigung und der Durchschnitt in $\mathfrak{B}$ sind), nennen wir einen *Unterverband* von $\mathfrak{B}$.

Schließlich sei $\mathfrak{B}$ ein BOOLE-Verband und $\mathfrak{U}$ ein Unterverband von $\mathfrak{B}$. Ist $\mathfrak{U}$ BOOLEsch und zwar derart, daß für jedes Soma $A \in \mathfrak{U}$ das Komplement in $\mathfrak{U}$ auch das Komplement cA in $\mathfrak{B}$ ist (dies ist dann und nur dann der Fall, wenn das Einssoma E und das Nullsoma O von $\mathfrak{B}$ in $\mathfrak{U}$ liegen), so nennen wir $\mathfrak{U}$ einen BOOLE*schen Unterverband* von $\mathfrak{B}$.

Beispiele. 1. $\mathfrak{B}$ sei ein Verband und U ein beliebiges Soma aus $\mathfrak{B}$. Dann ist die aus allen Somen A von $\mathfrak{B}$ mit $A \leq U$ ($A \geq U$) bestehende Teilmenge von $\mathfrak{B}$ ein $\vee$- und $\wedge$-invarianter Unterverband von $\mathfrak{B}$ mit U als Einssoma (Nullsoma). Wir bezeichnen ihn mit $\mathfrak{B}_U$ ($\mathfrak{B}^U$). — 2. Es sei $\mathfrak{B}$ ein BOOLE-Verband. Es sei Z eine Darstellung des Einssomas E als Vereinigung $\vee Z^j$ paarweise teilerfremder Somen $Z^j > O$ ($j \in J$). Eine solche Darstellung heiße eine *Zerlegung* von E. Der Unterverein $\mathfrak{U}$ von $\mathfrak{B}$, bestehend aus allen Somen $A \in \mathfrak{B}$, die als Vereinigungen in $\mathfrak{B}$ von Somen Z^j darstellbar sind, ist ein (atomarer) $\vee$- und $\wedge$-invarianter, BOOLEscher Unterverband von $\mathfrak{B}$. Wir nennen $\mathfrak{U}$ einen *Zerlegungsverband* und bezeichnen ihn mit $\mathfrak{B}/Z$. — 3. Es sei $\mathfrak{B}$ ein $\sigma \delta$-Verband und $\mathfrak{S}$ eine beliebige Menge von Somen aus $\mathfrak{B}$. Es sei Σ das System aller $\mathfrak{S}$ als Teilmenge enthaltenden, σ- und δ-invarianten $\sigma \delta$-Unterverbände $\mathfrak{U}$ von $\mathfrak{B}$. Der mengentheoretische Durchschnitt $\mathfrak{B}(\mathfrak{S})$ aller $\mathfrak{U} \in \Sigma$ ist ebenfalls $\in \Sigma$. Er ist die kleinste Menge $\mathfrak{B}$ von Somen aus $\mathfrak{B}$ mit folgenden Eigenschaften: 1. $\mathfrak{S} \subseteq \mathfrak{B}$; 2. für je abzählbar viele Somen B aus $\mathfrak{B}$ ist $\vee B \in \mathfrak{B}$ und $\wedge B \in \mathfrak{B}$. Wir nennen ihn den BOREL*schen Verband* (in $\mathfrak{B}$) *über* $\mathfrak{S}$. Er ist ein σ- und δ-invarianter $\sigma \delta$-Unterverband von $\mathfrak{B}$.

Übung. Ist $\mathfrak{B}$ ein BOOLEscher $\sigma \delta$-Verband und $\mathfrak{S}$ eine Menge von Somen aus $\mathfrak{B}$ derart, daß für jedes Soma $A \in \mathfrak{S}$ auch $cA \in \mathfrak{S}$ ist, so ist der BORELsche Verband $\mathfrak{B}(\mathfrak{S})$ ein BOOLEscher Unterverband von $\mathfrak{B}$.

§ 3. Homomorphismen und Isomorphismen.

Es seien $\mathfrak{B}$ und $\mathfrak{B}'$ zwei Vereine; die Somen aus $\mathfrak{B}$ seien mit $A, B, \ldots$ und die Somen aus $\mathfrak{B}'$ mit $A', B', \ldots$ bezeichnet. Ist nun jedem Soma A aus $\mathfrak{B}$ eindeutig ein Soma $A' = \Phi A$ aus $\mathfrak{B}'$ derart zugeordnet, daß

$$\text{aus} \quad A_1 \leq A_2 \quad \text{folgt} \quad \Phi A_1 \leq \Phi A_2, \tag{3.1}$$

so heißt die Zuordnung Φ ein *Homomorphismus* (genauer ein Vereins- oder $\leq$-Homomorphismus) von $\mathfrak{B}$ *in* $\mathfrak{B}'$. Die Menge $\Phi \mathfrak{B}$ aller Somen ΦA ist ein Unterverein von $\mathfrak{B}'$. Ist speziell $\Phi \mathfrak{B} = \mathfrak{B}'$, existiert also für jedes Soma A' aus $\mathfrak{B}'$ mindestens ein Soma A von $\mathfrak{B}$ mit $A' = \Phi A$, so heißt Φ ein Homomorphismus von $\mathfrak{B}$ *auf* $\mathfrak{B}'$; in diesem Fall ist, falls in $\mathfrak{B}$ das Einssoma E bzw. das Nullsoma O existiert, $\Phi E = E'$ das Einssoma bzw. $\Phi O = O'$ das Nullsoma von $\mathfrak{B}'$.

Ist der Verein $\mathfrak{B}'$ ein Unterverein von $\mathfrak{B}$, so heißt der Homomorphismus Φ ein *Endomorphismus* von $\mathfrak{B}$.

Ist Φ ein Homomorphismus des Vereins $\mathfrak{B}$ in (auf) den Verein $\mathfrak{B}'$ und gilt außer (3.1) auch die Umkehrung:

$$\text{aus} \quad \Phi A_1 \leq \Phi A_2 \quad \text{folgt} \quad A_1 \leq A_2, \tag{3.2}$$

so heißt Φ ein *Isomorphismus* von $\mathfrak{B}$ in (auf) $\mathfrak{B}'$ und die Vereine $\mathfrak{B}$ und $\Phi \mathfrak{B}$ heißen *isomorph*. Ein Isomorphismus Φ ordnet den Somen von $\mathfrak{B}$ die Somen von $\Phi \mathfrak{B}$ eineindeutig zu (aus $A_1 \neq A_2$ folgt $\Phi A_1 \neq \Phi A_2$); ist $(A_i)_{i \in I}$ eine Somenfamilie in $\mathfrak{B}$, deren Vereinigung A existiert, so ist ΦA die Vereinigung der Somenfamilie $(\Phi A_i)_{i \in I}$ in $\Phi \mathfrak{B}$; analog für den Durchschnitt; ist P ein Atom von $\mathfrak{B}$, so ist ΦP ein Atom von $\Phi \mathfrak{B}$[1].

Ein für uns sehr wichtiges *Beispiel* ist das folgende. Es seien E und E' zwei Mengen irgendwelcher Dinge; $\mathfrak{E}$ und $\mathfrak{E}'$ seien die Mengenvollverbände mit den Trägern E und E'. Jedem Element p von E sei eindeutig ein Element $p' = \varphi p$ von E' zugeordnet. Diese Zuordnung φ heißt eine *Abbildung* von E in E' (bzw. auf E', wenn es zu jedem $p' \in E'$ mindestens ein $p \in E$ mit $p' = \varphi p$ gibt); $p' = \varphi p$ heißt das *Bild* von p. Diese Abbildung φ von E in E' (auf E') definiert folgenden Homomorphismus von $\mathfrak{E}$ in $\mathfrak{E}'$ (auf $\mathfrak{E}'$): Jeder Menge A aus $\mathfrak{E}$ ordnen wir die Menge A' der Bilder $p' = \varphi p$ aller $p \in A$ zu. Auch diesen Homomorphismus bezeichnen wir mit demselben Buchstaben φ, schreiben also

---

[1] Allgemein ist jede vereins- oder verbandstheoretische Eigenschaft (d.h. jede Eigenschaft, die sich letzten Endes durch die $\leq$-Relation ausdrücken läßt) invariant gegenüber einem Isomorphismus, d.h. sie überträgt sich von einem Verein oder Verband auf jeden zu ihm isomorphen Verein oder Verband. (Aus diesem Grunde betrachten wir zwei isomorphe Vereine oder Verbände grundsätzlich als gleichberechtigt.)

$A' = \varphi A$, und nennen ihn eine *Abbildung* von $\mathfrak{E}$ in $\mathfrak{E}'$ (auf $\mathfrak{E}'$)[1]. Diese Abbildung φ von $\mathfrak{E}$ in $\mathfrak{E}'$ (auf $\mathfrak{E}'$) bestimmt umgekehrt die Abbildung φ von E in E' (auf E') eindeutig. Dann und nur dann, wenn die Abbildung φ von E in E' eine eineindeutige Abbildung von E auf E' ist (d.h. wenn zu jedem $p' \in E'$ genau ein $p \in E$ mit $p' = \varphi\, p$ existiert), ist die Abbildung φ von $\mathfrak{E}$ in $\mathfrak{E}'$ ein Isomorphismus von $\mathfrak{E}$ auf $\mathfrak{E}'$.

Übung. $\mathfrak{B}$ und $\mathfrak{B}'$ seien $\vee$-Vereine ($\wedge$-Vereine). Die Somen A aus $\mathfrak{B}$ seien eineindeutig den Somen A' aus $\mathfrak{B}'$ zugeordnet. Diese Zuordnung Φ ist dann und nur dann ein Isomorphismus von $\mathfrak{B}$ auf $\mathfrak{B}'$, wenn für je zwei Somen A_1 und A_2 aus $\mathfrak{B}$ gilt $\Phi(A_1 \vee A_2) = \Phi A_1 \vee \Phi A_2$ $(\Phi(A_1 \wedge A_2) = \Phi A_1 \wedge \Phi A_2)$.

Es sei Φ ein Homomorphismus eines Vereins $\mathfrak{B}$ in einen Verein $\mathfrak{B}'$. Existiert für jedes Soma A' aus $\mathfrak{B}'$ unter den Somen A aus $\mathfrak{B}$ mit $\Phi A \leq A'$ ein größtes (d.h. existiert die Vereinigung dieser Somen A und ist diese Vereinigung selbst ein solches A), so bezeichnen wir dieses größte Soma mit $\Phi^{-1} A'$ und nennen die Zuordnung Φ^{-1} von $\mathfrak{B}'$ in $\mathfrak{B}$ die *Umkehrung* von Φ und Φ *umkehrbar*. Existiert die Umkehrung Φ^{-1}, so bestehen nach ihrer Definition die folgenden Beziehungen (3.3) bis (3.8):

$$A \leq \Phi^{-1}\Phi A \quad \text{für} \quad A \in \mathfrak{B}\ ^2; \tag{3.3}$$

$$\Phi\Phi^{-1} A' \leq A' \quad \text{für} \quad A' \in \mathfrak{B}'; \tag{3.4}$$

ist Φ ein Homomorphismus von $\mathfrak{B}$ *auf* $\mathfrak{B}'$, so ist
$$\Phi\Phi^{-1} A' = A' \quad \text{für} \quad A' \in \mathfrak{B}'; \tag{3.5}$$

existiert in $\mathfrak{B}$ das Nullsoma O, so existiert in $\mathfrak{B}'$ das Nullsoma O' und es ist $\Phi\, O = O'$; $\tag{3.6}$

denn es ist $O \leq A$ für jedes $A \in \mathfrak{B}$, für $A = \Phi^{-1} A'$ also $O \leq \Phi^{-1} A'$, also $\Phi O \leq \Phi\Phi^{-1} A' \leq A'$ nach (3.4) für jedes $A' \in \mathfrak{B}'$;

existiert in $\mathfrak{B}'$ das Einssoma E', so existiert in $\mathfrak{B}$ das Einssoma E und es ist $\Phi^{-1} E' = E$; $\tag{3.7}$

$$\text{aus } A' \leq B' \quad \text{folgt} \quad \Phi^{-1} A' \leq \Phi^{-1} B'. \tag{3.8}$$

Nach (3.8) ist Φ^{-1} ein Homomorphismus von $\mathfrak{B}'$ in $\mathfrak{B}$.

---

[1] Nach der üblichen Terminologie bedeuten die Worte ,,Zuordnung'' und ,,Abbildung'' dasselbe; danach wäre also z.B. jeder Homomorphismus eines Vereins $\mathfrak{B}$ in einen Verein $\mathfrak{B}'$ eine Abbildung, also auch jeder Homomorphismus von $\mathfrak{E}$ in $\mathfrak{E}'$. Wir verwenden aber das Wort ,,Abbildung'' nur in den beiden obigen Bedeutungen.

[2] Wie üblich ist $\Phi_n \Phi_{n-1} \ldots \Phi_1 A$ eine Abkürzung für $\Phi_n\big(\Phi_{n-1}(\ldots(\Phi_1(A))\ldots)\big)$. Man wendet also auf A den Homomorphismus Φ_1, auf $\Phi_1 A = \Phi_1(A)$ den Homomorphismus Φ_2 an usw. $\Phi = \Phi_n \Phi_{n-1} \ldots \Phi_1$ ist ein Homomorphismus.

Übung. Ein Homomorphismus Φ von $\mathfrak{B}$ in $\mathfrak{B}'$ ist dann und nur dann umkehrbar, wenn ein Homomorphismus Ψ von $\mathfrak{B}'$ in $\mathfrak{B}$ existiert mit $A \leq \Psi\Phi A$ für $A \in \mathfrak{B}$ und $\Phi\Psi A' \leq A'$ für $A' \in \mathfrak{B}'$. Dieser Homomorphismus Ψ ist dann eindeutig bestimmt und $=\Phi^{-1}$.

Ist Φ_1 ein umkehrbarer Homomorphismus eines Vereins $\mathfrak{B}$ in einen Verein $\mathfrak{B}'$ und Φ_2 ein umkehrbarer Homomorphismus von $\mathfrak{B}'$ in einen Verein $\mathfrak{B}''$, so ist $\Phi_2\Phi_1$ ein umkehrbarer Homomorphismus von $\mathfrak{B}$ in $\mathfrak{B}''$ und es ist $(\Phi_2\Phi_1)^{-1} = \Phi_1^{-1}\Phi_2^{-1}$.

Jeder Isomorphismus Φ ist umkehrbar; für jedes Soma A' aus $\mathfrak{B}'$ ist $\Phi^{-1}A'$ das Soma A aus $\mathfrak{B}$ mit $\Phi A = A'$.

Ein umkehrbarer Homomorphismus ist auch der folgende Endomorphismus T eines Vereins $\mathfrak{B}$, aufgefaßt als Homomorphismus von $\mathfrak{B}$ auf $\mathsf{T}\mathfrak{B}$. Jedem Soma A aus $\mathfrak{B}$ sei eindeutig ein Soma $\mathsf{T}A$ aus $\mathfrak{B}$ derart zugeordnet, daß gilt:

$$\text{aus } A_1 \leq A_2 \quad \text{folgt} \quad \mathsf{T}A_1 \leq \mathsf{T}A_2; \tag{3.9}$$

$$A \leq \mathsf{T}A; \tag{3.10}$$

$$\mathsf{T}\mathsf{T}A = \mathsf{T}A. \tag{3.11}$$

Dann nennen wir T eine *Topologie* von $\mathfrak{B}$. Es ist $\mathsf{T}^{-1}A = A$ $(A \in \mathsf{T}\mathfrak{B})$.

Beispiele. 1. Es sei $\mathfrak{B}$ ein v-Verein und U ein festes Soma aus $\mathfrak{B}$. Jedem Soma A aus $\mathfrak{B}$ sei das Soma $\mathsf{T}A = A \vee U$ zugeordnet. — 2. $\mathfrak{B}$ sei der Mengenverband aller Mengen A reeller Zahlen x. Jeder Menge A sei die Menge $\mathsf{T}A$ aller x mit $x \in A$ oder $-x \in A$ zugeordnet. — 3. $\mathfrak{B}$ sei ein Boole-Vollverband und Z eine Zerlegung des Einssomas E (vgl. das Beispiel 2 von S. 14). Jedem Soma A sei die Vereinigung $\mathsf{T}A$ aller zu A nicht teilerfremden Somen Z^j von Z zugeordnet.

Ist T eine Topologie eines Vereins $\mathfrak{B}$ und Ψ ein Isomorphismus des Untervereins $\mathsf{T}\mathfrak{B}$ von $\mathfrak{B}$ auf einen Verein $\mathfrak{B}'$, so ist $\Phi = \Psi\mathsf{T}$ ein umkehrbarer Homomorphismus von $\mathfrak{B}$ auf $\mathfrak{B}'$ (auf $\mathsf{T}\mathfrak{B}$ ist dann Ψ mit Φ identisch, also $\Phi = \Phi\mathsf{T}$ auf $\mathfrak{B}$). Umgekehrt kann man jeden umkehrbaren Homomorphismus eines Vereins $\mathfrak{B}$ auf einen Verein $\mathfrak{B}'$ in dieser Weise aus einer Topologie und einem Isomorphismus zusammensetzen:

3.1. *Es sei Φ ein umkehrbarer Homomorphismus eines Vereins $\mathfrak{B}$ auf einen Verein $\mathfrak{B}'$. Dann existiert eine Topologie T von $\mathfrak{B}$ mit folgenden Eigenschaften:*

a) $\Phi = \Phi\mathsf{T}$;

b) Φ *ist, auf $\mathsf{T}\mathfrak{B}$ betrachtet, ein Isomorphismus von $\mathsf{T}\mathfrak{B}$ auf $\mathfrak{B}'$*;

c) Φ^{-1} *ist ein Isomorphismus von $\mathfrak{B}'$ auf $\mathsf{T}\mathfrak{B}$.*

Beweis. Wir setzen $\Phi^{-1}\Phi = \mathsf{T}$. Aus (3.1) und (3.8) folgt (3.9); aus (3.3) folgt (3.10) und aus (3.5) folgt (3.11); also ist T eine Topologie von $\mathfrak{B}$. Aus (3.5) folgt $\varPhi\,\mathsf{T}=\varPhi$. Hiernach ist $\varPhi$, nur auf $\mathsf{T}\,\mathfrak{B}$ betrachtet, ein Homomorphismus von $\mathsf{T}\,\mathfrak{B}$ auf $\mathfrak{B}'$; umgekehrt ist $\varPhi^{-1}$ wegen (3.8) und $\varPhi^{-1}\varPhi=\mathsf{T}$ ein Homomorphismus von $\mathfrak{B}'$ auf $\mathsf{T}\,\mathfrak{B}$; also ist $\varPhi$, auf $\mathsf{T}\mathfrak{B}$ betrachtet, ein Isomorphismus von $\mathsf{T}\,\mathfrak{B}$ auf $\mathfrak{B}'$ und $\varPhi^{-1}$ ein Isomorphismus von $\mathfrak{B}'$ auf $\mathsf{T}\,\mathfrak{B}$.

3.2. *Es sei $\varPhi$ ein umkehrbarer Homomorphismus eines Vereins $\mathfrak{B}$ in einen Verein $\mathfrak{B}'$. Ist $(A_i)_{i\in I}$ eine Somenfamilie in $\mathfrak{B}$, deren Vereinigung $\vee A_i$ in $\mathfrak{B}$ existiert, so ist $\varPhi\vee A_i$ die Vereinigung in $\mathfrak{B}'$ der Somenfamilie $(\varPhi A_i)_{i\in I}$ in $\mathfrak{B}'$:*

$$\varPhi\vee A_i = \vee\varPhi A_i. \tag{3.12}$$

Beweis. Wir setzen $\vee A_i = A$. Einerseits gilt $A_i\leq A$, nach (3.1) also $\varPhi A_i\leq\varPhi A$ für alle $i\in I$. Andererseits sei B' ein Soma aus $\mathfrak{B}'$ mit $\varPhi A_i\leq B'$ für alle $i\in I$; dann ist $A_i\leq\varPhi^{-1}B'$ nach (3.8) und (3.3) für alle $i\in I$, also $A\leq\varPhi^{-1}B'$ und daher $\varPhi A\leq B'$ nach (3.1) und (3.4).

3.3. *Es sei $\varPhi$ ein umkehrbarer Homomorphismus eines Vereins $\mathfrak{B}$ in einen Verein $\mathfrak{B}'$. Ist $(A_i')_{i\in I}$ eine Somenfamilie in $\mathfrak{B}'$, deren Durchschnitt $\wedge A_i'$ in $\mathfrak{B}'$ existiert, so ist $\varPhi^{-1}\wedge A_i'$ der Durchschnitt in $\mathfrak{B}'$ der Somenfamilie $(\varPhi^{-1}A_i')_{i\in I}$ in $\mathfrak{B}$:*

$$\varPhi^{-1}\wedge A_i' = \wedge\varPhi^{-1}A_i'. \tag{3.13}$$

Beweis. Wir setzen $\wedge A_i' = A'$. Einerseits gilt $A'\leq A_i'$, nach (3.8) also $\varPhi^{-1}A'\leq\varPhi^{-1}A_i'$ für alle $i\in I$. Andererseits sei B ein Soma aus $\mathfrak{B}$ mit $B\leq\varPhi^{-1}A_i'$ für alle $i\in I$; dann ist $\varPhi B\leq A_i'$ nach (3.1) und (3.4) für alle $i\in I$, also $\varPhi B\leq A'$ und daher $B\leq\varPhi^{-1}A'$ nach (3.8) und (3.3).

Schließlich nennen wir einen umkehrbaren Homomorphismus $\varPhi$ eines Vereins $\mathfrak{B}$ in einen Verein $\mathfrak{B}'$ einen *Vollhomomorphismus*, wenn er folgender Bedingung genügt [vgl. (3.12) und (3.13)]:

Ist $(A_i')_{i\in I}$ eine Somenfamilie in $\mathfrak{B}'$, deren Vereinigung $\vee A_i'$ in $\mathfrak{B}'$ existiert, so ist $\varPhi^{-1}\vee A_i'$ die Vereinigung in $\mathfrak{B}$ der Somenfamilie $(\varPhi^{-1}A_i')_{i\in I}$ in $\mathfrak{B}$:

$$\varPhi^{-1}\vee A_i' = \vee\varPhi^{-1}A_i'. \tag{3.14}$$

Für einen Vollhomomorphismus gilt neben (3.6) und (3.7):

$$\left.\begin{array}{l}\text{Existiert in }\mathfrak{B}'\text{ das Nullsoma }O',\text{ so existiert in }\mathfrak{B}\text{ das}\\ \text{Nullsoma }O\text{ und es ist }\varPhi^{-1}O'=O.\end{array}\right\} \tag{3.15}$$

Denn O' ist die Vereinigung der leeren Somenfamilie in $\mathfrak{B}'$, also $\varPhi^{-1}O'$ nach (3.14) die Vereinigung der leeren Somenfamilie in $\mathfrak{B}$.

3.4. *Ein umkehrbarer Homomorphismus $\varPhi$ eines BOOLE-Verbandes $\mathfrak{B}$ in einen BOOLE-Verband $\mathfrak{B}'$ ist dann und nur dann ein Vollhomomorphis-*

mus, wenn für jedes Soma A' aus $\mathfrak{W}'$ gilt:

$$\Phi^{-1} cA' = c\Phi^{-1} A'. \tag{3.16}$$

Beweis. Es gelte (3.16). Für eine Somenfamilie $(A'_i)_{i \in I}$ in $\mathfrak{W}'$, für welche $\bigvee A'_i$ existiert, gilt nach **1.11.**, **1.12.** und **3.3.**: $\Phi^{-1} \bigvee A'_i = \Phi^{-1} cc \bigvee A'_i = c\Phi^{-1} \wedge cA'_i = c \wedge \Phi^{-1} cA'_i = \bigvee cc \Phi^{-1} A'_i = \bigvee \Phi^{-1} A'_i$. — Nun gelte (3.14). Aus $A' \vee cA' = E'$ folgt $\Phi^{-1} A' \vee \Phi^{-1} cA' = \Phi^{-1} E' = E$ nach (3.14) und (3.7). Aus $A' \wedge cA' = O'$ folgt $\Phi^{-1} A' \wedge \Phi^{-1} cA' = \Phi^{-1} O' = O$ nach (3.13) und (3.15).

Korollar. *Ist Φ ein Vollhomomorphismus des* Boole-*Verbandes $\mathfrak{W}$ auf den* Boole-*Verband $\mathfrak{W}'$ und ist $\Phi^{-1} \Phi A = A$, so ist*

$$\Phi cA = c\Phi A. \tag{3.17}$$

Beweis. (3.5) und (3.16).

3.5. *Es sei Φ ein Vollhomomorphismus eines* Boole-*Verbandes $\mathfrak{W}$ auf einen* Boole-*Verband $\mathfrak{W}'$. Sind A_1 und A_2 zwei Somen aus $\mathfrak{W}$ derart, daß $\Phi^{-1} \Phi A_1 = A_1$ oder $\Phi^{-1} \Phi A_2 = A_2$ ist, so gilt:*

$$\Phi(A_1 \wedge A_2) = \Phi A_1 \wedge \Phi A_2, \tag{3.18}$$

$$\Phi(A_1 \wedge cA_2) = \Phi A_1 \wedge c\Phi A_2. \tag{3.19}$$

Beweis. A_1 und A_2 seien zunächst zwei beliebige Somen aus $\mathfrak{W}$. Einerseits ist

α) $$\Phi A_1 = (\Phi A_1 \wedge \Phi A_2) \vee (\Phi A_1 \wedge c\Phi A_2)$$

mit

β) $$(\Phi A_1 \wedge \Phi A_2) \wedge (\Phi A_1 \wedge c\Phi A_2) = O'$$

wegen $\Phi A_2 \wedge c\Phi A_2 = O'$. Anderseits ist

γ) $$\Phi A_1 = \Phi(A_1 \wedge A_2) \vee \Phi(A_1 \wedge cA_2)$$

nach (3.12). Nun ist

δ) $$\Phi(A_1 \wedge A_2) \leq \Phi A_1 \wedge \Phi A_2$$

wegen $A_1 \wedge A_2 \leq A_1$ und $A_1 \wedge A_2 \leq A_2$. Aus α) bis δ) folgt

ε) $$\Phi A_1 \wedge c\Phi A_2 \leq \Phi(A_1 \wedge cA_2).$$

Nun sei $\Phi^{-1} \Phi A_2 = A_2$. Aus ε) und (3.17) folgt dann $\Phi A_1 \wedge \Phi cA_2 \leq \Phi(A_1 \wedge cA_2)$. Da aber auch umgekehrt $\Phi A_1 \wedge \Phi cA_2 \geq \Phi(A_1 \wedge cA_2)$ ist nach δ), angewandt auf A_1 und cA_2, so folgt $\Phi A_1 \wedge \Phi cA_2 = \Phi(A_1 \wedge cA_2)$. Wegen (3.17) gilt also (3.19) und daher wegen α) bis δ) auch (3.18).

Jetzt sei $\Phi^{-1} \Phi A_1 = A_1$. Da (3.18) in A_1 und A_2 symmetrisch ist und als richtig nachgewiesen wurde unter der Voraussetzung $\Phi^{-1} \Phi A_2 = A_2$, so ist (3.18) auch richtig für $\Phi^{-1} \Phi A_1 = A_1$. Aus α) bis δ) folgt dann wieder (3.19).

3.6. *Es sei Φ ein Vollhomomorphismus eines* Boole-*Verbandes* $\mathfrak{B}$ *auf einen* Boole-*Verband* $\mathfrak{B}'$. *Sind A und C zwei Somen aus $\mathfrak{B}$ und A', B' und C' drei Somen aus $\mathfrak{B}'$ derart, daß $A \leq C$, $A' \leq B' \leq C'$, $\Phi(A) = A'$ und $\Phi(C) = C'$ ist, so existiert in $\mathfrak{B}$ ein Soma B mit $A \leq B \leq C$ und $\Phi(B) = B'$.*

Beweis. Wir setzen $\Phi^{-1} B' \wedge C = B$. Dann ist $A \leq B \leq C$ und $\Phi B = B' \wedge C' = B'$ nach (3.3), (3.18) und (3.5).

Beispiele. 1. Es sei $\mathfrak{B}$ der Mengenverband aller Mengen A reeller Zahlen x und $\mathfrak{B}'$ der Mengenverein aller Intervalle $[a \leq x \leq b]$, einschließlich der Halbgeraden $[x \leq b]$ und $[a \leq x]$ (a und b endlich) und der leeren Menge. Für jede Menge A aus $\mathfrak{B}$ sei ΦA das kleinste Element aus $\mathfrak{B}'$, welches A als Teilmenge enthält. Dann ist Φ ein umkehrbarer Homomorphismus, aber kein Vollhomomorphismus von $\mathfrak{B}$ auf $\mathfrak{B}'$. [Bezüglich (3.12) und (3.13) beachte man, daß in $\mathfrak{B}'$ zwar der Durchschnitt, nicht aber die Vereinigung die mengentheoretische Bedeutung hat.] — 2. (Vgl. Beispiel 2 von S. 14.) Es sei $\mathfrak{B}$ ein Boole-Vollverband, Z eine Zerlegung des Einssomas E und $\mathfrak{U} = \mathfrak{B}/\mathsf{Z}$ der zugehörige Zerlegungsverband. Jedem Soma A aus $\mathfrak{B}$ ordnen wir als Bild $\mathsf{T}A$ die Vereinigung der zu A nicht teilerfremden Somen Z^j der Zerlegung Z zu. Diese Topologie T ist ein Vollhomomorphismus von $\mathfrak{B}$ auf den atomaren Boole-Vollverband $\mathfrak{U}$. Für die Somen Z^j, die Atome von $\mathfrak{U}$, ist $\mathsf{T}^{-1} Z^j = Z^j$. — Umgekehrt sei Φ ein Vollhomomorphismus eines Boole-Vollverbandes $\mathfrak{B}$ auf einen atomaren Boole-Vollverband $\mathfrak{B}'$; dann sind die Somen $Z = \Phi^{-1} P'$, wenn P' die Atome von $\mathfrak{B}'$ durchläuft, die Somen einer Zerlegung Z des Einssomas E von $\mathfrak{B}$; der Zerlegungsverband $\mathfrak{U} = \mathfrak{B}/\mathsf{Z}$ ist der Unterverein $\mathfrak{U}$ des Satzes **3.1.**

Übungen. 1. Es sei Φ ein umkehrbarer Homomorphismus eines Vereins $\mathfrak{B}$ auf einen Verein $\mathfrak{B}'$. Bezeichnen wir mit $\mathfrak{U}$ den Unterverein $\mathsf{T}\mathfrak{B}$ von $\mathfrak{B}$ des Satzes **3.1.**, so können wir den Satz **3.3.** auch so aussprechen:

$$\mathfrak{U} \text{ ist } \wedge\text{-invariant}, \tag{3.13a}$$

und die Bedingung (3.14) folgendermaßen:

$$\mathfrak{U} \text{ ist } \vee\text{-invariant}. \tag{3.14a}$$

2. Es sei Φ ein Vollhomomorphismus eines Boole-Verbandes $\mathfrak{B}$ auf einen Boole-Verband $\mathfrak{B}'$. Weiter seien A und C zwei Somen aus $\mathfrak{B}$ mit $A \leq C$ und $\Phi A = A'$ und $\Phi C = C'$ die ihnen zugeordneten Somen in $\mathfrak{B}'$. Schließlich sei $\mathfrak{U}$ der Unterverein von $\mathfrak{B}$, bestehend aus allen Somen B mit $A \leq B \leq C$, und $\mathfrak{U}'$ der Unterverein von $\mathfrak{B}'$, bestehend aus allen Somen B' mit $A' \leq B' \leq C'$. Dann ist Φ, nur auf $\mathfrak{U}$ betrachtet, ein Vollhomomorphismus des Boole-Verbandes $\mathfrak{U}$ auf den Boole-Verband $\mathfrak{U}'$. — 3. Die Topologie T des Satzes **3.1.** ist eindeutig bestimmt in folgendem Sinne. Es sei Φ ein umkehrbarer Homomorphismus eines Vereins $\mathfrak{B}$

auf einen Verein $\mathfrak{V}'$. Es sei jedem Soma A aus $\mathfrak{V}$ ein Soma $\mathsf{T}A$ von $\mathfrak{V}$ zugeordnet, so daß, wenn $\mathfrak{U}$ der Unterverein aller Somen $\mathsf{T}A$ ist, folgendes gilt: a) $\Phi = \Phi\mathsf{T}$; b) Φ ist, auf $\mathfrak{U}$ betrachtet, ein Isomorphismus von $\mathfrak{U}$ auf $\mathfrak{V}$; c) Φ^{-1} ist ein Isomorphismus von $\mathfrak{V}'$ auf $\mathfrak{U}$. Dann ist $\mathsf{T} = \Phi^{-1}\Phi$.

§ 4. Raster, Filter und Ideale.

Es liege ein Verein $\mathfrak{V}$ vor.

Ein nicht leeres System $\mathfrak{R}$ von Somen R aus $\mathfrak{V}$ heiße ein *Raster*, wenn folgendes gilt:

$$\text{zu } R_1 \in \mathfrak{R}, R_2 \in \mathfrak{R} \text{ existiert ein } R \in \mathfrak{R} \text{ mit } R \leq R_1 \text{ und } R \leq R_2. \quad (4.1)$$

Verschwindet kein Soma R aus $\mathfrak{R}$, so heiße $\mathfrak{R}$ ein eigentlicher Raster, andernfalls ein uneigentlicher Raster. (Existiert in $\mathfrak{V}$ kein Nullsoma, so ist jeder Raster eigentlich; existiert in $\mathfrak{V}$ das Nullsoma O, so ist $\mathfrak{R}$ dann und nur dann uneigentlich, wenn $O \in \mathfrak{R}$ ist.)

Beispiel. Es sei $\mathfrak{V}$ der Mengenverein aller Mengen natürlicher Zahlen. Für jedes natürliche n sei R_n die Menge aller natürlichen Zahlen $\geq n$. Dann ist das System der Mengen $R_1, R_2, \ldots$ ein eigentlicher Raster. Er heiße der FRÉCHET-Raster.

Ein nicht leeres System $\mathfrak{F}$ von Somen F aus $\mathfrak{V}$ heißt ein *Filter* [1] in $\mathfrak{V}$ [2], wenn folgende zwei Bedingungen erfüllt sind:

$$\text{zu } F_1 \in \mathfrak{F}, F_2 \in \mathfrak{F} \text{ existiert ein } F \in \mathfrak{F} \text{ mit } F \leq F_1 \text{ und } F \leq F_2; \quad (4.2)$$

$$\text{aus } F_1 \in \mathfrak{F}, F_1 \leq F_2, F_2 \in \mathfrak{V} \text{ folgt } F_2 \in \mathfrak{F}. \quad (4.3)$$

Verschwindet kein Soma F aus $\mathfrak{F}$, so heißt $\mathfrak{F}$ ein eigentlicher Filter, andernfalls ein uneigentlicher Filter. (Existiert in $\mathfrak{V}$ kein Nullsoma, so ist jeder Filter eigentlich; existiert in $\mathfrak{V}$ das Nullsoma O, so ist $\mathfrak{F}$ dann und nur dann uneigentlich, wenn $O \in \mathfrak{F}$ ist, und wegen (4.3) ist dann $\mathfrak{V} = \mathfrak{F}$ der einzige uneigentliche Filter.)

Jeder Filter ist ein Raster. Ist umgekehrt $\mathfrak{R}$ ein Raster, so ist das System $\mathfrak{F}$ aller Somen F aus $\mathfrak{V}$, deren jedes mindestens ein Soma R aus $\mathfrak{R}$ als Teilsoma enthält, ein Filter; er heißt der durch $\mathfrak{R}$ in $\mathfrak{V}$ *erzeugte* Filter; es gilt $\mathfrak{R} \subseteq \mathfrak{F}$. Jeder Raster erzeugt also einen Filter; man nennt daher einen Raster auch eine *Filterbasis*. Die uneigentlichen Raster und nur diese erzeugen den uneigentlichen Filter. Ist der Raster $\mathfrak{R}$ selbst ein Filter, so ist der durch $\mathfrak{R}$ erzeugte Filter gleich $\mathfrak{R}$.

---

[1] Die Wichtigkeit des Filterbegriffes wurde von H. CARTAN aufgedeckt. — Einige Autoren bezeichnen einen Raster als Filter und einen Filter als Vollfilter.

[2] Ist $\mathfrak{V}$ ein Unterverein eines Vereins $\mathfrak{V}'$, so ist jeder Raster in $\mathfrak{V}$ auch ein Raster in $\mathfrak{V}'$. Hingegen ist ein Filter in $\mathfrak{V}$ im allgemeinen kein Filter in $\mathfrak{V}'$, sondern nur ein Raster in $\mathfrak{V}'$. Daher ist für Filter der Zusatz „in $\mathfrak{V}$" wesentlich. Nur wenn kein Mißverständnis zu befürchten ist, lassen wir diesen Zusatz weg.

Sind $\Re$ und $\Re'$ zwei Raster und existiert für jedes Soma $R' \in \Re'$ ein Soma $R \in \Re$ mit $R \leq R'$, so heißt $\Re$ *mindestens so fein* wie $\Re'$ [1]. Ist auch $\Re'$ mindestens so fein wie $\Re$, so heißen $\Re$ und $\Re'$ *äquivalent*. Sind $\mathfrak{F}$ und $\mathfrak{F}'$ die von $\Re$ und $\Re'$ erzeugten Filter und ist $\Re$ mindestens so fein wie $\Re'$, so ist $\mathfrak{F}$ ein *Oberfilter* von $\mathfrak{F}'$ d.h. es ist $\mathfrak{F} \geq \mathfrak{F}'$. Sind $\Re$ und $\Re'$ äquivalent, so ist $\mathfrak{F} = \mathfrak{F}'$ und umgekehrt.

Ist $\Re$ ein eigentlicher Raster, so heiße das System aller Somen aus $\mathfrak{V}$, die zu keinem Soma R aus $\Re$ teilerfremd sind, das *Gitter* $\mathfrak{G} = \mathfrak{G}(\Re)$. Es ist $\Re \subseteq \mathfrak{G}(\Re)$. Ist $\mathfrak{F}$ der von $\Re$ in $\mathfrak{V}$ erzeugte Filter, so ist $\mathfrak{G}(\mathfrak{F}) = \mathfrak{G}(\Re)$. Sind $\mathfrak{F}$ und $\mathfrak{F}'$ zwei eigentliche Filter in $\mathfrak{V}$ mit $\mathfrak{F} \subseteq \mathfrak{F}'$ und sind $\mathfrak{G}$ und $\mathfrak{G}'$ die von ihnen erzeugten Gitter, so ist $\mathfrak{F} \subseteq \mathfrak{F}' \subseteq \mathfrak{G}' \subseteq \mathfrak{G}$.

Beispiele. 1. Im Mengenverein $\mathfrak{V}$ aller Mengen natürlicher Zahlen sei $\mathfrak{F}$ das System aller Mengen, deren jede schließlich alle natürlichen Zahlen enthält. Dieser eigentliche Filter heißt der FRÉCHET-Filter. Er wird vom FRÉCHET-Raster erzeugt. Das zugehörige Gitter ist das System aller unendlichen Mengen natürlicher Zahlen. — 2. Ist $\mathfrak{V}$ ein beliebiger Verein und A ein festes Soma aus $\mathfrak{V}$, so ist das System $\mathfrak{F}$ aller Somen $F \geq A$ ein Filter in $\mathfrak{V}$; das zugehörige Gitter ist das System aller zu A nicht teilerfremden Somen aus $\mathfrak{V}$. — 3. Es sei E eine nicht leere Menge und $\mathfrak{V}$ der Mengenverband aller Teilmengen A von E. Das System $\mathfrak{F}$ aller Mengen $F \subseteq E$, deren Komplemente $E - F$ je höchstens endlich viele Elemente enthalten, ist ein Filter; ebenso das System aller Mengen $F \subseteq E$, deren Komplemente $E - F$ je abzählbar viele Elemente enthalten.

Ist der Verein $\mathfrak{V}$ speziell ein $\wedge$-Verein (z.B. ein Verband), so ist (4.2) wegen (4.3) äquivalent mit:

$$\text{aus } F_1 \in \mathfrak{F}, \ F_2 \in \mathfrak{F} \ \text{ folgt } \ F_1 \wedge F_2 \in \mathfrak{F}. \tag{4.2a}$$

Ist $\mathfrak{m}$ eine Mächtigkeit $\geq \aleph_0$, $\mathfrak{V}$ ein $\wedge_\mathfrak{m}$-Verein und genügt der Filter $\mathfrak{F}$ in $\mathfrak{V}$ der folgenden, (4.2a) verschärfenden Bedingung:

$$\left.\begin{array}{l} \text{für jede Familie } (F_i)_{i \in I} \text{ einer Mächtigkeit } \leq \mathfrak{m} \text{ von} \\ \text{Somen } F_i \in \mathfrak{F} \text{ ist auch } \wedge F_i \in \mathfrak{F}, \end{array}\right\} \tag{4.2b}$$

so nennen wir $\mathfrak{F}$ einen $\mathfrak{m}$-Filter (im Falle $\mathfrak{m} = \aleph_0$ auch einen δ-Filter).

Beispiel. Der zweite Filter des vorstehenden Beispiels 3 ist ein δ-Filter, der erste hingegen nicht. Ebenso ist der FRÉCHET-Filter kein δ-Filter.

Ein eigentlicher Filter $\mathfrak{U}$ in $\mathfrak{V}$ heißt ein *Ultrafilter* (oder maximaler Filter) in $\mathfrak{V}$, wenn $\mathfrak{U}$ in keinem eigentlichen Filter in $\mathfrak{V}$ als echte Teilmenge enthalten ist.

Beispiel. Ist P ein Atom von $\mathfrak{V}$ (falls ein solches existiert), so ist das System aller Somen $U \geq P$ ein Ultrafilter in $\mathfrak{V}$.

---

[1] Oder kürzer $\Re$ *feiner als* $\Re'$.

4.1. $\mathfrak{V}$ *sei ein* $\wedge$*-Verein. Ein eigentlicher Filter* $\mathfrak{F}$ *in* $\mathfrak{V}$ *ist dann und nur dann ein Ultrafilter in* $\mathfrak{V}$, *wenn* $\mathfrak{F} = \mathfrak{G}(\mathfrak{F})$ *ist.*

Beweis. Es sei $\mathfrak{F} = \mathfrak{G}(\mathfrak{F})$. Ist $\mathfrak{F}'$ ein eigentlicher Filter in $\mathfrak{V}$ mit $\mathfrak{F} \subseteq \mathfrak{F}'$, so ist $\mathfrak{F} = \mathfrak{F}'$ wegen $\mathfrak{F} \subseteq \mathfrak{F}' \subseteq \mathfrak{G}(\mathfrak{F}') \subseteq \mathfrak{G}(\mathfrak{F}) = \mathfrak{F}$. — Es sei $\mathfrak{F} \subset \mathfrak{G}(\mathfrak{F})$. Dann existiert in $\mathfrak{G}(\mathfrak{F})$ ein Soma G, das nicht in $\mathfrak{F}$ auftritt. Fügen wir G und die Durchschnitte von G mit den Somen F aus $\mathfrak{F}$ zu $\mathfrak{F}$ hinzu, so entsteht ein eigentlicher Raster $\mathfrak{R} > \mathfrak{F}$. Für den durch $\mathfrak{R}$ erzeugten eigentlichen Filter $\mathfrak{F}'$ gilt dann $\mathfrak{F} \subset \mathfrak{F}'$.

4.2. $\mathfrak{V}$ *sei ein distributiver Verband und* $\mathfrak{U}$ *ein Ultrafilter in* $\mathfrak{V}$. *Für je zwei Somen* A *und* B *aus* $\mathfrak{V}$ *mit* $A \vee B \in \mathfrak{U}$ *ist dann* $A \in \mathfrak{U}$ *oder* $B \in \mathfrak{U}$.

Beweis. Es sei nicht $B \in \mathfrak{U}$. Wir bezeichnen mit $\mathfrak{U}^*$ die Menge aller Somen X aus $\mathfrak{V}$ mit $A \vee X \in \mathfrak{U}$. Ist $X_1 \in \mathfrak{U}^*$ und $X_2 \in \mathfrak{U}^*$, also $A \vee X_1 \in \mathfrak{U}$ und $A \vee X_2 \in \mathfrak{U}$, so ist auch $(A \vee X_1) \wedge (A \vee X_2) = A \vee (X_1 \wedge X_2) \in \mathfrak{U}$ nach (1.4) und (4.2a), also $X_1 \wedge X_2 \in \mathfrak{U}^*$. Ist $X \in \mathfrak{U}^*$ und $X \leq Y$, so ist $A \vee X \in \mathfrak{U}$, wegen $A \vee X \leq A \vee Y$ also $A \vee Y \in \mathfrak{U}$ nach (4.3) und folglich $Y \in \mathfrak{U}^*$. Also erfüllt $\mathfrak{U}^*$ die Bedingungen (4.2) und (4.3), ist also ein Filter. Es ist $\mathfrak{U} \subseteq \mathfrak{U}^*$ wegen (4.3). Da aber nicht $B \in \mathfrak{U}$, wohl aber $B \in \mathfrak{U}^*$ ist, so ist $\mathfrak{U} \subset \mathfrak{U}^*$. Da $\mathfrak{U}$ ein Ultrafilter ist, so kann also $\mathfrak{U}^*$ kein eigentlicher Filter sein. Es existiert daher in $\mathfrak{V}$ das Nullsoma O und es ist $O \in \mathfrak{U}^*$, d. h. es ist $A = A \vee O \in \mathfrak{U}$.

4.3. *In einem Verein* $\mathfrak{V}$ *existiert zu jedem eigentlichen Raster* $\mathfrak{R}$ *ein Ultrafilter* $\mathfrak{U}$ *mit* $\mathfrak{R} \subseteq \mathfrak{U}$.

Beweis. Es sei $\mathfrak{W}$ das System aller eigentlichen Raster in $\mathfrak{V}$. Bezüglich der Relation $\subseteq$ ist $\mathfrak{W}$ ein Verein. Nach **1.16.** existiert in $\mathfrak{W}$ eine maximale Kette $\varkappa$ mit $\mathfrak{R} \in \varkappa$ ($\varkappa$ ist ein System von eigentlichen Rastern in $\mathfrak{V}$ derart, daß für $\mathfrak{R}' \in \varkappa$, $\mathfrak{R}'' \in \varkappa$ gilt $\mathfrak{R}' \subseteq \mathfrak{R}''$ oder $\mathfrak{R}'' \subseteq \mathfrak{R}'$). Die mengentheoretische Vereinigung $\mathfrak{U}$ aller Raster aus $\varkappa$ (d. h. die Menge aller Somen aus $\mathfrak{V}$, die in mindestens einem Raster aus $\varkappa$ auftreten) ist ein eigentlicher Raster in $\mathfrak{V}$. Es ist $\mathfrak{R}' \subseteq \mathfrak{U}$ für jedes $\mathfrak{R}' \in \varkappa$, insbesondere also $\mathfrak{R} \subseteq \mathfrak{U}$. Es sei $\mathfrak{F}$ der von $\mathfrak{U}$ in $\mathfrak{V}$ erzeugte Filter. Dann ist $\mathfrak{U} \subseteq \mathfrak{F}$, also $\mathfrak{R}' \subseteq \mathfrak{F}$ für jedes $\mathfrak{R}' \in \varkappa$. Da $\varkappa$ maximal ist und $\mathfrak{F}$ ein eigentlicher Raster ist, gilt $\mathfrak{F} \in \varkappa$ und daher $\mathfrak{U} = \mathfrak{F}$. Also ist $\mathfrak{U}$ ein Filter und es existiert in $\mathfrak{V}$ kein Filter, welcher $\mathfrak{U}$ als echte Teilmenge enthält.

Korollar. *In einem Verein* $\mathfrak{V}$ *existiert zu jedem nicht verschwindenden Soma* A *ein Ultrafilter* $\mathfrak{U}$, *welcher* A *als Element enthält.*

Beweis. Die einelementige Somenmenge (A) ist ein eigentlicher Raster.

Es sei wieder $\mathfrak{V}$ ein Verein und $\mathfrak{F}$ ein Filter in $\mathfrak{V}$. Sind A und B zwei Somen aus $\mathfrak{V}$, so sagen wir, es bestehe zwischen ihnen die Relation $A \leq B \pmod{\mathfrak{F}}$, wenn in $\mathfrak{F}$ ein Soma F derart existiert, daß jedes gemeinsame Teilsoma von A und F auch ein Teilsoma von B (und F)

ist. [Ist $\mathfrak{B}$ speziell ein $\wedge$-Verein, so gilt $A \leq B \pmod{\mathfrak{F}}$ dann und nur dann, wenn in $\mathfrak{F}$ ein Soma F derart existiert, daß $A \wedge F \leq B \wedge F$ ist.] Es gilt:

$$\text{aus} \quad A \leq B \quad \text{folgt} \quad A \leq B \pmod{\mathfrak{F}}. \tag{4.4}$$

Denn wenn $A \leq B$ ist, so ist für jedes $F \in \mathfrak{F}$ jedes gemeinsame Teilsoma von A und F auch ein Teilsoma von B. Aus (4.4) folgt für jedes $A \in \mathfrak{B}$:

Weiter gilt: $\qquad\qquad A \leq A \pmod{\mathfrak{F}}. \tag{4.5}$

$$\text{aus} \quad A \leq B \pmod{\mathfrak{F}}, \ B \leq C \pmod{\mathfrak{F}} \quad \text{folgt} \quad A \leq C \pmod{\mathfrak{F}}. \tag{4.6}$$

Denn es seien F_1 und F_2 zwei Somen aus $\mathfrak{F}$ derart, daß jedes gemeinsame Teilsoma von A und F_1 ein Teilsoma von B und jedes gemeinsame Teilsoma von B und F_2 ein Teilsoma von C ist; nach (4.2) existiert in ein gemeinsames Teilsoma F von F_1 und F_2; dann ist jedes gemeinsame Teilsoma von A und F auch ein Teilsoma von C. — Schließlich gilt für jedes $A \in \mathfrak{B}$ und jedes $F \in \mathfrak{F}$:

$$A \leq F \pmod{\mathfrak{F}}. \tag{4.7}$$

Wir sagen, A und B seien *kongruent* modulo $\mathfrak{F}$, in Zeichen $A \equiv B \pmod{\mathfrak{F}}$, wenn $A \leq B \pmod{\mathfrak{F}}$ und $B \leq A \pmod{\mathfrak{F}}$ ist. [Ist $\mathfrak{B}$ ein $\wedge$-Verein, so ist dies wegen (4.2) damit gleichbedeutend, daß ein $F \in \mathfrak{F}$ derart existiert, daß $A \wedge F = B \wedge F$ ist.] Nach (4.4) ist $A \equiv A \pmod{\mathfrak{F}}$. Klar ist weiter, daß aus $A \equiv B \pmod{\mathfrak{F}}$ folgt $B \equiv A \pmod{\mathfrak{F}}$. Schließlich ergibt (4.6), daß aus $A \equiv B \pmod{\mathfrak{F}}$ und $B \equiv C \pmod{\mathfrak{F}}$ folgt $A \equiv C \pmod{\mathfrak{F}}$. Also zerfällt $\mathfrak{B}$ in paarweise fremde Klassen von Somen derart, daß zwei Somen dann und nur dann in derselben Klasse liegen, wenn sie kongruent modulo $\mathfrak{F}$ sind. Für jedes Soma A bezeichnen wir die Klasse, welcher es angehört, mit $[A]$ und nennen A einen Repräsentanten dieser Klasse. Das System aller Klassen bezeichnen wir mit $\mathfrak{B}/\mathfrak{F}$. Sind $[A]$ und $[B]$ zwei Klassen und gilt für ein Soma A^0 aus $[A]$ und ein Soma B^0 aus $[B]$ die Relation $A^0 \leq B^0 \pmod{\mathfrak{F}}$, so ist auch $A \leq B \pmod{\mathfrak{F}}$ für jedes Soma A aus $[A]$ und jedes Soma B aus $[B]$. Wir schreiben dann $[A] \leq [B]$. Diese Relation zwischen Klassen genügt den Vereinsaxiomen V_1 und V_2, wie aus (4.6) und der Kongruenzdefinition folgt. Bezüglich dieser Relation ist also $\mathfrak{B}/\mathfrak{F}$ ein Verein. Wir nennen ihn den *Restklassenverein* von $\mathfrak{B}$ nach $\mathfrak{F}$. Die aus allen Somen von $\mathfrak{F}$ bestehende Klasse ist nach (4.7) das Einssoma von $\mathfrak{B}/\mathfrak{F}$.

4.4. *Es sei $\mathfrak{B}$ ein distributiver Verband und $\mathfrak{F}$ ein Filter in $\mathfrak{B}$. Dann ist auch $\mathfrak{B}/\mathfrak{F}$ ein distributiver Verband und für je zwei Somen A und B aus $\mathfrak{B}$ ist*

$$[A] \vee [B] = \lfloor A \vee B \rfloor, \tag{4.8}$$

$$[A] \wedge [B] = [A \wedge B]. \tag{4.9}$$

Ist $\mathfrak{V}$ ein BOOLE-*Verband, so ist auch $\mathfrak{V}/\mathfrak{F}$ ein* BOOLE-*Verband und für jedes Soma A aus $\mathfrak{V}$ ist*

$$[cA] = c\,[A]. \tag{4.10}$$

Beweis. Aus $A \leq A \vee B$ folgt $[A] \leq [A \vee B]$; analog ist $[B] \leq [A \vee B]$. Ist umgekehrt $[C]$ eine Klasse mit $[A] \leq [C]$ und $[B] \leq [C]$, so existieren zwei Somen F_1 und F_2 in $\mathfrak{F}$ mit $A \wedge F_1 \leq C \wedge F_1$ und $B \wedge F_2 \leq C \wedge F_2$; nach (4.2a) ist das Soma $F = F_1 \wedge F_2$ ein Soma aus $\mathfrak{F}$ und es gilt $A \wedge F \leq C \wedge F$ und $B \wedge F \leq C \wedge F$; dann gilt auch $(A \vee B) \wedge F \leq C \wedge F$, also $[A \vee B] \leq [C]$. Damit ist bewiesen, daß $[A] \vee [B]$ in $\mathfrak{V}/\mathfrak{F}$ existiert und daß (4.8) gilt. Analog beweist man, daß $[A] \wedge [B]$ in $\mathfrak{V}/\mathfrak{F}$ existert und daß (4.9) gilt[1]. Insbesondere ist also $\mathfrak{V}/\mathfrak{F}$ ein Verband. Aus (4.8) und (4.9) folgt, daß er distributiv ist. — Nun sei $\mathfrak{V}$ ein BOOLE-Verband. Dann ist $\mathfrak{V}/\mathfrak{F}$ zunächst ein distributiver Verband. Es sei A ein Soma aus $\mathfrak{V}$. Aus (4.8) und (4.9) folgt $[A] \vee [cA] = [E]$ und $[A] \wedge [cA] = [O]$. Dabei ist $[E]$ das Einssoma und $[O]$ das Nullsoma von $\mathfrak{V}/\mathfrak{F}$. Also ist $\mathfrak{V}/\mathfrak{F}$ auch komplementär, also ein BOOLE-Verband und es gilt (4.10).

4.5. *Ist $\mathfrak{V}$ ein* BOOLE*scher $\mathfrak{m}$-Vollverband und $\mathfrak{F}$ ein $\wedge_{\mathfrak{m}}$-Filter in $\mathfrak{V}$, so ist auch $\mathfrak{V}/\mathfrak{F}$ ein* BOOLE*scher $\mathfrak{m}$-Vollverband und für jede Somenfamilie $(A_i)_{i \in I}$ in $\mathfrak{V}$ einer Mächtigkeit $\leq \mathfrak{m}$ ist*

$$\bigvee [A_i] = [\bigvee A_i], \tag{4.11}$$

$$\bigwedge [A_i] = [\bigwedge A_i]. \tag{4.12}$$

Beweis. Nach **4.4.** haben wir nur zu zeigen, daß $\mathfrak{V}/\mathfrak{F}$ ein $\mathfrak{m}$-Vollverband ist, und (4.11) und (4.12) zu beweisen. Wir setzen $\bigvee A_i = A$. Einerseits ist nun $A_i \leq A$, also $[A_i] \leq [A]$ für alle $i \in I$. Ist anderseits $[B]$ eine Klasse mit $[A_i] \leq [B]$ für alle $i \in I$, so existiert für jedes $i \in I$ ein $F_i \in \mathfrak{F}$ mit $A_i \wedge F_i \leq B \wedge F_i$; das Soma $F = \bigwedge F_i$ liegt nach (4.2b) in $\mathfrak{F}$ und es ist $A_i \wedge F \leq B \wedge F$ für jedes $i \in I$, nach **1.13.** also $A \wedge F \leq B \wedge F$ und daher $[A] \leq [B]$. Damit ist (4.11) bewiesen und gezeigt, daß $\mathfrak{V}/\mathfrak{F}$ ein $\bigvee_{\mathfrak{m}}$-Verein ist. Analog zeigt man, daß (4.12) gilt und $\mathfrak{V}/\mathfrak{F}$ ein $\wedge_{\mathfrak{m}}$-Verein ist[2].

Dual zum Begriff eines Filters ist der folgende Begriff eines Ideals. Es sei $\mathfrak{V}$ ein Verein. Ein nicht leeres System $\mathfrak{J}$ von Somen J aus $\mathfrak{V}$ heißt ein *Ideal* in $\mathfrak{V}$, wenn folgendes gilt:

$$\text{zu } J_1 \in \mathfrak{J}, \ J_2 \in \mathfrak{J} \text{ existiert ein } J \in \mathfrak{J} \text{ mit } J_1 \leq J, \ J_2 \leq J; \tag{4.13}$$

$$\text{aus } J_1 \in \mathfrak{V}, \ J_1 \leq J_2, \ J_2 \in \mathfrak{J} \text{ folgt } J_1 \in \mathfrak{J}. \tag{4.14}$$

Ist der Verein $\mathfrak{V}$ speziell ein $\vee$-Verein (z. B. ein Verband), so ist (4.13) zufolge (4.14) äquivalent mit:

$$\text{aus } J_1 \in \mathfrak{J}, \ J_2 \in \mathfrak{J} \text{ folgt } J_1 \vee J_2 \in \mathfrak{J}. \tag{4.13a}$$

---

[1] Hierzu braucht nur vorausgesetzt zu werden, daß $\mathfrak{V}$ ein $\wedge$-Verein ist.
[2] Hierfür wird nur benötigt, daß $\mathfrak{V}$ ein $\wedge_{\mathfrak{m}}$-Verein ist.

Ist $\mathfrak{m}$ eine Mächtigkeit $\geq \aleph_0$, $\mathfrak{B}$ ein $\vee_{\mathfrak{m}}$-Verein und genügt das Ideal $\mathfrak{J}$ der folgenden, (4.13 a) verschärfenden Bedingung:

$$\left.\begin{array}{c} \text{für jede Familie } (J_i)_{i \in I} \text{ einer Mächtigkeit } \leq \mathfrak{m} \text{ von} \\ \text{Somen aus } \mathfrak{J} \text{ ist auch } \vee J_i \in \mathfrak{J}, \end{array}\right\} \quad (4.13\,\text{b})$$

so nennen wir $\mathfrak{J}$ ein $\vee_{\mathfrak{m}}$-Ideal (im Falle $\mathfrak{m} = \aleph_0$ ein σ-Ideal).

Beispiele. 1. Es sei E eine nicht leere Menge und $\mathfrak{B}$ der Mengenverband aller Teilmengen A von E. Das System $\mathfrak{J}$ aller höchstens endlichen Mengen $\subseteq E$ ist ein Ideal und das System aller abzählbaren Mengen $\subseteq E$ ist ein σ-Ideal in $\mathfrak{B}$. — 2. Es sei E die Menge aller reellen Zahlen und $\mathfrak{B}$ der Mengenverband aller Mengen $\subseteq E$. Dann ist das System aller LEBESGUEschen Nullmengen aus $\mathfrak{B}$ ein σ-Ideal in $\mathfrak{B}$.

Im Verein $\mathfrak{B}$ sei ein Ideal $\mathfrak{J}$ gegeben. Sind A und B zwei Somen aus $\mathfrak{B}$, so schreiben wir $A \leq B \pmod{\mathfrak{J}}$, wenn in $\mathfrak{J}$ ein Soma J derart existiert, daß jedes gemeinsame Obersoma von B und J auch ein Obersoma von A (und J) ist. [Ist $\mathfrak{B}$ speziell ein $\vee$-Verein, so gilt $A \leq B \pmod{\mathfrak{J}}$ dann und nur dann, wenn ein $J \in \mathfrak{J}$ derart existiert, daß $A \vee J \leq B \vee J$ ist.] Es gilt (4.4) bis (4.7) mit $\geq$ statt $\leq$ und $\mathfrak{J}$ statt $\mathfrak{F}$. Wir nennen A und B *kongruent* modulo $\mathfrak{J}$, in Zeichen $A \equiv B \pmod{\mathfrak{J}}$, wenn $A \leq B \pmod{\mathfrak{J}}$ und $B \leq A \pmod{\mathfrak{J}}$ gilt. (Ist $\mathfrak{B}$ ein $\vee$-Verein, so ist dies damit gleichbedeutend, daß ein $J \in \mathfrak{J}$ derart existiert, daß $A \vee J = B \vee J$ ist.) Der Verein $\mathfrak{B}$ zerfällt in Klassen $[A]$ paarweise modulo $\mathfrak{J}$ kongruenter Somen. Schreiben wir $[A] \leq [B]$, wenn $A \leq B \pmod{\mathfrak{J}}$ für je einen und damit für alle Repräsentanten A und B von $[A]$ und $[B]$ ist, so ist das System aller Klassen ein Verein; wir nennen ihn den *Restklassenverein* $\mathfrak{B}/\mathfrak{J}$ von $\mathfrak{B}$ nach $\mathfrak{J}$. Die aus den Somen J von $\mathfrak{J}$ bestehende Klasse ist das Nullsoma von $\mathfrak{B}/\mathfrak{J}$. Die Sätze **4.4.** und **4.5.** gehen, wenn wir darin „Filter" durch „Ideal" und $\mathfrak{F}$ durch $\mathfrak{J}$ ersetzen, in die zu ihnen dualen und daher ebenfalls richtigen Sätze **4.6.** und **4.7.** über:

4.6. *Es sei $\mathfrak{B}$ ein distributiver Verband und $\mathfrak{J}$ ein Ideal in $\mathfrak{B}$. Dann ist auch $\mathfrak{B}/\mathfrak{J}$ ein distributiver Verband und für je zwei Somen A und B aus $\mathfrak{B}$ ist*

$$[A] \wedge [B] = [A \wedge B], \tag{4.15}$$

$$[A] \vee [B] = [A \vee B]. \tag{4.16}$$

Ist $\mathfrak{B}$ ein BOOLE-Verband, so ist auch $\mathfrak{B}/\mathfrak{J}$ ein BOOLE-Verband und für jedes Soma A aus $\mathfrak{B}$ ist

$$[cA] = c\,[A]. \tag{4.17}$$

4.7. *Ist $\mathfrak{B}$ ein BOOLEscher $\mathfrak{m}$-Vollverband und $\mathfrak{J}$ ein $\vee_{\mathfrak{m}}$-Ideal in $\mathfrak{B}$, so ist auch $\mathfrak{B}/\mathfrak{J}$ ein BOOLEscher $\mathfrak{m}$-Vollverband und für jede Somenfamilie*

$(A_i)_{i \in I}$ *in* $\mathfrak{B}$ *einer Mächtigkeit* $\leq \mathfrak{m}$ *ist*

$$\bigwedge [A_i] = [\bigwedge A_i], \tag{4.18}$$

$$\bigvee [A_i] = [\bigvee A_i]. \tag{4.19}$$

Ist $\mathfrak{B}$ ein BOOLE-Verband, so ist eine Menge $\mathfrak{J}$ von Somen J aus $\mathfrak{B}$ dann und nur dann ein Ideal in $\mathfrak{B}$, wenn die Menge $\mathfrak{F}$ der Komplemente $F = cJ$ $(J \in \mathfrak{J})$ ein Filter in $\mathfrak{B}$ ist. Es gilt dann und nur dann $A \leq B \pmod{\mathfrak{F}}$, wenn $A \leq B \pmod{\mathfrak{J}}$ ist. Denn $A \leq B \pmod{\mathfrak{F}}$ bedeutet die Existenz eines Somas $F \in \mathfrak{F}$ mit $A \wedge F \leq B \wedge F$; dann ist $cA \wedge F \geq cB \wedge F$, weil $cA \wedge F$ das Komplement von $A \wedge F$ und $cB \wedge F$ das Komplement von $B \wedge F$ in $\mathfrak{B}_F$ ist; weiter folgt $A \vee J \leq B \vee J$ mit $J = cF \in \mathfrak{J}$, also $A \leq B \pmod{\mathfrak{J}}$; ebenso folgt aus $A \leq B \pmod{\mathfrak{J}}$ umgekehrt $A \leq B \pmod{\mathfrak{F}}$. Also gilt auch $A \equiv B \pmod{\mathfrak{F}}$ dann und nur dann, wenn $A \equiv B \pmod{\mathfrak{J}}$ gilt. Hieraus folgt

$$\mathfrak{B}/\mathfrak{F} = \mathfrak{B}/\mathfrak{J}. \tag{4.20}$$

§ 5. Darstellungs- und Erweiterungssätze.

Es ist wichtig, einen Überblick über die Mannigfaltigkeit aller Vereine zu gewinnen. Eine Möglichkeit hierzu bietet der Begriff des Isomorphismus. Nach dem auf S. 15 über isomorphe Vereine Gesagten kann man zwei solche Vereine als äquivalent betrachten in dem Sinne, daß sie sich nur durch die Bedeutung oder Bezeichnung der Somen und der $\leq$-Relation unterscheiden. Wenn es gelingt, spezielle Vereine anzugeben und zu zeigen, daß jeder beliebig gegebene Verein zu einem dieser speziellen Vereine isomorph ist, so ist der gesuchte Überblick gewonnen; denn diese speziellen Vereine stellen dann sämtliche Vereine dar, bis auf die Bedeutung oder Bezeichnung der Somen und der $\leq$-Relation. Als spezielle, sehr durchsichtige Vereine bieten sich die Mengenvereine an. Es erhebt sich also die Frage, ob zu jedem Verein ein isomorpher Mengenverein existiert, ob man mit anderen Worten jeden Verein als einen Mengenverein darstellen kann. Diese Frage wird durch den folgenden Satz **5.1.** bejaht, der für den Fall, daß der Verein sogar ein distributiver Verband ist, durch den Satz **5.2.** noch verschärft wird.

Vorbemerkung. Ist $\mathfrak{B}$ ein Verein und Φ ein Isomorphismus von $\mathfrak{B}$ in einen Mengenverein $\mathfrak{B}'$, so existiert ein Isomorphismus Φ' von $\mathfrak{B}$ auf einen Mengenverein $\mathfrak{B}''$ derart, daß $\cup \Phi' A$ der Träger von $\mathfrak{B}''$ und $\cap \Phi' A$ die leere Menge ist (einen solchen Isomorphismus Φ' wollen wir *reduziert* nennen, weil der Träger von $\mathfrak{B}''$ keine überflüssigen Elemente enthält[1]). Denn ist M die Menge aller Elemente p des Trägers von $\mathfrak{B}'$

---

[1] Existiert in $\mathfrak{B}$ das Nullsoma O, so ist $\Phi'O$ die leere Menge; existiert in $\mathfrak{B}$ das Einssoma E, so ist $\Phi'E$ der Träger von $\mathfrak{B}''$.

mit $p \in \Phi B$ für mindestens ein Soma $B \in \mathfrak{B}$, jedoch nicht für alle $B \in \mathfrak{B}$, so leistet $\Phi' A = M \cap \Phi A$ das Verlangte.

5.1. *Jeder Verein $\mathfrak{B}$ ist isomorph zu einem Mengenverein $\mathfrak{B}'$.*

Beweis. Es sei E' die Menge aller Somen aus $\mathfrak{B}$. Jedem Soma A aus $\mathfrak{B}$ ordnen wir die Menge ΦA aller Somen B aus $\mathfrak{B}$ mit $B \leq A$ zu. Es sei $\mathfrak{B}'$ der aus den Teilmengen ΦA von E' bestehende Mengenverein. Nun seien A_1 und A_2 zwei Somen aus $\mathfrak{B}$. Gilt $A_1 \leq A_2$, so folgt $\Phi A_1 \subseteqq \Phi A_2$, da aus $B \leq A_1$ folgt $B \leq A_2$. Gilt $\Phi A_1 \subseteqq \Phi A_2$, so folgt $A_1 \leq A_2$, da wegen $A_1 \in \Phi A_1$ gilt $A_1 \in \Phi A_2$. Also ist Φ ein Isomorphismus von $\mathfrak{B}$ auf $\mathfrak{B}'$.

Der soeben definierte Isomorphismus Φ hat noch eine für uns wichtige Eigenschaft. Es seien nämlich A, A_1 und A_2 drei Somen aus $\mathfrak{B}$ und es sei $A = A_1 \wedge A_2$. Ist $B \in \Phi A$, so ist $B \leq A_1 \wedge A_2$, also $B \leq A_1$ und $B \leq A_2$, also $B \in \Phi A_1$ und $B \in \Phi A_2$, also $B \in \Phi A_1 \cap \Phi A_2$. Diese Schlußkette gilt ebenfalls in umgekehrter Reihenfolge. Folglich ist $\Phi A = \Phi A_1 \cap \Phi A_2$. Es gilt also in Verschärfung von **5.1.**:

5.1a. *Zu jedem Verein $\mathfrak{B}$ existiert ein Isomorphismus Φ auf einen Mengenverein $\mathfrak{B}'$ derart, daß für je zwei Somen A_1 und A_2 aus $\mathfrak{B}$, für welche $A_1 \wedge A_2$ in $\mathfrak{B}$ existiert, $\Phi(A_1 \wedge A_2) = \Phi A_1 \cap \Phi A_2$ ist.*

Nun sei $\mathfrak{B}$ speziell ein Verband. Bei dem vorstehenden Isomorphismus Φ wird zwar der Vereinigung $A_1 \vee A_2$ und dem Durchschnitt $A_1 \wedge A_2$ je zweier Somen A_1 und A_2 die Vereinigung $\Phi A_1 \vee \Phi A_2$ und der Durchschnitt $\Phi A_1 \wedge \Phi A_2$ von ΦA_1 und ΦA_2 in $\mathfrak{B}'$ zugeordnet und hierbei hat der Durchschnitt $\Phi A_1 \wedge \Phi A_2$ die mengentheoretische Bedeutung $\Phi A_1 \cap \Phi A_2$; im allgemeinen hat jedoch die Vereinigung $\Phi A_1 \vee \Phi A_2$ nicht ebenfalls die mengentheoretische Bedeutung (mit anderen Worten, der Mengenverein $\mathfrak{B}'$ ist zwar ein Verband, aber im allgemeinen kein Mengenverband). Damit dies doch der Fall ist, dafür ist sicher notwendig, daß $\mathfrak{B}$ distributiv ist; denn die mengentheoretische Vereinigung und der mengentheoretische Durchschnitt genügen dem distributiven Gesetz (1.3). Daß diese Bedingung aber auch hinreichend ist, besagt der folgende Satz von M. H. STONE:

5.2. *Jeder distributive Verband $\mathfrak{B}$ ist isomorph zu einem Mengenverband $\mathfrak{B}'$* [1].

Beweis. Der Fall, daß $\mathfrak{B}$ nur aus einem einzigen Soma besteht, ist trivial. $\mathfrak{B}$ enthalte also mindestens zwei Somen.

Wir nehmen an, wir hätten bereits die Existenz eines Systems M von Teilmengen $\mathfrak{F}$ von $\mathfrak{B}$ mit folgenden zwei Eigenschaften bewiesen:

---

[1] Wir werden später nicht nur vom Satz **5.2.**, sondern wesentlich auch von der Definition von $\mathfrak{B}'$ und Φ Gebrauch machen.

$\mathfrak{F}$ ist ein Filter in $\mathfrak{V}$ und $\mathfrak{J} = \mathfrak{V} - \mathfrak{F}$ ist ein Ideal in $\mathfrak{V}$ [1]; $\qquad$ (5.1)

zu je zwei verschiedenen Somen A_1 und A_2 aus $\mathfrak{V}$ existiert $\left.\begin{array}{l} \text{ein } \mathfrak{F} \in \mathsf{M} \text{ derart, daß } A_1 \in \mathfrak{F}, A_2 \in \mathfrak{J} \text{ oder } A_2 \in \mathfrak{F}, A_1 \in \mathfrak{J} \text{ ist.} \end{array}\right\}$ (5.2)

Es sei M ein solches System. Wir wählen eine Menge E' beliebiger Elemente p' derart, daß M und E' von gleicher Mächtigkeit sind. Wir ordnen den Elementen $\mathfrak{F}$ von M die Elemente p' von E' eineindeutig zu: $p' = \varphi\,\mathfrak{F}$. Für jedes Soma A aus $\mathfrak{V}$ sei nun $A' = \Phi A$ die Menge aller Elemente $p' = \varphi\,\mathfrak{F}$ aus E' mit $A \in \mathfrak{F}$, $\mathfrak{F} \in \mathsf{M}$. Wir behaupten, daß das System $\mathfrak{V}'$ der Mengen $A' = \Phi A$ ein Mengenverband und Φ ein Isomorphismus von $\mathfrak{V}$ auf $\mathfrak{V}'$ ist [2]. Es seien A_1 und A_2 zwei Somen aus $\mathfrak{V}$ und $\mathfrak{F}$ eine Menge $\in \mathsf{M}$. Ist $A_1 \in \mathfrak{F}$ oder $A_2 \in \mathfrak{F}$, so ist auch $A_1 \vee A_2 \in \mathfrak{F}$ wegen (4.3), da $\mathfrak{F}$ nach (5.1) ein Filter ist; ist hingegen $A_1 \in \mathfrak{J}$ und $A_2 \in \mathfrak{J}$, so ist auch $A_1 \vee A_2 \in \mathfrak{J}$ wegen (4.13 a), da $\mathfrak{J}$ nach (5.1) ein Ideal ist; folglich ist $\Phi(A_1 \vee A_2) = \Phi A_1 \cup \Phi A_2$. Ist $A_1 \in \mathfrak{F}$ und $A_2 \in \mathfrak{F}$, so ist auch $A_1 \wedge A_2 \in \mathfrak{F}$ wegen (4.2a), da $\mathfrak{F}$ ein Filter ist; ist hingegen $A_1 \in \mathfrak{J}$ oder $A_2 \in \mathfrak{J}$, so ist $A_1 \wedge A_2 \in \mathfrak{J}$ wegen (4.14), da $\mathfrak{J}$ ein Ideal ist; also ist $\Phi(A_1 \wedge A_2) = \Phi A_1 \cap \Phi A_2$. Wegen (5.2) ist Φ eineindeutig. Ist $A_1 \leq A_2$, so ist $\Phi A_1 \subseteq \Phi A_2$ wegen $\Phi A_1 \cup \Phi A_2 = \Phi(A_1 \vee A_2) = \Phi A_2$. Ist $\Phi A_1 \subseteq \Phi A_2$, so ist $\Phi(A_1 \vee A_2) = \Phi A_1 \cup \Phi A_2 = \Phi A_2$, wegen der Eineindeutigkeit von Φ also $A_1 \vee A_2 = A_2$ und daher $A_1 \leq A_2$. Folglich ist Φ ein Isomorphismus. (Übrigens ist Φ reduziert, da kein $\mathfrak{F}$ und kein $\mathfrak{J}$ leer ist.)

Nun haben wir noch die Existenz des Systems M zu beweisen. Hierzu genügt es, folgendes zu zeigen: Es seien A_1 und A_2 zwei verschiedene Somen aus $\mathfrak{V}$; dann existiert in $\mathfrak{V}$ ein Filter $\mathfrak{F}$ derart, daß $\mathfrak{J} = \mathfrak{V} - \mathfrak{F}$ ein Ideal in $\mathfrak{V}$ und $A_1 \in \mathfrak{F}$, $A_2 \in \mathfrak{J}$ oder $A_2 \in \mathfrak{F}$, $A_1 \in \mathfrak{J}$ ist. Es sei etwa nicht $A_1 \leq A_2$. Wir bezeichnen mit $\mathfrak{J}_0$ das aus allen Somen $\leq A_2$ bestehende Ideal in $\mathfrak{V}$ und mit $\mathfrak{V}^*$ den distributiven Restklassenverband $\mathfrak{V}/\mathfrak{J}_0$ (4.6.). Da nicht $A_1 \leq A_2$ gilt, ist die Restklasse $[A_1]$ verschieden von der Nullklasse $[A_2] = \mathfrak{J}_0$. Daher existiert nach dem Korollar zu 4.3. in $\mathfrak{V}^*$ ein Ultrafilter $\mathfrak{F}^*$ mit $[A_1] \in \mathfrak{F}^*$. Da $[A_2]$ das Nullsoma von $\mathfrak{V}^*$ und $\mathfrak{F}^*$ als Ultrafilter eigentlich ist, so ist nicht $[A_2] \in \mathfrak{F}^*$; daher ist $[A_2] \in \mathfrak{J}^* = \mathfrak{V}^* - \mathfrak{F}^*$. Nach 4.2. ist $\mathfrak{J}^*$ ein Ideal in $\mathfrak{V}^*$. Nun sei $\mathfrak{F}$ die Menge aller Somen X aus $\mathfrak{V}$ mit $[X] \in \mathfrak{F}^*$ und $\mathfrak{J}$ die Menge aller Somen X aus $\mathfrak{V}$ mit $[X] \in \mathfrak{J}^*$. Da für jedes Soma X aus $\mathfrak{V}$ genau

---

[1] Nach (4.3) und **4.2.** ist dies äquivalent mit: $\mathfrak{F}$ ist ein Ultrafilter in $\mathfrak{V}$ und $\mathfrak{F} \neq \mathfrak{V}$.

[2] Für je *endlich* viele Somen $A_1, \ldots, A_n$ aus $\mathfrak{V}$ wird also der Vereinigung und dem Durchschnitt die mengentheoretische Vereinigung und der mengentheoretische Durchschnitt der Mengen $\Phi A_1, \ldots, \Phi A_n$ zugeordnet:

$$\Phi(A_1 \vee \cdots \vee A_n) = \Phi A_1 \cup \cdots \cup \Phi A_n; \quad \Phi(A_1 \wedge \cdots \wedge A_n) = \Phi A_1 \cap \cdots \cap \Phi A_n.$$

eine der Beziehungen $[X] \in \mathfrak{F}^*$ und $[X] \in \mathfrak{I}^*$ gilt, so ist $\mathfrak{I} = \mathfrak{V} - \mathfrak{F}$. Wegen $[A_1] \in \mathfrak{F}^*$ ist $A_1 \in \mathfrak{F}$; wegen $[A_2] \in \mathfrak{I}^*$ ist $A_2 \in \mathfrak{I}$. Weiter behaupten wir, daß $\mathfrak{F}$ ein Filter in $\mathfrak{V}$ ist. Ist nämlich erstens $X_1 \in \mathfrak{F}$, $X_2 \in \mathfrak{F}$, also $[X_1] \in \mathfrak{F}^*$, $[X_2] \in \mathfrak{F}^*$, so ist $[X_1] \wedge [X_2] \in \mathfrak{F}^*$ nach (4.2a); nun ist $[X_1 \wedge X_2] = [X_1] \wedge [X_2]$ nach (4.15), also $[X_1 \wedge X_2] \in \mathfrak{F}^*$ und daher $X_1 \wedge X_2 \in \mathfrak{F}$. Zweitens sei $X \in \mathfrak{F}$, also $[X] \in \mathfrak{F}^*$, und $X \leq Y$; nun ist $[X] = [X \wedge Y] = [X] \wedge [Y]$ nach (4.15); wegen (4.3) ist also $[Y] \in \mathfrak{F}^*$ und daher $Y \in \mathfrak{F}$. Daraus, daß $\mathfrak{I}^*$ ein Ideal in $\mathfrak{V}^*$ ist, folgt analog, daß $\mathfrak{I}$ ein Ideal in $\mathfrak{V}$ ist. Damit ist **5.2** bewiesen.

Zusatz 1. Es sei M′ das System aller Filter $\mathfrak{F}'$ im Mengenverband $\mathfrak{V}'$ mit $\mathfrak{F}' = \Phi \mathfrak{F}$, $\mathfrak{F} \in$ M. Ordnen wir nun jedem Element p' von E' das System aller Mengen $A' \in \mathfrak{V}'$ mit $p' \in A'$ zu, so ist dies eine eineindeutige Zuordnung zwischen E' und M′.

Zusatz 2. Ist $\mathfrak{V}$ BOOLESCH, so kann als Menge M jede Menge von Ultrafiltern $\mathfrak{F}$ in $\mathfrak{V}$ genommen werden, welche folgende Eigenschaft hat: Zu jedem Soma $A > O$ aus $\mathfrak{V}$ existiert ein Ultrafilter $\mathfrak{F} \in$ M mit $A \in \mathfrak{F}$. (Beispielsweise hat nach dem Korollar zu **4.3.** die Menge aller Ultrafilter in $\mathfrak{V}$ diese Eigenschaft.) Wir haben nur zu zeigen, daß eine solche Menge M die Eigenschaften (5.1) und (5.2) hat. Ist $\mathfrak{F} \in$ M, so ist $\mathfrak{F} \neq \mathfrak{V}$, da $\mathfrak{F}$ als Ultrafilter eigentlich ist, also nicht $O \in \mathfrak{F}$ gilt; nach **4.2.** ist $\mathfrak{I} = \mathfrak{V} - \mathfrak{F}$ ein Ideal; also gilt (5.1). Nun seien A_1 und A_2 zwei verschiedene Somen aus $\mathfrak{V}$; es sei etwa nicht $A_1 \leq A_2$; für das Soma $A_0 = A_1 \wedge c A_2$ gilt dann $O < A_0 \leq A_1$ und $A_0 \wedge A_2 = O$; es existiert ein $\mathfrak{F} \in$ M mit $A_0 \in \mathfrak{F}$, also mit $A_1 \in \mathfrak{F}$ wegen (4.3); hingegen ist nicht $A_2 \in \mathfrak{F}$, da sonst auch $O = A_0 \wedge A_2 \in \mathfrak{F}$ wäre nach (4.2a), im Widerspruch dazu, daß $\mathfrak{F}$ als Ultrafilter eigentlich, also nicht $O \in \mathfrak{F}$ ist; mithin gilt $A_2 \in \mathfrak{I}$ und daher (5.2).

Übung. $\mathfrak{V}$ sei ein BOOLE-Verband mit mindestens zwei Somen. Ferner sei M die Menge aller Ultrafilter $\mathfrak{F}$ in $\mathfrak{V}$ und E' eine Menge gleicher Mächtigkeit wie M; den Elementen $\mathfrak{F}$ von M seien die Elemente p' von E' eineindeutig zugeordnet: $p' = \varphi \mathfrak{F}$. Wird nun jedem Soma A aus $\mathfrak{V}$ die Menge $A' = \Phi A$ aller Elemente $p' = \varphi \mathfrak{F}$ aus E' mit $A \in \mathfrak{F}$, $\mathfrak{F} \in$ M zugeordnet, so ist, wie gezeigt wurde, Φ ein reduzierter Isomorphismus von $\mathfrak{V}$ auf den Mengenverband $\mathfrak{V}'$ aller Mengen $A' = \Phi A$; der Träger von $\mathfrak{V}'$ ist E'. — Aus diesem speziellen reduzierten Isomorphismus Φ lassen sich nun weitere reduzierte Isomorphismen von $\mathfrak{V}$ auf Mengenverbände gewinnen. Es sei nämlich E'' eine beliebige, nicht leere Teilmenge von E' mit folgender Eigenschaft: Für jedes Soma $A > 0$ von $\mathfrak{V}$ existiert ein Ultrafilter $\mathfrak{F}$ in $\mathfrak{V}$ derart, daß $A \in \mathfrak{F}$ und $\varphi \mathfrak{F} \in E''$ ist. Für jedes Soma A aus $\mathfrak{V}$ setzen wir nun $E'' \cap \Phi A = \Psi A$. Dann ist Ψ ein reduzierter Isomorphismus von $\mathfrak{V}$ auf einen Mengenverband $\mathfrak{V}''$ mit dem Träger E''. Ist weiter F' eine nicht leere Menge irgendwelcher Dinge und ψ eine Abbildung von F' auf E'', so ist $\mathsf{X} = \psi^{-1}\Psi$ ein reduzierter Isomorphismus von $\mathfrak{B}$ auf einen Mengenverband $\mathfrak{W}'$ mit dem Träger F'. — Umgekehrt läßt sich jeder reduzierte Isomorphismus X von $\mathfrak{B}$ auf einen Mengenverband $\mathfrak{W}'$ in dieser Weise gewinnen. Es sei nämlich F' der Träger von $\mathfrak{W}'$. Für jedes $q' \in F'$ ist die Menge aller Somen $A \in \mathfrak{B}$ mit $q' \in \mathsf{X}A$ ein Ultrafilter $\mathfrak{F}$ in $\mathfrak{B}$. Wir ordnen dem Element q' das Element $p' = \varphi\mathfrak{F}$ von E' als Bild $\psi q'$ zu. Es sei E'' die Menge aller $\psi q'$ mit $q' \in F'$. Dann hat die Menge E'' die oben genannte Eigenschaft. Definiert man nun Ψ wie oben, so ist $\mathsf{X} = \psi^{-1}\Psi$. — Ein Isomorphismus X von $\mathfrak{B}$ auf einen Mengenverband $\mathfrak{W}'$ heiße *separiert*, wenn für je zwei verschiedene Elemente q' und r' des Trägers F' von $\mathfrak{W}'$ zwei Somen A und B von $\mathfrak{B}$ derart existieren, daß $q' \in \mathsf{X}A$ und $r' \in \mathsf{X}B$ ist und die Mengen $\mathsf{X}A$ und $\mathsf{X}B$ mengentheoretisch fremd sind. Jeder separierte Isomorphismus ist reduziert. Der Isomorphismus Φ ist separiert. Ein reduzierter Isomorphismus $\mathsf{X} = \psi^{-1}\Psi$ ist dann und nur dann separiert, wenn ψ eineindeutig ist. Da für $E'' = E'$ der Isomorphismus $\Psi = \Phi$ ist, so kann also Φ als der umfassendste separierte Isomorphismus von $\mathfrak{B}$ auf einen Mengenverband gekennzeichnet werden.

5.3. *Zu jedem atomaren* BOOLE-*Verband* $\mathfrak{B}$ *existiert ein Isomorphismus* Φ *von* $\mathfrak{B}$ *auf einen Mengenverband* $\mathfrak{W}'$ *derart, daß die Bilder* ΦP *der Atome* P *von* $\mathfrak{B}$ *die einelementigen Mengen* (p') *von* $\mathfrak{W}'$ *sind und für jede Somenfamilie* $(A_i)_{i \in I}$ *aus* $\mathfrak{B}$, *für welche* $\vee A_i$ *bzw.* $\wedge A_i$ *in* $\mathfrak{B}$ *existiert,* $\Phi \vee A_i = \cup \Phi A_i$ *bzw.* $\Phi \wedge A_i = \cap \Phi A_i$ *ist.*

Beweis. Es sei E' die Menge aller Atome $p' = P$ von $\mathfrak{B}$. Jedem Soma A aus $\mathfrak{B}$ ordnen wir die Menge aller Atome $P \leq A$ als Bild ΦA zu. Es sei $\mathfrak{W}'$ der Mengenverband aller Mengen ΦA. Existiert für eine Somenfamilie $(A_i)_{i \in I}$ aus $\mathfrak{B}$ die Vereinigung $\vee A_i = A$ in $\mathfrak{B}$, so ist A nach **1.15.** die Vereinigung aller Atome P mit $P \leq A_i$ für mindestens ein $i \in I$; also ist $\Phi A = \cup \Phi A_i$. Existiert der Durchschnitt $\wedge A_i = A$ in $\mathfrak{B}$, so ist A nach **1.15.** die Vereinigung aller Atome P mit $P \leq A_i$ für alle $i \in I$; also ist $\Phi A = \cap \Phi A_i$.

Es sei $\mathfrak{B}$ ein Verein oder ein distributiver Verband oder ein atomarer BOOLE-Verband. Weiter sei Φ der Isomorphismus des Satzes **5.1.** bzw. **5.2.** bzw. **5.3.** von $\mathfrak{B}$ auf einen Mengenverein bzw. Mengenverband $\mathfrak{W}'$. Ist E' der Träger von $\mathfrak{W}'$, so sei $\mathfrak{W}$ der Mengenvollverband *aller* Teilmengen von E'. Wir identifizieren nun jedes Soma A aus $\mathfrak{B}$ mit der Menge ΦA. Dann ist $\mathfrak{B}$ ein Unterverein bzw. ein Unterverband von $\mathfrak{W}$ und wir haben die folgenden drei Erweiterungssätze.

5.4. *Jeder Verein* $\mathfrak{B}$ *ist ein* ($\wedge$-*invarianter*) *Unterverein eines atomaren* BOOLE-*Vollverbandes* $\mathfrak{W}$.

5.5. *Jeder distributive Verband $\mathfrak{V}$ ist ein Unterverband eines atomaren* BOOLE-*Vollverbandes* $\mathfrak{W}$.

5.6. *Jeder atomare* BOOLE-*Verband* $\mathfrak{V}$ *ist ein Unterverband eines atomaren* BOOLE-*Vollverbandes* $\mathfrak{W}$ *derart, daß* $\mathfrak{V}$ *und* $\mathfrak{W}$ *dieselben Atome haben und für jede Somenfamilie* $(A_i)_{i \in I}$ *aus* $\mathfrak{V}$ *die Vereinigung bzw. der Durchschnitt in* $\mathfrak{V}$, *falls vorhanden, auch die Vereinigung bzw. der Durchschnitt in* $\mathfrak{W}$ *ist.*

Es erhebt sich die Frage, ob man den Satz **5.2.** dahin verschärfen kann, daß für jeden distributiven $\sigma \delta$-Verband $\mathfrak{V}$ ein Isomorphismus Φ auf einen Mengenverband derart existiert, daß nicht nur für je endlich viele, sondern auch für je abzählbar unendlich viele Somen A_i aus $\mathfrak{V}$ der Vereinigung bzw. der Durchschnitt der *mengentheoretischen* Vereinigung bzw. dem *mengentheoretischen* Durchschnitt der Mengen ΦA_i entspricht. Diese Frage ist zu verneinen, wie folgendes Beispiel zeigt.

Es sei $\mathfrak{V}*$ der Mengenverband aller Mengen reeller Zahlen. Weiter sei $\mathfrak{J}$ das System aller LEBESGUEschen Nullmengen aus $\mathfrak{V}*$ [eine Menge J aus $\mathfrak{V}*$ heißt eine LEBESGUEsche Nullmenge, wenn für jedes $\varepsilon > 0$ abzählbar viele Intervalle $I_1, I_2, \ldots$ der Zahlengeraden derart existieren, daß $J \subseteq \cup I_i$ und die Längensumme $\sum l(A_i) < \varepsilon$ ist]. $\mathfrak{J}$ ist ein σ-Ideal. Nach **4.7.** ist also $\mathfrak{V} = \mathfrak{V}*/\mathfrak{J}$ ein BOOLEscher $\sigma \delta$-Verband. Nun sei Φ ein Isomorphismus von $\mathfrak{V}$ auf einen Mengenverband $\mathfrak{V}'$ mit $\Phi(A_1 \vee A_2) = \Phi A_1 \cup \Phi A_2$ für je zwei Somen A_1 und A_2 aus $\mathfrak{V}$. Wir wollen in $\mathfrak{V}$ abzählbar viele Somen $A_1, A_2, \ldots$ derart konstruieren, daß $\Phi \wedge A_i$ nicht gleich $\cap \Phi A_i$ ist. Es sei I_1 das Intervall $[0 \leq x < 1]$ und A_1 die Restklasse $[I_1]$. Weiter seien I_2 und H_2 die Intervalle $[0 \leq x < \frac{1}{2}]$ und $[\frac{1}{2} \leq x < 1]$, A_2 und B_2 die Klassen $[I_2]$ und $[H_2]$. Dann sind A_2 und B_2 fremd. Wir wählen in ΦA_2 ein Element e; es ist kein Element von ΦB_2. Analog wie soeben das Intervall I_1, halbieren wir jetzt das Intervall I_2; es seien I_3 und H_3 die beiden Hälften, A_3 und B_3 die Klassen $[I_3]$ und $[H_3]$. Wegen $A_2 = A_3 \vee B_3$ ist $\Phi A_2 = \Phi A_3 \cup \Phi B_3$. Also können wir, nach eventueller Umbenennung, annehmen, daß e ein Element von ΦA_3 ist. So fahren wir fort. Wir erhalten eine monoton fallende Folge von Intervallen $I_1, I_2, \ldots$, deren Durchschnitt D höchstens einpunktig ist. Für die zugehörigen Klassen $A_1, A_2, \ldots$ gilt $\wedge A_i = [D]$ nach (4.18). Da D eine LEBESGUEsche Nullmenge ist, ist $[D]$ das Nullsoma O von $\mathfrak{V}'$. Also ist ΦO in jeder Menge aus $\mathfrak{V}'$ als Teilmenge enthalten. Insbesondere gilt also $\Phi O \subseteq \Phi B_2$. Wäre nun ΦO der mengentheoretische Durchschnitt der Mengen $\Phi A_1, \Phi A_2, \ldots$, so wäre, da e ein Element aller dieser Mengen ist, e ein Element von ΦO, also auch von ΦB_2, entgegen der Wahl von e.

§ 6. Produktvereine und Produktverbände.

Für jedes Element i einer nicht leeren Menge I beliebiger Mächtigkeit sei $\mathfrak{V}_i$ ein Verein mit einem Einssoma E_i und einem Nullsoma $O_i < E_i$.

Wir sagen von einem Verein $\mathfrak{V}$, er sei dargestellt als *Produktverein* der Vereine $\mathfrak{V}_i$, und wir schreiben $\mathfrak{V} = \boldsymbol{P} \mathfrak{V}_i$, wenn jedem Soma A aus $\mathfrak{V}$ für jedes $i \in I$ eindeutig ein Soma $A_i = \Pi_i A$ aus $\mathfrak{V}_i$ derart zugeordnet ist, daß folgende drei Bedingungen erfüllt sind:

$$\left.\begin{array}{l} \text{entweder ist } A_i = O_i \text{ für alle } i \in I; \\ \text{oder es ist } A_i > O_i \text{ für alle } i \in I \text{ und} \\ \text{dann } A_i < E_i \text{ für höchstens endlich viele } i; \end{array}\right\} \quad (6.1)$$

$$\left.\begin{array}{l} \text{ist } A_i \text{ für jedes } i \in I \text{ ein Soma aus } \mathfrak{V}_i \text{ mit } (6.1), \\ \text{so existiert genau ein Soma } A \in \mathfrak{V} \text{ mit} \\ \Pi_i A = A_i \text{ für jedes } i \in I; \end{array}\right\} \quad (6.2)$$

$$\left.\begin{array}{l} \text{für zwei Somen } A^1 \text{ und } A^2 \text{ aus } \mathfrak{V} \text{ ist genau dann} \\ A^1 \leq A^2, \text{ wenn } \Pi_i A^1 \leq \Pi_i A^2 \text{ ist für jedes } i \in I. \end{array}\right\} \quad (6.3)$$

Nach (6.2) existiert in $\mathfrak{V}$ genau ein Soma E mit $\Pi_i E = E_i$ für jedes $i \in I$ und genau ein Soma O mit $\Pi_i O = O_i$ für jedes $i \in I$; nach (6.3) ist E das Einssoma, O das Nullsoma von $\mathfrak{V}$ und es ist $O < E$.

Für jedes Soma A aus $\mathfrak{V}$ nennen wir das Soma $A_i = \Pi_i A$ die *Projektion* von A in $\mathfrak{V}_i$ oder auch den *i-ten Faktor* von A und umgekehrt das Soma A das *Produkt* $\boldsymbol{P} A_i$ der Somen A_i.

Um zu einem bequemen formalen Kalkül zu gelangen, ist die folgende Definition zweckmäßig: Es seien $A_{i_1}, \ldots, A_{i_n}$ irgendwelche Somen aus $\mathfrak{V}_{i_1}, \ldots, \mathfrak{V}_{i_n}$ ($i_1, \ldots, i_n$ paarweise verschieden[1]); ist nun $A_{i_\nu} = O_{i_\nu}$ für mindestens ein $\nu = 1, \ldots, n$, so sei $\langle A_{i_1}, \ldots, A_{i_n} \rangle$ das Nullsoma O von $\mathfrak{V}$; ist hingegen $A_{i_\nu} > O_{i_\nu}$ für jedes $\nu = 1, \ldots, n$, so sei $\langle A_{i_1}, \ldots, A_{i_n} \rangle$ das Soma A von $\mathfrak{V}$ mit $\Pi_{i_\nu} A = A_{i_\nu}$ für $\nu = 1, \ldots, n$, und $\Pi_i A = E_i$ für jedes $i \neq i_1, \ldots, i_n$. Wir nennen $\langle A_{i_1}, \ldots, A_{i_n} \rangle$ den *Block* über den Somen $A_{i_1}, \ldots, A_{i_n}$ und im Fall $n = 1$ das Soma $\langle A_i \rangle$ auch die *Säule* über A_i. Jedes Soma A aus $\mathfrak{V}$ ist auf mindestens eine Art als Block darstellbar; denn ist $A = O$, so ist $A = \langle O_i \rangle$ für jedes $i \in I$; ist hingegen $A > O$, so können wir $i_1, \ldots, i_n \in I$ so wählen, daß $\Pi_i A = E_i$ ist für alle $i \neq i_1, \ldots, i_n$; dann ist $A = \langle \Pi_{i_1} A, \ldots, \Pi_{i_n} A \rangle$. — Die Operation $\langle \ldots \rangle$ hat die folgenden

---

[1] Diese Voraussetzung wird im ganzen vorliegenden § 6 gemacht, wenn Indizes $i_1, \ldots, i_n$ aus I vorliegen.

formalen Eigenschaften eines Produktes von Zahlen x mit $0 \leq x \leq 1$:

$$\langle A_{i_1}, \ldots, A_{i_n} \rangle = O \text{ dann und nur dann, wenn } A_{i_\nu} = O_{i_\nu} \left.\right\} \tag{6.4}$$
$$\text{ist für mindestens ein } \nu = 1, \ldots, n;$$

$$\langle A_{i_1}, \ldots, A_{i_n} \rangle = E \text{ dann und nur dann, wenn } A_{i_\nu} = E_{i_\nu} \left.\right\} \tag{6.5}$$
$$\text{ist für jedes } \nu = 1, \ldots, n;$$

$$\langle A_{i_1}, \ldots, A_{i_n} \rangle = \langle A_{i_1}, \ldots, A_{i_n}, E_{i_{n+1}} \rangle. \tag{6.6}$$

Die Hinzufügung endlich vieler Einssomen ändert also den Wert von $\langle A_{i_1}, \ldots, A_{i_n} \rangle$ nicht. Dies hat folgende Konsequenz. Sind A^1 und A^2 zwei beliebige Somen aus $\mathfrak{B}$, so können wir zunächst schreiben $A^1 = \langle A_{j_1}^1, \ldots, A_{j_r}^1 \rangle$ und $A^2 = \langle A_{k_1}^2, \ldots, A_{k_s}^2 \rangle$; indem wir nun zu den Somen A_j^1 und ebenso zu den Somen A_k^2 endlich viele Einssomen hinzufügen, können wir erreichen, daß wir schreiben können $A^1 = \langle A_{i_1}^1, \ldots, A_{i_n}^1 \rangle$ und $A^2 = \langle A_{i_1}^2, \ldots, A_{i_n}^2 \rangle$. Mit anderen Worten: Wir können zwei Somen A^1 und A^2 aus $\mathfrak{B}$ stets als Blöcke über Somen aus *denselben* Vereinen $\mathfrak{B}_{i_1}, \ldots, \mathfrak{B}_{i_n}$ betrachten.

Schließlich ist jeder Block $\langle A_{i_1}, \ldots, A_{i_n} \rangle$ der Durchschnitt der Säulen $\langle A_{i_1} \rangle, \ldots, \langle A_{i_n} \rangle$:

$$\langle A_{i_1}, \ldots, A_{i_n} \rangle = \langle A_{i_1} \rangle \wedge \cdots \wedge \langle A_{i_1} \rangle. \tag{6.7}$$

Es sei i ein festes Element von I. Aus $A^1 \leq A^2$ folgt $\Pi_i A^1 \leq \Pi_i A^2$; also ist Π_i ein Homomorphismus von $\mathfrak{B}$ auf $\mathfrak{B}_i$. Weiter ist $\Pi_i \langle A_i \rangle = A_i$ für jedes $A_i \in \mathfrak{B}_i$; ist $\Pi_i B \leq A_i$, so ist $B \leq \langle A_i \rangle$ zufolge (6.3); also ist Π_i umkehrbar mit

$$\Pi_i^{-1} A_i = \langle A_i \rangle. \tag{6.8a}$$

Ist $A_i = \vee A_i^j$, so ist $\langle A_i \rangle = \vee \langle A_i^j \rangle$ zufolge (6.3); also gilt:

$$\Pi_i \text{ ist ein Vollhomomorphismus von } \mathfrak{B} \text{ auf } \mathfrak{B}_i. \tag{6.8b}$$

Bezeichnen wir den aus allen Säulen $\langle A_i \rangle$ mit $A_i \in \mathfrak{B}_i$ bestehenden Unterverein von $\mathfrak{B}$ mit $\langle \mathfrak{B}_i \rangle$, so gilt schließlich:

$$\Pi_i | \langle \mathfrak{B}_i \rangle \text{ ist ein Isomorphismus von } \langle \mathfrak{B}_i \rangle \text{ auf } \mathfrak{B}_i{}^1. \tag{6.8c}$$

Es existiert ein als Produkt der Vereine $\mathfrak{B}_i$ $(i \in I)$ darstellbarer Verein $\mathfrak{B} = P \mathfrak{B}_i$. Es sei nämlich $\mathfrak{B}$ die Menge aller Funktionen $A = A | I$ mit der Eigenschaft, daß für jedes $i \in I$ der Funktionswert ein Soma A_i aus $\mathfrak{B}_i$ ist und (6.1) gilt. Wir schreiben $A^1 \leq A^2$ dann und nur dann,

---

[1] $\Pi_i | \langle \mathfrak{B}_i \rangle$ ist die Zuordnung Π_i, nur auf $\langle \mathfrak{B}_i \rangle$ betrachtet.

wenn $A_i^1 \leqq A_i^2$ ist für jedes $i \in I$. Setzen wir nun $\varPi_i A = A_i$ für jede Funktion A, so sind die Bedingungen (6.1) bis (6.3) erfüllt.

Ist $\mathfrak{V}'$ ein zweiter Verein, der ebenfalls als Produkt der Vereine $\mathfrak{V}_i$ dargestellt ist, so sind $\mathfrak{V}$ und $\mathfrak{V}'$ isomorph; denn ordnen wir jedem Soma A aus $\mathfrak{V}$ das Soma A' aus $\mathfrak{V}'$ mit denselben Projektionen zu, so ist diese Zuordnung ein Isomorphismus von $\mathfrak{V}$ auf $\mathfrak{V}'$. Also ist $\mathfrak{V} = \boldsymbol{P}\mathfrak{V}_i$ bis auf Isomorphismen eindeutig bestimmt; in diesem Sinne sprechen wir auch von *dem* Produktverein $\boldsymbol{P}\mathfrak{V}_i$ der Vereine $\mathfrak{V}_i$.

Beispiel. Es sei $\mathfrak{V}_1$ der aus der leeren Menge O_1 und den Intervallen $[0 < x_1 \leqq 1]$, $[1 < x_1 \leqq 2]$ und $[0 < x_1 \leqq 2] = E_1$ bestehende BOOLEsche Mengenverband in der x_1-Achse der $x_1 x_2$-Ebene. $\mathfrak{V}_2$ sei der analoge BOOLEsche Mengenverband in der x_2-Achse. $\mathfrak{V}$ sei der Mengenverein in der $x_1 x_2$-Ebene, der aus folgenden 10 Mengen besteht: Der leeren Menge O, dem Quadrat $[0 < x_1 \leqq 2, 0 < x_2 \leqq 2] = E$ und den vier Rechtecken $[0 < x_1 \leqq 1, 0 < x_2 \leqq 2]$, usw. und den vier Quadraten $[0 < x_1 \leqq 1, 0 < x_2 \leqq 1]$, usw., in welche E durch die Geraden $x_1 = 1$ und $x_2 = 2$ einzeln bzw. zusammen zerlegt wird. $\varPi_1$ bzw. $\varPi_2$ sei die senkrechte Projektion in die x_1-Achse bzw. die x_2-Achse. Dann ist $\mathfrak{V}$ dargestellt als Produktverein von $\mathfrak{V}_1$ und $\mathfrak{V}_2$.

Ist jedes $\mathfrak{V}_i$ ein $\vee$-Verein, so ist auch $\mathfrak{V} = \boldsymbol{P}\mathfrak{V}_i$ ein $\vee$-Verein. Denn für zwei Somen $A^1 = \langle A_{i_1}^1, \ldots, A_{i_n}^1 \rangle > O$ und $A^2 = \langle A_{i_1}^2, \ldots, A_{i_n}^2 \rangle > O$ ist das Soma $A = \langle A_{i_1}^1 \vee A_{i_1}^2, \ldots, A_{i_n}^1 \vee A_{i_n}^2 \rangle$ die Vereinigung in $\mathfrak{V}$. Für $\langle A_{i_1}^1, A_{i_2}, \ldots, A_{i_n} \rangle$ und $\langle A_{i_1}^2, A_{i_2}, \ldots, A_{i_n} \rangle$ ist stets

$$\langle A_{i_1}^1 \vee A_{i_1}^2, A_{i_2}, \ldots, A_{i_n} \rangle = \langle A_{i_1}^1, A_{i_2}, \ldots, A_{i_n} \rangle \vee \langle A_{i_1}^2, A_{i_2}, \ldots, A_{i_n} \rangle. \quad (6.9)$$

Ist jedes $\mathfrak{V}_i$ ein $\wedge$-Verein, so ist auch $\mathfrak{V} = \boldsymbol{P}\mathfrak{V}_i$ ein $\wedge$-Verein. Denn für zwei Somen $A^1 = \langle A_{i_1}^1, \ldots, A_{i_n}^1 \rangle$ und $A^2 = \langle A_{i_1}^2, \ldots, A_{i_n}^2 \rangle$ ist das Soma $A = \langle A_{i_1}^1 \wedge A_{i_1}^2, \ldots, A_{i_n}^1 \wedge A_{i_n}^2 \rangle$ der Durchschnitt in $\mathfrak{V}$:

$$\langle A_{i_1}^1 \wedge A_{i_1}^2, \ldots, A_{i_n}^1 \wedge A_{i_n}^2 \rangle = \langle A_{i_1}^1, \ldots, A_{i_n}^1 \rangle \wedge \langle A_{i_1}^2, \ldots, A_{i_n}^2 \rangle. \quad (6.10)$$

Ist jedes $\mathfrak{V}_i$ ein Verband, so ist nach dem Vorstehenden auch $\mathfrak{V} = \boldsymbol{P}\mathfrak{V}_i$ ein Verband. Wir nennen ihn den *Produktverband* der $\mathfrak{V}_i$. Jedes $\langle \mathfrak{V}_i \rangle$ ist ein Unterverband von $\mathfrak{V}$; denn nach (6.9) ist $\langle A_i^1 \vee A_i^2 \rangle = \langle A_i^1 \rangle \vee \langle A_i^2 \rangle$ und nach (6.10) ist $\langle A_i^1 \wedge A_i^2 \rangle = \langle A_i^1 \rangle \wedge \langle A_i^2 \rangle$.

Nun seien die $\mathfrak{V}_i$ $(i \in I)$ BOOLE-Verbände. Dann ist der Produktverband $\mathfrak{V} = \boldsymbol{P}\mathfrak{V}_i$ im allgemeinen nicht BOOLEsch, ja nicht einmal distributiv. Deshalb stellen wir folgende Definition auf.

Wir sagen von einem BOOLE-Verband $\mathfrak{V}$, er sei dargestellt als BOOLEscher *Produktverband* der BOOLE-Verbände $\mathfrak{V}_i$ $(i \in I)$ und schreiben

$\mathfrak{B} = \boldsymbol{P}^\beta \mathfrak{B}_i$, wenn folgende Bedingungen erfüllt sind:

$$\mathfrak{B} \text{ enthält einen als Produktverein } \boldsymbol{P}\mathfrak{B}_i \text{ der } \mathfrak{B}_i \text{ dar-} \atop \text{gestellten Unterverein } \mathfrak{B}\,{}^1; \qquad\qquad (6.11)$$

für jedes $i \in I$ ist $\langle \mathfrak{B}_i \rangle$ ein Boolescher Unterverband von $\mathfrak{B}\,{}^2$; (6.12)

$$\text{ist } \mathfrak{C} \text{ ein Boolescher Unterverband von } \mathfrak{B} \text{ mit } \langle \mathfrak{B}_i \rangle \subseteqq \mathfrak{C} \atop \text{für alle } i \in I, \text{ so ist } \mathfrak{C} = \mathfrak{B}\,{}^3. \qquad (6.13)$$

Es existiert solch ein Boolescher Produktverband $\mathfrak{B} = \boldsymbol{P}^\beta \mathfrak{B}_i$. Um dies zu zeigen, können wir nach **5.2.** jedes $\mathfrak{B}_i$ als einen Booleschen Mengenverband annehmen, seinen Träger als das Einssoma E_i und die leere Menge als sein Nullsoma O_i. Nun sei E die Menge aller Familien $e = (e_i)_{i \in I}$ von Elementen e_i der Mengen E_i. Wenn nun A_i für jedes $i \in I$ eine Menge von $\mathfrak{B}_i$ ist und dabei (6.1) gilt, so sei A die Menge aller Familien e mit $e_i \in A_i$ für jedes $i \in I$; es sei $A_i = \Pi_i A$ gesetzt. Dann ist das System $\mathfrak{B}$ aller dieser Mengen A als Produktverband $\boldsymbol{P}\mathfrak{B}_i$ der $\mathfrak{B}_i$ dargestellt. Das Einssoma von $\mathfrak{B}$ ist die Menge E, das Nullsoma O die leere Menge. ($\mathfrak{B}$ ist kein Mengenverband; in ihm hat für zwei Mengen zwar der Durchschnitt, im allgemeinen aber nicht auch die Vereinigung die mengentheoretische Bedeutung.) Weiter sei $\mathfrak{B}$ das System aller Teilmengen von E, die sich aus je endlich vielen Mengen von $\mathfrak{B}$ durch endlich oftmalige Bildung der Vereinigung, des Durchschnittes und des Komplements, alles im mengentheoretischen Sinne, gewinnen lassen. Dann ist $\mathfrak{B}$ als Boolescher Produktverband $\boldsymbol{P}^\beta \mathfrak{B}_i$ der $\mathfrak{B}_i$ dargestellt. Er ist ein Boolescher Mengenverband.

Bevor wir zeigen, daß $\mathfrak{B} = \boldsymbol{P}^\beta \mathfrak{B}_i$ bis auf Isomorphismen eindeutig bestimmt ist, beweisen wir die folgenden Aussagen (6.14) bis (6.17).

$$\text{Das Einssoma } E \text{ von } \mathfrak{B} \text{ ist das Einssoma von } \mathfrak{B} \text{ und} \atop \text{das Nullsoma } O \text{ von } \mathfrak{B} \text{ das Nullsoma von } \mathfrak{B}. \qquad (6.14)$$

Denn E ist für ein beliebiges $i \in I$ ein Soma aus $\langle \mathfrak{B}_i \rangle$, also das Einssoma von $\langle \mathfrak{B}_i \rangle$; wegen (6.12) ist daher E auch das Einssoma von $\mathfrak{B}$. Für das Nullsoma schließt man analog.

$$\text{Für je zwei Somen } A^1 \text{ und } A^2 \text{ aus } \mathfrak{B} \text{ ist der Durch-} \atop \text{schnitt in } \mathfrak{B} \text{ auch der Durchschnitt in } \mathfrak{B}. \qquad (6.15)$$

---

[1] Da $\mathfrak{B}$ zwar ein Verband, im allgemeinen aber nicht distributiv ist, können wir nicht verlangen, daß $\mathfrak{B}$ ein Unter*verband* von $\mathfrak{B}$ ist.

[2] Der Säulenverband $\langle \mathfrak{B}_i \rangle$ ist nach (6.8c) zu $\mathfrak{B}_i$ isomorph. (6.12) besagt nun, daß für (endlich viele) Somen aus $\langle \mathfrak{B}_i \rangle$ die Bildung der Vereinigung, des Durchschnittes und des Komplements in $\langle \mathfrak{B}_i \rangle$ dasselbe bedeutet wie in $\mathfrak{B}$.

[3] (6.13) ist eine Minimalbedingung für $\mathfrak{B}$.

Mit anderen Worten: $\mathfrak{B}$ ist ein $\wedge$-invarianter Unterverein von $\mathfrak{B}$. Es sei D der Durchschnitt von A^1 und A^2 in $\mathfrak{B}$ und D' ihr Durchschnitt in $\mathfrak{B}$. Dann ist zunächst $D \leq D'$. Angenommen, es wäre $D < D'$. Der in $\mathfrak{B}$ genommene Durchschnitt $B = D' \wedge cD$ ist dann > 0. Nun existiere in $\mathfrak{B}$ ein Soma $A > 0$ mit $A \leq B$. Wegen $B \leq D'$ ist $A \leq A^1$ und $A \leq A^2$, wegen $A \in \mathfrak{B}$ also $A \leq D$. Wegen $B \leq cD$ ist aber auch $A \leq cD$. Also ist $A = 0$, entgegen der Wahl von A. — Wir haben noch die Existenz eines Somas A von $\mathfrak{B}$ mit $0 < A \leq B$ zu zeigen; dabei sei B ein beliebiges Soma > 0 aus $\mathfrak{B}$. Es sei $\mathfrak{C}$ die Menge aller Somen aus $\mathfrak{B}$, die sich als Vereinigungen in $\mathfrak{B}$ je endlich vieler Durchschnitte in $\mathfrak{B}$ von je endlich vielen Somen der Somenmenge $\bigcup_i \langle \mathfrak{B}_i \rangle \subseteq \mathfrak{B}$ darstellen lassen. Nach **1.12.** und (6.12) ist $\mathfrak{C}$ ein BOOLEscher Unterverband von $\mathfrak{B}$ mit $\langle \mathfrak{B}_i \rangle \subseteq \mathfrak{C}$ für jedes $i \in I$. Nach (6.13) ist $\mathfrak{C} = \mathfrak{B}$. Also läßt sich insbesondere das Soma B in dieser Weise darstellen: $B = A^1 \vee \cdots \vee A^m$. Wegen $B > 0$ ist etwa $A^1 > 0$. Ist $A^1 = \langle A_{i_1} \rangle \wedge \cdots \wedge \langle A_{i_n} \rangle$, so folgt $A_{i_\nu} > 0_{i_\nu}$ für jedes $\nu = 1, \ldots, n$. Das Soma $A = \langle A_{i_1}, \ldots, A_{i_n} \rangle$ aus $\mathfrak{B}$ ist daher > 0. Aus $A \leq \langle A_{i_\nu} \rangle$ für jedes $\nu = 1, \ldots, n$ folgt $A \leq A^1$, also $A \leq B$.

Nach (6.15) sind die Gleichungen (6.7) und (6.10) auch dann richtig, wenn wir die Durchschnitte auf den rechten Seiten als Durchschnitte in $\mathfrak{B}$ auffassen. Ebenso ist nach der folgenden Behauptung (6.16) auch die Gleichung (6.9) richtig, wenn wir die Vereinigung auf der rechten Seite als Vereinigung in $\mathfrak{B}$ auffassen.

$$\left.\begin{array}{l} \text{Für je zwei Somen } A^1 \text{ und } A^2 \text{ aus } \mathfrak{B} \text{ mit } \Pi_i A^1 \neq \Pi_i A^2 \\ \text{für höchstens ein } i = i_1 \in I \text{ ist die Vereinigung in } \mathfrak{B} \text{ auch} \\ \text{die Vereinigung in } \mathfrak{B}\ {}^1. \end{array}\right\} \quad (6.16)$$

Es sei nämlich V die Vereinigung von A^1 und A^2 in $\mathfrak{B}$ und V' ihre Vereinigung in $\mathfrak{B}$. Wir können schreiben: $A^1 = \langle A_{i_1}^1, A_{i_2}, \ldots, A_{i_n} \rangle$ und $A^2 = \langle A_{i_1}^2, A_{i_2}, \ldots, A_{i_n} \rangle$. Zunächst ist $\langle A_{i_1}^1 \vee A_{i_1}^2 \rangle = \langle A_{i_1}^1 \rangle \vee \langle A_{i_1}^2 \rangle$ in $\mathfrak{B}$; denn wegen (6.9) ist $\langle A_{i_1}^1 \vee A_{i_1}^2 \rangle$ die Vereinigung von $\langle A_{i_1}^1 \rangle$ und $\langle A_{i_1}^2 \rangle$ in $\langle \mathfrak{B}_i \rangle$, wegen (6.12) also auch in $\mathfrak{B}$. Hieraus folgt die Gleichung $V = V'$ wegen (6.7), (6.15), der Distributivität von $\mathfrak{B}$ und wegen $V = \langle A_{i_1}^1 \vee A_{i_1}^2, A_{i_2}, \ldots, A_{i_n} \rangle$.

Für das Komplement in $\mathfrak{B}$ eines Somas aus $\mathfrak{B}$ gilt:

$$c \langle A_{i_1}, \ldots, A_{i_n} \rangle = \langle cA_{i_1} \rangle \vee \cdots \vee \langle cA_{i_n} \rangle. \quad (6.17)$$

---

[1] Die einschränkende Bedingung für A^1 und A^2 ist hier wesentlich (vgl. das Beispiel von S. 35). — Um Verwirrung zu vermeiden, verabreden wir, daß wir von jetzt an auch für Somen aus $\mathfrak{B}$ mit $\vee$ immer nur die Vereinigung in $\mathfrak{B}$ bezeichnen.

Denn nach (6.7) und (1.7) ist $c \langle A_{i_1}, \ldots, A_{i_n} \rangle = c \langle A_{i_1} \rangle \vee \cdots \vee c \langle A_{i_n} \rangle$. Nach (6.9) und (6.5) ist aber $\langle A_i \rangle \vee \langle c A_i \rangle = \langle E_i \rangle = E$ und nach (6.10) und (6.4) ist $\langle A_i \rangle \wedge \langle c A_i \rangle = \langle O_i \rangle = O$. Wegen (6.14) ist also $c \langle A_i \rangle = \langle c A_i \rangle$.

Schließlich behaupten wir noch:

$$\left. \begin{array}{c} \text{Jedes Soma } B \in \mathfrak{B} \text{ ist darstellbar als Vereinigung} \\ B = A^1 \vee \cdots \vee A^m \qquad (A^1, \ldots, A^m \in \mathfrak{B}). \end{array} \right\} \qquad (6.18)$$

Für $B = O$ ist nichts zu zeigen. Es sei also $B > O$. Wie beim Beweis von (6.15) gezeigt wurde, ist $B = A^1 \vee \cdots \vee A^m$, wobei jedes A^μ die Gestalt $A^\mu = \langle A_{i_1} \rangle \wedge \cdots \wedge \langle A_{i_n} \rangle$ hat. Nun ist $\langle A_{i_1} \rangle \wedge \cdots \wedge \langle A_{i_n} \rangle = \langle A_{i_1}, \ldots, A_{i_n} \rangle$ nach (6.15) und (6.7), also $A^\mu \in \mathfrak{B}$.

Nun zeigen wir, daß $\mathfrak{B} = \boldsymbol{P}^\beta \mathfrak{B}_i$ bis auf Isomorphismen eindeutig bestimmt ist. Genauer behaupten wir folgendes: Es seien $\mathfrak{B}$ und $°\mathfrak{B}$ zwei BOOLE-Verbände, die als BOOLEsche Produktverbände der BOOLE-Verbände $\mathfrak{B}_i$ $(i \in I)$ dargestellt sind. $\mathfrak{B}$ enthält einen Produktverein $\mathfrak{P}$ und $°\mathfrak{B}$ einen Produktverein $°\mathfrak{P}$ der $\mathfrak{B}_i$ im Sinne von (6.1) bis (6.3). Nach S. 35 existiert ein Isomorphismus Φ von $\mathfrak{P}$ auf $°\mathfrak{P}$. Wir behaupten nun, daß ein Isomorphismus Ψ von $\mathfrak{B}$ auf $°\mathfrak{B}$ existiert, der auf $\mathfrak{P}$ mit Φ identisch ist.

Nach (6.18) ist jedes Soma $B \in \mathfrak{B}$ in der Form $B = A^1 \vee \cdots \vee A^m$ $(A^1, \ldots, A^m \in \mathfrak{P})$ und jedes Soma $°B$ in der Form $°B = °A^1 \vee \cdots \vee °A^m$ $(°A^1, \ldots, °A^m \in °\mathfrak{P})$ darstellbar. Wir ordnen nun dem Soma B das Soma $°B = \Phi A^1 \vee \cdots \vee \Phi A^m$ zu: $°B = \Psi B$. Dann ist jedem Soma $B \in \mathfrak{B}$ mindestens ein Soma $°B \in °\mathfrak{B}$ zugeordnet und jedes Soma $°B \in °\mathfrak{B}$ ist mindestens einem Soma $B \in \mathfrak{B}$ zugeordnet; insbesondere ist jedem Soma $A \in \mathfrak{P}$ das Soma $\Phi A \in °\mathfrak{P}$ zugeordnet. Wir zeigen zunächst, daß diese Zuordnung eineindeutig ist. Hierzu genügt es zu zeigen, daß

$$\Phi A^1 \vee \cdots \vee \Phi A^m = \Phi \tilde{A}^1 \vee \cdots \vee \Phi \tilde{A}^n \qquad (*)$$

dann und nur dann gilt, wenn

$$A^1 \vee \cdots \vee A^m = \tilde{A}^1 \vee \cdots \vee \tilde{A}^n \qquad (**)$$

ist $(A^1, \ldots, A^m, \tilde{A}^1, \ldots, \tilde{A}^n \in \mathfrak{P})$. Es gelte $(**)$ nicht. Dann ist etwa nicht $\tilde{A}^1 \leq A^1 \vee \cdots \vee A^m$. Da $\mathfrak{B}$ BOOLEsch ist und (6.18) gilt, existiert dann in $\mathfrak{B}$ ein Soma A mit $O < A \leq \tilde{A}^1$, das in $\mathfrak{B}$ teilerfremd ist zu $A^1 \vee \cdots \vee A^m$ und daher zu jedem der Somen $A^1, \ldots, A^m$ in $\mathfrak{B}$ und daher auch in $\mathfrak{P}$. Dann ist $°0 < \Phi A \leq \Phi \tilde{A}^1$ und ΦA in $°\mathfrak{P}$ teilerfremd zu jedem der Somen $\Phi A^1, \ldots, \Phi A^m$, da Φ ein Isomorphismus ist. Da $°\mathfrak{B}$ BOOLEsch ist und (6.18) auch für $°\mathfrak{B}$ gilt, ist dann ΦA in $°\mathfrak{B}$ teilerfremd zu $\Phi A^1 \vee \cdots \vee \Phi A^m$. Also gilt nicht $\Phi \tilde{A}^1 \leq \Phi A^1 \vee \cdots \vee \Phi A^m$ und daher nicht $(*)$. Aus Symmetriegründen gilt $(**)$ nicht, wenn $(*)$ nicht gilt.

Also ist die Zuordnung Ψ eineindeutig, wie behauptet wurde. — Schließlich ist Ψ ein Isomorphismus. Denn ist $B_1 \leq B_2$ für zwei Somen B_1 und B_2 aus $\mathfrak{B}$, so ist $B_1 \vee B_2 = B_2$, nach der Definition von Ψ also $\Psi B_1 \vee \Psi B_2 = \Psi B_2$ und daher $\Psi B_1 \leq \Psi B_2$; aus Symmetriegründen folgt aus $\Psi B_1 \leq \Psi B_2$ umgekehrt $B_1 \leq B_2$. — Damit ist die eindeutige Bestimmtheit von $\mathfrak{B} = \boldsymbol{P}^\beta \mathfrak{B}_i$ bis auf Isomorphismen bewiesen. Im Sinne dieser Eindeutigkeit sprechen wir auch von *dem* BOOLEschen Produktverband $\mathfrak{B} = \boldsymbol{P}^\beta \mathfrak{B}_i$ der BOOLE-Verbände $\mathfrak{B}_i$.

Schließlich sei B ein beliebiges Soma aus $\mathfrak{B}$. Nach (6.18) existiert eine Darstellung $B = A^1 \vee \cdots \vee A^m$ mit $A^1, \ldots, A^m \in \mathfrak{B}$. Wir nennen nun das Soma $\Pi_i A^1 \vee \cdots \vee \Pi_i A^m \in \mathfrak{B}_i$ die *Projektion* $\Pi_i B$ von B in $\mathfrak{B}_i$. Wir behaupten, daß $\Pi_i B$ unabhängig ist von der gewählten Darstellung von B. Es sei also $B = \tilde{A}^1 \vee \cdots \vee \tilde{A}^n$ eine zweite Darstellung von B. Dann ist die Gleichung $\Pi_i A^1 \vee \cdots \vee \Pi_i A^m = \Pi_i \tilde{A}^1 \vee \cdots \vee \Pi_i \tilde{A}^n$ zu beweisen. Angenommen, für ein $i = i_0$ wäre diese Behauptung falsch. Dann ist etwa nicht $\Pi_{i_0} \tilde{A}^1 \leq \Pi_{i_0} A^1 \vee \cdots \vee \Pi_{i_0} A^m$. Da $\mathfrak{B}_{i_0}$ BOOLEsch ist, existiert dann in $\mathfrak{B}_{i_0}$ ein Soma A_{i_0} mit $O_{i_0} < A_{i_0} \leq \Pi_{i_1} \tilde{A}^1$, das in $\mathfrak{B}_{i_0}$ teilerfremd ist zu jedem $\Pi_{i_0} A^\mu$. Es sei A das Soma aus $\mathfrak{B}$ mit $\Pi_{i_0} A = A_{i_0}$ und $\Pi_i A = \Pi_i \tilde{A}^1$ für alle $i \neq i_0$. Dann ist $O < A \leq \tilde{A}^1$ und da A_{i_0} zu jedem Soma $\Pi_{i_0} A^\mu$ teilerfremd ist, so ist A zu jedem Soma $A^1, \ldots, A^m$ in $\mathfrak{B}$, wegen (6.15) also auch in $\mathfrak{B}$ teilerfremd und daher A zu $A^1 \vee \cdots \vee A^m$ in $\mathfrak{B}$ teilerfremd. Wegen $O < A \leq \tilde{A}^1$ gilt also nicht $\tilde{A}^1 \leq A^1 \vee \cdots \vee A^m$, im Widerspruch zu $A^1 \vee \cdots \vee A^m = \tilde{A}^1 \vee \cdots \vee \tilde{A}^n$. — Die Zuordnung $\Pi_i | \mathfrak{B}$ ist ein Vollhomomorphismus von $\mathfrak{B}$ auf $\mathfrak{B}_i$; auch für diesen (auf $\mathfrak{B}$ erweiterten) Vollhomomorphismus gilt (6.8a).

Wir betrachten jetzt noch den speziellen Fall, daß die $\mathfrak{B}_i$ Mengenvollverbände sind. Es seien E_i $(i \in I)$ irgendwelche nicht leere Mengen. Für jedes $i \in I$ bezeichnen wir mit $\mathfrak{E}_i$ den Mengenverband aller Teilmengen von E_i. Ist A_i für jedes $i \in I$ eine Teilmenge von E_i, so heißt die Menge aller Familien $p = (p_i)_{i \in I}$ von Elementen p_i der Mengen A das CARTESIsche *Produkt* $\boldsymbol{P}^\gamma A_i$ der Mengen A_i. Den Mengenverband aller Teilmengen von $\boldsymbol{P}^\gamma E_i$ nennen wir das CARTESIsche *Produkt* der Mengenverbände $\mathfrak{E}_i$ und bezeichnen es mit $\boldsymbol{P}^\gamma \mathfrak{E}_i$. (Ist I speziell die Menge der natürlichen Zahlen $i = 1, \ldots, n$ oder aller natürlichen Zahlen $i = 1, 2, \ldots$, so schreibt man auch $A_1 \times \cdots \times A_n$ und $\mathfrak{E}_1 \times \cdots \times \mathfrak{E}_n$ bzw. $A_1 \times A_2 \times \cdots$ und $\mathfrak{E}_1 \times \mathfrak{E}_2 \times \cdots$ statt $\boldsymbol{P}^\gamma A_i$ und $\boldsymbol{P}^\gamma \mathfrak{E}_i$.) Für jedes Element $p = (p_i)$ von $\boldsymbol{P}^\gamma E_i$ bezeichnen wir das Element p_i von E_i auch als die *Projektion* $\Pi_i p$ von p in E_i und für eine beliebige Menge $M \subseteq \boldsymbol{P}^\gamma E_i$ die Menge aller $\Pi_i p$ mit $p \in M$ als die *Projektion* $\Pi_i M$ von M in $\mathfrak{E}_i$. Diese Zuordnung Π_i ist eine Abbildung von $\boldsymbol{P}^\gamma \mathfrak{E}_i$ auf $\mathfrak{E}_i$.

Der Unterverein $\mathfrak{B}$ von $\boldsymbol{P}^\gamma \mathfrak{E}_i$, der aus allen denjenigen Mengen $\boldsymbol{P}^\gamma A_i$ besteht, für welche entweder A_i die leere Menge ist für jedes

$i \in I$ oder für welche $A_i = E_i$ ist für alle $i \in I$ mit höchstens endlich vielen Ausnahmen $i_1, \ldots, i_n$, hat die Eigenschaften (6.1) bis (6.3). Also können wir $\mathfrak{B}$ als den Produktverband $\boldsymbol{P}\,\mathfrak{E}_i$ der $\mathfrak{E}_i$ (diese als Mengenverbände betrachtet) nehmen. Wir heben wegen späterer Anwendungen besonders hervor: 1. Sind $A_{i_1}, \ldots, A_{i_n}$ Mengen aus $\mathfrak{E}_{i_1}, \ldots, \mathfrak{E}_{i_n}$, so ist der Block $\langle A_{i_1}, \ldots, A_{i_n} \rangle$ über den $A_{i_1}, \ldots, A_{i_n}$ die Menge aller $p \in \boldsymbol{P}^\gamma E_i$ mit $p_{i_\nu} \in A_{i_\nu}$ für $\nu = 1, \ldots, n$; falls speziell $I = (1, \ldots, n)$ ist, so ist $\langle A_1, \ldots, A_n \rangle = A_1 \times \cdots \times A_n$. 2. Der Durchschnitt $A \wedge B$ in $\boldsymbol{P}\,\mathfrak{E}_i$ zweier Mengen A und B aus $\boldsymbol{P}\,\mathfrak{E}_i$ ist der mengentheoretische Durchschnitt $A \cap B$ (hingegen ist die Vereinigung $A \vee B$ in $\boldsymbol{P}\,\mathfrak{E}_i$ von A und B im allgemeinen nicht die mengentheoretische Vereinigung).

Der mengentheoretische Durchschnitt $\mathfrak{B}$ aller Booleschen Unterverbände von $\boldsymbol{P}^\gamma \mathfrak{E}_i$, welche $\boldsymbol{P}\,\mathfrak{E}_i$ als Unterverein enthalten, hat die Eigenschaften (6.11) bis (6.13). Also können wir diesen Durchschnitt $\mathfrak{B}$ als den Booleschen Produktverband $\boldsymbol{P}^\beta \mathfrak{E}_i$ der $\mathfrak{E}_i$ (als Boole-Verbände betrachtet) nehmen. Wir erwähnen: In $\boldsymbol{P}^\beta \mathfrak{E}_i$ haben für je zwei Mengen aus $\boldsymbol{P}^\beta \mathfrak{E}_i$ die Vereinigung und der Durchschnitt die mengentheoretische Bedeutung.

Auf Grund dieser Verabredungen gilt also:

$$\boldsymbol{P}\,\mathfrak{E}_i \subseteqq \boldsymbol{P}^\beta \mathfrak{E}_i \subseteqq \boldsymbol{P}^\gamma \mathfrak{E}_i. \tag{6.19}$$

Die leere Menge ist das gemeinsame Nullsoma O und die Menge $\boldsymbol{P} E_i$ das gemeinsame Einssoma E von $\boldsymbol{P}\,\mathfrak{E}_i$, $\boldsymbol{P}^\beta \mathfrak{E}_i$ und $\boldsymbol{P}^\gamma \mathfrak{E}_i$. Die Abbildung Π_i von $\boldsymbol{P}^\gamma \mathfrak{E}_i$ auf $\mathfrak{E}_i$, nur auf $\boldsymbol{P}^\beta \mathfrak{E}_i$ betrachtet, ist identisch mit dem Vollhomomorphismus Π_i von $\boldsymbol{P}^\beta \mathfrak{E}_i$ auf $\mathfrak{E}_i$ (S. 39 mit $\mathfrak{B}_i = \mathfrak{E}_i$).

Beispiel. Es sei E_i ($i = 1, 2$) die Menge aller reellen Zahlen x_i und $\mathfrak{E}_i$ der Mengenverband aller Teilmengen A_i von E_i. Dann ist $\boldsymbol{P}\,\mathfrak{E}_i$ das System aller Mengen $A_1 \times A_2$ ($=$ Menge aller Paare (x_1, x_2) mit $x_1 \in A_1$, $x_2 \in A_2$); $\boldsymbol{P}^\beta \mathfrak{E}_i$ ist das System aller mengentheoretischen Vereinigungen von je endlich vielen Mengen $A_1 \times A_2$; $\boldsymbol{P}^\gamma \mathfrak{E}_i = \mathfrak{E}_1 \times \mathfrak{E}_2$ ist das System aller Teilmengen von $E_1 \times E_2$.

II. Topologische Strukturen.

§ 7. Grundbegriffe.

1. Topologische Vereine.

Auf S. 17 sind wir bereits auf den Begriff der Topologie eines Vereins gestoßen. Dieser Begriff ist die Grundlage für alles Folgende. Wir wiederholen daher seine Definition und führen eine bequemere Bezeichnung ein.

Es liege ein Verein $\mathfrak{V}$ vor. Jedem Soma A aus $\mathfrak{V}$ sei eindeutig ein Soma $\overline{A} = \mathsf{T}A$ aus $\mathfrak{V}$ derart zugeordnet, daß die folgenden drei Axiome erfüllt sind:

Axiom H_0. *Aus $A_1 \leq A_2$ folgt $\overline{A_1} \leq \overline{A_2}$.*

Axiom H_1. $A \leq \overline{A}$.

Axiom H_2. $\overline{\overline{A}} = \overline{A}$ [1].

Dann nennen wir den Endomorphismus T eine *topologische Struktur* oder eine *Topologie* von $\mathfrak{V}$ und $\mathfrak{V}$ einen *topologischen Verein* [2]. Für jedes Soma A nennen wir das Soma $\overline{A}$ die *Hülle* oder die *Adhärenz* von A. Ist $A \leq \overline{A_0}$, so heiße das Soma A dem Soma A_0 *adhärent* (kurz A adhärent A_0).

Ein Soma F heiße *abgeschlossen*, wenn $\overline{F} = F$ ist. Nach H_2 ist jede Hülle abgeschlossen.

7.1.* *Das Einssoma E, falls vorhanden, ist abgeschlossen.*

Beweis. Da E das Einssoma ist, gilt $\overline{E} \leq E$. Nach H_1 ist $E \leq \overline{E}$.

7.2.* *Der Durchschnitt, falls vorhanden, beliebig vieler abgeschlossener Somen ist abgeschlossen.*

Beweis. Es sei $(F_i)_{i \in I}$ eine Familie abgeschlossener Somen F_i, deren Durchschnitt F existiert. Aus $F \leq F_i$ folgt $\overline{F} \leq \overline{F_i}$ für jedes $i \in I$ nach H_0; also ist $\overline{F} \leq F$. Nach H_1 gilt $F \leq \overline{F}$.

Eine Menge $\mathfrak{B}$ abgeschlossener Somen B aus $\mathfrak{V}$ heiße eine *abgeschlossene Basis* von $\mathfrak{V}$, wenn jedes abgeschlossene Soma (oder, was auf dasselbe hinausläuft, jede Hülle) der Durchschnitt einer Menge von Somen B aus $\mathfrak{B}$ ist [3]. Beispielsweise ist die Menge *aller* abgeschlossenen Somen aus $\mathfrak{V}$ eine abgeschlossene Basis von $\mathfrak{V}$.

---

[1] $\overline{\overline{A}}$ ist die Hülle von $\overline{A}$. — Da aus H_0 und H_1 folgt $\overline{A} \leq \overline{\overline{A}}$, braucht statt H_2 nur $\overline{\overline{A}} \leq \overline{A}$ gefordert zu werden.

[2] Sind die Axiome H_0 und H_1 erfüllt, das Axiom H_2 jedoch eventuell nicht, so nennen wir die Zuordnung T eine *mehrstufige Topologie* (und demgegenüber eine Topologie im obigen Sinne *einstufig*). Diejenigen Sätze dieses grundlegenden Paragraphen 7 und des Paragraphen 8 oder Teilaussagen von solchen, die auch für eine mehrstufige Topologie gelten, werden wir durch einen Stern * kennzeichnen. Ein Beispiel für eine mehrstufige, aber nicht einstufige Topologie ist das folgende. Es sei E die Menge aller reellen Funktionen irgendeiner Variablen und $\mathfrak{E}$ der Mengenverband aller Teilmengen A von E; für jedes A sei $\overline{A}$ die Menge aller Funktionen aus E, gegen welche eine Folge von Funktionen aus A konvergiert.

[3] In einem mehrstufig topologischen Verein tritt an die Stelle der abgeschlossenen Basis die Hüllenbasis: Eine Menge $\mathfrak{B}$ von Somen aus $\mathfrak{V}$ heiße eine Hüllenbasis, wenn für jedes Soma A aus $\mathfrak{V}$ die Hülle $\overline{A}$ der Durchschnitt der Hüllen $\overline{B}$ einer Menge von Somen B aus $\mathfrak{V}$ mit $A \leq B$ ist. Wenn $\mathfrak{V}$ einstufig topologisch ist und $\mathfrak{B}$ eine Hüllenbasis, so ist die Menge der Hüllen $\overline{B}$ der Somen B aus $\mathfrak{B}$ eine abgeschlossene Basis; umgekehrt ist jede abgeschlossene Basis eine Hüllenbasis.

7.3.* *Ist $\mathfrak{B}$ eine abgeschlossene Basis von $\mathfrak{V}$ und existiert für jede Familie von Somen aus $\mathfrak{B}$ der Durchschnitt (in $\mathfrak{V}$), so existiert auch für jede Familie abgeschlossener Somen aus $\mathfrak{V}$ der Durchschnitt.*

Insbesondere existiert also für jede Familie abgeschlossener Somen aus $\mathfrak{V}$ der Durchschnitt, wenn $\mathfrak{V}$ ein $\wedge_m$-Verein ist und eine Basis einer Mächtigkeit $\leq \mathfrak{m}$ besitzt ($\mathfrak{m}$ eine Mächtigkeit $\geq \aleph_0$).

Beweis. Es sei $(F_i)_{i \in I}$ eine Familie abgeschlossener Somen F_i aus $\mathfrak{V}$. Für jedes $i \in I$ sei $(B_{ij})_{j \in J_i}$ die Familie aller Somen B aus $\mathfrak{B}$ mit $F_i \leq B$. Dann existiert der Durchschnitt $F = \bigwedge_{i,j} B_{ij}$. Wegen $F_i = \bigwedge_j B_{ij}$ ist $F = \bigwedge_i F_i$ nach **1.4.**

Nun sei $\mathfrak{V}$ speziell ein $\vee$-Verein mit Nullsoma O. Die Somen $\overline{A}$ mögen den Axiomen $\boldsymbol{H_1}$ und $\boldsymbol{H_2}$, außerdem aber den folgenden genügen:

Axiom $\boldsymbol{H_3}$. $\overline{A_1 \vee A_2} = \overline{A_1} \vee \overline{A_2}$.

Axiom $\boldsymbol{H_4}$. $\overline{O} = O$.

Dann nennen wir die Topologie von $\mathfrak{V}$ *klassisch* und $\mathfrak{V}$ *klassisch topologisch*[1]. Die Axiome $\boldsymbol{H_1}$ bis $\boldsymbol{H_4}$ sind unter dem Namen Hüllenaxiome von C. KURATOWSKI bekannt.

Nach **7.2.** ist der Durchschnitt, falls vorhanden, beliebig (also auch unendlich) vieler abgeschlossener Somen abgeschlossen. Für die Vereinigung ist die entsprechende Behauptung im allgemeinen nicht richtig. Wohl aber gilt folgender Satz über die Vereinigung *endlich* vieler abgeschlossener Somen.

7.4. *In einem klassisch topologischen Verein ist die Vereinigung endlich vieler abgeschlossener Somen abgeschlossen.*

Beweis. Es sei $\overline{F_1} = F_1$ und $\overline{F_2} = F_2$. Nach $\boldsymbol{H_3}$ ist dann $\overline{F_1 \vee F_2} = \overline{F_1} \vee \overline{F_2} = F_1 \vee F_2$. Nun vollständige Induktion.

Sind T_1 und T_2 zwei Topologien eines Vereins $\mathfrak{V}$ und ist $\mathsf{T}_1 A \leq \mathsf{T}_2 A$ für jedes Soma A aus $\mathfrak{V}$, so schreiben wir $\mathsf{T}_1 \leq \mathsf{T}_2$ und nennen die Topologie T_1 *mindestens so fein* wie die Topologie T_2. Ist dabei $\mathsf{T}_1 A < \mathsf{T}_2 A$ für mindestens ein Soma A aus $\mathfrak{V}$, so schreiben wir $\mathsf{T}_1 < \mathsf{T}_2$ und nennen T_1 *feiner als* T_2[2]. Durch die Relation $\leq$ wird die Menge aller Topologien T von $\mathfrak{V}$ zu einem Verein. Ist $\mathfrak{T}$ eine Menge von Topologien T von $\mathfrak{V}$ und T_1 bzw. T_2 eine Topologie aus $\mathfrak{T}$ derart, daß $\mathsf{T}_1 \leq \mathsf{T}$ bzw. $\mathsf{T} \leq \mathsf{T}_2$ ist für jede Topologie T aus $\mathfrak{T}$, so heiße T_1 die *feinste* bzw. T_2

---

[1] Wegen $A_1 \leq A_1 \vee A_2$ und $A_2 \leq A_1 \vee A_2$ folgt aus $\boldsymbol{H_0}$ bereits $\overline{A_1} \leq \overline{A_1 \vee A_2}$ und $\overline{A_2} \leq \overline{A_1 \vee A_2}$, also $\overline{A_1} \vee \overline{A_2} \leq \overline{A_1 \vee A_2}$. Ist umgekehrt $A_1 \leq A_2$, so ist $A_2 = A_1 \vee A_2$; aus $\boldsymbol{H_3}$ folgt dann $\overline{A_2} = \overline{A_1} \vee \overline{A_2}$, also $\overline{A_1} \leq \overline{A_2}$, d.h. $\boldsymbol{H_0}$. Das Axiom $\boldsymbol{H_3}$ ist also eine Verschärfung des Axioms $\boldsymbol{H_0}$. Daher ist eine klassische Topologie auch eine Topologie im Sinne der Axiome $\boldsymbol{H_0}$ bis $\boldsymbol{H_2}$.

[2] Statt „mindestens so fein wie" und „feiner als" sagt man auch „feiner als" und „echt feiner als".

die *größte* Topologie aus $\mathfrak{T}$. Ist $\mathfrak{T}$ speziell der Verein aller Topologien von $\mathfrak{V}$, so gibt es in $\mathfrak{T}$ eine feinste Topologie, nämlich die *identische* oder *diskrete* Topologie: $\overline{A} = A$ für jedes $A \in \mathfrak{V}$; besitzt $\mathfrak{V}$ ein Einssoma E, so gibt es in $\mathfrak{T}$ auch eine gröbste Topologie: $\overline{A} = E$ für jedes $A \in \mathfrak{V}$.

Beispiele. 1. Es sei $\mathfrak{V}$ der Verband aller reellen Zahlen X einschließlich $\pm \infty$ (S. 2). Jeder endlichen Zahl X sei als Hülle $\overline{X}$ die kleinste ganze Zahl $\geq X$ zugeordnet; für $X = \pm \infty$ sei $\overline{X} = X$. Diese Topologie ist klassisch. — 2. Es sei $\mathfrak{V}$ der Mengenverband, dessen Somen die mengentheoretischen Vereinigungen $A = I_1 \cup \cdots \cup I_n$ je endlich vieler Intervalle $I_\nu = [a_\nu < x \leq b_\nu]$ mit $0 \leq a_\nu$ der Zahlengeraden sind. Die Hülle $\overline{A}$ von A sei das kleinste A enthaltende Intervall $[a < x \leq b]$. Dann ist $\mathfrak{V}$ topologisch; das Axiom $\boldsymbol{H_3}$ ist nicht erfüllt. — 3. Definiert man $\mathfrak{V}$ wie im Beispiel 2, jedoch $\overline{A}$ als das kleinste A enthaltende Intervall $[0 < x \leq b]$, so ist $\mathfrak{V}$ klassisch topologisch.

Übungen. 1. Für jede Somenfamilie $(A_i)_{i \in I}$ eines topologischen Vereins ist $\overline{\wedge A_i} \leq \wedge \overline{A_i} \leq \vee \overline{A_i} \leq \overline{\vee A_i}$, soweit diese Durchschnitte und Vereinigungen existieren. — 2. In einem topologischen BOOLE-Verband ist $c\overline{A} \leq \overline{cA} \leq \overline{cA}$ für jedes Soma A. — 3. In einem klassisch topologischen BOOLE-Verband ist $\overline{A_1 \wedge cA_2} \leq \overline{A_1} \wedge cA_2$ für je zwei Somen A_1 und A_2. — 4. Es sei $\mathfrak{V}$ ein Vollverband. Ist in $\mathfrak{V}$ eine klassische Topologie gegeben, so hat das System $\mathfrak{F}$ der abgeschlossenen Somen F folgende drei Eigenschaften: (I) Das Einssoma E und das Nullsoma O sind Elemente von $\mathfrak{F}$; (II) der Durchschnitt beliebig vieler Somen aus $\mathfrak{F}$ ist ein Soma aus $\mathfrak{F}$; (III) die Vereinigung endlich vieler Somen aus $\mathfrak{F}$ ist ein Soma aus $\mathfrak{F}$. Außerdem ist für jedes Soma A aus $\mathfrak{V}$ die Hülle $\overline{A}$ der Durchschnitt aller Somen F aus $\mathfrak{F}$ mit $A \leq F$. Ist umgekehrt in $\mathfrak{V}$ eine Menge $\mathfrak{F}$ von Somen F mit den Eigenschaften (I) bis (III) gegeben und definiert man als Hülle $\overline{A}$ eines Somas A aus $\mathfrak{V}$ den Durchschnitt aller Somen F aus $\mathfrak{F}$ mit $A \leq F$, so ist dies eine klassische Topologie von $\mathfrak{V}$ und die abgeschlossenen Somen sind die Somen aus $\mathfrak{F}$. — 5. Ist $\mathfrak{V}$ ein topologischer Verband (ein topologischer $\mathfrak{m}$-Vollverband, ein topologischer Vollverband), so ist auch der aus allen abgeschlossenen Somen F von $\mathfrak{V}$ bestehende Unterverein $\mathfrak{F}$ von $\mathfrak{V}$ ein Verband (ein $\mathfrak{m}$-Vollverband, ein Vollverband); hierbei ist aber für Somen aus $\mathfrak{F}$ die Vereinigung in $\mathfrak{F}$ im allgemeinen verschieden von ihrer Vereinigung in $\mathfrak{V}$, während ihr Durchschnitt in $\mathfrak{F}$ auch ihr Durchschnitt in $\mathfrak{V}$ ist. — 6. Ist $\mathfrak{V}$ ein $\vee$-Verein und ordnen wir jedem Soma A aus $\mathfrak{V}$ die durch $\mathsf{T}_A X = A \vee X$ definierte Topologie T_A zu, so ist diese Zuordnung ein Isomorphismus von $\mathfrak{V}$ auf den aus den Topologien T_A bestehenden Unterverein des Vereins aller Topologien von $\mathfrak{V}$. — 7. Es sei $\mathfrak{V}$ ein Verband. Weiter seien T_1 und T_2 zwei Topologien von $\mathfrak{V}$ und $\mathfrak{F}_1$ bzw. $\mathfrak{F}_2$ die Menge aller bezüglich T_1 bzw. T_2 abgeschlossenen Somen. Dann und nur dann ist

$\mathsf{T}_1 \leqq \mathsf{T}_2$, wenn $\mathfrak{F}_2 \leqq \mathfrak{F}_1$ ist. — 8. Ist $\mathfrak{B}$ ein Vollverband, so ist der Verein $\mathfrak{T}$ aller klassischen Topologien T von $\mathfrak{B}$ ein Vollverband.

2. Topologische BOOLE-Verbände.

Der vorliegende topologische Verein $\mathfrak{B}$ sei ein BOOLE-Verband.

Für jedes Soma A aus $\mathfrak{B}$ nennen wir das Soma $\underline{A} = c\,\overline{cA}$, also das Komplement der Hülle des Komplements cA von A, den *Kern* von A (statt $\underline{A}$ sind auch die Bezeichnungen Int A oder $\mathring{A}$ gebräuchlich). Ein Soma G heiße *offen*, wenn $\underline{G} = G$ ist. Jeder Kern ist offen.

7.5.* *Ein Soma G aus $\mathfrak{B}$ ist dann und nur dann offen, wenn sein Komplement $F = cG$ abgeschlossen ist.*

Beweis. Aus $\overline{cG} = cG$ folgt $c\,\overline{cG} = G$ nach **1.11.**, also $\underline{G} = G$. Aus $\underline{G} = G$ folgt $c\underline{G} = cG$; da $\overline{cG} = c\underline{G}$ ist nach **1.11.**, so ist also $\overline{cG} = cG$.

Nach S. 9 ist der BOOLE-Verband $\mathfrak{B}$ zu sich selbst dual, und zwar wird die Dualität hergestellt durch Komplementbildung. Für jedes Soma A aus $\mathfrak{B}$ ist nun, wenn wir $cA = A'$ setzen, $c\overline{A} = \underline{A}'$ und $c\underline{A} = \overline{A}'$ nach **1.11.**; mit anderen Worten, die Begriffe der Hülle und des Kerns sind zueinander dual. Nach **7.5.** sind außerdem die Begriffe des abgeschlossenen Somas und des offenen Somas dual. Da mit einem Satz stets auch der duale Satz richtig ist (S. 2), so folgen aus den Axiomen $\boldsymbol{H}_0$ bis $\boldsymbol{H}_4$ und den Sätzen **7.1.** bis **7.4.** sofort die folgenden Sätze **7.6.** bis **7.11.**

7.6.* *Aus $A_1 \leqq A_2$ folgt $\underline{A}_1 \leqq \underline{A}_2$.*

7.7.* $\underline{A} \leqq A$.

7.8. $\underline{\underline{A}} = \underline{A}$.

7.9. *Ist $\mathfrak{B}$ klassisch topologisch, so ist $\underline{A_1 \wedge A_2} = \underline{A}_1 \wedge \underline{A}_2$ und das Einssoma E offen.*

7.10.* *Das Nullsoma O ist offen.*

7.11. *Die Vereinigung, falls vorhanden, beliebig vieler offener Somen ist offen*. Ist $\mathfrak{B}$ klassisch topologisch, so ist auch der Durchschnitt endlich vieler offener Somen offen.*

Eine Menge $\mathfrak{B}$ offener Somen aus $\mathfrak{B}$ heißt eine *offene Basis* von $\mathfrak{B}$, wenn jedes offene Soma aus $\mathfrak{B}$ die Vereinigung einer Menge von Somen aus $\mathfrak{B}$ ist. Beispielsweise ist die Menge *aller* offenen Somen aus $\mathfrak{B}$ eine offene Basis von $\mathfrak{B}$. Der Begriff der offenen Basis ist zum Begriff der abgeschlossenen Basis dual. Wegen **7.5.** gilt also:

7.12.* *Eine Menge $\mathfrak{B}$ von Somen B aus $\mathfrak{B}$ ist dann und nur dann eine offene Basis von $\mathfrak{B}$, wenn die Menge der Komplemente cB der Somen B eine abgeschlossene Basis von $\mathfrak{B}$ ist*[1].

---

[1] Im folgenden tritt bei Sätzen oft die Voraussetzung auf, daß in einem topologischen BOOLE-Verband $\mathfrak{B}$ eine Basis einer Mächtigkeit $\leqq \mathfrak{m}$ existiert. Gemeint ist damit eine abgeschlossene *oder* offene Basis. Nach **7.12.** existiert in $\mathfrak{B}$ dann *sowohl* eine abgeschlossene *als auch* eine offene Basis einer Mächtigkeit $\leqq \mathfrak{m}$.

Hieraus folgt wegen **7.3.**:

7.13.* *Ist $\mathfrak{B}$ eine offene Basis von $\mathfrak{B}$ und existiert für jede Familie von Somen aus $\mathfrak{B}$ die Vereinigung, so existiert für jede Familie offener Somen aus $\mathfrak{B}$ die Vereinigung.*

Über den Zusammenhang zwischen den Hüllen und abgeschlossenen Somen einerseits und den Kernen und offenen Somen anderseits beweisen wir die folgenden fünf Sätze.

7.14.* *Aus $A_1 \vee A_2 = E$ folgt $\overline{A_1} \vee \underline{A_2} = E$. Aus $A_1 \wedge A_2 = 0$ folgt $\underline{A_1} \wedge \overline{A_2} = 0$.*

Beweis. Ist $A_1 \vee A_2 = E$, so ist $A_2 \geq cA_1$, nach **7.6.** und **1.11.** also $\underline{A_2} \geq \underline{cA_1} = c\overline{A_1}$ und folglich $\overline{A_1} \wedge \underline{A_2} = E$. Die zweite Behauptung ist zur ersten dual.

7.15.* *Ein Soma G ist dann und nur dann offen, wenn aus $A \wedge G = 0$ stets folgt $\overline{A} \wedge G = 0$.*

Beweis. Aus $A \wedge G = 0$ folge $\overline{A} \wedge G = 0$. Für $F = cG$ ist $F \wedge G = 0$. Also ist $\overline{F} \wedge G = 0$. Hieraus folgt $\overline{F} \leq cG = F$, also $\overline{F} = F$. Wegen **7.5.** ist also G offen. Die Umkehrung folgt aus **7.14.**

7.16. *Ist F abgeschlossen und G offen, so ist $F \wedge cG$ abgeschlossen* und, falls $\mathfrak{B}$ klassisch topologisch ist, $G \wedge cF$ offen.*

Beweis. cG ist abgeschlossen und cF offen nach **7.5.** Die Behauptungen folgen also aus **7.2.** und **7.11.**

7.17. *$\underline{A}$ ist das größte offene Soma $\leq A$* (d.h. $\underline{A}$ ist offen und es ist $G \leq \underline{A}$ für jedes offene Soma $G \leq A$).

Beweis. Es ist $\underline{A} \leq A$ und $\underline{A}$ offen nach **7.7.** und **7.8.** Ist G ein offenes Soma $\leq A$, so ist $\underline{G} \leq \underline{A}$ nach **7.6.**, also $G \leq \underline{A}$ wegen $\underline{G} = G$.

7.18. *Ist $\mathfrak{B}$ klassisch topologisch, so ist $\overline{A_1} \wedge \underline{A_2} = \overline{A_1 \wedge A_2} \wedge \underline{A_2}$.*

Beweis. Wegen $A_1 = (A_1 \wedge A_2) \vee (A_1 \wedge cA_2)$ ist $\overline{A_1} = \overline{A_1 \wedge A_2} \vee \overline{A_1 \wedge cA_2}$, also $\overline{A_1} \wedge \underline{A_2} = (\overline{A_1 \wedge A_2} \wedge \underline{A_2}) \vee (\overline{A_1 \wedge cA_2} \wedge \underline{A_2})$. Wegen $(A_1 \wedge cA_2) \wedge \underline{A_2} = 0$ ist aber $\overline{A_1 \wedge cA_2} \wedge \underline{A_2} = 0$ nach **7.14.**

Es sei A ein Soma des topologischen BOOLE-Verbandes $\mathfrak{B}$. Jedes Soma N aus $\mathfrak{B}$ mit $A \leq N$ heiße eine *Nachbarschaft* von A und jedes offene Soma U aus $\mathfrak{B}$ mit $A \leq U$ heiße eine *Umgebung* von A (mit anderen Worten, die Umgebungen sind die offenen Nachbarschaften von A).

7.19. *$\mathfrak{B}$ sei klassisch topologisch und A ein Soma aus $\mathfrak{B}$. Dann ist die Menge $\mathfrak{U}$ der Umgebungen von A ein Raster und die Menge $\mathfrak{N}$ der Nachbarschaften von A der von $\mathfrak{U}$ erzeugte Filter in $\mathfrak{B}$.*

Beweis. Das Einssoma E von $\mathfrak{B}$ ist eine Umgebung von A; also ist $\mathfrak{U}$ nicht leer; sind U_1 und U_2 zwei Umgebungen von A, so ist nach

7.11. auch $U_1 \wedge U_2$ eine Umgebung von A. Also ist $\mathfrak{U}$ ein Raster. Die Menge $\mathfrak{N}$ aller Nachbarschaften von A ist nach **7.17.** identisch mit der Menge aller Somen, deren jedes ein Soma aus $\mathfrak{U}$ enthält.

Für jedes Soma A aus $\mathfrak{B}$ heiße das Soma $bA = \overline{A} \wedge \overline{cA}$ die *Begrenzung* von A. Es ist $A \vee bA = \overline{A}$ (es ist nämlich $A \vee bA = A \vee (\overline{A} \wedge \overline{cA}) = (A \vee \overline{A}) \wedge (A \vee \overline{cA}) = (A \vee \overline{A}) \wedge E = \overline{A}$).

Schließlich sei $\mathfrak{B}$ ein klassisch topologischer σ-BOOLE-Verband und $\mathfrak{S}$ das System aller abgeschlossenen und aller offenen Somen aus $\mathfrak{B}$. Jedes Soma des BORELschen Verbandes $\mathfrak{B}$ über $\mathfrak{S}$ (vgl. S. 14) heißt ein BORELsches *Soma* aus $\mathfrak{B}$. $\mathfrak{B}$ ist ein σ- und δ-invarianter, BOOLEscher σ-Unterverband von $\mathfrak{B}$ (mit dem Einssoma E und dem Nullsoma O). Spezielle BORELsche Somen sind die folgenden: Die F_σ-Somen, d.h. die Vereinigungen je abzählbar vieler abgeschlossener Somen; die G_δ-Somen, d.h. die Durchschnitte je abzählbar vieler offener Somen; die $F_{\sigma\delta}$-Somen, d.h. die Durchschnitte je abzählbar vieler F_σ-Somen; die $G_{\delta\sigma}$-Somen, d.h. die Vereinigungen je abzählbar vieler G_δ-Somen; usw.

Beispiel. Läßt man in den Beispielen 2 und 3 von S. 43 für b_ν und b auch den Wert $+\infty$ zu und fügt die leere (abgeschlossene) Menge hinzu, so wird $\mathfrak{B}$ zu einem topologischen bzw. klassisch topologischen (nicht atomaren) BOOLE-Verband.

Übungen. 1. Für jede Somenfamilie $(A_i)_{i \in I}$ eines topologischen BOOLE-Verbandes ist $\underline{\wedge A_i} \leq \wedge \underline{A_i} \leq \vee \underline{A_i} \leq \overline{\vee A_i}$, soweit diese Durchschnitte und Vereinigungen existieren. — 2. In einem topologischen BOOLE-Verband bestehen für jedes Soma A folgende Beziehungen: $\overline{cA} \leq c\underline{A}$; $bA = (A \wedge \overline{cA}) \vee (\overline{A} \wedge cA)$; $bA = bcA$; $\overline{A} = A \vee bA$; $\underline{A} = A \wedge cbA$; $b\overline{A} \vee b\underline{A} \leq bA$; $c\overline{A} \leq \underline{cA}$. A ist dann und nur dann zugleich abgeschlossen und offen, wenn $bA = O$ ist. — 3. In einem klassisch topologischen BOOLE-Verband bestehen für je zwei Somen A_1 und A_2 folgende Beziehungen: $b(A_1 \vee A_2) \leq bA_1 \vee bA_2$; $b(A_1 \wedge A_2) \leq bA_1 \vee bA_2$. — 4. In einem BOOLE-Verband $\mathfrak{B}$ kann man jede Topologie auch mittels der Kerne einführen. Ist nämlich $\mathfrak{B}$ topologisch, so gilt für die Kerne:

$$\text{Aus } A_1 \leq A_2 \text{ folgt } \underline{A_1} \leq \underline{A_2}; \quad \underline{A} \leq A; \quad \underline{\underline{A}} = \underline{A}$$

und, wenn die Topologie klassisch ist, außerdem

$$\underline{A_1 \wedge A_2} = \underline{A_1} \wedge \underline{A_2}; \quad \underline{E} = E$$

(Sätze **7.6.** bis **7.10.**). Ordnet man umgekehrt in einem BOOLE-Verband jedem Soma A ein Soma $\underline{A}$ derart zu, daß die ersten drei bzw. alle fünf vorstehenden Bedingungen erfüllt sind und definiert man das Soma $\overline{A} = c \, \underline{cA}$ als Hülle von A, so ist $\mathfrak{B}$ topologisch bzw. klassisch topologisch und die Somen $\underline{A}$ sind die Kerne bezüglich dieser Topologie. — 5. Es sei $\mathfrak{B}$ ein BOOLE-Vollverband. Ist in $\mathfrak{B}$ eine klassische Topologie gegeben, so hat das System $\mathfrak{G}$ der offenen Mengen G die folgenden drei Eigenschaften: (I) Das Nullsoma O und das Einssoma E sind Elemente von $\mathfrak{G}$; (II) die Vereinigung beliebig vieler Somen aus $\mathfrak{G}$ ist ein Soma aus $\mathfrak{G}$; (III) der Durchschnitt endlich vieler Somen aus $\mathfrak{G}$ ist ein Soma aus $\mathfrak{G}$. Außerdem ist der Kern eines Somas A die Vereinigung aller Somen G aus $\mathfrak{G}$ mit $G \leq A$. Ist umgekehrt in $\mathfrak{V}$ ein System $\mathfrak{G}$ von Somen mit den Eigenschaften (I) bis (III) gegeben und definiert man als Kern $\underline{A}$ eines Somas A die Vereinigung aller Somen G aus $\mathfrak{G}$ mit $G \leq A$, so ist hierdurch in $\mathfrak{V}$ eine klassische Topologie definiert (nämlich $\overline{A} = c\,c\underline{A}$) und die Somen G aus $\mathfrak{G}$ sind dann die offenen Somen bezüglich dieser Topologie.

3. Topologische Räume.

Die wichtigsten Beispiele unserer Theorie sind die topologischen Räume. Unter einem *topologischen Raum* verstehen wir einen topologischen atomaren BOOLE-Vollverband $\mathfrak{V}$; ist die Topologie von $\mathfrak{V}$ klassisch, so nennen wir $\mathfrak{V}$ einen *klassisch* topologischen Raum. Nach **5.3.** ist es keine Beschränkung der Allgemeinheit, wenn wir, was wir im folgenden stets tun werden, nur diejenigen topologischen Räume betrachten, die *Mengenverbände* $\mathfrak{E}$ sind, bestehend aus allen Teilmengen A einer festen Menge E. Wir bezeichnen die Menge E als den *Träger* des Raumes[1]. Die Elemente p von E heiße die *Punkte* des Raumes.

Ist A eine Punktmenge aus $\mathfrak{E}$ und die einpunktige Menge (p) der Menge A adhärent, d.h. $(p) \leq \overline{A}$, mit anderen Worten $p \in \overline{A}$, so nennen wir auch den Punkt p der Menge A *adhärent*. Ist N eine Nachbarschaft bzw. U eine Umgebung von (p), so nennen wir N auch eine Nachbarschaft von p bzw. U eine Umgebung von p.[2]

7.20.* *Es sei* $\mathfrak{E}$ *ein topologischer Raum,* A *eine Punktmenge aus* $\mathfrak{E}$ *und* p *ein Punkt von* $\mathfrak{E}$. *Damit* $p \in \overline{A}$ *gilt, ist notwendig und hinreichend, daß für keine Nachbarschaft* N *von* p *der Durchschnitt* $A \cap N$ *die leere Menge* L *ist.*

Beweis. Es sei $p \in \overline{A}$ und N eine Nachbarschaft von p, also $p \in \underline{N}$; dann ist $p \in \overline{A} \cap \underline{N}$, also $\overline{A} \cap \underline{N} > L$, nach **7.14.** folglich auch $A \cap N > L$.

---

[1] Hiermit weichen wir von der üblichen Terminologie ab. Üblicherweise bezeichnet man nämlich die Menge E selbst als topologischen Raum (und setzt außerdem die Topologie als klassisch voraus). Unsere Abweichung vom Üblichen ist aber nur formaler Natur; der materielle Inhalt unserer Sätze über klassisch topologische Räume ist genau derselbe wie der der entsprechenden Sätze in der üblichen Theorie; ebenso ist die Formulierung dieselbe. Unsere Definition bietet uns den Vorteil, daß die Theorie der topologischen Räume einfach als Spezialfall der Theorie der topologischen Vereine und Verbände erscheint.

[2] Analog übertragen wir im folgenden häufig einen Begriff von einer einpunktigen Menge (p) auf den Punkt p selbst, ohne dies besonders zu erläutern.

Nun sei nicht $p \in \overline{A}$; das mengentheoretische Komplement $N = cA = E - A$ von A ist dann eine Nachbarschaft von p wegen $p \in E - \overline{A} = E - \overline{E - N} = \underline{N}$ und es ist $A \cap N = L$.

Korollar. *Es ist dann und nur dann $p \in \overline{A}$, wenn $A \cap U = L$ ist für keine Umgebung U von p.*

Beispiele. 1. Es sei E^n die Menge aller n-Tupel $x = (x_1, \ldots, x_n)$ reeller Zahlen (diese n-Tupel nennen wir Punkte) und $\mathfrak{E}^n$ der Mengenverband aller Teilmengen A von E^n. Für jedes A sei $\overline{A}$ die konvexe Hülle von A (d.h. der mengentheoretische Durchschnitt aller A enthaltenden „Halbräume" $a_1 x_1 + \cdots + a_n x_n + b \geqq 0$). Dann ist $\mathfrak{E}^n$ ein topologischer, aber nicht klassisch topologischer Raum ($\boldsymbol{H}_3$ ist nicht erfüllt). — 2. $\mathfrak{E}^n$ sei wie soeben definiert. Für jedes A sei G die mengentheoretische Vereinigung aller zu A punktfremden „Kugeln" $(x_1 - x_1^0)^2 + \cdots + (x_n - x_n^0)^2 < r^2$ und $\overline{A} = E - G$. Dann ist $\mathfrak{E}$ ein klassisch topologischer Raum. — 3. Es sei E die Menge aller reellen Funktionen irgendeiner Variablen und $\mathfrak{E}$ der Mengenverband aller Teilmengen A von $\mathfrak{E}$. Für jedes A sei $\overline{A}$ die Menge aller Funktionen aus E, gegen welche mindestens eine Folge von Funktionen aus A gleichmäßig konvergiert. Dann ist $\mathfrak{E}$ ein klassisch topologischer Raum.

Übungen. 1. Es sei $\mathfrak{E}$ ein *klassisch* topologischer Raum, E sein Träger und $\mathfrak{B}$ eine offene Basis von $\mathfrak{E}$. Bezeichnen wir für jeden Punkt x von $\mathfrak{E}$ jede Menge U aus $\mathfrak{B}$, für welche $x \in U$ gilt, als eine Umgebung $U(x)$ von x, so genügen diese Umgebungen $U(x)$ den folgenden *Umgebungsaxiomen* von F. HAUSDORFF: (A) *Jedem Punkt x entspricht mindestens eine Umgebung $U(x)$; jede Umgebung $U(x)$ enthält den Punkt x.* (B) *Sind $U_1(x)$, $U_2(x)$ zwei Umgebungen desselben Punktes x, so gibt es eine Umgebung $U(x)$, die Teilmenge von beiden ist.* (C) *Liegt der Punkt y in $U(x)$, so gibt es eine Umgebung $U(y)$, die Teilmenge von $U(x)$ ist.* Außerdem ist für jede Punktmenge A die Hülle $\overline{A}$ die Menge aller Punkte x von $\mathfrak{E}$ mit der Eigenschaft, daß für keine Umgebung $U(x)$ der Durchschnitt $A \cap U(x)$ leer ist. — Umgekehrt sei E eine Menge, deren Elemente x Punkte heißen mögen. Jedem Punkt $x \in E$ seien gewisse Teilmengen $U(x)$ von E, Umgebungen von x genannt, derart zugeordnet, daß die Axiome (A), (B) und (C) erfüllt sind. Definieren wir nun für jede Menge $A \subseteq E$ als Hülle $\overline{A}$ die Menge aller Punkte $x \in E$ mit der Eigenschaft, daß für keine Umgebung $U(x)$ von x der Durchschnitt $A \cap U(x)$ leer ist, so ist hierdurch der Mengenverband $\mathfrak{E}$ aller Teilmengen A von E zu einem klassisch topologischen Raum geworden; dabei sind die Umgebungen $U(x)$ auch Umgebungen im Sinne von S. 45 und das System der $U(x)$ ist eine offene Basis von $\mathfrak{E}$. — Man kann also einen klassisch topologischen Raum auch definieren als einen Mengenverband $\mathfrak{E}$, bestehend aus allen Teilmengen A einer Menge E, in welchem jedem Punkt $x \in E$ gewisse Teilmengen $U(x)$, Umgebungen von x genannt, derart zugeordnet sind, daß die Axiome (A), (B) und (C) erfüllt sind. — F. Hausdorff hat verlangt, daß neben den Axiomen (A), (B) und (C) noch das folgende Trennungsaxiom erfüllt ist: (D) *Für zwei verschiedene Punkte x, y gibt es zwei Umgebungen $U(x)$, $U(y)$ ohne gemeinsame Punkte.* Ist dies der Fall, so nennt man den Raum Hausdorffsch (vgl. hierzu § 11.2). — Gelegentlich ist es erforderlich, noch eines der folgenden, ebenfalls von F. Hausdorff stammenden *Abzählbarkeitsaxiome* hinzuzufügen (sog. erstes und zweites Abzählbarkeitsaxiom): (E) *Für jeden Punkt x ist die Menge der Umgebungen $U(x)$ abzählbar.* (F) *Die Menge der Umgebungen $U(x)$ aller Punkte x ist abzählbar*[1]. [Das Abzählbarkeitsaxiom (F) ist damit äquivalent, daß $\mathfrak{E}$ eine abzählbare Basis besitzt.] Der Raum des vorstehenden Beispiels 3 bzw. 2 ist ein dem ersten bzw. zweiten Abzählbarkeitsaxiom genügender, Hausdorffscher Raum. Der Raum des Beispiels 1 ist nicht Hausdorffsch, da er nicht klassisch topologisch ist. — 2. Es sei wieder $\mathfrak{E}$ ein klassisch topologischer Raum und E sein Träger. Für jeden Punkt x von $\mathfrak{E}$ bezeichnen wir jede Nachbarschaft von x mit $N(x)$. Dann sind die folgenden *Nachbarschaftsaxiome* von M. Fréchet erfüllt: (A*) *Jedem Punkt x entspricht mindestens eine Nachbarschaft $N(x)$; jede Nachbarschaft $N(x)$ enthält den Punkt x.* (B*) *Sind $N_1(x)$, $N_2(x)$ zwei Nachbarschaften desselben Punktes x, so gibt es eine Nachbarschaft $N(x)$, die Teilmenge von beiden ist.* (C*) *Ist $N_1(x)$ eine Nachbarschaft des Punktes x, so existiert eine Nachbarschaft $N_2(x)$ von x derart, daß zu jedem Punkt $y \in N_2(x)$ eine Nachbarschaft $N(y) \subseteqq N_1(x)$ existiert.* Außerdem ist für jede Menge A aus $\mathfrak{E}$ die Hülle $\overline{A}$ die Menge aller Punkte x mit der Eigenschaft, daß für keine Nachbarschaft $N(x)$ der Durchschnitt $A \cap N(x)$ leer ist. — Umgekehrt sei E eine beliebige Menge, deren Elemente Punkte heißen mögen. Jedem Punkt x aus E seien gewisse Teilmengen $N(x)$ von E, Nachbarschaften von x genannt, derart zugeordnet, daß die Axiome (A*), (B*) und (C*) erfüllt sind. Definieren wir nun für jede Menge $A \subseteqq E$ als Hülle $\overline{A}$ die Menge aller Punkte x aus E mit der Eigenschaft, daß für keine Nachbarschaft $N(x)$ von x der Durchschnitt $A \cap N(x)$ leer ist, so ist hierdurch der Mengenverband $\mathfrak{E}$ aller Teilmengen A von E zu einem klassisch topologischen Raum geworden; dabei sind die Nachbarschaften $N(x)$ auch Nachbarschaften von x im Sinne von S. 45. — Man kann also einen klassisch topologischen Raum auch definieren als einen Mengenverband $\mathfrak{E}$, bestehend aus allen Teilmengen einer Menge E, in welchem jedem $x \in E$ gewisse Teilmengen $N(x)$ von E, Nachbarschaften von x genannt, derart zugeordnet sind, daß die Axiome (A*), (B*) und (C*) erfüllt sind.

---

[1] Gemeint sind in (E) und (F) nicht *alle* Umgebungen (im Sinne von S. 45), sondern nur die mit $U(x)$ bezeichneten.

4. Quasi-metrische und metrische Räume.

Es sei E eine Menge irgendwelcher Dinge. Jedem Paar (p, q) von Elementen aus E sei eindeutig eine reelle Zahl $\delta(p, q)$ mit

$$0 \leq \delta(p, q) \leq + \infty \; {}^{1}$$

zugeordnet; dabei seien die folgenden drei Axiome erfüllt:

Axiom A_1. $\delta(p, q) = \delta(q, p)$.

Axiom A_2. $\delta(p, r) \leq \delta(p, q) + \delta(q, r)$ („Dreiecksungleichung").

Axiom A_{3a}.   *Aus $p = q$ folgt $\delta(p, q) = 0$.*

Dann nennen wir $\delta(p, q)$ den *Abstand* der Punkte p und q und die Funktion δ eine *Quasi-Metrik*. Den Mengenverband $\mathfrak{E}$ aller Teilmengen von E nennen wir einen *quasi-metrischen Raum*, E seinen Träger und die Elemente von E seine *Punkte*.

Ist stets

$$0 \leq \delta(p, q) < + \infty$$

und gilt auch noch das

Axiom A_{3b}.   *Aus $\delta(p, q) = 0$ folgt $p = q$,*

so nennen wir die Funktion δ eine *Metrik* und $\mathfrak{E}$ einen *metrischen Raum*. Dieser wichtige Begriff wurde von M. FRÉCHET eingeführt[2].

$\mathfrak{E}$ sei quasi-metrisch.

Ist p ein Punkt und B eine nicht leere Menge aus $\mathfrak{E}$, so nennen wir die Zahl inf $\delta(p, q)$ $(q \in B)$ den Abstand des Punktes p von der Menge B und bezeichnen sie mit $\delta(p, B)$ oder $\delta(B, p)$. Sind A und B zwei nicht leere Mengen aus $\mathfrak{E}$, so nennen wir die Zahl inf $\delta(p, q)$ $(p \in A, q \in B)$ den Abstand der Mengen A und B; wir bezeichnen sie mit $\delta(A, B)$ oder $\delta(B, A)$. Ist schließlich A eine nicht leere Menge aus $\mathfrak{E}$, so nennen wir die Zahl sup $\delta(p, q)$ $(p \in A, q \in A)$ den *Durchmesser* δA der Menge A[3].

Die Quasi-Metrik δ induziert in $\mathfrak{E}$ eine klassische Topologie. Es sei A eine Punktmenge aus $\mathfrak{E}$; ist A leer, so sei $\overline{A} = A$; ist A nicht leer, so sei $\overline{A}$ die Menge aller Punkte q aus E mit $\delta(A, q) = 0$. [Beweis der Axiome H_1 bis H_3: Wegen $\delta(A, p) = 0$ für $p \in A$ ist $A \subseteq \overline{A}$. Ist $q \in \overline{\overline{A}}$, so existiert für jedes $\varepsilon > 0$ ein $r \in \overline{A}$ mit $\delta(r, q) < \varepsilon$ und zu diesem r ein

---

[1] Wenn nicht, wie hier, ausdrücklich etwas anderes gesagt ist, verstehen wir natürlich unter einer reellen Zahl stets eine *endliche* reelle Zahl.

[2] M. FRÉCHET verwendet den Namen distance statt Metrik und espace distancié statt metrischer Raum. Der Name metrischer Raum wurde von F. HAUSDORFF eingeführt (allerdings nicht für $\mathfrak{E}$, sondern für den Träger E; hierzu gilt in sinngemäßer Übertragung die Fußnote 1, S. 47). Bei N. BOURBAKI heißt eine Quasi-Metrik ein écart.

[3] Es ist $0 \leq \delta(p, B) \leq +\infty$, $0 \leq \delta(A, B) \leq +\infty$ und $0 \leq \delta A \leq +\infty$; in einem metrischen Raum ist stets $\delta(p, B) < +\infty$ und $\delta(A, B) < +\infty$.

$p \in A$ mit $\delta(p, r) < \varepsilon$; dann ist $\delta(p, q) \leq \delta(p, r) + \delta(r, q) < 2\varepsilon$ und daher $\delta(A, q) = 0$; also ist $\overline{\overline{A}} \subseteq \overline{A}$. Ist $q \in \overline{A_1 \cup A_2}$, so ist $\delta(A_1 \cup A_2, q) < 1/n$ für jedes natürliche n, also etwa $\delta(A_1, q) < 1/n$ für unendlich viele n, also $\delta(A_1, q) = 0$ und daher $q \in \overline{A_1}$; folglich ist $\overline{A_1 \cup A_2} \subseteq \overline{A_1} \cup \overline{A_2}$.] — Wenn im folgenden in einem quasi-metrischen oder metrischen Raum topologische Begriffe auftreten, so beziehen sich diese immer auf die induzierte Topologie [1].

Für jeden Punkt $p \in E$ und jedes $\varepsilon > 0$ bezeichnen wir mit $U_\varepsilon(p)$ die Menge aller Punkte $q \in E$ mit $\delta(p, q) < \varepsilon$. Wir behaupten, daß $U_\varepsilon(p)$ *offen* ist. Es sei nämlich q ein beliebiger Punkt aus $U_\varepsilon(p)$. Dann ist $\delta(p, q) = \varepsilon' < \varepsilon$. Für jeden Punkt r aus $cU_\varepsilon(p) = E - U_\varepsilon(p)$ ist dann $\delta(q, r) \geq \varepsilon - \varepsilon'$, da andernfalls $\delta(p, r) < \varepsilon$ wäre nach $\boldsymbol{A_2}$. Also ist $\delta\big(q, cU_\varepsilon(p)\big) > 0$ und daher q kein Punkt von $\overline{cU_\varepsilon(p)}$. Da dies für jeden Punkt q aus $U_\varepsilon(p)$ gilt, so ist $cU_\varepsilon(p)$ abgeschlossen, also $U_\varepsilon(p)$ offen, wie behauptet. Wir nennen $U_\varepsilon(p)$ eine *Kugelumgebung* von p.

Das System aller Kugelumgebungen $U_\varepsilon(p)$ [und ebenso das System der Kugelumgebungen $U_{\frac{1}{n}}(p)$] aller Punkte p aus E ist eine offene Basis von $\mathfrak{E}$. Denn ist U eine offene Punktmenge und p ein Punkt aus U, so liegt p nicht in der abgeschlossenen Menge cU; dann ist $\delta(p, cU) = \varepsilon > 0$ und daher $U_\varepsilon(p) \subseteq U \left[\text{bzw. } U_{\frac{1}{n}}(p) \subseteq U \text{ für } \frac{1}{n} \leq \varepsilon\right]$.

Ist A eine beliebige Menge aus $\mathfrak{E}$ und $\varepsilon > 0$, so bezeichnen wir mit $U_\varepsilon(A)$ die Vereinigung $\bigcup_{p \in A} U_\varepsilon(p)$. Die Menge $U_\varepsilon(A)$ ist eine Umgebung von A. Für die leere Menge L ist $U_\varepsilon(L) = L$.

Beispiele. 1. Es sei E^n die Menge aller n-Tupel $x = (x_1, \ldots, x_n)$ reeller Zahlen und $\mathfrak{E}^n$ der Mengenverband aller Teilmengen von E^n. Für $x = (x_1, \ldots, x_n)$ und $y = (y_1, \ldots, y_n)$ heißt $\delta(x, y) = \sqrt{(x_1 - y_1)^2 + \cdots + (x_n - y_n)^2}$ der Euklid*ische Abstand* von x und y. Er erfüllt die Axiome $\boldsymbol{A_1}$ bis $\boldsymbol{A_{3b}}$ (für $\boldsymbol{A_2}$ folgt dies aus der Schwarzschen Ungleichung). $\mathfrak{E}^n$ wird also durch dieses δ zu einem metrischen Raum. Wir bezeichnen ihn als den Cartesis*chen Raum* $\mathfrak{E}^n$ oder kurz als den Cartesischen $\mathfrak{E}^n$ (im Falle $n = 1$ als die Cartesische Gerade, im Falle $n = 2$ als die Cartesische Ebene). Nennen wir für je $2n$ rationale Zahlen $a_1, \ldots, a_n$, $b_1, \ldots, b_n$ die Menge aller Punkte $x = (x_1, \ldots, x_n)$ des Cartesischen $\mathfrak{E}^n$ mit $a_i < x_i < b_i$ $(i = 1, \ldots, n)$ einen rationalen Quader, so ist das System aller rationalen Quader eine abzählbare, offene Basis des $\mathfrak{E}^n$. — 2. Es sei E die Menge aller Folgen $x = (x_1, x_2, \ldots)$ reeller Zahlen, für welche

---

[1] Da wir quasi-metrische Räume nur hinsichtlich ihrer Topologie untersuchen, würde es keine Einschränkung der Allgemeinheit bedeuten, auch bei einer Quasi-Metrik zu verlangen, daß $0 \leq \delta(p, q) < +\infty$ ist; denn mit δ ist auch $\delta' = \dfrac{\delta}{1 + \delta}$ eine Quasi-Metrik von $\mathfrak{E}$ und diese induziert in $\mathfrak{E}$ dieselbe Topologie wie δ.

$\Sigma \, x_n^{-2}$ konvergiert. Als Abstand von $x = (x_1, x_2, \ldots)$ und $y = (y_1, y_2, \ldots)$ aus E werde die Zahl $\delta(x, y) = \sqrt{\Sigma (x_n - y_n)^2}$ definiert. Dann ist der Mengenverband aller Teilmengen von E ein metrischer Raum (die Dreiecksungleichung folgt wieder aus der SCHWARZschen Ungleichung). Er heißt der HILBERT*sche Raum* $\mathfrak{H}$. Die Menge Q^ω aller Folgen $x = (x_1, x_2, \ldots)$ mit $0 \leq x_n \leq 1/n$ ist eine Menge aus $\mathfrak{H}$; sie heißt der HILBERT*sche Fundamentalquader*. Durch den Abstand in $\mathfrak{H}$ wird auch der Mengenverband $\mathfrak{Q}^\omega$ aller Teilmengen von Q^ω zu einem metrischen Raum; es ist für uns bequem, auch diesen Raum $\mathfrak{Q}^\omega$ als HILBERTschen Fundamentalquader zu bezeichnen. Für je endlich viele natürliche Zahlen $n_1, \ldots, n_k$ und je $2k$ rationale Zahlen $a_1, \ldots, a_k, b_1, \ldots, b_k$ ist die Menge aller Punkte $(x_1, x_2, \ldots)$ aus Q^ω, die den Bedingungen $a_i < x_{n_i} < b_i \ (i = 1, \ldots, k)$ genügen, eine offene Menge aus $\mathfrak{Q}^\omega$ und das System aller dieser Mengen ist eine abzählbare, offene Basis des Raumes $\mathfrak{Q}^\omega$. — 3. Es sei D eine nicht leere Menge irgendwelcher Dinge x und $\mathfrak{E}$ ein quasi-metrischer Raum. Weiter sei F eine Menge von Funktionen $\varphi \mid D$, für welche die Funktionswerte φx Punkte von $\mathfrak{E}$ sind. Für je zwei solche Funktionen φ_1 und φ_2 sei $\varrho(\varphi_1, \varphi_2)$ das Supremum von $\delta(\varphi_1 x, \varphi_2 x)$ für alle $x \in D$. Dann ist ϱ eine Quasi-Metrik, also der Mengenverband $\mathfrak{F}$ aller Teilmengen von F ein quasi-metrischer Raum. Sind die Funktionen φ speziell beschränkte, reelle Funktionen (also $\mathfrak{E}$ die CARTESISCHE Gerade $\mathfrak{E}^1$), so ist ϱ eine Metrik, also $\mathfrak{F}$ ein metrischer Raum (es ist dann und nur dann $\lim \varrho(\varphi_n, \varphi) = 0$, wenn die Folge $(f_1, f_2, \ldots)$ gleichmäßig gegen f konvergiert). — 4. Es sei E die Menge aller reellen Funktionen f mit dem Definitionsbereich $[0 \leq x \leq 1]$, die im RIEMANNschen Sinne integrierbar sind. Für je zwei solche Funktionen f_1 und f_2 werde

$$\sqrt{\int_0^1 (f_1 - f_2)^2 \, dx} = \delta(f_1, f_2)$$

gesetzt. Dann ist δ eine Quasi-Metrik, aber keine Metrik.

Übung. In jedem metrischen Raum erfüllen die Kugelumgebungen $U_{\frac{1}{n}}(p)$ die HAUSDORFFschen Axiome (A) bis (E).

§ 8. Adhärenz und Häufung.

Unsere nächste Aufgabe ist der Aufbau einer Limitentheorie in topologischen Vereinen. Dabei betrachten wir nicht nur Folgen, sondern allgemeiner gefilterte Familien von Somen. Hierdurch gelingt es, die Limitentheorie auch im Unabzählbaren, statt nur im Abzählbaren zu entwickeln[1].

---

[1] Die Tendenz, die Beschränkung auf das Abzählbare (z. B. auf eine abzählbare Basis) abzustreifen, ist ein Kennzeichen der heutigen analytischen Topologie.

1. Gefilterte Funktionen.

Die Definitionen der bekannten Begriffe „schließlich alle[1] natürliche Zahlen" und „unendlich viele natürliche Zahlen" kann man auch folgendermaßen formulieren. Es sei I_0 die Menge aller natürlichen Zahlen, $\mathfrak{F}_0$ der FRÉCHET-Filter und $\mathfrak{G}_0$ das zugehörige Gitter (S. 22); „schließlich alle $i \in I_0$" bedeutet dann „alle Elemente i mindestens einer Menge $\in \mathfrak{F}_0$" und „unendlich viele $i \in I_0$" bedeutet „alle Elemente i mindestens einer Menge $\in \mathfrak{G}_0$" (mit anderen Worten, dasselbe wie „mindestens ein Element i jeder Menge $\in \mathfrak{F}_0$"). Die beiden Begriffe sind also Spezialfälle der beiden folgenden allgemeineren Begriffe.

Es sei I eine beliebige, nicht leere Menge, $\mathfrak{F}$ ein eigentlicher Filter in I^2 und $\mathfrak{G}$ das von $\mathfrak{F}$ in I^2 erzeugte Gitter. *Schließlich alle $i \in I$* bedeute nun: Alle Elemente i mindestens einer Menge $\in \mathfrak{F}$. *Konfinal viele $i \in I$* bedeute: Alle Elemente i mindestens einer Menge $\in \mathfrak{G}$ (also dasselbe wie: Mindestens ein Element i jeder Menge $\in \mathfrak{F}$). Eine Menge $M \subseteq I$ enthält hiernach dann und nur dann schließlich alle $i \in I$ bzw. konfinal viele $i \in I$, wenn $M \in \mathfrak{F}$ bzw. $M \in \mathfrak{G}$ ist. Und eine Aussage, die von $i \in I$ abhängt [z.B. die Aussage $A_i \leq B$ über die Somen A_i einer Somenfamilie $(A_i)_{i \in I}$ in einem Verein], ist richtig für schließlich alle $i \in I$, wenn und nur wenn sie richtig ist für alle Elemente i mindestens einer Menge $\in \mathfrak{F}$; sie ist richtig für konfinal viele $i \in I$, wenn und nur wenn sie richtig ist für mindestens ein Element jeder Menge $\in \mathfrak{F}$[3]. Wir schreiben $\mathfrak{F}$-schließlich alle und $\mathfrak{F}$-konfinal viele, wenn wir den Filter $\mathfrak{F}$ besonders hervorheben wollen.

Übungen. In der beliebigen, nicht leeren Menge I liege ein eigentlicher Filter vor. Wir betrachten Aussagen, welche von den Elementen i von I abhängen. (1) Ist eine Aussage richtig für schließlich alle i, so ist sie auch richtig für mindestens ein i. (2) Ist von zwei Aussagen jede richtig für schließlich alle i, so sind sie auch zusammen (ihre Konjunktion) richtig für schließlich alle i. (3) Folgt von zwei Aussagen die zweite aus der ersten und ist die erste richtig für schließlich alle i, so ist auch die zweite richtig für schließlich alle i. (4) Ist eine Aussage richtig für konfinal viele i, so ist sie auch richtig für mindestens ein i. (5) Ist von zwei Aussagen die eine richtig für schließlich alle i und die zweite für konfinal viele i, so sind sie zusammen (ihre Konjunktion) richtig für konfinal viele i. (6) Folgt von zwei Aussagen die zweite aus der ersten und ist die erste richtig für konfinal viele i, so ist auch die

---

[1] = „fast alle".

[2] Genauer im Mengenverband aller Teilmengen von I.

[3] Statt „es ist $A_i \leq B$ für schließlich alle (konfinal viele) $i \in I$" sagen wir auch „B enthält schließlich alle (konfinal viele) A_i". Analog für andere Aussagen über A_i.

zweite richtig für konfinal viele i. (7) Ist nicht für schließlich alle i die Negation einer Aussage richtig, so ist die Aussage richtig für konfinal viele i.

Eine Folge ist eine Funktion $f\,|\,I_0$, deren Definitionsbereich die Menge I_0 der natürlichen Zahlen ist; in diesem Definitionsbereich I_0 liegt der FRÉCHET-Filter (und damit der übliche Begriff „schließlich alle" sowie der Begriff „unendlich viele") vor. Wir verallgemeinern den Folgenbegriff folgendermaßen zum Begriff der gefilterten Funktion. Es sei $f\,|\,I$ eine Funktion mit beliebigem, nicht leerem Definitionsbereich I; in I liege ein eigentlicher Filter $\mathfrak{F}$ vor (damit sind in I die Begriffe „schließlich alle" und „konfinal viele" definiert); dann nennen wir $f\,|\,I$ eine (durch $\mathfrak{F}$) *gefilterte Funktion*. Ist, wie im folgenden meistens, die gefilterte Funktion $f\,|\,I$ speziell eine Somenfamilie $(A_i)_{i\in I}$ in einem Verein, so sprechen wir von einer *gefilterten Somenfamilie*.

Den Begriff der Teilfolge einer Folge können wir auf zwei Arten auf eine gefilterte Funktion $f\,|\,I$ übertragen.

1. Verfahren. Es sei I^0 eine *konfinale Teilmenge* von I, d.h. eine Teilmenge von I, welche konfinal viele $i\in I$ enthält. Das System aller Durchschnitte $I^0\cap M$, wobei die Menge M den Filter $\mathfrak{F}$ durchläuft, ist ein eigentlicher Filter $\mathfrak{R}^0$ in I^0. Die durch diesen Filter $\mathfrak{R}^0$ gefilterte Funktion $f\,|\,I^0$ mit dem Definitionsbereich I^0 können wir als eine Verallgemeinerung der Teilfolge einer Folge betrachten. Wir nennen $f\,|\,I^0$ *konfinal* zu $f\,|\,I$.

$\mathfrak{R}^0$ ist zwar in I^0 ein Filter, aber in I nur ein Raster. Es sei $\mathfrak{F}^0$ der durch $\mathfrak{R}^0$ in I erzeugte Filter. $\mathfrak{F}^0$ ist dann ein Oberfilter von $\mathfrak{F}$. Die Begriffe „$\mathfrak{R}^0$-schließlich alle $i\in I^0$" und „$\mathfrak{F}^0$-schließlich alle $i\in I$" sind äquivalent und ebenso die Begriffe „$\mathfrak{R}^0$-konfinal viele $i\in I^0$" und „$\mathfrak{F}^0$-konfinal viele $i\in I$". Hinsichtlich der Begriffe „schließlich alle" und „konfinal viele" kommt es also auf dasselbe hinaus, ob wir von I zur konfinalen Teilmenge I^0 mit dem Filter $\mathfrak{R}^0$ übergehen, wie es beim 1. Verfahren geschieht, oder ob wir I beibehalten und vom Filter $\mathfrak{F}$ zu dem Oberfilter $\mathfrak{F}^0$ übergehen. In diesem Sinne umfaßt das folgende 2. Verfahren das 1. Verfahren.

2. Verfahren. Wir behalten den Definitionsbereich I bei und gehen vom Filter $\mathfrak{F}$ in I zu einem Oberfilter $\mathfrak{F}^0$ in I von $\mathfrak{F}$ über. Wir betrachten auch die durch $\mathfrak{F}^0$ gefilterte Funktion $f\,|\,I$ als eine Verallgemeinerung des Begriffes einer Teilfolge einer Folge.

Das 2. Verfahren ist allgemeiner als das 1. Verfahren, d.h. es umfaßt mehr Möglichkeiten. Denn es existiert keineswegs zu jedem Oberfilter $\mathfrak{F}^0$ von $\mathfrak{F}$ eine konfinale Teilmenge I^0 von I derart, daß $\mathfrak{F}^0$ erzeugt wird durch den zugehörigen Filter $\mathfrak{R}^0$ in I^0 [selbst dann nicht, wenn I die Menge I_0 der natürlichen Zahlen und $\mathfrak{F}$ der FRÉCHET-Filter $\mathfrak{F}_0$ ist (es sei z.B. $\mathfrak{F}^0$ ein Ultraoberfilter von $\mathfrak{F}_0$); also sogar für Folgen liefert das 2. Verfahren mehr als das 1. Verfahren].

Ein Vorzug des 2. Verfahrens gegenüber dem 1. Verfahren besteht darin, daß für das erstere eine einfache Operation angegeben werden kann, die der Bildung der Diagonalfolge einer Folge von Folgen entspricht. Es sei nämlich $(\mathfrak{F}_\alpha)_{\alpha \in A}$ eine Familie von eigentlichen Filtern in I derart, daß zu je zwei Filtern $\mathfrak{F}_{\alpha_1}$ und $\mathfrak{F}_{\alpha_2}$ ein gemeinsamer Oberfilter $\mathfrak{F}_\alpha$ existiert. Dann ist die mengentheoretische Vereinigung $\cup \mathfrak{F}_\alpha$ der Filter $\mathfrak{F}_\alpha$ der kleinste gemeinsame Oberfilter in I der Filter $\mathfrak{F}_\alpha$. Dieser Filter $\cup \mathfrak{F}_\alpha$ entspricht im Sinne des 2. Verfahrens der Diagonalfolge einer Folge von Folgen. Hingegen existiert beim 1. Verfahren ein Analogon zur Diagonalfolge anscheinend nicht. Denn ist I^n für jedes natürliche n eine konfinale Teilmenge von I und $I^{n+1} \subseteq I^n$ für jedes n, so existiert im allgemeinen keine konfinale Teilmenge I^0 von I derart, daß für jedes n schließlich alle $i \in I^0$ Elemente von I^n sind.

Wir geben nun noch einige Beispiele gefilterter Funktionen an. Nach S. 53 ist zunächst jede Folge eine gefilterte Funktion. Allgemeiner sei I eine nicht leere Menge. Für gewisse Paare (x_1, x_2) von Elementen aus I sei eine Relation $x_1 < x_2$ mit folgenden zwei Eigenschaften definiert: Aus $x_1 < x_2$, $x_2 < x_3$ folgt $x_1 < x_3$; zu $x_1 \in I$, $x_2 \in I$ existiert ein $x_3 \in I$ mit $x_1 < x_3$ und $x_2 < x_3$. Dann heißt I eine *gerichtete Menge*[1]. (Beispiele: 1. I sei eine nicht leere Menge von natürlichen Zahlen oder Ordinalzahlen, $<$ sei gleichbedeutend mit $\leq$. 2. I sei die Menge aller komplexen Zahlen $z = \xi + i \eta$ mit $\xi > 0$; $\xi_1 + i \eta_1 < \xi_2 + i \eta_2$ bedeute $\xi_1 > \xi_2$. 3. I sei ein $\vee$-Verein; $A_1 < A_2$ bedeute $A_1 \leq A_2$. 4. I sei ein $\wedge$-Verein $A_1 < A_2$ bedeute $A_2 \leq A_1$.) Eine Funktion $f \mid I$, deren Definitionsbereich I gerichtet ist, heißt eine MOORE-SMITHsche *Folge*. (Jede gewöhnliche und jede transfinite Folge ist eine MOORE-SMITHsche Folge.) Wir können jede MOORE-SMITHsche Folge als eine gefilterte Funktion auffassen. Bezeichnen wir nämlich für jedes $x \in I$ mit $I(x)$ die Menge aller $x' \in I$ mit $x < x'$, so ist das System aller dieser Mengen $I(x)$ ein Raster $\mathfrak{R}$; es sei $\mathfrak{F}$ der durch $\mathfrak{R}$ in I erzeugte Filter („schließlich alle $x \in I$" bedeutet dann „für mindestens ein $x_0 \in I$ alle $x \in I$ mit $x_0 < x$" und „konfinal viele $x \in I$" bedeutet „für jedes $x_0 \in I$ mindestens ein $x \in I$ mit $x_0 < x$"). Ist I^0 eine konfinale Teilmenge von I, d.h. ist I^0 eine Teilmenge von I und existiert für jedes $x \in I$ ein $x^0 \in I^0$ mit $x < x^0$, so ist $f \mid I^0$ eine konfinale (MOORE-SMITHsche) Teilfolge von $f \mid I$.

Schließlich können wir jeden Raster $\mathfrak{R}$ in einem Verein $\mathfrak{V}$ als eine gefilterte Somenfamilie auffassen. Denn schreiben wir $A_1 < A_2$, wenn $A_2 \leq A_1$ gilt, so ist $\mathfrak{R}$ eine gerichtete Menge, also eine MOORE-SMITHsche Folge und somit eine gefilterte Funktion, und zwar speziell eine

---

[1] Aus $x_1 < x_2$ und $x_2 < x_1$ braucht nicht $x_1 = x_2$ zu folgen!

gefilterte Somenfamilie. ,,Schließlich alle $A \in \Re$'' bedeutet hier ,,für mindestens ein $A_0 \in \Re$ alle $A \in \Re$ mit $A \leq A_0$'' und ,,konfinal viele $A \in \Re$'' bedeutet ,,für jedes $A_0 \in \Re$ mindestens ein $A \in \Re$ mit $A \leq A_0$''.

2. Adhärente Somen, limes superior und limes inferior einer gefilterten Somenfamilie.

Wir betrachten zunächst ein Beispiel. In der CARTESIschen Ebene $\mathfrak{E}^2$ sei A_i die Strecke $[0 \leq x_1 \leq 1,\ x_2 = 1/i]$, wenn i eine gerade natürliche Zahl, und A_i die Strecke $[0 \leq x_1 \leq 1 - \varepsilon,\ x_2 = 1/i]$, wenn i eine ungerade natürliche Zahl ist $(0 \leq \varepsilon < 1)$. Die Streckenfolge $(A_1, A_2, \ldots)$ wird man nicht als konvergent bezeichnen, wenn $\varepsilon > 0$ ist. Wohl aber wird man die Strecke $T = [0 \leq x_1 \leq 1,\ x_2 = 0]$ als limes superior und die Strecke $T^\varepsilon = [0 \leq x_1 \leq 1 - \varepsilon,\ x_2 = 0]$ als limes inferior der Folge bezeichnen dürfen; im Falle $\varepsilon = 0$ wird man die Folge gegen die Strecke $T = T^\varepsilon$ konvergent nennen. Wie kann man nun die Strecken T und T^ε kennzeichnen, wenn man nur verwendet, daß $\mathfrak{E}^2$ ein topologischer Verein ist? Dies kann folgendermaßen geschehen: T bzw. T^ε ist die Vereinigung aller Mengen A aus $\mathfrak{E}^2$ mit folgender Eigenschaft: Für jede Menge B aus $\mathfrak{E}^2$ mit $A_i \subseteq B$ für schließlich alle i bzw. für unendlich viele i gilt $A \subseteq \overline{B}$. Diese Überlegungen legen die folgenden allgemeinen Definitionen nahe.

In einem topologischen Verein $\mathfrak{V}$ sei eine gefilterte Somenfamilie $(A_i)_{i \in I}$ gegeben; der (eigentliche) Filter in I heiße $\mathfrak{F}$. Ein Soma A aus $\mathfrak{V}$ heiße der Familie $(A_i)_{i \in I}$

adhärent, wenn $A \leq \overline{B}$ gilt für jedes Soma B aus $\mathfrak{V}$ mit $A_i \leq B$ für schließlich alle $i \in I$ [1],

stark adhärent, wenn $A \leq \overline{B}$ gilt für jedes Soma B aus $\mathfrak{V}$ mit $A_i \leq B$ für konfinal viele $i \in I$ [2].

(Existiert in $\mathfrak{V}$ kein Soma B mit $A_i \leq B$ für schließlich alle bzw. konfinal viele $i \in I$, so heiße jedes Soma A aus $\mathfrak{V}$ der Familie adhärent bzw. stark adhärent.) Existiert in $\mathfrak{V}$ die Vereinigung aller der Familie $(A_i)_{i \in I}$ adhärenten bzw. stark adhärenten Somen, so heiße diese Vereinigung der *limes superior* bzw. der *limes inferior* der Familie $(A_i)_{i \in I}$, in Zeichen $\lim \sup A_i$ bzw. $\lim \inf A_i$. [Hiermit ist die folgende Definition äquivalent: Existiert in $\mathfrak{V}$ der Durchschnitt aller Somen $\overline{B}$ mit $A_i \leq B$ für schließlich alle bzw. konfinal viele $i \in I$, so heiße dieser Durchschnitt der limes superior bzw. der limes inferior der Familie $(A_i)_{i \in I}$.] Ist

---

[1] Besteht die Familie $(A_i)_{i \in I}$ nur aus einem einzigen Soma A_0, so ist ein Soma A dann und nur dann der Familie adhärent, wenn $A \leq \overline{A_0}$ ist, in Übereinstimmung mit der Definition der einem Soma A_0 adhärenten Somen A (S. 41).

[2] Wir sagen auch kurz: A adhärent $(A_i)_{i \in I}$ bzw. A stark adhärent $(A_i)_{i \in I}$.

lim sup $A_i = A = $ lim inf A_i, so heiße A der *limes* der Familie $(A_i)_{i \in I}$, in Zeichen lim A_i, und die Familie $(A_i)_{i \in I}$ *konvergent* gegen A.

Nun sei $\mathfrak{B}$ speziell ein topologischer Raum $\mathfrak{C}$. In $\mathfrak{C}$ sei eine gefilterte Punktfamilie $(p_i)_{i \in I}$ gegeben; der (eigentliche) Filter in I heiße wieder $\mathfrak{F}$. Für jedes $i \in I$ bezeichnen wir die einpunktige Menge (p_i) mit P_i. Es sei p ein Punkt von $\mathfrak{C}$ und P die einpunktige Menge (p). Ist nun die Menge P der Mengenfamilie $(P_i)_{i \in I}$ adhärent bzw. stark adhärent, so nennen wir den Punkt p der Punktfamilie $(p_i)_{i \in I}$ adhärent [oder einen *Häufungspunkt* von $(p_i)_{i \in I}$] bzw. stark adhärent. Ist die Mengenfamilie $(P_i)_{i \in I}$ konvergent gegen die Menge P, so nennen wir die Punktfamilie $(p_i)_{i \in I}$ konvergent gegen den Punkt p und p ihren Limes, in Zeichen $p = $ lim p_i. (Für eine handlichere Fassung dieser Definitionen vgl. unten die Übung 2.)[1]

Wollen wir den Filter $\mathfrak{F}$, auf den sich die vorstehenden Definitionen beziehen, besonders hervorheben, so schreiben wir $\mathfrak{F}$-adhärent, $\mathfrak{F}$-stark adhärent, lim sup, lim inf und lim.
$$\underset{\mathfrak{F}}{} \qquad \underset{\mathfrak{F}}{} \qquad \underset{\mathfrak{F}}{}$$

Beispiele. 1. Sind schließlich alle Somen einer gefilterten Somenfamilie $(A_i)_{i \in I}$ eines topologischen Vereins $\mathfrak{B}$ gleich einem festen Soma A, so sind die Somen $\leq \overline{A}$ und nur diese der Familie adhärent (und gleichzeitig stark adhärent). Die Familie konvergiert gegen $\overline{A}$. Insbesondere also: Sind alle Somen A_i einer Somenfolge $(A_1, A_2, \ldots)$ gleich einem Soma A, so konvergiert die Folge gegen $\overline{A}$. — 2. Ist die Somenfolge $(A_1, A_2, \ldots)$ monoton wachsend: $A_i \leq A_{i+1}$, und existiert $\vee A_i = A$, so konvergiert die Folge gegen $\overline{A}$. — 3. Ist die Somenfolge $(A_1, A_2, \ldots)$ monoton fallend: $A_i \geq A_{i+1}$, und existiert $\wedge A_i = A$, so konvergiert die Folge gegen $\overline{A}$. — 4. Es sei $(a_1, a_2, \ldots)$ eine Folge reeller Zahlen. Betrachten wir die Zahlen a_i als Punkte des CARTESischen $\mathfrak{C}^1$, so fällt der Begriff des der Folge adhärenten Punktes zusammen mit dem üblichen Begriff eines Häufungswertes der Zahlenfolge und die Begriffe des der Punktfolge stark adhärenten Punktes und des limes der Punktfolge fallen beide zusammen mit dem üblichen Begriff des limes der Zahlenfolge. — 5. Es sei wieder $(a_1, a_2, \ldots)$ eine Folge reeller Zahlen. Betrachten wir jetzt die Zahlen a_i als Somen des Vereins aller reellen Zahlen einschließlich $\pm \infty$, mit der üblichen analytischen Bedeutung des Zeichens $\leq$ und der identischen Topologie $\overline{a} = a$, so haben die obigen Begriffe lim sup a_i, lim inf a_i und lim a_i die übliche Bedeutung, falls man die bestimmte Divergenz auch als Konvergenz betrachtet. — 6. In der CARTESischen Ebene $\mathfrak{C}^2$ sei $(K_1, K_2, \ldots)$ die Folge der

---

[1] Man beachte, daß die Mengenfamilie $(P_i)_{i \in I}$ gegen eine mehrpunktige Menge konvergieren kann, obwohl jede Menge P_i einpunktig ist. Aber nur, wenn $(P_i)_{i \in I}$ gegen eine einpunktige Menge $P = (p)$ konvergiert, nennen wir $(p_i)_{i \in I}$ konvergent gegen p. Nach dieser Definition ist also der Limes einer konvergenten Punktfamilie ein eindeutig bestimmter Punkt.

Kreislinien $K_i = [x_1^2 + x_2^2 = i^2]$. Diese Folge konvergiert gegen die leere Menge.

Übungen. 1. $\mathfrak{V}$ sei ein topologischer BOOLE-Verband, $(A_i)_{i \in I}$ eine gefilterte Somenfamilie und A ein Soma aus $\mathfrak{V}$. a)* A ist der Familie dann und nur dann adhärent (stark adhärent), wenn für jedes Soma C aus $\mathfrak{V}$ mit $A \wedge C > O$ gilt $A_i \wedge C > O$ für konfinal viele (schließlich alle) $i \in I$. b) A ist der Familie dann und nur dann adhärent (stark adhärent), wenn für jedes offene Soma G mit $A \wedge G > O$ gilt $A_i \wedge G > O$ für konfinal viele (schließlich alle) $i \in I$. — 2. $\mathfrak{E}$ sei ein topologischer Raum, $(p_i)_{i \in I}$ eine gefilterte Punktfamilie und p ein Punkt aus $\mathfrak{E}$. a*) p ist der Punktfamilie dann und nur dann adhärent (stark adhärent), wenn jede Nachbarschaft von p konfinal viele (schließlich alle) Punkte p_i enthält. b) p ist der Punktfamilie dann und nur dann adhärent (stark adhärent), wenn jede Umgebung von p konfinal viele (schließlich alle) Punkte p_i enthält. Ist $\mathfrak{E}$ HAUSDORFFsch, so ist p dann und nur dann stark adhärent $(p_i)_{i \in I}$, wenn $(p_i)_{i \in I}$ gegen p konvergiert. — 3. Es sei $\mathfrak{V}$ ein beliebiger Vollverband (zunächst ohne Topologie) und $(A_i)_{i \in I}$ eine gefilterte Somenfamilie aus $\mathfrak{V}$ ($\mathfrak{F}$ der eigentliche Filter in I). Den Durchschnitt aller Somen B aus $\mathfrak{V}$ mit $A_i \leq B$ für schließlich alle $i \in I$ bzw. konfinal viele $i \in I$ bezeichnen wir mit Lim sup A_i bzw. Lim inf A_i. Ist Lim sup $A_i = A =$ Lim inf A_i, so schreiben wir dafür Lim $A_i = A$. (Ist $\mathfrak{V}$ speziell der Mengenverband aller Teilmengen einer Menge E, so ist Lim sup $A_i = \bigcap_{M \in \mathfrak{F}} \bigcup_{i \in M} A_i$ und Lim inf $A_i = \bigcup_{M \in \mathfrak{F}} \bigcap_{i \in M} A_i$.) Diese (rein algebraischen) Begriffe sind Spezialfälle unserer topologischen Begriffe; führen wir nämlich in $\mathfrak{V}$ die diskrete Topologie ein, so ist lim sup $A_i =$ Lim sup A_i und lim inf $A_i =$ Lim inf A_i. — Besteht speziell der Filter $\mathfrak{F}$ nur aus der Menge I, so ist Lim sup $A_i = \vee A_i$ und Lim inf $A_i = \wedge A_i$.

Wir entwickeln nun die allgemeine Theorie der Adhärenz.

Es liege ein topologischer Verein $\mathfrak{V}$ und in $\mathfrak{V}$ eine gefilterte Somenfamilie $(A_i)_{i \in I}$ vor; der eigentliche Filter in I heiße $\mathfrak{F}$.

8.1.* *Jedes der Familie $(A_i)_{i \in I}$ stark adhärente Soma ist ihr adhärent. Ist $\mathfrak{F}$ ein Ultrafilter in I, so gilt auch die Umkehrung.*

Beweis. Die zweite Behauptung folgt daraus, daß wegen **4.1.** die Begriffe „schließlich alle" und „konfinal viele" für einen Ultrafilter äquivalent sind.

8.2.* *Ist A ein der Familie $(A_i)_{i \in I}$ adhärentes (stark adhärentes) Soma und $A' \leq A$, so ist auch A' der Familie adhärent (stark adhärent). Die Vereinigung (falls vorhanden) beliebig vieler der Familie $(A_i)_{i \in I}$ adhärenten (stark adhärenten) Somen ist ihr ebenfalls adhärent (stark adhärent).*

8.3.* *Ist A ein der Familie $(A_i)_{i \in I}$ adhärentes (stark adhärentes) Soma und $(B_i)_{i \in I}$ eine zweite Somenfamilie mit $A_i \leq B_i$ für schließlich alle $i \in I$, so ist A auch der Familie $(B_i)_{i \in I}$ adhärent (stark adhärent).*

Aus **8.2.** und **8.3.** ergibt sich folgendes. Für jedes Element j einer Menge J (beliebiger Mächtigkeit) sei $(A_i^j)_{i \in I}$ eine Somenfamilie in $\mathfrak{B}$ (für alle j mit demselben I und demselben Filter in I) und A^j ein ihr adhärentes (stark adhärentes) Soma; es existiere $A = \vee A^j$ und $A_i = \vee A_i^j$ für jedes $i \in I$; dann ist A der Familie $(A_i)_{i \in I}$ adhärent (stark adhärent)*. — Für die Durchschnitte gilt der analoge Satz nicht. Wohl aber gilt wenigstens folgender Satz.

8.4. $\mathfrak{B}$ *sei ein* Boole-*Verband und seine Topologie sei klassisch. Ist das Soma A der Somenfamilie $(A_i)_{i \in I}$ adhärent (stark adhärent) und G ein offenes Soma, so ist $A \wedge G$ der Familie $(A_i \wedge G)_{i \in I}$ adhärent (stark adhärent).*

Beweis. Es sei $A_i \wedge G \leq B$ für schließlich alle (konfinal viele) $i \in I$. Dann ist $A_i \leq B \vee cG$ für schließlich alle (konfinal viele) $i \in I$. Also ist $A \leq \overline{B \vee cG}$. Hieraus folgt $A \wedge G \leq \overline{B \vee cG} \wedge G = (\overline{B} \vee cG) \wedge G = \overline{B} \wedge G \leq \overline{B}$.

8.5. *Ist A ein der Familie $(A_i)_{i \in I}$ adhärentes (stark adhärentes) Soma, so ist auch $\overline{A}$ der Familie $(A_i)_{i \in I}$ adhärent (stark adhärent).*

8.6.* *Es sei $\mathfrak{F}^0$ ein Oberfilter in I des Filters $\mathfrak{F}$. Dann ist jedes der Familie $(A_i)_{i \in I}$ $\mathfrak{F}^0$-adhärente Soma ihr auch $\mathfrak{F}$-adhärent und jedes ihr $\mathfrak{F}$-stark adhärente Soma ihr auch $\mathfrak{F}^0$-stark adhärent.*

Ein gewisses Gegenstück zu **8.1.** ist der folgende Satz. (In ihm kann man die Voraussetzung, daß P ein Atom ist, im allgemeinen nicht weglassen.)

8.7. $\mathfrak{B}$ *sei ein distributiver Verband und seine Topologie sei klassisch. Es sei P ein Atom, welches der Somenfamilie $(A_i)_{i \in I}$ $\mathfrak{F}$-adhärent ist. Dann existiert ein Oberfilter $\mathfrak{F}^0$ von $\mathfrak{F}$ in I derart, daß P der Familie $(A_i)_{i \in I}$ $\mathfrak{F}^0$-stark adhärent ist.*

Beweis. Es sei $\mathfrak{B}$ die Menge aller Somen B aus $\mathfrak{B}$ mit der Eigenschaft, daß zwar $\mathfrak{F}$-konfinal viele $A_i \leq B$ sind, daß aber trotzdem nicht $P \leq \overline{B}$ ist. Ist $\mathfrak{B}$ leer, so leistet $\mathfrak{F}^0 = \mathfrak{F}$ das Verlangte. Nun sei $\mathfrak{B}$ nicht leer. Für jedes $B \in \mathfrak{B}$ und jede Menge $M \in \mathfrak{F}$ bezeichnen wir mit $L = L(B, M)$ die Menge aller $i \in M$, für welche nicht $A_i \leq B$ ist. Erstens ist dann keine Menge $L(B, M)$ leer; denn wäre $L(B, M)$ leer, so wäre $A_i \leq B$ für jedes $i \in M$, also $P \leq \overline{B}$, im Widerspruch zu $B \in \mathfrak{B}$. Zweitens enthält der Durchschnitt $L_1 \cap L_2$ zweier Mengen $L_1 = L_1(B_1, M_1)$ und $L_2 = L_2(B_2, M_2)$ eine Menge $L = L(B, M)$; denn setzen wir $B_1 \vee B_2 = B$, so ist $B \in \mathfrak{B}$, da einerseits $\mathfrak{F}$-konfinal viele $A_i \leq B_1 \leq B$ sind und andererseits nicht $P \leq \overline{B}$ ist (weil $\overline{B} = \overline{B_1} \vee \overline{B_2}$, nicht $P \leq \overline{B_1}$, nicht $P \leq \overline{B_2}$ und P ein Atom ist); für dieses $B \in \mathfrak{B}$ und $M = M_1 \cap M_2 \in \mathfrak{F}$ hat die Menge $L = L(B, M)$ die

Eigenschaft $L \subseteq L_1 \cap L_2$. Damit ist gezeigt, daß das System aller Mengen $L(B, M)$, wobei B die Menge $\mathfrak{B}$ und M den Filter $\mathfrak{F}$ durchläuft, ein eigentlicher Raster ist. Wegen $L(B, M) \subseteq M$ für jedes $M \in \mathfrak{F}$ ist dieser Raster mindestens so fein wie $\mathfrak{F}$. Der von ihm erzeugte Filter $\mathfrak{F}^0$ in I ist also ein Oberfilter von $\mathfrak{F}$. Er leistet das Verlangte. Es sei nämlich B ein Soma aus $\mathfrak{B}$ mit $A_i \leq B$ für $\mathfrak{F}^0$-konfinal viele $i \in I$. Angenommen, es wäre nicht $P \leq \overline{B}$. Dann ist $B \in \mathfrak{B}$, da wegen $\mathfrak{F} \subseteq \mathfrak{F}^0$ auch für $\mathfrak{F}$-konfinal viele $i \in I$ gilt $A_i \leq B$. Also ist $L = L(B, M)$ definiert für jedes $M \in \mathfrak{F}$. Nach der Definition von $L(B, M)$ gilt $A_i \leq B$ für kein $i \in L$. Anderseits folgt aber aus der Definition von B und aus $L \in \mathfrak{F}^0$, daß $A_i \leq B$ ist für mindestens ein $i \in L$. Dies ist ein Widerspruch. Also ist doch $P \leq \overline{B}$. Folglich ist P der Familie $(A_i)_{i \in I}$ $\mathfrak{F}^0$-stark adhärent.

Beispiele. In einem HAUSDORFFschen Raum sei der Punkt p ein Häufungspunkt der gefilterten Punktfamilie $(p_i)_{i \in I}$. Für jede Nachbarschaft N von p und jede Menge M des Filters $\mathfrak{F}$ in I sei $H(N, M)$ die Menge aller $i \in M$ mit $p_i \in N$. Das System aller Mengen $H(N, M)$ ist ein eigentlicher Raster, der mindestens so fein ist wie $\mathfrak{F}$. Der von ihm erzeugte Filter $\mathfrak{F}^0$ in I ist ein Oberfilter von $\mathfrak{F}$ und $(p_i)_{i \in I}$ ist $\mathfrak{F}^0$-konvergent gegen p. (Vgl. hierzu das 2. Verfahren von S. 54.) — Ist die Punktfamilie speziell eine Punktfolge $(p_1, p_2, \ldots)$ und existieren abzählbar viele Nachbarschaften $N_1, N_2, \ldots$ von p derart, daß jede Nachbarschaft von p ein N_n enthält [ist mit anderen Worten das 1. Abzählbarkeitsaxiom (E) für den Punkt p erfüllt], so existiert für jedes natürliche n ein $i_n \geq n$ mit $p_{i_n} \in N_1 \cap \cdots \cap N_n$. Die Teilfolge $(p_{i_1}, p_{i_2}, \ldots)$ konvergiert gegen p. (Vgl. hierzu das 1. Verfahren von S. 54.)

Es folgen nun fünf Sätze über den lim sup und den lim inf, soweit diese Limiten existieren (dies ist der Fall, wenn $\mathfrak{B}$ ein Vollverband ist).

8.8. *Der* lim sup A_i *ist der Familie* $(A_i)_{i \in I}$ *adhärent* und abgeschlossen. Der* lim inf A_i *ist der Familie* $(A_i)_{i \in I}$ *stark adhärent* und abgeschlossen.*

Beweis. 8.5.

8.9.* lim inf $A_i \leq$ lim sup A_i.

Beweis. 8.1. und **8.8.**

Die nächsten beiden Sätze zeigen, wie man den lim sup A_i und den lim inf A_i durch die Somen A_i selbst darstellen kann.

8.10.* *Ist* $\mathfrak{B}$ *ein Vollverband, so ist* lim sup $A_i = \bigwedge\limits_{M \in \mathfrak{F}} \overline{\bigvee\limits_{i \in M} A_i}$.

Beweis. Ist M eine Teilmenge von I, so setzen wir $\bigvee\limits_{i \in M} A_i = A_M$. Außerdem setzen wir $\bigwedge\limits_{M \in \mathfrak{F}} \overline{A_M} = D$. — Einerseits sei B ein Soma mit $A_i \leq B$ für schließlich alle $i \in I$, also für alle Elemente i einer Menge $M \in \mathfrak{F}$. Dann ist $A_M \leq B$, also $\overline{A_M} \leq \overline{B}$, mithin $D \leq \overline{B}$. Folglich ist D

adhärent $(A_i)_{i \in I}$. Anderseits sei A ein Soma, das $(A_i)_{i \in I}$ adhärent ist. Bei beliebigem $M \in \mathfrak{F}$ ist $A_i \leq \overline{A_M}$ für schließlich alle $i \in I$ (nämlich alle $i \in M$), also $A \leq \overline{A_M}$. Dies gilt für jedes $M \in \mathfrak{F}$. Also ist $A \leq D$.

8.11.* *Ist $\mathfrak{V}$ ein Vollverband, so ist* $\liminf A_i = \bigwedge\limits_{M \in \mathfrak{G}} \ \overline{\bigvee\limits_{i \in M} A_i}$.
[$\mathfrak{G} = \mathfrak{G}(\mathfrak{F})$ das Gitter von $\mathfrak{F}$.]

Beweis. Analog wie für **8.10.**; nur ersetze man den Filter $\mathfrak{F}$ durch das Gitter $\mathfrak{G}$, „adhärent" durch „stark adhärent" und „schließlich alle" durch „konfinal viele".

Beispiel. Für eine Somenfolge $(A_1, A_2, \ldots)$ eines Vollverbandes ist

$$\limsup A_i = \bigwedge\limits_j \overline{\bigvee\limits_{i \geq j} A_i}, \qquad \liminf A_i = \bigwedge\limits_n \overline{\bigvee A_{i_n}},$$

wobei der zweite Durchschnitt über das System aller Teilfolgen $(i_1, i_2, \ldots)$ von $(1, 2, \ldots)$ zu nehmen ist.

Beim Übergang vom Filter $\mathfrak{F}$ zu einem Oberfilter $\mathfrak{F}^0$ rücken der $\limsup$ und der $\liminf$ näher zusammen:

8.12.* *Ist $\mathfrak{F}^0$ ein Oberfilter in I des Filters $\mathfrak{F}$, so ist*

$$\liminf_{\mathfrak{F}} A_i \leq \liminf_{\mathfrak{F}^0} A_i \leq \limsup_{\mathfrak{F}^0} A_i \leq \limsup_{\mathfrak{F}} A_i.$$

Beweis. **8.6.**, **8.8.** und **8.9.**

Schließlich beweisen wir noch einige Sätze über die Konvergenz.

8.13. *Ist die Somenfamilie $(A_i)_{i \in I}$ konvergent gegen A, so ist A abgeschlossen.*

Beweis. **8.8.**

Lemma. *Die Somenfamilie $(A_i)_{i \in I}$ ist dann und nur dann konvergent gegen das Soma A, wenn A ihr stark adhärent ist und jedes ihr adhärente Soma $\leq A$ ist.*

Beweis. **8.1.** und **8.8.**

Die Konvergenz ist invariant gegenüber der $\vee$-Operation:

8.14. $\mathfrak{V}$ *sei ein* BOOLE-*Verband und seine Topologie sei klassisch. Sind die Somenfamilien $(A_i')_{i \in I}$ und $(A_i'')_{i \in I}$ konvergent, so ist auch die Familie $(A_i' \vee A_i'')_{i \in I}$ konvergent und es ist*

$$\lim (A_i' \vee A_i'') = \lim A_i' \vee \lim A_i''. \text{ [1]}$$

Beweis. Wir setzen $A_i' \vee A_i'' = A_i$, $\lim A_i' = A'$, $\lim A_i'' = A''$ und $A' \vee A'' = A$. Nach **8.3.** ist A der Familie $(A_i)_{i \in I}$ stark adhärent. Nach dem Lemma genügt es daher zu zeigen, daß $A = \limsup A_i$ ist. Es sei $\mathfrak{V}'$ die Menge aller Somen B' mit $A_i' \leq B'$ für schließlich alle $i \in I$ und $\mathfrak{V}''$ die Menge aller Somen B'' mit $A_i'' \leq B''$ für schließlich alle $i \in I$.

---

[1] Alle drei Konvergenzen beziehen sich auf denselben Filter $\mathfrak{F}$ in I.

Wegen $A' = \lim \sup A'_i$ und $A'' = \lim \sup A''_i$ ist dann $A' = \wedge \overline{B'}$ und $A'' = \wedge \overline{B''}$. Nach dem Korollar 1 zu **1.13.** folgt hieraus $A = \wedge (\overline{B'} \vee \overline{B''}) = \wedge \overline{B' \vee B''}$. Nun ist die Menge aller Somen $B' \vee B''$ identisch mit der Menge aller Somen B mit $A'_i \vee A''_i \leq B$ für schließlich alle $i \in I$. Also ist $A = \wedge B$. Nun ist aber $\wedge \overline{B}$ der $\lim \sup (A'_i \vee A''_i)$.

Der Übergang vom Filter $\mathfrak{F}$ zu einem Oberfilter $\mathfrak{F}^0$ in I stört die Konvergenz nicht:

8.15.* *Ist die Somenfamilie* $(A_i)_{i \in I}$ $\mathfrak{F}$-*konvergent gegen* A *und ist* $\mathfrak{F}^0$ *ein Oberfilter in* I *von* $\mathfrak{F}$, *so ist* $(A_i)_{i \in I}$ *auch* $\mathfrak{F}^0$-*konvergent gegen* A.

Beweis. 8.12.

Beispiel. Konvergiert die Somenfolge $(A_1, A_2, \ldots)$ gegen A, so konvergiert auch jede Teilfolge gegen A.

Sehr merkwürdig ist folgender Satz, wonach (in einem Vollverband) bezüglich eines Ultrafilters *jede* Somenfamilie konvergiert.

8.16.* $\mathfrak{V}$ *sei ein Vollverband und der Filter* $\mathfrak{F}$ *in* I *ein Ultrafilter. Dann ist die (beliebige) Somenfamilie* $(A_i)_{i \in I}$ *konvergent*[1].

Beweis. 4.1., 8.10. und 8.11.

8.17.* $\mathfrak{V}$ *sei ein Vollverband und besitze eine abzählbare Basis. Dann enthält jede Somenfolge* $(A_1, A_2, \ldots)$ *eine konvergente Teilfolge*[1].

Wir beweisen zunächst folgenden

Hilfssatz. *Der topologische Verein* $\mathfrak{V}$ *besitze eine abzählbare Basis. Dann enthält jede Somenfolge* $(A_1, A_2, \ldots)$ *eine Teilfolge mit der Eigenschaft, daß jedes ihr adhärente Soma ihr auch stark adhärent ist.*

Beweis. Es sei $(B_1, B_2, \ldots)$ eine abgeschlossene Basis von $\mathfrak{V}$. Für jedes $i = 1, 2, \ldots$ setzen wir $A_i = A_i^0$. Wir machen die Induktionsvoraussetzung, daß für irgendein ganzes $j \geq 0$ bereits eine Teilfolge $(A_j^j, A_{j+1}^j, \ldots)$ von $(A_1, A_2, \ldots)$ definiert ist. Nun sind zwei Fälle möglich: Entweder enthält das Basissoma B_j schließlich alle Somen $A_{j+1}^i, A_{j+2}^i, \ldots$ oder nicht. Im ersten Fall setzen wir $A_i^j = A_i^{j+1}$ für jedes $i = j+1, j+2, \ldots$. Im zweiten Fall sei $(A_{j+1}^{j+1}, A_{j+2}^{j+1}, \ldots)$ die Folge aller derjenigen Somen $A_{j+1}^j, A_{j+2}^j, \ldots$, die nicht in B_j enthalten sind. Damit ist eine Folge von Folgen definiert, deren erste die gegebene Folge $(A_1, A_2, \ldots)$ ist und von denen jede die nächste als Teilfolge enthält. Wir setzen $A_k^k = D_k$ für $k = 1, 2, \ldots$ und behaupten, daß die Folge $(D_1, D_2, \ldots)$ die im Hilfssatz behauptete Eigenschaft hat. Es sei nämlich A ein Soma, das dieser Folge adhärent ist. Weiter sei B ein Soma derart, daß nicht $A \leq \overline{B}$ gilt. Es genügt zu zeigen, daß dann B schließlich alle Somen D_k nicht enthält. Da $\overline{B}$ der Durchschnitt von Somen B_j der Basis ist,

---

[1] Man beachte, daß der Limes einer konvergenten Somenfamilie das Nullsoma, also im Falle eines Raumes die leere Menge sein kann.

existiert ein Basissoma B_j derart, daß nicht $A \leq B_j$ ist. Daher genügt es zu zeigen, daß dieses Basissoma B_j schließlich alle D_k nicht enthält. Da A nach Voraussetzung der Folge $(D_1, D_2, \ldots)$ adhärent ist, so sind, weil nicht $A \leq B_j = \overline{B_j}$ ist, unendlich viele Somen D_k nicht in B_j enthalten. Nun ist $(D_j, D_{j+1}, \ldots)$ eine Teilfolge von $(A_j^j, A_{j+1}^j, \ldots)$. Also sind auch unendlich viele der Somen A_i^j nicht in B_j enthalten. Es liegt also der zweite obige Fall vor. Folglich sind die Somen A_i^{j+1} $(i = j + 1,$ $j + 2, \ldots)$ sämtlich nicht in B_j enthalten. Da $(D_{j+1}, D_{j+2}, \ldots)$ eine Teilfolge von $(A_{j+1}^{j+1}, A_{j+2}^{j+1}, \ldots)$ ist, so sind also schließlich alle Somen D_k $(k = 1, 2, \ldots)$ nicht in B_j enthalten. Damit ist der Hilfssatz bewiesen.

Nun können wir **8.17.** beweisen. $\mathfrak{V}$ sei also ein Vollverband mit abzählbarer Basis. Es sei $(D_1, D_2, \ldots)$ eine Teilfolge im Sinne des Hilfssatzes der gegebenen Folge $(A_1, A_2, \ldots)$. Da $\mathfrak{V}$ ein Vollverband ist, existiert $D = \lim \sup D_k$. Nach **8.8.** ist D der Folge $(D_1, D_2, \ldots)$ adhärent, also nach dem Hilfssatz auch stark adhärent. Nach dem Lemma von S. 61 konvergiert daher $(D_1, D_2, \ldots)$ gegen D.

3. Adhärente Somen eines Rasters. Konvergente Raster.

Im topologischen Verein $\mathfrak{V}$ sei $\mathfrak{R}$ ein (eigentlicher oder uneigentlicher) Raster. Nach S. 55 können wir $\mathfrak{R}$ als eine gefilterte Somenfamilie auffassen. Für diese spezielle Somenfamilie läßt sich die Definition eines adhärenten Somas folgendermaßen formulieren: Ein Soma A heißt dem Raster $\mathfrak{R}$ adhärent, wenn $A \leq \overline{B}$ ist für jedes Soma B, für welches ein Soma $R \in \mathfrak{R}$ mit $R \leq B$ existiert. Diese Definition ist aber äquivalent mit der folgenden: *Ein Soma A heißt dem Raster $\mathfrak{R}$ adhärent, wenn $A \leq \overline{R}$ ist für jedes Soma R aus $\mathfrak{R}$.*

Die Definition eines stark adhärenten Somas führt für einen Raster zu wörtlich derselben Formulierung. Für einen Raster fällt also der Begriff eines stark adhärenten Somas zusammen mit dem Begriff eines adhärenten Somas.

Beispiel. In einem topologischen Raum sei ein Raster $\mathfrak{R}$ und ein Punkt p gegeben. p ist dem Raster $\mathfrak{R}$ dann und nur dann adhärent, wenn jede Nachbarschaft von p mit jeder Menge des Rasters $\mathfrak{R}$ einen nicht leeren Durchschnitt hat.

Ist der Raster $\mathfrak{R}$, aufgefaßt als gefilterte Somenfamilie, konvergent im Sinne von S. 57 gegen ein Soma A, so ist A das größte $\mathfrak{R}$ adhärente Soma; ist umgekehrt A das größte $\mathfrak{R}$ adhärente Soma, so ist A auch das größte, $\mathfrak{R}$ stark adhärente Soma und daher $\mathfrak{R}$ konvergent gegen A. Wir stehen daher im Einklang mit der Konvergenzdefinition von S. 57, wenn wir definieren: *Der Raster $\mathfrak{R}$ heißt konvergent gegen das Soma A, wenn A das größte, $\mathfrak{R}$ adhärente Soma ist.* Wir schreiben dann $A = \lim \mathfrak{R}$.

8.18. *Es sei $\mathfrak{R}$ ein Raster in $\mathfrak{B}$. Existiert der Durchschnitt $D = \wedge \overline{R}$ der Hüllen aller Somen R aus $\mathfrak{R}$, so ist $\mathfrak{R}$ konvergent gegen D. Konvergiert $\mathfrak{R}$ gegen das Soma D, so ist $D = \wedge \overline{R}$.*

Übungen. 1. In einem HAUSDORFFschen Raum sei ein Raster $\mathfrak{R}$ und ein Punkt p gegeben. Jede Umgebung von p enthalte eine Menge R aus $\mathfrak{R}$ als Teilmenge. Dann konvergiert $\mathfrak{R}$ gegen p. — 2. In einem HAUSDORFFschen Raum ist jeder Ultrafilter konvergent und zwar entweder gegen die leere Menge oder gegen einen Punkt.

4. Häufungssomen und Derivierte eines Somas.

Es liege ein topologischer BOOLE-Verband $\mathfrak{B}$ vor und in $\mathfrak{B}$ ein Soma A.

Ein Soma H heiße ein *Häufungssoma* von A, wenn $H \leq \overline{A \wedge cH}$ ist. [Ist $\mathfrak{B}$ speziell ein topologischer Raum und $H = (p)$ ein Häufungssoma der Menge A, so heiße p ein *Häufungspunkt* von A; die Bedingung $H \leq \overline{A \wedge cH}$ können wir in diesem Falle so schreiben: $p \in \overline{A - (p)}$.]

Beispiele. Es liege der CARTESISche $\mathfrak{E}^1$ vor. — 1. A sei das Intervall $[0 \leq x \leq 1]$; dann ist die Menge aller Häufungspunkte von A gleich A. — 2. A sei die Menge der Punkte $1/m$ $(m = 1, 2, \ldots)$; dann ist 0 der einzige Häufungspunkt von A. — 3. A sei die Menge der ganzen Zahlen; dann hat A keinen Häufungspunkt.

8.19.* *Für jedes Häufungssoma H von A ist $H \leq \overline{A}$.*

Beweis. $H \leq \overline{A \wedge cH} \leq \overline{A}$.

8.20.* *Ist H ein Häufungssoma von A und $K \leq H$, $A \leq B$, so ist K ein Häufungssoma von B.*

Beweis. $\overline{A \wedge cH} \leq \overline{B \wedge cK}$ wegen **1.10.**

In einem topologischen Raum sind also die Punkte p einer Häufungsmenge H einer Punktmenge A stets Häufungspunkte von A. (Umgekehrt ist jedoch nicht jede Menge von Häufungspunkten von A eine Häufungsmenge von A.)

8.21.* $\overline{A} \wedge cA$ *ist ein Häufungssoma von A.*

Beweis. $\overline{A} \wedge cA \leq \overline{A} = \overline{A \wedge (A \vee c\overline{A})} = \overline{A \wedge c(cA \wedge \overline{A})}$ wegen **1.11.** und **1.12.**

8.22.* $\overline{A}$ *ist die Vereinigung von A und allen Häufungssomen von A.*

Beweis. Es ist $\overline{A} = \overline{A} \wedge E = \overline{A} \wedge (A \vee cA) = A \vee (\overline{A} \wedge cA)$. Die Behauptung folgt also aus **8.19.** und **8.21.**

In einem topologischen Raum ist daher die Hülle $\overline{A}$ einer Punktmenge A die Menge aller Punkte von A und aller Häufungspunkte von A.

8.23. $\mathfrak{B}$ *sei klassisch topologisch. Ist dann H ein Häufungssoma von A und G offen, so ist $H \wedge G$ ein Häufungssoma von $A \wedge G$.*

Beweis. Aus $H \leq \overline{A \wedge cH}$ folgt $H \wedge G \leq \overline{A \wedge cH} \wedge G \leq \overline{A \wedge G \wedge cH} \leq \overline{A \wedge G \wedge c(G \wedge H)}$ nach **7.18.**

8.24. $\mathfrak{V}$ *sei klassisch topologisch. Ein Soma $H > O$ ist dann und nur dann ein Häufungssoma von A, wenn ein aus Somen $R \leq A \wedge cH$ bestehender Raster $\mathfrak{R}$ existiert, welchem H adhärent ist.*

Beweis. Existiert ein solcher Raster $\mathfrak{R}$, so ist $H \leq \overline{R}$ für jedes $R \in \mathfrak{R}$, wegen $R \leq A \wedge cH$ also $H \leq \overline{A \wedge cH}$. — Nun sei umgekehrt $H \leq \overline{A \wedge cH}$. Dann ist H dem nur aus dem Soma $A \wedge cH$ bestehenden Raster $\mathfrak{R}$ adhärent.

Die zweite Hälfte dieses Satzes läßt sich im Falle eines klassisch topologischen Raumes noch verschärfen:

8.25. *In einem klassisch topologischen Raum $\mathfrak{E}$ ist ein Punkt p dann und nur dann ein Häufungspunkt der Punktmenge A, wenn eine* MOORE-SMITH*sche Folge $(p_i)_{i \in I}$ von Punkten $p_i \in A - (p)$ derart existiert, daß p ein Häufungspunkt dieser Folge ist*[1].

Beweis. Es existiere solch eine MOORE-SMITHsche Folge. Bezeichnen wir für jedes i_0 mit $R(i_0)$ die Menge aller Punkte p_i mit $i_0 < i$, so ist das System $\mathfrak{R}$ der Mengen $R(i_0)$ ein aus Teilmengen von $A - (p)$ bestehender Raster, welchem p adhärent ist. Nach **8.24.** ist also p ein Häufungspunkt von A. — Umgekehrt sei p ein Häufungspunkt von A. Es sei $\mathfrak{R}$ ein Raster von Nachbarschaften N von p, welcher den Filter aller Nachbarschaften von p erzeugt (vgl. **7.19.**). Für kein $N \in \mathfrak{R}$ ist dann $N \cap (A - (p))$ leer, da sonst nach **7.14.** auch $\underline{N} \cap \overline{A - (p)}$ leer wäre, im Widerspruch zu $p \in \underline{N}$ und $p \in \overline{A - (p)}$. Für jedes $N \in \mathfrak{R}$ wählen wir einen Punkt $p_N \in N \cap (A - (p))$. Dann ist $(p_N)_{N \in \mathfrak{R}}$ eine MOORE-SMITHsche Folge, weil wir einen Raster als eine gerichtete Menge auffassen können (S. 55). Wir behaupten, daß der Punkt p ein Häufungspunkt dieser Folge ist. Es sei nämlich B eine Punktmenge mit $p_N \in B$ für schließlich alle $N \in \mathfrak{R}$ (d.h. für alle $N \in \mathfrak{R}$, die in einem gewissen $N_0 \in \mathfrak{R}$ als Teilmenge enthalten sind). Dann ist kein $N \in \mathfrak{R}$ fremd zu B und folglich, nach der Wahl von $\mathfrak{R}$, überhaupt keine Nachbarschaft von p fremd zu B. Nach **7.20.** ist also $p \in \overline{B}$.

Bemerkung. Ist in $\mathfrak{E}$ das 1. Abzählbarkeitsaxiom (S. 55) erfüllt, so können wir im vorstehenden Beweis $\mathfrak{R}$ abzählbar wählen; daher ist in einem solchen Raum die Existenz einer gewöhnlichen Folge $(p_1, p_2, \ldots)$ von Punkten aus $A - (p)$ mit p als Häufungspunkt notwendig und hinreichend dafür, daß p ein Häufungspunkt von A ist.

Wir werden später (§ 11) einen topologischen Raum einen T_1-Raum nennen, wenn in ihm folgendes Trennungsaxiom von M. FRÉCHET erfüllt

---

[1] Die Punkte p_i sind eventuell alle gleich einem festen Punkt q. Besteht beispielsweise A aus zwei verschiedenen Punkten p und q und enthält jede Umgebung von p auch den Punkt q, so leistet die Folge $(q, q, \ldots)$ das Verlangte.

ist: Von je zwei Punkten aus $\mathfrak{E}$ besitzt jeder eine Umgebung, welche den anderen nicht enthält. (Beispielsweise ist jeder HAUSDORFFsche Raum ein T_1-Raum.)

8.26. *In einem klassisch topologischen T_1-Raum sei A eine Punktmenge und p ein Punkt. p ist dann und nur dann ein Häufungspunkt von A, wenn jede Umgebung von p unendlich viele Punkte von A enthält.*

Beweis. Enthält jede Umgebung U von p unendlich viele Punkte von A, also mindestens einen von p verschiedenen Punkt von A, so hat also jede Umgebung U von p mit $A - (p)$ einen nicht leeren Durchschnitt; nach **7.20.** ist dann $p \in \overline{A - (p)}$, also p ein Häufungspunkt von A. Umgekehrt existiere eine Umgebung U von p, die höchstens endlich viele Punkte von A enthält. Wenn U keinen von p verschiedenen Punkt aus A enthält, so ist U fremd zu $A - (p)$, nach **7.15.** also fremd zu $\overline{A - (p)}$; dann ist nicht $p \in \overline{A - (p)}$, also p kein Häufungspunkt von A. Nun enthalte U die von p verschiedenen Punkte $p_1, \ldots, p_n$ aus A, aber keine weiteren Punkte aus A. Da $\mathfrak{E}$ ein T_1-Raum ist, existiert für jedes $\nu = 1, \ldots, n$ eine Umgebung U_ν von p, welche den Punkt p_ν nicht enthält. Dann ist $V = U \cap U_1 \cap \cdots \cap U_n$ nach **7.11.** eine Umgebung von p; sie enthält keinen von p verschiedenen Punkt aus A. Wie vorhin folgt hieraus, daß p kein Häufungspunkt von A ist.

Für den Rest dieses Paragraphen sei $\mathfrak{B}$ ein topologischer BOOLE-Vollverband. Dann existiert für jedes Soma A aus $\mathfrak{B}$ die Vereinigung aller Häufungssomen von A; diese Vereinigung nennen wir die *Derivierte* von A und bezeichnen sie mit dA. (In einem topologischen Raum ist die Derivierte dA einer Menge A die Menge aller Häufungspunkte von A.)

Beispiele. Es liege der CARTESISCHE $\mathfrak{E}^1$ vor. 1. A sei das Intervall $[0 \leq x \leq 1]$; dann ist $dA = A$ (also dA kein Häufungssoma von A). 2. A sei die Menge der Punkte $\frac{1}{m} + \frac{1}{n}$, wobei m und n unabhängig die ganzen Zahlen durchlaufen; dann ist dA die Menge der Punkte 0 und $\frac{1}{m}$, ddA die Menge (0), $dddA$ die leere Menge (also weder $A \subseteq dA$, noch $dA \subseteq A$; hingegen $dA > ddA > dddA$; dabei bedeutet ddA die Derivierte von dA und $dddA$ die Derivierte von ddA).

8.27.* $\overline{A} \wedge cA \leq dA \leq \overline{A}$.
Beweis. 8.21. und **8.19.**

8.28.* *Aus $A_1 \leq A_2$ folgt $dA_1 \leq dA_2$.*
Beweis. 8.20.

8.29.* $\underline{A} = A \wedge cdcA$.
Beweis. Nach **8.22.** ist $\overline{cA} = cA \vee dcA$. Also ist $\underline{A} = cc\overline{A} = A \wedge cdcA$.

8.30.* $\overline{A} - A \vee dA$.

Beweis. 8.22.

Wir nennen einen topologischen BOOLE-Verband T_1-topologisch, wenn jedes Soma die Vereinigung abgeschlossener Somen ist. (Vgl. § 11.)

8.31. *Ist* $\mathfrak{B}$ *klassisch und* T_1-*topologisch, so ist* dA *abgeschlossen.*

Beweis. a) Für das Soma $H = \overline{A \wedge dA} \wedge cdA$ ist $H \leq cdA$, also $dA \leq cH$, also $A \wedge dA \leq A \wedge cH$, also $H \leq \overline{A \wedge cH}$, also $H \leq dA$; folglich ist $\overline{A \wedge dA} \leq dA$. — b) Für jedes abgeschlossene Soma $F \leq \overline{cA \wedge dA} \wedge A$ und das Soma $U = c\overline{A} \wedge cF$ ist $U \wedge A \wedge cF = O$, also, weil $U \wedge cF$ offen ist, $U \wedge \overline{A} \wedge cF = O$, wegen $F \leq A$ also $U \wedge \overline{A} \wedge cA = O$, also, weil U offen ist, $U \wedge \overline{A \wedge cA} = O$. Nun ist $\overline{A} \wedge cA = cA \wedge dA$ nach **8.27.**, also $F \leq \overline{A \wedge cA}$. Folglich ist $c\overline{A} \wedge cF \wedge F = O$, also $F \leq \overline{A \wedge cF}$, also $F \leq dA$. Da $\mathfrak{B}$ T_1-topologisch ist, so ist $\overline{cA \wedge dA} \wedge A$ die Vereinigung abgeschlossener Somen F. Also ist $\overline{cA \wedge dA} \wedge A \leq dA$. Nach **8.27.** ist auch $\overline{cA \wedge dA} \wedge (\overline{A} \wedge cA) \leq dA$. Also ist $\overline{cA \wedge dA} \wedge \overline{A} \leq dA$. Weil aber $dA \leq \overline{A}$ ist nach **8.27.**, also $\overline{cA \wedge dA} \leq \overline{A}$ ist, so folgt $\overline{cA \wedge dA} \leq dA$. — Aus a) und b) folgt $\overline{dA} = \overline{(A \vee cA) \wedge dA} = \overline{A \wedge dA} \vee \overline{cA \wedge dA} \leq dA$.

8.32. *Ist* $\mathfrak{B}$ *klassisch topologisch, so ist* $d(A_1 \vee A_2) = dA_1 \vee dA_2$.

Beweis. Nach **8.28.** ist $dA_1 \vee dA_2 \leq d(A_1 \vee A_2)$. Angenommen, es wäre $dA_1 \vee dA_2 < d(A_1 \vee A_2)$. Dann existiert ein Soma K mit $O < K \leq d(A_1 \vee A_2)$, $K \wedge dA_1 = O$ und $K \wedge dA_2 = O$. Dieses Soma K hat nach **1.13.** mit mindestens einem Häufungssoma von $A_1 \vee A_2$ einen Durchschnitt $H > O$. Nach **8.20.** ist H ein Häufungssoma von $A_1 \vee A_2$ (mit $H \wedge dA_1 = O = H \wedge dA_2$). Wir setzen $A_1 \wedge cH = B_1$ und $A_2 \wedge cH = B_2$. Dann ist $H \leq \overline{(A_1 \vee A_2) \wedge cH} = \overline{(B_1 \vee B_2) \wedge cH}$. Also ist H auch ein Häufungssoma von $B_1 \vee B_2$. Nun ist $H \wedge (B_1 \vee B_2) = O$. Wegen **8.19.** folgt $H \leq \overline{B_1 \vee B_2} \wedge c(B_1 \vee B_2) = (\overline{B_1} \vee \overline{B_2}) \wedge (cB_1 \wedge cB_2) \leq (\overline{B_1} \wedge cB_1) \vee (\overline{B_2} \wedge cB_2)$. Wegen $H > O$ ist also etwa $L = H \wedge (\overline{B_1} \wedge cB_1) > O$. Nach **8.21.** und **8.20.** ist L ein Häufungssoma von B_1, wegen $B_1 \leq A_1$ also auch von A_1, im Widerspruch zu $O < L \leq H$ und $H \wedge dA_1 = O$.

8.33. *Ist* $\mathfrak{B}$ *klassisch und* T_1-*topologisch, so ist* $ddA \leq dA$.

Beweis. Nach **8.27.**, angewandt auf dA, ist $ddA \leq \overline{dA}$. Nach **8.31.** ist $\overline{dA} = dA$.

8.34. *Ist* $\mathfrak{B}$ *klassisch und* T_1-*topologisch, so ist* $d\overline{A} = dA$.

Beweis. Wegen $A \leq \overline{A}$ ist einerseits $dA \leq d\overline{A}$ nach **8.28.** Anderseits ist $\overline{A} = A \vee (\overline{A} \wedge cA)$, nach **8.32.** also $d\overline{A} = dA \vee d(\overline{A} \wedge cA)$; nach **8.21.** ist aber $\overline{A} \wedge cA \leq dA$, nach **8.28.** also $d(\overline{A} \wedge cA) \leq ddA$, nach **8.33.** also $d(\overline{A} \wedge cA) \leq dA$; folglich ist $d\overline{A} \leq dA$.

8.35. *Ist* $\mathfrak{B}$ *klassisch topologisch und* G *offen, so ist* $(dA) \wedge G \leq d(A \wedge G)$.

Beweis. 8.23. und 1.13.

Übungen. 1. Es ist $dO = \overline{O}$ und $dP = \overline{O} \vee (\overline{P} \wedge cP)$ für jedes Atom P (also $dO = O$ und $dP = O$, wenn $\overline{O} = O$ und $\overline{P} = P$ ist). — 2. Für jede Somen-familie $(A_i)_{i \in I}$ ist $d \wedge A_i \leq \wedge dA_i \leq \vee dA_i \leq d \vee A_i$. — 3. In einem klassisch und T_1-topologischen BOOLE-Verband ist $dA_1 \wedge cdA_2 \leq d(A_1 \wedge cA_2)$.

Ein Soma B heiße *insichdicht*, wenn $B \leq dB$ gilt; ist außerdem B abgeschlossen, so heiße B *perfekt* (dann ist $B = dB$ nach **8.27.**; ist $\mathfrak{B}$ klassisch topologisch, so ist nach **8.30.** ein Soma B dann und nur dann perfekt, wenn $B = dB$ ist). Ein Soma C heiße *zerstreut*, wenn C kein insichdichtes Soma $B > O$ enthält.

In einem topologischen Raum ist eine Punktmenge B dann und nur dann insichdicht, wenn jeder Punkt von B ein Häufungspunkt von B ist (denn dB ist die Menge aller Häufungspunkte von B).

Beispiele. Im CARTESISCHEN $\mathfrak{E}^1$ ist die Menge aller rationalen und ebenso die Menge aller irrationalen Zahlen insichdicht; jedes abge-schlossene Intervall ist perfekt; die Menge aller ganzen Zahlen ist zer-streut.

8.36.* *Ist B insichdicht, so ist auch $\overline{B}$ insichdicht.*

Beweis. Aus $B \leq dB$ folgt $\overline{B} = B \vee dB = dB$ nach **8.30.** Aus $B \leq \overline{B}$ folgt $dB \leq d\overline{B}$ nach **8.28.** Also ist $\overline{B} \leq d\overline{B}$.

8.37.* *Die Vereinigung $B = \vee B_i$ einer Familie $(B_i)_{i \in I}$ insichdichter Somen B_i ist insichdicht.*

Beweis. Aus $B_i \leq B$ folgt $dB_i \leq dB$ für jedes $i \in I$ nach **8.28.**; wegen $B_i \leq dB_i$ ist also $B_i \leq dB$ für jedes $i \in I$ und daher $B \leq dB$.

8.38.* *Jedes Soma A ist darstellbar als Vereinigung $A = B \vee C$ eines insichdichten Somas B und eines zerstreuten Somas C mit $B \wedge C = O$.*

Beweis. Es sei B die Vereinigung aller insichdichten Teilsomen von A und $C = A \wedge cB$. Dann ist B insichdicht nach **8.37.**, C ist zerstreut und $B \wedge C = O$.

8.39. *Jedes abgeschlossene Soma A ist darstellbar als Vereinigung $A = B \vee C$ eines perfekten Somas B und eines zerstreuten Somas C mit $B \wedge C = O^*$. Ist $\mathfrak{B}$ klassisch topologisch, so ist diese Darstellung eindeutig.*

Beweis. B und C seien wie im Beweis von **8.38.** definiert. Da $B \leq A$ gilt, ist $dB \leq dA$ nach **8.28.**; da A abgeschlossen ist, gilt $dA \leq A$ nach **8.27.**; also ist $dB \leq A$. Da B insichdicht ist, gilt $B \leq dB$; also ist $dB \leq ddB$ nach **8.28.** Also ist dB ein insichdichtes Teilsoma von A und daher $dB \leq B$ nach der Definition von B. Aus $B \leq dB \leq B$ folgt $dB = B$, also $\overline{B} = B$ nach **8.30.** Also ist B perfekt. — Nun sei $\mathfrak{B}$ klassisch topologisch und $A = B_1 \vee C_1$, B_1 perfekt, C_1 zerstreut und $B_1 \wedge C_1 = O$. Dann ist $B_1 \leq B$ nach der Definition von B, also $B = B_1 \vee (B \wedge cB_1)$. Nach **8.32.** ist $B \wedge cB_1 \leq B \leq dB = dB_1 \vee d(B \wedge cB_1) = B_1 \vee d(B \wedge cB_1)$, also $B \wedge cB_1 \leq$

$d(B \wedge \iota B_1)$. Daher ist $B \wedge c B_1$ insichdicht. Anderseits ist $B \wedge c B_1 \leq C_1$ wegen $B_1 \vee C_1 = A$. Da C_1 zerstreut ist, muß also $B \wedge c B_1 = O$ sein und daher $B \leq B_1$. Da $B_1 \leq B$ ist, so folgt $B = B_1$ und weiter $C = C_1$.

§ 9. Topologie von Untervereinen.

Es sei $\mathfrak{B}$ ein topologischer Verein und $\mathfrak{U}$ ein Unterverein von $\mathfrak{B}$. Ist für jedes Soma A' aus $\mathfrak{U}$ auch die Hülle $\overline{A'}$ ein Soma aus $\mathfrak{U}$, so wird der Unterverein $\mathfrak{U}$ durch die Topologie von $\mathfrak{B}$ ebenfalls zu einem topologischen Verein, indem wir nämlich das Soma $\overline{A'}$ als Hülle in $\mathfrak{U}$ von A' betrachten. Für ein Soma A' aus $\mathfrak{U}$ ist es also gleichgültig, ob wir es als Soma von $\mathfrak{B}$ oder als Soma von $\mathfrak{U}$ ansehen; in beiden Fällen ist die Hülle von A' dieselbe, nämlich $\overline{A'}$. Wir nennen dann $\mathfrak{U}$ einen *invariant topologischen* Unterverein von $\mathfrak{B}$.

Ist hingegen für mindestens ein Soma A' aus $\mathfrak{U}$ die Hülle $\overline{A'}$ in $\mathfrak{B}$ kein Soma aus $\mathfrak{U}$, so müssen wir, um $\mathfrak{U}$ zu einem topologischen Verein zu machen, ein Soma aus $\mathfrak{U}$ als Hülle von A' in $\mathfrak{U}$ definieren. Wir lösen dieses Problem nur in folgendem für uns wichtigen Fall.

Es sei $\mathfrak{B}$ ein topologischer, distributiver Verband und D ein festes Soma aus $\mathfrak{B}$. Es sei $\mathfrak{B}_D$ der distributive Unterverband von $\mathfrak{B}$, bestehend aus allen Somen $\leq D$.

Für jedes Soma A aus $\mathfrak{B}_D$ bezeichnen wir das Soma $\overline{A}_D = \overline{A} \wedge D$ als die Hülle in $\mathfrak{B}_D$ (oder in D) von A. Man bestätigt sofort, daß hierdurch in $\mathfrak{B}_D$ eine Topologie definiert ist — wir nennen sie durch die Topologie von $\mathfrak{B}$ *induziert* — und daß diese Topologie klassisch ist, wenn die Topologie von $\mathfrak{B}$ klassisch ist.

Ein Soma $A \in \mathfrak{B}_D$ heiße *abgeschlossen in $\mathfrak{B}_D$* (oder in D), wenn $\overline{A}_D = A$ ist.

9.1. *Ein Soma $A \in \mathfrak{B}_D$ ist dann und nur dann abgeschlossen in D, wenn in $\mathfrak{B}$ ein abgeschlossenes Soma F mit $A = F \wedge D$ existiert.*

Beweis. Existiert solch ein Soma F, so ist $\overline{A}_D = \overline{A} \wedge D = \overline{F \wedge D} \wedge D \leq \overline{F} \wedge D = F \wedge D = A$, also A in D abgeschlossen. Ist umgekehrt A in D abgeschlossen, so ist $A = \overline{A} \wedge D$, also $A = F \wedge D$ mit $F = \overline{A}$.

9.2. *Ist $D = A \vee B$ mit $A \wedge B = O$ (also das Nullsoma O in $\mathfrak{B}$ vorhanden), so ist A dann und nur dann abgeschlossen in D, wenn $\overline{A} \wedge B = O$ ist.*

Beweis. Es sei $\overline{A} \wedge B = O$; dann ist $\overline{A}_D = \overline{A} \wedge D = \overline{A} \wedge (A \vee B) = (\overline{A} \wedge A) \vee (\overline{A} \wedge B) = A \vee O = A$. Ist umgekehrt A in D abgeschlossen, so ist $A = \overline{A} \wedge D = \overline{A} \wedge (A \vee B) = A \vee (\overline{A} \wedge B)$, also $\overline{A} \wedge B \leq A \wedge B$, wegen $A \wedge B = O$ also $\overline{A} \wedge B = O$.

9.3. *Ist A abgeschlossen in D und D abgeschlossen (in $\mathfrak{B}$), so ist A abgeschlossen (in $\mathfrak{B}$).*

Beweis. $A = \overline{A} \wedge D$ und **7.2.**

9.4. *Ist $\mathfrak{F}$ eine abgeschlossene Basis in $\mathfrak{V}$, so ist das System der Somen $F \wedge D$ mit $F \in \mathfrak{F}$ eine abgeschlossene Basis in $\mathfrak{V}_D$.*

Beweis. Es sei A ein in D abgeschlossenes Soma $\in \mathfrak{V}_D$, also $A = \overline{A} \wedge D$. Da $\overline{A}$ abgeschlossen ist, existiert in $\mathfrak{F}$ eine Familie $(F_i)_{i \in I}$ mit $\overline{A} = \wedge F_i$. Dann ist $A = \wedge (F_i \wedge D)$. Die Somen $F \wedge D$ sind abgeschlossen in D nach **9.1.**

Nun sei $\mathfrak{V}$ speziell ein topologischer BOOLE-Verband. Dann ist auch $\mathfrak{V}_D$ ein topologischer BOOLE-Verband (mit dem Einssoma D). Ist ein Soma $B \in \mathfrak{V}_D$ offen bezüglich der Topologie von $\mathfrak{V}_D$, so nennen wir B *offen in* $\mathfrak{V}_D$ (oder in D).

9.5. *Ein Soma $B \in \mathfrak{V}_D$ ist dann und nur dann offen in D, wenn in $\mathfrak{V}$ ein offenes Soma G mit $B = G \wedge D$ existiert.*

Beweis. Wir setzen $cB \wedge D = A$. Nach **7.5.** ist B dann und nur dann offen in D, wenn A abgeschlossen ist in D, nach **9.1.** also dann und nur dann, wenn in $\mathfrak{V}$ ein abgeschlossenes Soma F mit $A = F \wedge D$ existiert. Die Gleichung $A = F \wedge D$ ist aber gleichwertig mit der Gleichung $B = cF \wedge D$. Nach **7.5.** ist F dann und nur dann abgeschlossen, wenn $G = cF$ offen ist.

9.6. *Ist B offen in D und D offen, so ist B offen.*

Beweis. Aus $B \wedge (cB \wedge D) = O$ folgt $B \wedge (\overline{cB} \wedge D) = O$, also $B \wedge \overline{cB} = O$.

9.7. *Ist $\mathfrak{G}$ eine offene Basis in $\mathfrak{V}$, so ist das System der Somen $G \wedge D$ mit $G \in \mathfrak{G}$ eine offene Basis in $\mathfrak{V}_D$.*

Beweis. Es sei $B \in \mathfrak{V}_D$ offen in D. Nach **9.5.** existiert in $\mathfrak{V}$ ein offenes Soma G mit $B = G \wedge D$. In $\mathfrak{G}$ existiert eine Familie $(G_i)_{i \in I}$ mit $G = \vee G_i$. Nach (1.8) ist dann $B = \vee (G_i \wedge D)$. Die Somen $G_i \wedge D$ sind offen in D nach **9.5.**

Ist $\mathfrak{V}$ speziell ein topologischer Raum $\mathfrak{E}$ und D eine Menge aus $\mathfrak{E}$, so wird der Mengenverband $\mathfrak{E}_D$ aller Teilmengen von D durch die induzierte Topologie $(\overline{A}_D = \overline{A} \cap D)$ zu einem topologischen Raum. Wir nennen ihn einen *Unterraum* von $\mathfrak{E}$. Ist hierbei $\mathfrak{E}$ ein quasi-metrischer (metrischer) Raum, so behalten wir in $\mathfrak{E}_D$ die Quasi-Metrik (Metrik) von $\mathfrak{E}$ bei [d.h. für je zwei Punkte p und q aus D sei $\delta(p, q)$ der Abstand auch dann, wenn wir p und q als Punkte von $\mathfrak{E}_D$ betrachten]. Dann ist $\mathfrak{E}_D$ ebenfalls quasi-metrisch (metrisch); die durch die Topologie von $\mathfrak{E}$ in $\mathfrak{E}_D$ induzierte Topologie ist identisch mit der durch die Quasi-Metrik (Metrik) von $\mathfrak{E}_D$ induzierten Topologie.

§ 10. Stetige Homomorphismen. Homöomorphien.

Es sei Φ ein Homomorphismus eines topologischen Vereins $\mathfrak{V}$ in einen topologischen Verein $\mathfrak{V}'$.

Wir nennen Φ *stetig*, wenn folgendes gilt: Sind A und B Somen aus $\mathfrak{V}$ derart, daß das Soma A dem Soma B adhärent ist[1], so ist das Soma ΦA dem Soma ΦB adhärent.

---

[1] Das heißt $A \leq \overline{B}$.

10.1. *Φ ist dann und nur dann stetig, wenn folgendes gilt: Ist A ein Soma aus $\mathfrak{V}$ und $\mathfrak{R}$ ein Raster aus $\mathfrak{V}$ derart, daß das Soma A dem Raster $\mathfrak{R}$ adhärent ist, so ist das Soma ΦA dem Raster $\Phi\mathfrak{R}$ adhärent.*

Beweis. Diese Bedingung sei erfüllt. Ist nun ein Soma A aus $\mathfrak{V}$ einem Soma B aus $\mathfrak{V}$ adhärent, so ist A auch dem nur aus dem Soma B bestehenden Raster $\mathfrak{R}$ adhärent. Nach der Bedingung ist dann ΦA dem nur aus dem Soma ΦB bestehenden Raster $\Phi\mathfrak{R}$ adhärent, d.h. es ist $\Phi A \leq \overline{\Phi B}$, also das Soma ΦA dem Soma ΦB adhärent. — Umgekehrt sei Φ stetig. Es sei A ein Soma aus $\mathfrak{V}$ und $\mathfrak{R}$ ein Raster aus $\mathfrak{V}$; A sei dem Raster $\mathfrak{R}$ adhärent. Dann gilt $A \leq \overline{B}$ für jedes $B \in \mathfrak{R}$. Wegen der Stetigkeit ist dann $\Phi A \leq \overline{\Phi B}$ für jedes $B \in \mathfrak{R}$. Also ist ΦA dem Raster $\Phi\mathfrak{R}$ adhärent.

10.2. *Φ ist dann und nur dann stetig, wenn für jedes Soma A aus $\mathfrak{V}$ gilt*

$$\Phi\overline{A} \leq \overline{\Phi A}\,.$$

Beweis. Diese Bedingung sei erfüllt. Ist nun ein Soma A aus $\mathfrak{V}$ einem Soma B aus $\mathfrak{V}$ adhärent, so gilt $A \leq \overline{B}$, also $\Phi A \leq \overline{\Phi B}$ und daher $\Phi A \leq \overline{\Phi B}$. Also ist das Soma ΦA dem Soma ΦB adhärent, also Φ stetig. — Umgekehrt sei Φ stetig. Ist A ein beliebiges Soma aus $\mathfrak{V}$, so ist das Soma $\overline{A}$ dem Soma A adhärent. Also ist $\Phi\overline{A} \leq \overline{\Phi A}$.

10.3. *Ist Φ umkehrbar, so ist Φ dann und nur dann stetig, wenn für jedes abgeschlossene Soma F' aus $\mathfrak{V}'$ das Urbild $\Phi^{-1}F' = F$ abgeschlossen ist.*

Beweis. Diese Bedingung sei erfüllt. Es seien A und B zwei Somen aus $\mathfrak{V}$ mit $A \leq \overline{B}$. Das Soma $F' = \overline{\Phi B}$ ist abgeschlossen. Also ist auch $F = \Phi^{-1}F'$ abgeschlossen. Wegen $\Phi B \leq F'$ ist $B \leq F$. Folglich ist $\overline{B} \leq \overline{F} = F$ und daher $A \leq F$ wegen $A \leq \overline{B}$. Also ist $\Phi A \leq \Phi F \leq F' = \overline{\Phi B}$ nach (3.4) und daher Φ stetig. — Umgekehrt sei Φ stetig. F' sei ein abgeschlossenes Soma aus $\mathfrak{V}'$ und $\Phi^{-1}F' = F$. Da $\overline{F}$ adhärent F ist, ist $\Phi\overline{F}$ adhärent ΦF, also $\Phi\overline{F} \leq \overline{\Phi F}$. Nun ist $\Phi F \leq F'$ nach (3.4) und $\overline{F'} = F'$. Daher ist $\Phi\overline{F} \leq F'$, nach der Definition von Φ^{-1} also $\overline{F} \leq \Phi^{-1}F' = F$, und daher F abgeschlossen.

Ein umkehrbarer, stetiger Homomorphismus Φ eines topologischen Vereins $\mathfrak{V}$ auf einen topologischen Verein $\mathfrak{V}'$, bei welchem umgekehrt auch für jedes abgeschlossene Soma F aus $\mathfrak{V}$ das Bild $F' = \Phi F$ abgeschlossen ist, heiße *abgeschlossen*.

Eine zu **10.3.** analoge Kennzeichnung der Stetigkeit mittels der offenen Somen liefert der folgende Satz.

10.4. *Sind $\mathfrak{V}$ und $\mathfrak{V}'$ topologische Boole-Verbände und ist Φ ein Vollhomomorphismus von $\mathfrak{V}$ in $\mathfrak{V}'$, so ist Φ dann und nur dann stetig, wenn für jedes offene Soma G' von $\mathfrak{V}'$ das Urbild $\Phi^{-1}G' = G$ offen ist.*

Beweis. Es seien F' und G' zwei Somen aus $\mathfrak{V}'$, die Komplemente voneinander sind. Ihre Urbilder $\Phi^{-1}F' = F$ und $\Phi^{-1}G' = G$ sind dann nach **3.4.** ebenfalls Komplemente voneinander. Nach **7.5.** ist also G dann und nur dann offen, wenn F abgeschlossen ist. Die Behauptung von **10.4.** folgt also aus **10.3.**

Ein stetiger Vollhomomorphismus Φ eines topologischen BOOLE-Verbandes $\mathfrak{B}$ auf einen topologischen BOOLE-Verband $\mathfrak{B}'$, bei welchem umgekehrt auch für jedes offene Soma G aus $\mathfrak{B}$ das Bild $G' = \Phi G$ offen ist, heiße *offen* oder ein innerer Homomorphismus.

10.5. *Sind $\mathfrak{B}$ und $\mathfrak{B}'$ topologische BOOLE-Verbände und ist Φ ein Vollhomomorphismus von $\mathfrak{B}$ in $\mathfrak{B}'$, so ist Φ dann und nur dann stetig, wenn folgende Bedingung erfüllt ist: Für jedes Soma A aus $\mathfrak{B}$ und jede Umgebung U' von ΦA in $\mathfrak{B}'$ existiert eine Umgebung U von A in $\mathfrak{B}$ mit $\Phi U \leq U'$.*

Beweis. Die Bedingung sei erfüllt. Es sei U' ein offenes Soma aus $\mathfrak{B}'$. Wir setzen $\Phi^{-1}U' = A$. Da $\Phi A \leq U'$ ist nach (3.4), ist U' eine Umgebung von $A' = \Phi A$. Nach der Bedingung existiert in $\mathfrak{B}$ eine Umgebung U von A mit $\Phi U \leq U'$. Dann ist $U \leq \Phi^{-1}U' = A$. Mithin ist $A = U$ und daher A offen. Nach **10.4.** ist demnach Φ stetig. — Umgekehrt sei Φ stetig, A ein Soma aus $\mathfrak{B}$ und U' eine Umgebung von $\Phi A = A'$ in $\mathfrak{B}'$. Nach **10.4.** ist $U = \Phi^{-1}U'$ offen. Aus $A' \leq U'$ folgt $A \leq U$ nach der Definition von Φ^{-1}. Außerdem ist $\Phi U \leq U'$ nach (3.4).

Der folgende Satz ist eine Verschärfung eines Teiles von **10.1.**

10.6. *Es sei Φ ein stetiger, umkehrbarer Homomorphismus eines topologischen Vereins $\mathfrak{B}$ in einen topologischen Verein $\mathfrak{B}'$. Ist dann in $\mathfrak{B}$ ein Soma A einer gefilterten Somenfamilie $(A_i)_{i \in I}$ adhärent (stark adhärent), so ist in $\mathfrak{B}'$ das Soma ΦA der Somenfamilie $(\Phi A_i)_{i \in I}$ adhärent (stark adhärent).*

Beweis. Es sei B' ein Soma aus $\mathfrak{B}'$ mit $\Phi A_i \leq B'$ für schließlich alle (konfinal viele) $i \in I$. Für diese $i \in I$ ist dann $A_i \leq \Phi^{-1}B'$. Also ist $A \leq \overline{\Phi^{-1}B'}$, wegen der Stetigkeit von Φ also $\Phi A \leq \Phi\,\overline{\Phi^{-1}B'} \leq \overline{\Phi\,\Phi^{-1}B'}$, also $\Phi A \leq \overline{B'}$, da $\Phi\,\Phi^{-1}B' \leq B'$ ist nach (3.4).

Eine wichtige Klasse stetiger Homomorphismen bilden die Homöomorphien. Ein Isomorphismus Φ eines topologischen Vereins $\mathfrak{B}$ auf einen topologischen Verein $\mathfrak{B}'$ heißt eine *Homöomorphie*, wenn sowohl Φ als auch die Umkehrung Φ^{-1} stetig ist. Existiert eine Homöomorphie von $\mathfrak{B}$ auf $\mathfrak{B}'$, so heißen $\mathfrak{B}$ und $\mathfrak{B}'$ *homöomorph*.

Die Umkehrung einer Homöomorphie ist ebenfalls eine Homöomorphie.

10.7. *Ein Isomorphismus Φ eines topologischen Vereins $\mathfrak{B}$ auf einen topologischen Verein $\mathfrak{B}'$ ist dann und nur dann eine Homöomorphie, wenn für jedes Soma A aus $\mathfrak{B}$ gilt $\Phi \overline{A} = \overline{\Phi A}$.*

Beweis. Φ sei ein Isomorphismus von $\mathfrak{B}$ auf $\mathfrak{B}'$ mit $\Phi\overline{A} = \overline{\Phi A}$ für jedes $A \in \mathfrak{B}$. Dann ist Φ stetig nach **10.2.** Für $A' = \Phi A$ ist $\Phi^{-1}\overline{A'} = \Phi^{-1}\overline{\Phi A} = \Phi^{-1}\Phi\overline{A} = \overline{A} = \overline{\Phi^{-1}A'}$; nach **10.2.** ist also auch Φ^{-1} stetig. Daher ist Φ eine Homöomorphie. — Umgekehrt sei Φ eine Homöomorphie. Dann ist $\Phi\overline{A} \leqq \overline{\Phi A}$ nach **10.2.** Ebenso ist $\Phi^{-1}\overline{\Phi A} \leqq \overline{\Phi^{-1}\Phi A} = \overline{A}$ nach **10.2.** mit Φ^{-1} statt Φ, folglich $\overline{\Phi A} \leqq \Phi\overline{A}$. Also ist $\Phi\overline{A} = \overline{\Phi A}$.

Korollar. *Es sei Φ ein Isomorphismus des topologischen Vereins $\mathfrak{B}$ auf den topologischen Verein $\mathfrak{B}'$. Ist für mindestens eine abgeschlossene Basis $\mathfrak{B}$ von $\mathfrak{B}$ das Bild $\Phi\mathfrak{B}$ eine abgeschlossene Basis von $\mathfrak{B}'$, so ist Φ eine Homöomorphie.*

Beweis. Für jedes Soma A aus $\mathfrak{B}$ ist

$$\Phi\overline{A} = \Phi \bigwedge_{A \leqq B} B = \bigwedge_{A \leqq B} \Phi B = \bigwedge_{\Phi A \leqq \Phi B} \Phi B = \overline{\Phi A}\,,$$

wobei mit B die Somen aus $\mathfrak{B}$ bezeichnet sind.

Auf S. 15 haben wir die Invarianz vereins- und verbandstheoretischer Begriffe, Eigenschaften und Operationen gegenüber einem Isomorphismus festgestellt. Sie sind insbesondere auch gegenüber einer Homöomorphie invariant, da eine Homöomorphie ein Isomorphismus ist. Nach **10.7.** ist auch die Topologie eines Vereins invariant gegenüber einer Homöomorphie, d.h. das Bild der Hülle eines Somas ist stets die Hülle des Bildes des Somas. Hieraus ergibt sich, daß alle Begriffe, Eigenschaften und Operationen, die definiert sind mittels vereins- oder verbandstheoretischer Begriffe, Eigenschaften und Operationen und außerdem der Hüllenbildung, invariant sind gegenüber einer Homöomorphie. Man sagt daher, sie seien *topologisch invariant*. Dies gilt z.B. für die Begriffe des adhärenten Somas, des stark adhärenten Somas, des limes superior, des limes inferior und der Konvergenz.

Speziell seien nun $\mathfrak{B}$ und $\mathfrak{B}'$ zwei topologische Räume $\mathfrak{E}$ und $\mathfrak{E}'$; ihre Träger seien E und E'. Der Homomorphismus Φ sei eine Abbildung φ von $\mathfrak{E}$ in $\mathfrak{E}'$ (S. 15). Ist nun diese Abbildung φ von $\mathfrak{E}$ in $\mathfrak{E}'$ stetig, so sprechen wir von einer *stetigen Abbildung* φ von $\mathfrak{E}$ in $\mathfrak{E}'$; ebenso nennen wir die zugehörige Abbildung φ von E in E' eine stetige Abbildung von E in E' (mit der Abbildung φ von $\mathfrak{E}$ in $\mathfrak{E}'$ ist also auch die Abbildung φ von E in E' stetig und umgekehrt); weiter nennen wir dann $\mathfrak{E}'$ ein stetiges Bild von $\mathfrak{E}$ und ebenso E' ein stetiges Bild von E. Ist die Abbildung φ von $\mathfrak{E}$ in $\mathfrak{E}'$ eine Homöomorphie von $\mathfrak{E}$ auf $\mathfrak{E}'$, so nennen wir sie auch eine *topologische Abbildung* φ von $\mathfrak{E}$ auf $\mathfrak{E}'$ und ebenso die Abbildung φ von E in E' eine topologische Abbildung von E auf E' (mit der einen ist auch die andere topologisch).

10.8. *Eine Abbildung φ eines topologischen Raumes $\mathfrak{E}$ in einen topologischen Raum $\mathfrak{E}'$ ist dann und nur dann stetig, wenn folgende Bedingung* *erfüllt ist: Für jeden Punkt p aus $\mathfrak{E}$ und jede Umgebung U' von φp in $\mathfrak{E}'$ existiert eine Umgebung U von p in $\mathfrak{E}$ mit $\varphi U \subseteq U'$.*

Beweis. Diese Bedingung sei erfüllt. Es sei A eine Punktmenge aus $\mathfrak{E}$ und V' eine Umgebung von φA in $\mathfrak{E}'$. Für jeden Punkt p aus A existiert dann eine Umgebung V_p in $\mathfrak{E}$ mit $\varphi V_p \subseteq V'$. Es sei V die Vereinigung in $\mathfrak{E}$ der Umgebungen V_p aller $p \in A$. Dann ist V eine Umgebung von A mit $\varphi V \subseteq V'$. Also ist φ stetig nach **10.5**. Ist umgekehrt φ stetig, so ergibt **10.5** für eine einpunktige Menge $A = (p)$ die Bedingung von **10.8**.

Nennt man eine Abbildung φ von $\mathfrak{E}$ in $\mathfrak{E}'$ *stetig im Punkt p* aus $\mathfrak{E}$, wenn zu jeder Umgebung U' von φp in $\mathfrak{E}'$ eine Umgebung U in $\mathfrak{E}$ von p mit $\varphi U \subseteq U'$ existiert, so kann man die Behauptung von **10.8**. auch folgendermaßen formulieren:

10.8a. *φ ist dann und nur dann stetig, wenn φ in jedem Punkt p von $\mathfrak{E}$ stetig ist.*

Nun sei $\mathfrak{E}$ ein topologischer Raum, D eine Punktmenge aus $\mathfrak{E}$ und $\mathfrak{D}$ der Unterraum von $\mathfrak{E}$ mit dem Träger D. Jedem Punkt x aus D sei eindeutig eine reelle Zahl φx zugeordnet. Diese *reelle Funktion* $\varphi \mid D$ mit dem Definitionsbereich D heiße *stetig*, wenn sie stetig ist, aufgefaßt als Abbildung von $\mathfrak{D}$ in die CARTESISCHE Zahlengerade $\mathfrak{E}^1$.

10.9. *Ist $\mathfrak{E}$ ein topologischer Raum, D eine Punktmenge aus $\mathfrak{E}$ und $\varphi \mid D$ eine reelle Funktion mit dem Definitionsbereich D, so ist $\varphi \mid D$ dann und nur dann stetig, wenn für jeden Punkt x_0 aus D und jedes $\varepsilon > 0$ eine Umgebung U in $\mathfrak{E}$ von x_0 derart existiert, daß $|\varphi x - \varphi x_0| < \varepsilon$ ist für jeden Punkt x aus $U \cap D$.*

Beweis. Man schließt wie Beweis von **10.8**. und beachtet **9.5**. und die Tatsache, daß jede offene Menge des $\mathfrak{E}^1$ eine Vereinigung offener Intervalle ist.

Nennt man $\varphi \mid D$ stetig im Punkt $x_0 \in D$, wenn zu jedem $\varepsilon > 0$ eine Umgebung U in $\mathfrak{E}$ von x_0 mit $|\varphi x - \varphi x_0| < \varepsilon$ für jedes $x \in U \cap D$ existiert, so kann man die Behauptung von **10.9** auch folgendermaßen formulieren:

10.9a. *$\varphi \mid D$ ist dann und nur dann stetig, wenn $\varphi \mid D$ in jedem Punkt $x_0 \in D$ stetig ist.*

Beispiele. 1. Es sei $\mathfrak{B}$ ein topologischer Verein und $\mathfrak{B}'$ der Unterverein von $\mathfrak{B}$, der aus allen abgeschlossenen Somen von $\mathfrak{B}$ besteht. Für jedes Soma $A \in \mathfrak{B}$ sei $\Phi A = \overline{A}$. Dann ist Φ ein stetiger, umkehrbarer Homomorphismus von $\mathfrak{B}$ auf $\mathfrak{B}'$. — 2. Ein stetiger Homomorphismus Φ braucht weder abgeschlossen, noch offen zu sein. Es sei nämlich E die Menge aller reellen Zahlen x mit $-2 < x \leq -1$ oder $x \geq 0$ und $\mathfrak{E}$ der metrische Raum mit dem Träger E und der Metrik $\delta(x_1, x_2) = |x_1 - x_2|$. Weiter sei E' die Menge aller reellen Zahlen $x' \geq 0$ und $\mathfrak{E}'$

der metrische Raum mit dem Träger E' und der Metrik $\delta(x_1', x_2') =$ $|x_1' - x_2'|$. Schließlich sei die stetige Abbildung φ von $\mathfrak{E}$ auf $\mathfrak{E}'$ folgendermaßen definiert: $\varphi x = |x|$. Ist nun A die Menge aller x aus $\mathfrak{E}$ mit $-2 < x \leq -1$, so ist A in $\mathfrak{E}$ abgeschlossen und offen; hingegen ist φA in $\mathfrak{E}'$ weder abgeschlossen noch offen.

Übungen. 1. Sind $\mathfrak{E}$ und $\mathfrak{E}'$ speziell HAUSDORFFsche Räume und genügt $\mathfrak{E}$ dem 1. Abzählbarkeitsaxiom (E) (S. 49), so ist für die Stetigkeit in p einer Abbildung φ von $\mathfrak{E}$ in $\mathfrak{E}'$ folgendes notwendig und hinreichend: Konvergiert in $\mathfrak{E}$ eine Punktfolge $(p_1, p_2, \ldots)$ gegen p, so konvergiert in $\mathfrak{E}'$ die Punktfolge $(\varphi p_1, \varphi p_2, \ldots)$ gegen φp. Diese Kennzeichnung der Stetigkeit umfaßt die Definition der Stetigkeit einer Funktion φ in der Analysis durch die Eigenschaft, daß aus $x = \lim x_i$ folgt $\varphi x = \lim \varphi x_i$. — 2. Es sei φ eine Abbildung eines quasi-metrischen Raumes $\mathfrak{E}$ in einen quasi-metrischen Raum $\mathfrak{E}'$ und p ein Punkt aus $\mathfrak{E}$. Die Abbildung φ ist dann und nur dann stetig in p, wenn zu jedem $\varepsilon > 0$ ein $\varepsilon' > 0$ derart existiert, daß für jeden Punkt q aus $\mathfrak{E}$ mit $\delta(p, q) < \varepsilon$ gilt $\delta(\varphi p, \varphi q) < \varepsilon'$.

Wir behandeln jetzt folgende Frage. Es seien $\mathfrak{B}$ und $\mathfrak{B}'$ zwei Vereine und Φ ein umkehrbarer Homomorphismus von $\mathfrak{B}$ in $\mathfrak{B}'$. Ist nun einer der beiden Vereine $\mathfrak{B}$ und $\mathfrak{B}'$ topologisch, wie kann man dann den anderen derart topologisieren, daß Φ stetig ist?

1. Zunächst sei $\mathfrak{B}'$ topologisch. Für jedes Soma A aus $\mathfrak{B}$ definieren wir als Hülle das Soma $\overline{A} = \Phi^{-1}\overline{\Phi A}$. Daß hierdurch in $\mathfrak{B}$ eine Topologie definiert ist, folgt aus (3.1), (3.4) und (3.8). Ist $A \leq B$, d.h. $A \leq \Phi^{-1}\overline{\Phi B}$, so folgt $\Phi A \leq \Phi \Phi^{-1}\overline{\Phi B} \leq \overline{\Phi B}$ nach (3.1) und (3.4). Also ist Φ stetig. — Weiter gilt folgendes.

a) Die in $\mathfrak{B}$ definierte Topologie ist die *gröbste Topologie von $\mathfrak{B}$ derart, daß Φ stetig ist.* Denn es sei $\sim$ eine Topologie von $\mathfrak{B}$ derart, daß Φ stetig ist. Bezüglich dieser Topologie ist $\widetilde{A}$ adhärent A; also ist $\Phi \widetilde{A} \leq \overline{\Phi A}$, da Φ stetig ist bezüglich $\sim$; hieraus folgt $\Phi^{-1} \Phi \widetilde{A} \leq$ $\Phi^{-1} \overline{\Phi A} = \overline{A}$ nach (3.8), also $\widetilde{A} \leq \overline{A}$, da $\widetilde{A} \leq \Phi^{-1} \Phi \widetilde{A}$ ist nach (3.3).

b) Sind $\mathfrak{B}$ und $\mathfrak{B}'$ v-Vereine und ist Φ ein Vollhomomorphismus, so ist mit $\mathfrak{B}'$ auch $\mathfrak{B}$ klassisch topologisch. Es seien nämlich A_1 und A_2 zwei Somen aus $\mathfrak{B}$; dann ist $\overline{A_1 \vee A_2} = \Phi^{-1} \overline{\Phi(A_1 \vee A_2)} =$ $\Phi^{-1} \overline{\Phi A_1 \vee \Phi A_2} = \Phi^{-1}(\overline{\Phi A_1} \vee \overline{\Phi A_2}) = \Phi^{-1}\overline{\Phi A_1} \vee \Phi^{-1}\overline{\Phi A_2} = \overline{A_1} \vee \overline{A_2}$ nach **3.2.** und (3.14). Wegen (3.6), (3.15) und $\overline{O'} = O'$ ist $\overline{O} = O$.

2. Nun sei $\mathfrak{B}$ topologisch und $\mathfrak{B}'$ ein Vollverband. Für jedes Soma A' aus $\mathfrak{B}'$ definieren wir als Hülle $\overline{A}'$ den Durchschnitt aller Somen F' aus $\mathfrak{B}'$, für welche $A' \leq F'$ gilt und $\Phi^{-1}F' = F$ abgeschlossen ist. Daß hierdurch in $\mathfrak{B}'$ eine Topologie definiert ist, ist trivial. Weiter ist Φ jetzt stetig; denn ist $A \leq B$, so ist zunächst $\Phi A \leq \Phi B$; nun ist $\overline{\Phi B}$

der Durchschnitt aller $F' \in \mathfrak{B}'$ mit $\Phi B \leq F'$, für welche $\Phi^{-1}F' = F$ abge-schlossen ist; aus $\Phi B \leq F'$ folgt $B \leq F$ nach (3.3), also $\overline{B} \leq \overline{F} = F$, also $\Phi \overline{B} \leq \Phi F \leq F'$ nach (3.4); folglich ist $\Phi \overline{B} \leq \overline{\Phi B}$ und daher $\Phi A \leq \overline{\Phi B}$; also ist Φ stetig. — Weiter gilt folgendes.

a) Die in $\mathfrak{B}'$ definierte Topologie ist die *feinste Topologie von* $\mathfrak{B}'$ *derart, daß* Φ *stetig ist.* Denn es sei $\sim$ eine Topologie von $\mathfrak{B}'$ derart, daß Φ stetig ist. Ist nun A' ein beliebiges Soma aus $\mathfrak{B}'$, so ist $\tilde{A}' = F'$ abgeschlossen bezüglich der Topologie $\sim$, also $\Phi^{-1}F'$ abgeschlossen in $\mathfrak{B}$ nach **10.3.**, also $\overline{A'} \leq F' = \tilde{A}'$.

b) Ist $\mathfrak{B}$ klassisch topologisch und Φ ein Vollhomomorphismus, so ist auch $\mathfrak{B}'$ klassisch topologisch. Es seien nämlich A_1' und A_2' zwei Somen aus $\mathfrak{B}'$; dann sind $\overline{A_1'}$ und $\overline{A_2'}$ abgeschlossen; also sind $\Phi^{-1}\overline{A_1'}$ und $\Phi^{-1}\overline{A_2'}$ abgeschlossen nach **10.3.**; folglich ist auch $\Phi^{-1}\overline{A_1'} \vee \Phi^{-1}\overline{A_2'}$ abgeschlossen nach **7.4.**; nun ist $\Phi^{-1}\overline{A_1'} \vee \Phi^{-1}\overline{A_2'} = \Phi^{-1}(\overline{A_1'} \vee \overline{A_2'})$ nach (3.14); also ist $\Phi^{-1}(\overline{A_1'} \vee \overline{A_2'})$ abgeschlossen; wegen $A_1' \vee A_2' \leq \overline{A_1'} \vee \overline{A_2'}$ gilt also $\overline{A_1' \vee A_2'} \leq \overline{A_1'} \vee \overline{A_2'}$. Wegen (3.15) und $\overline{O} = O$ ist $\overline{O'} = O'$.

c) Ist $\Phi \mathfrak{B} = \mathfrak{B}'$ und $\Phi^{-1}\Phi F$ abgeschlossen für jedes abgeschlossene Soma F aus $\mathfrak{B}$, so ist Φ abgeschlossen und $\overline{A'} = \Phi \overline{\Phi^{-1}A'}$ für jedes Soma A' aus $\mathfrak{B}'$. Die erste Behauptung ist trivial. Aus ihr folgt $\overline{A'} \leq \Phi \overline{\Phi^{-1}A'}$, da $A' = \Phi \Phi^{-1}A'$ ist nach (3.5), also $A' \leq \Phi \overline{\Phi^{-1}A'}$ gilt; umgekehrt ist Φ stetig, also $\Phi \overline{A} \leq \overline{\Phi A}$ nach **10.2.**, für $A = \Phi^{-1}A'$ also $\Phi \overline{\Phi^{-1}A'} \leq \overline{A'}$.

Beispiel. Es sei $\mathfrak{B}$ ein BOOLE-Vollverband und Z eine Zerlegung des Einssomas E. Der Zerlegungsverband $\mathfrak{U} = \mathfrak{B}/\mathsf{Z}$ ist ein atomarer, ($\vee$- und $\wedge$-invarianter) BOOLEscher Unterverband von $\mathfrak{B}$ (S. 14, Bei-spiel 2). Für jedes Soma A aus $\mathfrak{B}$ sei $\mathsf{T}A$ die Vereinigung aller zu A nicht teilerfremden Somen Z^j der Zerlegung; dann ist T ein Vollhomo-morphismus von $\mathfrak{B}$ auf $\mathfrak{U}$ mit $A \leq \mathsf{T}A$, $\mathsf{T}\mathsf{T}A = \mathsf{T}A$ für jedes $A \in \mathfrak{B}$ und $\mathsf{T}^{-1}B = B$ für jedes $B \in \mathfrak{U}$. Nach **5.3.** existiert ein Isomorphismus Ψ von $\mathfrak{U}$ auf den Mengenverband $\mathfrak{E}$ aller Teilmengen A' einer Menge E'. Wir setzen $\Psi \mathsf{T} = \Phi$. Dann ist Φ ein Vollhomomorphismus von $\mathfrak{B}$ auf $\mathfrak{E}'$ derart, daß die Zerlegungssomen Z^j die Urbilder $\Phi^{-1}P'$ der ein-elementigen Mengen P' aus $\mathfrak{E}'$ sind. Nun sei $\mathfrak{B}$ topologisch. Dann topologisieren wir $\mathfrak{E}'$ durch die feinste Topologie von $\mathfrak{E}'$, für welche Φ stetig ist. Hierdurch wird $\mathfrak{E}'$ zu einem topologischen Raum, den wir den (zur Zerlegung Z gehörigen) *Zerlegungsraum* nennen. (Er ist bis auf Homöomorphien eindeutig bestimmt.) Ist $\mathfrak{B}$ klassisch topologisch, so auch $\mathfrak{E}'$. Ist die Zerlegung Z *halbstetig*, d.h. ist für jedes abgeschlossene Soma F aus $\mathfrak{B}$ auch $\mathsf{T}F = \mathsf{T}^{-1}\mathsf{T}F = \mathsf{T}^{-1}\Psi^{-1}\Psi \mathsf{T}F = (\Psi \mathsf{T})^{-1}\Psi \mathsf{T}F = \Phi^{-1}\Phi F$ abgeschlossen, so ist Φ abgeschlossen und es ist $\overline{A'} = \Phi \overline{\Phi^{-1}A'}$ für jede Menge A' aus $\mathfrak{E}'$. Ist außerdem $\mathsf{T}G = \Phi^{-1}\Phi G$ offen für jedes offene Soma G aus $\mathfrak{B}$, so ist Φ auch offen (da $\Phi c\, \mathsf{T}G$ abgeschlossen und das Komplement von $\Phi G = \Phi \mathsf{T} G$ ist) und die Zerlegung Z heißt dann *stetig*. — Ist umgekehrt Φ ein abgeschlossener stetiger Vollhomomorphismus des topologischen BOOLE-Vollverbandes $\mathfrak{B}$ auf einen topologischen Raum $\mathfrak{E}'$, so bilden die Urbilder $\Phi^{-1} P'$ der einpunktigen Mengen P' aus $\mathfrak{E}'$ eine halbstetige Zerlegung Z von $\mathfrak{B}$ mit $\mathfrak{E}'$ als Zerlegungsraum. Ist Φ auch offen, so ist Z stetig.

§ 11. Trennungsaxiome.

Auf S. 65 haben wir das Trennungsaxiom von M. FRÉCHET und auf S. 49 das Trennungsaxiom von F. HAUSDORFF kennengelernt. Die Wichtigkeit insbesondere des letzteren ist durch manche Eigenschaften der HAUSDORFFschen Räume deutlich geworden, die wir in den vorangehenden Paragraphen festgestellt haben. Wir wollen nun die Theorie der Trennungsaxiome systematisch entwickeln.

1. T_1-topologische BOOLE-Verbände.

Es liege ein topologischer BOOLE-Verband $\mathfrak{B}$ vor.

Wir nennen ihn T_1-*topologisch* und seine Topologie eine T_1-*Topologie*, wenn das folgende erste Trennungsaxiom erfüllt ist:

Axiom T_1. *Sind A_0 und A_1 zwei Somen und ist nicht $A_0 \leq A_1$, so existiert ein offenes Soma G_1 derart, daß $A_1 \leq G_1$, aber nicht $A_0 \leq G_1$ ist.*

Ist dabei $\mathfrak{B}$ speziell ein topologischer Raum, so nennen wir ihn einen T_1-*Raum*.

11.1. $\mathfrak{B}$ *ist dann und nur dann T_1-topologisch, wenn jedes Soma der Durchschnitt seiner Umgebungen ist.*

Beweis. Definition des Durchschnitts einer Somenmenge.

Ein topologischer Raum $\mathfrak{E}$ ist dann und nur dann ein T_1-Raum, wenn folgendes Trennungsaxiom von M. FRÉCHET gilt: Sind p und q zwei verschiedene Punkte, so existiert eine offene Punktmenge U derart, daß $p \in U$, aber nicht $q \in U$ ist. (Denn sind A_0 und A_1 zwei Punktmengen aus $\mathfrak{E}$ und ist nicht $A_0 \subseteq A_1$, so existiert ein Punkt q, der in A_0, aber nicht in A_1 liegt; ist nun G die Vereinigung aller offenen Punktmengen U, welche Punkte p aus A_1, aber nicht q enthalten, so ist G eine Umgebung von A_1, aber nicht von A_0.) Das Trennungsaxiom von M. FRÉCHET ist damit gleichbedeutend, daß für jeden Punkt p die Menge (p) der Durchschnitt aller Umgebungen von p ist.

11.2. $\mathfrak{B}$ *ist dann und nur dann T_1-topologisch, wenn jedes Soma die Vereinigung einer Menge abgeschlossener Somen ist.*

Beweis. Die Bedingungen von **11.1.** und **11.2.** sind zueinander dual; mit der einen ist also auch die andere erfüllt.

11.3. $\mathfrak{B}$ *ist dann und nur dann T_1-topologisch, wenn jedes Soma $>O$ ein abgeschlossenes Soma $>O$ enthält.*

Beweis. 11.2. und **1.14.**

Übung. In einem T_1-topologischen BOOLE-Verband mit mindestens drei Somen (einem topologischen Raum mit mindestens zwei Punkten) ist das Nullsoma O (die leere Menge L) abgeschlossen.

Korollar. *Ist $\mathfrak{B}$ T_1-topologisch und D ein Soma aus $\mathfrak{B}$, so ist auch $\mathfrak{B}_D$ T_1-topologisch*[1].

Beweis. Ist A ein beliebiges Soma $>O$ aus $\mathfrak{B}_D$, so existiert nach **11.3.** ein (in $\mathfrak{B}$) abgeschlossenes Soma $F>O$ mit $F \leqq A$. Dieses Soma F ist ein Soma aus $\mathfrak{B}_D$ und abgeschlossen in $\mathfrak{B}_D$.

11.4. *Damit $\mathfrak{B}$ T_1-topologisch sei, ist notwendig und, wenn $\mathfrak{B}$ atomar ist, auch hinreichend, daß jedes Atom abgeschlossen ist.*

Beweis. 11.2.

Beispiel. Ein topologischer Raum ist dann und nur dann ein T_1-Raum, wenn jede einpunktige Menge abgeschlossen ist.

11.5. *Ein quasi-metrischer Raum ist dann und nur dann ein T_1-Raum, wenn das Axiom A_{3b} erfüllt ist.*

Insbesondere ist also jeder metrische Raum ein T_1-Raum.

Beweis. 11.4. und Definition der Hülle $\overline{A}$ in einem quasi-metrischen Raum (S. 50) für eine einpunktige Menge $A = (p)$.

Ist ein topologischer Raum zunächst nicht T_1-topologisch, so genügt eine einfache Änderung der Topologie, um sie in eine T_1-Topologie zu verwandeln; man braucht hierzu nämlich nur $\overline{A} = A$ zu setzen für jede endliche und die leere Menge A, während man für jede unendliche Menge die Hülle unverändert läßt. — Außerdem gilt:

11.6. *Jeder topologische Raum $\mathfrak{E}$ mit $\overline{L} = L$ (L die leere Menge) ist homöomorph zu einem invariant topologischen Unterverband eines T_1-Raumes $\mathfrak{E}'$. Ist $\mathfrak{E}$ klassisch topologisch, so kann auch $\mathfrak{E}'$ klassisch topologisch gewählt werden.*

Beweis. Es sei $\mathfrak{E}$ ein topologischer Raum und E sein Träger. Für jeden Punkt p aus $\mathfrak{E}$ sei Φp eine unendliche Menge irgendwelcher Dinge, und zwar derart, daß für $p_1 \neq p_2$ die Menge Φp_1 und Φp_2 elementefremd sind. Für jede Punktmenge A aus $\mathfrak{E}$ definieren wir $\Phi A = \bigcup\limits_{p \in A} \Phi p$. Dann ist Φ ein Isomorphismus von $\mathfrak{E}$ auf den Mengenverband aller Mengen ΦA, mit $\Phi \cup A_i = \cup \Phi A_i$ und $\Phi \cap A_i = \cap \Phi A_i$ für jede Mengenfamilie $(A_i)_{i \in I}$ aus $\mathfrak{E}$. Dieser Mengenverband ist ein Unterverband des Mengenverbandes $\mathfrak{E}'$ aller Teilmengen von $E' = \Phi E$. Für jede Menge A' aus $\mathfrak{E}'$ bezeichnen wir mit $\Psi A'$ die Menge aller Punkte p aus $\mathfrak{E}$, für

---

[1] $\mathfrak{B}_D$ ist der aus allen Somen $A \leqq D$ bestehende Unterverband von $\mathfrak{B}$. Die Hülle in $\mathfrak{B}_D$ eines Somas A aus $\mathfrak{B}_D$ ist $\overline{A} \wedge D$ (vgl. § 9).

welche der Durchschnitt $A' \cap \Phi\, p$ unendlich viele Elemente enthält, und definieren nun als Hülle von A' die Menge $\overline{A'} = A' \cup \Phi\, \overline{\Psi A'}$. Hierdurch ist in $\mathfrak{E}'$ eine Topologie definiert. Denn sind A_1' und A_2' zwei Mengen aus $\mathfrak{E}'$ mit $A_1' \subseteq A_2'$, so ist $\Psi A_1' \subseteq \Psi A_2'$, also $\overline{\Psi A_1'} \subseteq \overline{\Psi A_2'}$, also $\Phi\,\overline{\Psi A_1'} \subseteq \Phi\,\overline{\Psi A_2'}$ und daher $\overline{A_1'} \subseteq \overline{A_2'}$; also ist das Hüllenaxiom H_0 erfüllt; das Hüllenaxiom H_1 ist trivialerweise erfüllt; wegen $\Psi(A' \cup \Phi\,\overline{\Psi A'}) = \overline{\Psi A'}$ ist $\overline{\overline{A'}} = \overline{A'}$; also ist auch das Hüllenaxiom H_2 erfüllt. Für jede endliche Menge A' aus $\mathfrak{E}'$ ist $\Psi A'$ leer, also $\overline{\Psi A'}$ leer wegen $\overline{L} = L$, also $\Phi\Psi A'$ leer und daher $\overline{A'} = A'$; nach **11.4.** ist also $\mathfrak{E}'$ T_1-topologisch. Für jede Menge A aus $\mathfrak{E}$ ist $\Psi\Phi A = A$, also $\overline{\Phi A} = \Phi A \cup \Phi\,\overline{\Psi\Phi A} = \Phi A \cup \Phi\overline{A} = \Phi\overline{A}$; also ist Φ eine Homöomorphie nach **10.7.** Schließlich sei die Topologie von $\mathfrak{E}$ klassisch. Für zwei Mengen A_1' und A_2' aus $\mathfrak{E}'$ folgt aus $\Psi(A_1' \cup A_2') = \Psi A_1' \cup \Psi A_2'$ dann $\overline{A_1' \cap A_2'} = \overline{A_1'} \cup \overline{A_2'}$; also ist das Hüllenaxiom H_3 erfüllt. Ist endlich L' die leere Menge aus $\mathfrak{E}'$, so ist $\Psi L'$ die leere Menge L aus $\mathfrak{E}$, wegen $\overline{L} = L$ also $\overline{L'} = L'$; daher ist auch das Hüllenaxiom H_4 erfüllt.

2. Separierte, reguläre, normale und vollständig normale topologische BOOLE-Verbände.

Es liege wieder ein topologischer BOOLE-Verband $\mathfrak{B}$ vor.

Wir formulieren zunächst vier weitere Trennungsaxiome.

Axiom T_2. *Sind $A_0 > O$ und $A_1 > O$ zwei Somen mit $A_0 \wedge A_1 = O$, so existieren zwei offene Somen G_0 und G_1 mit $A_0 \wedge G_0 > O$, $A_1 \wedge G_1 > O$ und $G_0 \wedge G_1 = O$.*

Axiom T_3. *Sind $A_0 > O$ und F_1 zwei Somen, F_1 abgeschlossen, mit $A_0 \wedge F_1 = O$, so existieren zwei offene Somen G_0 und G_1 mit $A_0 \wedge G_0 > O$, $F_1 \leq G_1$ und $G_0 \wedge G_1 = O$.*

Axiom T_4. *Sind F_0 und F_1 zwei abgeschlossene Somen mit $F_0 \wedge F_1 = O$, so existieren zwei offene Somen G_0 und G_1 mit $F_0 \leq G_0$, $F_1 \leq G_1$ und $G_0 \wedge G_1 = O$.*

Axiom T_5. *Sind F_0 und F_1 zwei Somen mit $F_0 \wedge \overline{F_1} = O = \overline{F_0} \wedge F_1$* [1], *so existieren zwei offene Somen G_0 und G_1 mit $F_0 \leq G_0$, $F_1 \leq G_1$ und $G_0 \wedge G_1 = O$.*

Wir nennen den topologischen BOOLE-Verband $\mathfrak{B}$

separiert,	wenn er dem Axiom T_2 genügt,
regulär,	wenn er dem Axiom T_3 genügt,
normal,	wenn er dem Axiom T_4 genügt,
vollständig normal,	wenn er dem Axiom T_5 genügt [2].

---

[1] Nach **9.2.** ist dies gleichbedeutend damit, daß F_0 und F_1 in $F_0 \vee F_1$ abgeschlossen sind und $F_0 \wedge F_1 = O$ ist.

[2] Viele Autoren nennen einen (klassisch) topologischen Raum regulär bzw. normal bzw. vollständig normal, wenn die Axiome T_1 und T_3 bzw. T_1 und T_4 bzw. T_1 und T_5 gelten.

Schließlich nennen wir $\mathfrak{B}$ einen HAUSDORFF*schen* BOOLE-Verband, wenn $\mathfrak{B}$ klassisch topologisch ist und $\mathfrak{B}$ den Axiomen T_1 und T_2 genügt.

Für einen topologischen Raum ist das Axiom T_2 äquivalent mit dem Trennungsaxiom (D) von F. HAUSDORFF (S. 49); da aus (D) das Axiom T_1 folgt (S. 66), so ist also der Begriff des HAUSDORFFschen BOOLE-Verbandes im Fall, daß dieser ein Raum ist, äquivalent mit dem Begriff des HAUSDORFFschen Raumes (S. 49). — Für einen T_1-Raum ist das Axiom T_3 äquivalent mit folgendem Trennungsaxiom von L. VIETORIS: Sind F_0 und F_1 zwei fremde, abgeschlossene Punktmengen und ist F_0 einpunktig, so existieren zwei fremde, offene Punktmengen G_0 und G_1 mit $F_0 \subseteqq G_0$ und $F_1 \subseteqq G_1$. — Für (klassisch topologische) Räume wurde das Axiom T_4 von H. TIETZE, das Axiom T_5 von P. URYSOHN aufgestellt.

11.7. *Ist $\mathfrak{B}$ vollständig normal, so ist $\mathfrak{B}$ normal. Ist $\mathfrak{B}$ T_1-topologisch und normal, so ist $\mathfrak{B}$ regulär. Ist $\mathfrak{B}$ T_1-topologisch und regulär, so ist $\mathfrak{B}$ separiert. Ist $\mathfrak{B}$ ein separierter Raum, so ist $\mathfrak{B}$ T_1-topologisch.*

Beweis. Die erste Behauptung ist trivial. Die zweite und dritte folgt mittels **11.3.** Die vierte folgt daraus, daß für einen topologischen Raum das Axiom T_1 mit dem Axiom von M. FRÉCHET äquivalent ist (S. 65)[1].

Beispiele[2]. 1. Es sei E eine unendliche Menge und $\mathfrak{E}$ der Mengenverband aller Teilmengen von E. Eine Menge aus $\mathfrak{E}$ heiße offen, wenn sie leer ist oder alle Elemente von E mit höchstens endlich vielen Ausnahmen enthält. Dann ist $\mathfrak{E}$ ein klassisch topologischer Raum, in welchem das Axiom T_1 gilt, aber die Axiome T_2 bis T_5 nicht gelten. (Keine zwei Punkte besitzen fremde Umgebungen.) — 2. Es sei E die Menge der reellen Zahlen, F_1 die Menge der Zahlen $1/n$ ($n = 1, 2, \ldots$) und $\mathfrak{E}$ der Mengenverband aller Teilmengen von E. Eine Menge aus $\mathfrak{E}$ heiße offen, wenn sie aus einer im Sinne des $\mathfrak{E}^1$ offenen Menge durch Tilgung beliebiger (eventuell keiner) in ihr enthaltener Zahlen von F_1 hervorgeht. Dann ist $\mathfrak{E}$ ein klassisch topologischer Raum, in welchem die Axiome T_1 und T_2 gelten, die Axiome T_3 bis T_5 hingegen nicht. [Die Mengen $F_0 = (0)$ und F_1 haben keine fremden Umgebungen.] — 3. Es sei E die Menge aller Paare (x_1, x_2) reeller Zahlen mit $x_2 \geqq 0$ und $\mathfrak{E}$ der Mengenverband aller Teilmengen von E. Eine Menge aus $\mathfrak{E}$ heiße offen, wenn ihr Durchschnitt mit der Halbebene $x_2 > 0$ offen ist im Sinne der CARTESischen Ebene $\mathfrak{E}^2$ und sie außerdem zu jedem in ihr enthaltenen Punkt $(x_1^0, 0)$ eine Kreisscheibe $(x_1 - x_1^0)^2 + (x_2 - r)^2 < r^2$ enthält [sie berührt die x_1-Achse im Punkt $(x_1^0, 0)$ von oben]. Dann ist

---

[1] Für Aussagen in umgekehrter Richtung vgl. **11.14.** und **12.6.**

[2] Zur Definition der Topologien in den Beispielen 1 bis 4 mittels der offenen Mengen vgl. S. 47.

$\mathfrak{E}$ ein klassisch topologischer Raum, in welchem die Axiome T_1' bis T_3', aber nicht die Axiome T_4 und T_5 gelten. [Ist F_0 die Menge der rationalen und F_1 die Menge der irrationalen Punkte der x_1-Achse, so sind sie fremd und abgeschlossen, besitzen aber keine fremden Umgebungen. Denn es sei $F_0 = (p^1, p^2, \ldots)$ und G_1 eine Umgebung von F_1. Für jedes natürliche k sei H^k die Menge aller Punkte von F_1, in denen die x_1-Achse durch eine in G_1 enthaltene Kreisscheibe mit einem Radius $\geq 1/k$ von oben berührt wird. Gäbe es nun für jedes k in jedem Intervall der x_1-Achse (abgeschlossen im Sinne des CARTESischen $\mathfrak{E}^1$) ein Teilintervall, das zu H^k fremd ist, so könnte man eine Folge $(I^1, I^2, \ldots)$ von solchen Intervallen derart angeben, daß I^k zu H^k fremd ist, I^k den Punkt p^k nicht enthält und $I^k \geq I^{k+1}$ ist für jedes k; nun existiert aber ein Punkt, der in allen I^k enthalten ist; er wäre weder in F_0, noch in F_1 enthalten, was falsch ist. Also gibt es ein k derart, daß H^k mindestens einen Punkt von F_0 als Häufungspunkt hat (im Sinne des $\mathfrak{E}^1$). Jede Kreisscheibe, die die x_1-Achse von oben in diesem Punkt berührt, hat dann mit G_1 einen nicht leeren Durchschnitt. Also besitzt F_0 keine zu G_1 fremde Umgebung.] — 4. Es sei E die Menge aller Paare (x_1, x_2) reeller Zahlen mit $x_2 \geq 0$ und des Paares $(0, -1)$. $\mathfrak{E}$ sei der Mengenverband aller Teilmengen von E. Eine Menge aus $\mathfrak{E}$ heiße offen, wenn sie $(0, -1)$ und alle $(x_1, 0)$ mit höchstens endlich vielen Ausnahmen enthält und ihr Durchschnitt mit der Halbebene $x_2 > 0$ offen ist im Sinne des Beispiels 3 oder wenn sie $(0, -1)$ nicht enthält und offen ist im Sinne des Beispiels 3. Dann ist $\mathfrak{E}$ ein klassisch topologischer Raum, in welchem die Axiome T_1' bis T_4 erfüllt sind, aber nicht T_5. [Man beachte, daß $(0, -1)$ ein Häufungspunkt jeder Menge aus $\mathfrak{E}$ ist, die unendlich viele Punkte der x_1-Achse enthält. Die Mengen F_0 und F_1 des Beispiels 3 sind also jetzt nicht in $\mathfrak{E}$, wohl aber in ihrer Vereinigung abgeschlossen. Fremde Umgebungen dieser Mengen wären aber auch Umgebungen im Sinne des Beispiels 3, existieren also nicht.] — 5. In jedem Raum mit diskreter Topologie (S. 43) sind die Axiome T_1' bis T_5 erfüllt. (Weitere Beispiele für klassisch topologische Räume, in welchen die Axiome T_1' bis T_5 gelten, liefert der später zu beweisende Satz **11.20**.)

Es liege wieder ein topologischer BOOLE-Verband $\mathfrak{B}$ vor.

11.8. $\mathfrak{B}$ *ist dann und nur dann regulär, wenn folgende Bedingung erfüllt ist:*

T_3'. *Ist A ein beliebiges Soma > 0 und H ein offenes Soma mit $A \wedge H > 0$, so existiert ein offenes Soma G mit $A \wedge G > 0$ und $\overline{G} \leq H$.*

Beweis. Es gelte T_3'. Es sei A ein beliebiges und H ein offenes Soma mit $A \wedge H > 0$. Wir setzen $A \wedge H = A_0$ und $cH = F_1$. Dann ist $A_0 > 0$, F_1 abgeschlossen und $A_0 \wedge F_1 = 0$. Nach T_3 existieren zwei offene

Somen G und G_1 mit $A_0 \wedge G > O$, $F_1 \leq G_1$ und $G \wedge G_1 = O$. Dann ist $A \wedge G \geq$ $A_0 \wedge G > O$ und $\overline{G} \leq c G_1 \leq cF = H$. Umgekehrt gelte $\boldsymbol{T_3'}$. Es seien $A_0 > O$ und F_1 zwei Somen, F_1 abgeschlossen, mit $A_0 \wedge F_1 = O$. Wir setzen $cF_1 = H$. Dann ist H offen und $A_0 \wedge H > O$. Nach $\boldsymbol{T_3'}$ existiert ein offenes Soma G_0 mit $A_0 \wedge G_0 > O$ und $\overline{G_0} \leq H$. Wir setzen $c\overline{G_0} = G_1$. Dann sind G_0 und G_1 offen mit $A_0 \wedge G_0 > O$, $F_1 = cH \leq c\overline{G_0} = G_1$ und $G_0 \wedge G_1 \leq G_0 \wedge c G_0 = O$.

Korollar. *Ein topologischer Raum ist dann und nur dann regulär, wenn er der folgenden Bedingung genügt: Ist p ein Punkt und V eine Umgebung von p, so existiert eine Umgebung U von p mit $\overline{U} \subseteq V$.*

In einem topologischen BOOLE-Verband $\mathfrak{B}$ ist eine offene Basis $\mathfrak{B}$ eine Menge offener Somen B mit der Eigenschaft, daß jedes offene Soma G die Vereinigung von Somen $B \in \mathfrak{B}$ ist. Wenn nun jedes offene Soma G sogar die Vereinigung von Somen $B \in \mathfrak{B}$ mit $\overline{B} \leq G$ ist, so nennen wir $\mathfrak{B}$ eine *reguläre Basis* von $\mathfrak{B}$.

11.9. $\mathfrak{B}$ *ist dann und nur dann regulär, wenn folgende Bedingung erfüllt ist:*

$\boldsymbol{T_3''}$. $\mathfrak{B}$ *besitzt eine reguläre Basis.*

Ist $\mathfrak{B}$ regulär, so ist jede offene Basis von $\mathfrak{B}$ regulär.

Beweis. Es gelte $\boldsymbol{T_3}$ und es sei $\mathfrak{B}$ eine beliebige offene Basis von $\mathfrak{B}$. Es sei H ein offenes Soma aus $\mathfrak{B}$. Angenommen, H wäre nicht die Vereinigung aller Somen $B \in \mathfrak{B}$ mit $\overline{B} \leq H$. Dann existiert ein Soma C, welches alle Somen $B \in \mathfrak{B}$ mit $\overline{B} \leq H$ enthält, für welches aber nicht $H \leq C$ gilt. Wir setzen $cC = A$. Dann ist $A \wedge H > O$. Nach **11.8.** existiert ein offenes Soma G mit $A \wedge G > O$ und $\overline{G} \leq H$. In der Basis existiert dann ein Soma B mit $A \wedge B > O$ und $B \leq G$. Dann ist $\overline{B} \leq H$, also $B \leq C$, im Widerspruch zu $cC \wedge B > O$. Umgekehrt besitze $\mathfrak{B}$ eine reguläre Basis $\mathfrak{B}$. Es sei A ein beliebiges und H ein offenes Soma mit $A \wedge H > O$. Dann existiert ein offenes Soma $G \in \mathfrak{B}$ mit $A \wedge G > O$ und $\overline{G} \leq H$. Also ist $\boldsymbol{T_3'}$ und damit nach **11.8.** auch $\boldsymbol{T_3}$ erfüllt.

11.10. *Ist $\mathfrak{B}$ regulär und besitzt $\mathfrak{B}$ eine abzählbare Basis, so ist jedes abgeschlossene Soma ein F_σ und jedes offene Soma ein G_δ.*

Beweis. Es sei $\mathfrak{B} = (B_1, B_2, \ldots)$ eine abzählbare, offene Basis von $\mathfrak{B}$. Ist nun G ein offenes Soma, so ist dieses nach **11.9.** die Vereinigung von Somen $B_{n_i} \in \mathfrak{B}$ mit $\overline{B_{n_i}} \leq G$. Dann ist aber auch $G = \vee \overline{B_{n_i}}$, also G ein F_σ. Die zweite Behauptung ist zur ersten dual.

Analog zu **11.8.** gilt:

11.11. $\mathfrak{B}$ *ist dann und nur dann normal, wenn folgende Bedingung erfüllt ist:*

$\boldsymbol{T_4'}$. *Ist F ein abgeschlossenes und H ein offenes Soma mit $F \leq H$, so existiert ein offenes Soma G mit $F \leq G$ und $\overline{G} \leq H$.*

Beweis. Es gelte T_1 und es sei F ein abgeschlossenes und H ein offenes Soma mit $F \leq H$. Wir setzen $F = F_0$ und $cH = F_1$. Dann sind F_0 und F_1 abgeschlossen und es ist $F_0 \wedge F_1 = 0$. Nach T_4 existieren zwei offene Somen G_0 und G_1 mit $F_0 \leq G_0$, $F_1 \leq G_1$ und $G_0 \wedge G_1 = 0$. Wir setzen $G_0 = G$. Dann ist $F \leq G$ und $\overline{G} \leq cG_1 \leq cF_1 = H$. Umgekehrt sei T_4' erfüllt. Es seien F_0 und F_1 zwei abgeschlossene Somen mit $F_0 \wedge F_1 = 0$. Wir setzen $cF_1 = H$. Dann ist H offen und es ist $F_0 \leq H$. Nach T_4' existiert ein offenes Soma G_0 mit $F_0 \leq G_0$ und $\overline{G_0} \leq H$. Wir setzen $c\overline{G_0} = G_1$. Dann ist G_1 offen, $F_1 = cH \leq c\overline{G_0} = G_1$ und $G_0 \wedge G_1 = G_0 \wedge c\overline{G_0} = 0$.

Ist A ein Soma von $\mathfrak{B}$ und $(B_i)_{i \in I}$ eine Somenfamilie aus $\mathfrak{B}$, so heiße diese Familie eine *Überdeckung* von A, wenn aus $A_0 \leq A$ und $A_0 \wedge B_i = 0$ für alle $i \in I$ folgt $A_0 = 0$. Existiert $\vee B_i$, so ist $(B_i)_{i \in I}$ dann und nur dann eine Überdeckung von A, wenn $A \leq \vee B_i$ ist; denn ist $A \leq \vee B_i$ und $0 < A_0 \leq A$, so ist $0 < A_0 = A_0 \wedge A \leq A_0 \wedge \vee B_i = \vee(A_0 \wedge B_i)$ nach (1.8), also $0 < A_0 \wedge B_i$ für mindestens ein $i \in I$; ist hingegen nicht $A \leq \vee B_i$, so ist $A_0 = A \wedge c \vee B_i > 0$ und $A_0 \wedge B_i = 0$ für alle $i \in I$. — Eine Überdeckung des Einssomas E von $\mathfrak{B}$ nennen wir auch eine Überdeckung von $\mathfrak{B}$. — Ist jedes Soma B_i der Überdeckung $(B_i)_{i \in I}$ offen bzw. abgeschlossen, so nennen wir auch die Überdeckung $(B_i)_{i \in I}$ offen bzw. abgeschlossen.

11.12. $\mathfrak{B}$ *ist dann und nur dann normal, wenn folgende Bedingung erfüllt ist:*

T_4''. *Zu jeder endlichen, offenen Überdeckung* $(V_1, \ldots, V_n)$ *von* $\mathfrak{B}$ *existiert eine offene Überdeckung* $(U_1, \ldots, U_n)$ *von* $\mathfrak{B}$ *mit* $\overline{U_i} \leq V_i$ $(i = 1, \ldots, n)$.

Beweis. Nach **11.11.** genügt es zu zeigen, daß die Bedingungen T_4' und T_4'' äquivalent sind. Die Bedingung T_4' sei erfüllt. Es sei $(V_1, \ldots, V_n)$ eine endliche, offene Überdeckung von $\mathfrak{B}$. Wir setzen $c(V_2 \vee \cdots \vee V_n) = F_1$; nach **7.11.** und **7.5.** ist F_1 abgeschlossen. Aus $E = V_1 \vee V_2 \vee \cdots \vee V_n$ folgt $F_1 \leq V_1$. Nach T_4' existiert ein offenes Soma U_1 mit $F_1 \leq U_1$ und $\overline{U_1} \leq V_1$. Aus $F_1 = c(V_2 \vee \cdots \vee V_n) \leq U_1$ folgt $U_1 \vee V_2 \vee \cdots \vee V_n = E$. Ausgehend von der offenen Überdeckung $(U_1, V_2, \ldots, V_n)$ von $\mathfrak{B}$ konstruieren wir analog ein offenes Soma U_2 mit $\overline{U_2} \leq V_2$ derart, daß $(U_1, U_2, V_3, \ldots, V_n)$ eine Überdeckung von $\mathfrak{B}$ ist. Nach n solchen Schritten sind wir fertig. Die Bedingung T_4'' ist also erfüllt. — Umgekehrt sei T_4'' erfüllt. Es sei F ein abgeschlossenes und H ein offenes Soma mit $F \leq H$. Dann ist (cF, H) eine offene Überdeckung von $\mathfrak{B}$. Nach T_4'' existiert eine offene Überdeckung (G_0, G) von $\mathfrak{B}$ mit $\overline{G_0} \leq cF$ und $\overline{G} \leq H$. Aus $G_0 \leq \overline{G_0} \leq cF$ folgt $F \leq cG_0 \leq G$ wegen $G_0 \vee G = E$. Die Bedingung T_4' ist also erfüllt.

Korollar 1. $\mathfrak{B}$ *sei normal. Es sei* F *ein abgeschlossenes Soma und* $(V_1, \ldots, V_n)$ *eine endliche, offene Überdeckung von* F. *Dann existiert eine offene Überdeckung* $(U_1, \ldots, U_n)$ *von* F *mit* $\overline{U_i} \leq V_i$ $(i = 1, \ldots, n)$.

Beweis. Wir setzen $cF = V_0$. Dann ist $(V_0, V_1, \ldots, V_n)$ eine offene Überdeckung von $\mathfrak{B}$. Nach $\boldsymbol{T_4''}$ existiert eine offene Überdeckung $(U_0, U_1, \ldots, U_n)$ von $\mathfrak{B}$ mit $\overline{U}_i \leq V_i$ $(i = 0, 1, \ldots, n)$. Dann ist $(U_1, \ldots, U_n)$ eine offene Überdeckung von F.

Eine wesentliche Verschärfung des Korollars 1 ist das folgende

Korollar 2. $\mathfrak{B}$ *sei normal. Es sei* F *ein abgeschlossenes Soma und* $(V_i)_{i \in I}$ *eine offene Überdeckung von* F *derart, daß für jedes* $i_0 \in I$ *höchstens endlich viele* $i \in I$ *mit* $V_{i_0} \wedge V_i > 0$ *existieren. Dann existiert eine offene Überdeckung* $(U_i)_{i \in I}$ *von* F *mit* $\overline{U}_i \leq V_i$ *für jedes* $i \in I$.

Beweis. Eine analoge Überlegung wie beim Beweis des Korollars 1 zeigt, daß wir uns auf den Fall $F = E$ beschränken können. Nun betrachten wir das System ω aller offenen Überdeckungen $\mathfrak{W} = (W_i)_{i \in I}$ von E mit $\overline{W}_i \leq V_i$ oder $W_i = V_i$ für jedes $i \in I$. Für jedes solche $\mathfrak{W}$ sei $J_{\mathfrak{W}}$ die Menge aller $i \in I$ mit $\overline{W}_i \leq V_i$. Das System ω ist zunächst nicht leer wegen $(V_i)_{i \in I} \in \omega$. Wir machen ω zu einem Verein, indem wir für $\mathfrak{W}^1 = (W_i^1)_{i \in I} \in \omega$ und $\mathfrak{W}^2 = (W_i^2)_{i \in I} \in \omega$ schreiben $\mathfrak{W}^1 \leq \mathfrak{W}^2$, wenn für jedes $i \in J_{\mathfrak{W}^1}$ gilt $W_i^1 = W_i^2$ (insbesondere also $J_{\mathfrak{W}^1} \subseteq J_{\mathfrak{W}^2}$). — Wir behaupten, daß der Verein ω die Voraussetzung des Satzes **1.17.** von M. Zorn erfüllt. Es sei also $\varkappa$ eine Kette in ω. Es sei J die Vereinigung der Mengen $J_{\mathfrak{W}}$ mit $\mathfrak{W} \in \varkappa$. Für jedes $i \in J$ sei W_i^0 das Soma W_i irgendeines $\mathfrak{W} \in \varkappa$ mit $\overline{W}_i \leq V_i$ (alle solche W_i sind einander gleich); für jedes $i \in I - J$ setzen wir $V_i = W_i^0$. Dann ist $\mathfrak{W}^0 = (W_i^0)_{i \in I}$ eine (offene) Überdeckung von E. Denn angenommen, dies wäre nicht der Fall. Dann existiert in $\mathfrak{B}$ ein Soma $A > 0$ mit $A \wedge W_i^0 = 0$ für alle $i \in I$. Weiter existiert ein Soma B mit $0 < B \leq A$ und $B \wedge V_i > 0$ für höchstens endlich viele $i = i_1, \ldots, i_n \in I$ [zum Beispiel $B = A \wedge V_i$, wenn $A \wedge V_i > 0$ ist, was für mindestens ein $i \in I$ der Fall ist wegen $A \leq E = \vee V_i$]. Da $\varkappa$ [und damit auch $(J_{\mathfrak{W}})_{\mathfrak{W} \in \varkappa}$] eine Kette ist, existiert ein $\mathfrak{W} \in \varkappa$ derart, daß für jedes $\nu = 1, \ldots, n$ mit $i_\nu \in J$ auch $i_\nu \in J_{\mathfrak{W}}$ ist. Dann ist $W_{i_\nu}^0 = W_{i_\nu} \in \mathfrak{W}$ für jedes $\nu = 1, \ldots, n$. Da $\mathfrak{W}$ eine Überdeckung von E ist, $W_i \leq V_i$ gilt für jedes $i \in I$ und $B \wedge V_i = 0$ ist für jedes $i \neq i_\nu$ $(\nu = 1, \ldots, n)$, so folgt $B \leq W_{i_1} \vee \cdots \vee W_{i_n} = W_{i_1}^0 \vee \cdots \vee W_{i_n}^0$, im Widerspruch zu $0 < B \leq A$ und $A \wedge W_i^0 = 0$ für alle $i \in I$. Also ist $\mathfrak{W}^0$ eine (offene) Überdeckung von E. Daß $\mathfrak{W}^0 \in \omega$ ist, ist trivial. Also ist die Voraussetzung des Satzes **1.17.** erfüllt, wie behauptet wurde. — Nach diesem Satz **1.17.** existiert in ω ein maximales $\mathfrak{W}^0 = (U_i)_{i \in I}$. Für jedes $i \in I$ ist $\overline{U}_i \leq V_i$ oder $U_i = V_i$. Angenommen, für ein $i_0 \in I$ wäre nicht $\overline{U}_{i_0} \leq V_{i_0}$. Dann sei U die Vereinigung aller U_i mit $U_i \wedge V_{i_0} > 0$ [sie existiert, da es wegen $U_i \leq V_i$ höchstens endlich viele solche U_i gibt]. Wir setzen $cU \wedge cV_{i_0} = F$. Nach **7.5.** und **7.2.** ist F abgeschlossen. Wegen $\overline{V}_{i_0} \wedge cV_{i_0} \leq E = \vee U_i$ ist $\overline{V}_{i_0} \wedge cV_{i_0} \leq U$ nach **7.15.** Also ist $F \leq V_{i_0}$. Nach **11.11.** existiert ein offenes Soma W_{i_0} mit $F \leq W_{i_0}$ und $\overline{W}_{i_0} \leq V_{i_0}$. Wir setzen $W_i = U_i$ für jedes $i \neq i_0$. Dann ist $(W_i)_{i \in I}$

eine (offene) Überdeckung von E aus ω mit $(U_i)_{i \in I} < (W_i)_{i \in I}$. Also wäre $(U_i)_{i \in I}$ nicht ein maximales Element aus ω, im Widerspruch zu seiner Wahl. Die Überdeckung $(U_i)_{i \in I}$ leistet also das Verlangte.

Ist $\mathfrak{B}$ speziell ein Boole-Vollverband, so gilt neben dem Korollar 2 noch folgendes

Korollar 3. *Der topologische* Boole-*Vollverband* $\mathfrak{B}$ *sei normal. Es sei F ein abgeschlossenes Soma und* $(V_i)_{i \in I}$ *eine offene Überdeckung von F derart, daß zu jedem Soma* $A > 0$ *ein Soma B mit* $0 < B \leq A$ *und* $B \wedge V_i > 0$ *für höchstens endlich viele* $i \in I$ *existiert*[1]. *Dann existiert eine offene Überdeckung* $(U_i)_{i \in I}$ *von F mit* $\overline{U_i} \leq V_i$ *für jedes* $i \in I$.

Beweis. Man verfährt wörtlich so wie beim Beweis des Korollars 2; nur läßt man jetzt das eckig Eingeklammerte weg.

Ist der Boole-Verband $\mathfrak{B}$ klassisch topologisch, können wir noch eine letzte Kennzeichnung der Normalität angeben. Sind $(A_1, \ldots, A_n)$ und $(B_1, \ldots, B_n)$ zwei n-Tupel von Somen des Verbandes $\mathfrak{B}$, so nennen wir sie *ähnlich*, wenn für je endlich viele natürliche Zahlen $i_1, \ldots, i_k \leq n$ die Gleichung $A_{i_1} \wedge \cdots \wedge A_{i_k} = 0$ dann und nur dann besteht, wenn die Gleichung $B_{i_1} \wedge \cdots \wedge B_{i_k} = 0$ besteht.

11.13. *Ist* $\mathfrak{B}$ *klassisch topologisch, so ist* $\mathfrak{B}$ *dann und nur dann normal, wenn die folgende Bedingung erfüllt ist:*

T_4'''. *Zu jedem* n-*Tupel* $(F_1, \ldots, F_n)$ *abgeschlossener Somen existiert ein* n-*Tupel* $(G_1, \ldots, G_n)$ *offener Somen mit* $F_i \leq G_i$ $(i = 1, \ldots, n)$ *derart, daß* $(F_1, \ldots, F_n)$ *und* $(\overline{G_1}, \ldots, \overline{G_n})$ *ähnlich sind.*

Beweis. Das Axiom T_4 sei erfüllt. Nach **11.11.** gilt dann T_4'. Es sei $(F_1, \ldots, F_n)$ ein n-Tupel abgeschlossener Somen. Wir bezeichnen mit F die Vereinigung aller derjenigen Durchschnitte von Somen des n-Tupels, die zu F_1 teilerfremd sind. Nach **7.2.** und **7.4.** ist F abgeschlossen. Außerdem ist $F \wedge F_1 = 0$. Also ist $H_1 = cF$ offen und $F_1 \leq H_1$. Nach T_4' existiert ein offenes Soma G_1 mit $F_1 \leq G_1$ und $\overline{G_1} \leq H_1$. Das n-Tupel $(\overline{G_1}, F_2, \ldots, F_n)$ ist ähnlich zu $(F_1, \ldots, F_n)$. Von diesem n-Tupel ausgehend, gewinnt man analog ein offenes Soma G_2 mit $F_2 \leq G_2$ derart, daß das n-Tupel $(\overline{G_1}, \overline{G_2}, F_3, \ldots, F_n)$ zu $(\overline{G_1}, F_2, \ldots, F_n)$, also zu $(F_1, \ldots, F_n)$ ähnlich ist. Nach n solchen Schritten sind wir fertig. Es gilt also T_4'''. — Umgekehrt gelte T_4'''. Aus T_4''' ergibt sich für $n = 2$ sofort das Axiom T_4.

Nach **11.7.** folgt für einen beliebigen topologischen Boole-Verband $\mathfrak{B}$ aus der vollständigen Normalität die Normalität und, wenn das Axiom T_1 erfüllt ist, aus der Normalität die Regularität. Umgekehrt gilt nun:

11.14. *Ein regulärer, klassisch topologischer* σ-Boole-*Verband* $\mathfrak{B}$ *mit abzählbarer Basis ist vollständig normal* (M. Tychonoff).

---

[1] Dies ist z.B. der Fall, wenn $\mathfrak{B}$ ein topologischer Raum ist und jeder Punkt in höchstens endlich vielen V_i liegt.

Für einen klassisch und T_1-topologischen σ-BOOLE-Verband mit abzählbarer Basis (insbesondere also für einen klassisch und T_1-topologischen Raum mit abzählbarer Basis) fallen daher die Begriffe der Regularität, der Normalität und der vollständigen Normalität zusammen.

Beweis. Nach **7.12.** existiert in $\mathfrak{B}$ eine abzählbare, offene Basis $\mathfrak{B}$. Nach **11.9.** ist $\mathfrak{B}$ regulär. Nun seien F_0 und F_1 zwei Somen aus $\mathfrak{B}$ mit $F_0 \wedge \overline{F_1} = O = \overline{F_0} \wedge F_1$. Wir haben zwei offene Somen G_0 und G_1 mit $F_0 \leq G_0$, $F_1 \leq G_1$ und $G_0 \wedge G_1 = O$ zu konstruieren. Da $\mathfrak{B}$ regulär ist, existieren in $\mathfrak{B}$ Somen $B_0^1, B_0^2, \ldots$ und $B_1^1, B_1^2, \ldots$ mit

$$c\overline{F_0} = \bigvee_n B_0^n, \qquad c\overline{F_1} = \bigvee_n B_1^n$$

und

$$\overline{F_0} \wedge \overline{B_0^n} = O, \qquad \overline{F_1} \wedge \overline{B_1^n} = O \quad (n = 1, 2, \ldots).$$

Wir definieren

$$G_0^1 = B_1^1, \qquad G_1^1 = B_0^1 \wedge c\overline{G_0^1}$$

und durch vollständige Induktion weiter

$$G_0^n = B_1^n \wedge c \bigvee_{\nu=1}^{n-1} \overline{G_1^\nu}, \qquad G_1^n = B_0^n \wedge c \bigvee_{\nu=1}^{n} \overline{G_0^\nu}.$$

Diese Somen G_0^n und G_1^n sind offen nach **7.4.**, **7.5.** und **7.11.** Wir setzen $\bigvee_n G_0^n = G_0$ und $\bigvee_n G_1^n = G_1$ und behaupten, daß sie das Verlangte leisten. Zunächst sind sie offen nach **7.11.** Wegen $F_0 \wedge \overline{F_1} = O$ ist $F_0 \leq c\overline{F_1}$, also einerseits $F_0 \leq \bigvee_n B_1^n$; wegen $\overline{F_0} \wedge \overline{B_0^\nu} = O$ und $G_1^\nu \leq B_0^\nu$ ist $F_0 \wedge \overline{G_1^\nu} = O$, also anderseits $F_0 \leq c \bigvee_{\nu=1}^{n-1} \overline{G_1^\nu}$; daher ist $F_0 = \left(\bigvee_n B_1^n\right) \wedge F_0 = \bigvee_n (B_1^n \wedge F_0) \leq \bigvee_n \left(B_1^n \wedge c \bigvee_{\nu=1}^{n-1} \overline{G_1^\nu}\right) = G_0$. Analog ist $F_1 \leq G_1$. Für $n < m$ ist $G_0^m \wedge G_1^n \leq c \bigvee_{\nu=1}^{m-1} \overline{G_1^\nu} \wedge G_1^n = O$ und für $n \geq m$ ist $G_0^m \wedge G_1^n \leq G_0^m \wedge c \bigvee_{\nu=1}^{n} \overline{G_0^\nu} = O$; also ist $G_0 \wedge G_1 = O$ nach Korollar 1 zu **1.13.**

11.15. *Es sei $\mathfrak{B}$ ein topologischer BOOLE-Verband und D ein Soma aus $\mathfrak{B}$. Ist $\mathfrak{B}$ separiert, regulär oder vollständig normal, so ist auch $\mathfrak{B}_D$ separiert bzw. regulär bzw. vollständig normal*[1].

Mit anderen Worten, die Separiertheit, die Regularität und die vollständige Normalität vererben sich von $\mathfrak{B}$ auf jeden Unterverband $\mathfrak{B}_D$.

Beweis. In $\mathfrak{B}$ sei T_2 erfüllt. Es seien A_0 und A_1 zwei Somen $> O$ aus $\mathfrak{B}_D$ mit $A_0 \wedge A_1 = O$. Dann existieren in $\mathfrak{B}$ zwei offene Somen G_0 und G_1 mit $A_0 \wedge G_0 > O$, $A_1 \wedge G_1 > O$ und $G_0 \wedge G_1 = O$. Die Somen $H_0 = G_0 \wedge D$ und $H_1 = G_1 \wedge D$ sind dann offene Somen aus $\mathfrak{B}_D$ mit $A_0 \wedge H_0 = A_0 \wedge G_0 > O$, $A_1 \wedge H_1 = A_1 \wedge G_1 > O$ und $H_0 \wedge H_1 \leq G_0 \wedge G_1 = O$. Also ist T_2

---

[1] Vgl. hierzu das Korollar zu **11.3.**

in $\mathfrak{B}_D$ erfüllt. — In $\mathfrak{B}$ sei T_3 erfüllt. Es sei $A_0 > O$ ein beliebiges und F_1 ein in $\mathfrak{B}_D$ abgeschlossenes Soma aus $\mathfrak{B}_D$ mit $A_0 \wedge F_1 = O$. Für die Hülle $\overline{F_1}$ von F_1 in $\mathfrak{B}$ ist dann $A_0 \wedge \overline{F_1} = (A_0 \wedge D) \wedge \overline{F_1} = A_0 \wedge (D \wedge \overline{F_1}) = A_0 \wedge F_1 = O$. Nach T_3 existieren in $\mathfrak{B}$ zwei offene Somen G_0 und G_1 mit $A_0 \wedge G_0 > O$, $\overline{F_1} \leq G_1$ und $G_0 \wedge G_1 = O$. Für die in $\mathfrak{B}_D$ offenen Somen $H_0 = G_0 \wedge D$ und $H_1 = G_1 \wedge D$ gilt dann $A_0 \wedge H_0 = A_0 \wedge G_0 > O$, $F_1 = \overline{F_1} \wedge D \leq G_1 \wedge D = H_1$ und $H_0 \wedge H_1 = O$. Also ist T_3 in $\mathfrak{B}_D$ erfüllt. — Schließlich sei in $\mathfrak{B}$ das Axiom T_5 erfüllt. Es seien F_0 und F_1 zwei Somen aus $\mathfrak{B}_D$ mit $F_0 \wedge (\overline{F_1} \wedge D) = O = (\overline{F_0} \wedge D) \wedge F_1$. Dann ist auch $F_0 \wedge \overline{F_1} = O = \overline{F_0} \wedge F_1$ wegen $F_0 \leq D$ und $F_1 \leq D$. Nach T_5 existieren in $\mathfrak{B}$ zwei offene Somen G_0 und G_1 mit $F_0 \leq G_0$, $F_1 \leq G_1$ und $G_0 \wedge G_1 = O$. Für die in $\mathfrak{B}_D$ offenen Somen $H_0 = G_0 \wedge D$ und $H_1 = G_1 \wedge D$ ist dann $F_0 \leq H_0$, $F_1 \leq H_1$ und $H_0 \wedge H_1 = O$. Also ist T_5 auch in $\mathfrak{B}_D$ erfüllt.

Beispiel. Ist $\mathfrak{E}$ ein separierter, regulärer oder vollständig normaler Raum, so ist auch jeder Unterraum von $\mathfrak{E}$ separiert bzw. regulär bzw. vollständig normal.

Übung. Ist der topologische BOOLE-Verband $\mathfrak{B}$ normal und D ein abgeschlossenes Soma aus $\mathfrak{B}$, so ist $\mathfrak{B}_D$ normal.

Es fällt auf, daß in **11.15.** nicht auch von der Normalität die Rede ist. Tatsächlich braucht nicht jeder Unterverband $\mathfrak{B}_D$ eines normalen topologischen BOOLE-Verbandes $\mathfrak{B}$ normal zu sein (denn der nicht normale, klassisch topologische Raum des Beispiels 3 von S. 80 ist ein Unterraum des normalen, klassisch topologischen Raumes des Beispiels 4 von S. 81). Wir können nach **11.7.** und **11.15.** nur schließen, daß jeder Unterverband $\mathfrak{B}_D$ eines normalen topologischen BOOLE-Verbandes $\mathfrak{B}$ regulär ist (eine etwas schärfere Aussage liefert **11.21.**). Es sind vielmehr gerade die vollständig normalen BOOLE-Verbände $\mathfrak{B}$, deren sämtliche Unterverbände $\mathfrak{B}_D$ normal sind:

11.16. *Ein topologischer* BOOLE-*Verband* $\mathfrak{B}$ *ist dann und nur dann vollständig normal, wenn jeder Unterverband* $\mathfrak{B}_D$ *normal ist.*

Beweis. Jedes $\mathfrak{B}_D$ sei normal. Es seien F_0 und F_1 zwei Somen aus $\mathfrak{B}$ mit $F_0 \wedge \overline{F_1} = O = \overline{F_0} \wedge F_1$. Wir setzen $c(\overline{F_0} \wedge \overline{F_1}) = D$. Die Somen $\overline{F_0} \wedge D$ und $\overline{F_1} \wedge D$ sind abgeschlossen in $\mathfrak{B}_D$ und ihr Durchschnitt ist $= O$. Da $\mathfrak{B}_D$ normal ist, existieren in $\mathfrak{B}_D$ zwei in $\mathfrak{B}_D$ offene Somen G_0 und G_1 mit $\overline{F_0} \wedge D \leq G_0$, $\overline{F_1} \wedge D \leq G_1$ und $G_0 \wedge G_1 = O$. Da D in $\mathfrak{B}$ offen ist, sind auch G_0 und G_1 in $\mathfrak{B}$ offen nach **9.6.** Wegen $F_0 \wedge \overline{F_1} = O$ ist $F_0 \leq c\overline{F_1}$, also $F_0 \leq \overline{F_0} \wedge c\overline{F_1} = \overline{F_0} \wedge D \leq G_0$. Analog ist $F_1 \leq G_1$. Also ist $\mathfrak{B}$ vollständig normal. — Ist umgekehrt $\mathfrak{B}$ vollständig normal, so ist jedes $\mathfrak{B}_D$ vollständig normal nach **11.15.** und daher normal nach **11.7.**

Beispiel. Ein topologischer Raum ist dann und nur dann vollständig normal, wenn jeder Unterraum normal ist.

Wir geben nun noch zwei interessante Kennzeichnungen der Normalität topologischer Räume mittels reeller Funktionen $\varphi\,|\,E$ an.

Es sei $\mathfrak{E}$ ein topologischer Raum, E sein Träger. Eine reelle Funktion $\varphi\,|\,E$ heiße *quasi-stetig*, wenn für jedes abgeschlossene Intervall $J = [a, b]$ $(-\infty \leq a < b \leq +\infty)$ das Urbild $\varphi^{-1}J$ abgeschlossen ist[1]. Wenn φ stetig ist, so ist φ auch quasi-stetig nach **10.3.** Ist umgekehrt φ quasi-stetig und $\mathfrak{E}$ klassisch topologisch, so ist φ auch stetig; denn eine abgeschlossene Menge F' des CARTESISCHEN $\mathfrak{E}^1$ ist darstellbar als Durchschnitt $\bigcap\limits_n J_n$ von Vereinigungen $J_n = J_n^1 \cup \cdots \cup J_n^{k_n}$ je endlich vieler abgeschlossener Intervalle J_n^k und es ist dann $\varphi^{-1}F' = \bigcap\limits_n (\varphi^{-1}J_n^1 \cup \cdots \cup \varphi^{-1}J_n^{k_n})$, also $\varphi^{-1}F'$ abgeschlossen.

11.17. *Ein topologischer Raum $\mathfrak{E}$ ist dann und nur dann normal, wenn folgende Bedingung erfüllt ist:*

Sind F_0 und F_1 zwei abgeschlossene Punktmengen aus $\mathfrak{E}$ mit $F_0 \cap F_1 = L$ (L die leere Menge), so existiert eine quasi-stetige reelle Funktion $\varphi\,|\,E$ mit $\varphi\,x = 0$ für jedes $x \in F_0$ und $\varphi\,x = 1$ für jedes $x \in F_1$.

Beweis. Diese Bedingung sei erfüllt. Es seien F_0 und F_1 zwei abgeschlossene Punktmengen aus $\mathfrak{E}$ mit $F_0 \cap F_1 = L$. Für eine Funktion $\varphi\,|\,E$ der genannten Art bezeichnen wir mit G_0 die Menge aller Punkte x mit $\varphi\,x < \frac{1}{2}$ und mit G_1 die Menge aller Punkte x mit $\varphi\,x > \frac{1}{2}$. Dann sind die Mengen G_0 und G_1 offen nach **10.4.** und, es gilt $F_0 \subseteq G_0$, $F_1 \subseteq G_1$ und $G_0 \cap G_1 = L$. Also ist das Axiom T_4 erfüllt. — Umgekehrt sei T_4 erfüllt. Es seien F_0 und F_1 zwei abgeschlossene Mengen aus $\mathfrak{E}$ mit $F_0 \cap F_1 = L$. Nach **11.11.**, angewandt auf $F = F_0$ und $H = E - F_1 = G_1$, existiert zunächst eine offene Punktmenge $G_{\frac{1}{2}}$ mit $F_0 \subseteq G_{\frac{1}{2}}$ und $\overline{G_{\frac{1}{2}}} \subseteq G_1$. Sodann liefert **11.11.**, zweimal angewandt, und zwar auf F_0 und $G_{\frac{1}{2}}$ sowie auf $\overline{G_{\frac{1}{2}}}$ und G_1, zwei offene Punktmengen $G_{\frac{1}{4}}$ und $G_{\frac{3}{4}}$ mit $F_0 \subseteq G_{\frac{1}{4}}$, $\overline{G_{\frac{1}{4}}} \subseteq G_{\frac{1}{2}}$, $\overline{G_{\frac{1}{2}}} \subseteq G_{\frac{3}{4}}$ und $\overline{G_{\frac{3}{4}}} \subseteq G_1$. Durch Fortsetzung dieses Verfahrens erhalten wir für jedes dyadisch rationale t mit $0 < t < 1$ eine offene Punktmenge G_t derart, daß $F_0 \subseteq G_t$ für jedes t, $\overline{G_{t'}} \subseteq G_{t''}$ für $t' < t''$ und F_1 für jedes t zu G_t fremd ist. Für jeden Punkt x aus $\mathfrak{E}$ liegt dann genau einer der folgenden drei Fälle vor: Entweder ist $x \in G_t$ für jedes t oder es gibt ein t'' mit $x \in G_{t''}$ und ein t', für welches nicht $x \in G_{t'}$ gilt, oder es ist $x \in G_t$ für kein t. Im ersten Fall, der mindestens für jedes $x \in F_0$ vorliegt, setzen wir $\varphi\,x = 0$; im zweiten Fall gibt es ein reelles τ mit $0 < \tau < 1$ derart, daß $x \in G_{t''}$ für jedes $t'' > \tau$ und $x \in G_{t'}$ für kein $t' < \tau$; dann setzen wir $\varphi\,x = \tau$; im dritten Fall, der mindestens für jedes $x \in F_1$ vorliegt, setzen wir $\varphi\,x = 1$. Für jedes abgeschlossene Intervall

---

[1] Dieser Begriff ordnet sich nach **10.3.** dem allgemeinen Stetigkeitsbegriff ein, wenn man in der Zahlengeraden folgende Topologie zugrunde legt: $\overline{A'} =$ kleinstes Intervall $J \supseteq A'$.

$J = [a, b]$ ist das Urbild $\varphi^{-1} J$ die Menge $\underset{t'' > b}{\cap} \overline{G_{t''}} - \underset{t' < a}{\cup} G_{t'}$, also abgeschlossen. — Wir merken noch an: $0 \leq \varphi x \leq 1$ für jedes x aus E.

Korollar. *Es sei $\mathfrak{E}$ ein normaler, topologischer Raum. Weiter seien A und B zwei abgeschlossene Punktmengen mit $A \cap B = L$ und a und b zwei reelle Zahlen mit $a \leq b$. Dann existiert eine quasi-stetige, reelle Funktion $\varphi \mid E$ mit $\varphi x = a$ für jedes $x \in A$, $a \leq \varphi x \leq b$ für jedes $x \in E$ und $\varphi x = b$ für jedes $x \in B$.*

11.18. *Ein klassisch topologischer Raum $\mathfrak{E}$ ist dann und nur dann normal, wenn folgende Bedingung erfüllt ist:*

Ist F eine abgeschlossene Punktmenge aus $\mathfrak{E}$ und $\psi \mid F$ eine stetige, reelle Funktion mit dem Definitionsbereich F, so existiert eine stetige, reelle Funktion $\varphi \mid E$ mit dem Definitionsbereich E, die auf F mit ψ identisch ist (Erweiterungssatz von H. Tietze).

Beweis. Diese Bedingung sei erfüllt. Es seien F_0 und F_1 zwei fremde, abgeschlossene Punktmengen aus $\mathfrak{E}$. Dann ist auch $F = F_0 \cup F_1$ abgeschlossen. Die Funktion $\psi \mid F$, die für jedes $x \in F_0$ den Wert 0 und für jedes $x \in F_1$ den Wert 1 hat, ist stetig nach **10.3.** Nach der als erfüllt vorausgesetzten Bedingung von **11.18.** existiert eine stetige, reelle Funktion $\varphi \mid E$, die auf F mit $\psi \mid F$ identisch ist, also mit $\varphi x = 0$ für jedes $x \in F_0$ und $\varphi x = 1$ für jedes $x \in F_1$. Nach **11.17.** ist also $\mathfrak{E}$ normal. — Umgekehrt sei $\mathfrak{E}$ normal. Es sei eine stetige, reelle Funktion $\psi \mid F$ auf einer abgeschlossenen Menge F gegeben. Zunächst sei sie beschränkt: $|\psi x| \leq k < + \infty$ für jedes $x \in F$. Wir setzen $\psi x = \psi_0 x$ für jedes $x \in F$. Wir machen die Induktionsvoraussetzung, daß für ein ganzes $n \geq 0$ eine stetige, reelle Funktion $\psi_n \mid F$ mit $|\psi_n x| \leq (\frac{2}{3})^n k$ für jedes $x \in F$ definiert ist. Nun sei A_n bzw. B_n die Menge aller $x \in F$ mit $\psi_n x \leq - \frac{1}{3} (\frac{2}{3})^n k$ bzw. $\geq \frac{1}{3} (\frac{2}{3})^n k$. Nach **10.3.** sind A_n und B_n abgeschlossen in F, nach **9.3.** also auch in $\mathfrak{E}$. Nach dem Korollar zu **11.17.** existiert eine stetige, reelle Funktion $\varphi_n \mid E$ mit $\varphi_n x = - \frac{1}{3} (\frac{2}{3})^n k$ für jedes $x \in A_n$, $|\varphi_n x| \leq \frac{1}{3} (\frac{2}{3})^n k$ für jedes $x \in E$ und $\varphi_n x = \frac{1}{3} (\frac{2}{3})^n k$ für jedes $x \in B_n$. Wir setzen nun $\psi_n x - \varphi_n x = \psi_{n+1} x$ für jedes $x \in F$. Damit ist die Induktionsvoraussetzung für $n + 1$ realisiert. Wir können also für jedes ganze $n \geq 0$ zwei Funktionen $\psi_n \mid F$ und $\varphi_n \mid E$, die den vorstehenden Ungleichungen genügen, als konstruiert annehmen. Wir setzen $\varphi_0 x + \cdots + \varphi_n x = \sigma_n x$. Die Funktionen $\sigma_n \mid E$ sind stetig nach **10.9.** und **7.11.** (zweiter Teil) und konvergieren gleichmäßig auf E gegen eine Funktion $\varphi \mid E$. Diese Limesfunktion φ ist stetig; denn ist $x_0 \in E$ und ein $\varepsilon > 0$ beliebig gegeben, so existiert zunächst ein n_ε mit $|\varphi x - \sigma_{n_\varepsilon} x| < \varepsilon$ für alle $x \in E$ und sodann wegen der Stetigkeit von σ_{n_ε} nach **10.9.** eine Umgebung U von x_0 derart, daß $|\sigma_{n_\varepsilon} x - \sigma_{n_\varepsilon} x_0| < \varepsilon$ ist für alle $x \in U$; dann ist $|\varphi x - \varphi x_0| < 3\varepsilon$ für alle $x \in U$, also $\varphi \mid E$ stetig nach **10.9.** Schließlich ist $\varphi x = \Sigma \, \varphi_n x = \Sigma \, \psi_n x - \Sigma \, \psi_{n+1} x = \psi_0 x = \psi x$ für jedes $x \in F$. — Ist $\psi \mid F$ nicht beschränkt, so ist arctg ψF sicher beschränkt. Nach dem soeben Bewiesenen existiert eine Erweiterung $\varphi'|E$ von arctg $\psi|F$. Dann ist $\varphi|E = \mathrm{tg}\,\varphi'|E$ eine stetige Erweiterung von $\psi|F$.

Wir beweisen nun eine wichtige Folgerung aus dem Satz **11.17.** Es sei $\mathfrak{E}$ ein klassisch topologischer Raum. Wir nennen ihn *metrisierbar* (*quasi-metrisierbar*), wenn er durch Einführung einer Metrik (Quasi-Metrik) δ derart zu einem metrischen (quasi-metrischen) Raum gemacht werden kann, daß die durch δ induzierte Topologie (S. 50) mit der gegebenen Topologie von $\mathfrak{E}$ identisch ist. Die Metrisierbarkeit (Quasi-Metrisierbarkeit) eines Raumes ist sehr wichtig, weil man in einem metrischen (quasi-metrischen) Raum sehr viel bequemer operieren kann als in einem nicht metrischen (quasi-metrischen) Raum.

11.19. *Es sei $\mathfrak{E}$ ein klassisch topologischer Raum mit abzählbarer Basis. Ist $\mathfrak{E}$ regulär, so ist $\mathfrak{E}$ quasi-metrisierbar. Ist $\mathfrak{E}$ regulär und ein $\mathbf{T}_1$-Raum, so ist $\mathfrak{E}$ metrisierbar* (Metrisationssatz von P. URYSOHN).

Beweis. $\mathfrak{E}$ sei regulär. Es sei $\mathfrak{B} = (B_1, B_2, \ldots)$ eine abzählbare Basis von $\mathfrak{E}$. Nach **7.12.** können wir $\mathfrak{B}$ als offene Basis annehmen. Nach **11.9.** ist $\mathfrak{B}$ eine reguläre Basis. Wir nennen ein Paar $P = (B_i, B_k)$ von Mengen dieser Basis kanonisch, wenn $\overline{B}_i \subseteqq B_k$ ist. Zu jedem Punkt p von $\mathfrak{E}$ und jeder Umgebung U von p existiert ein kanonisches Paar (B_i, B_k) mit $p \in B_i$ und $B_k \subseteqq U$; denn da $\mathfrak{B}$ eine offene Basis ist, existiert zunächst ein B_k mit $p \in B_k$ und $B_k \subseteqq U$, und da $\mathfrak{B}$ regulär ist, existiert weiter ein B_i mit $p \in B_i$ und $\overline{B}_i \subseteqq B_k$. Wir bezeichnen die kanonischen Paare in irgendeiner Reihenfolge mit $P_1, P_2, \ldots$. Nach **11.14.** und **11.7.** ist $\mathfrak{E}$ normal. Nach dem Korollar zu **11.17.** existiert also für jedes kanonische Paar $P_n = (B_i, B_k)$ eine stetige, reelle Funktion $\varphi_n|E$ mit $\varphi_n p = 0$ für jedes $p \in \overline{B}_i$, $0 \leq \varphi_n p \leq 1/n^2$ für jedes $p \in E$ und $\varphi_n p = 1/n^2$ für jedes $p \in E - B_k$. Für je zwei Punkte p und q von $\mathfrak{E}$ definieren wir nun als Abstand die Zahl $\delta(p, q) = \Sigma |\varphi_n p - \varphi_n q|$. Dann ist zunächst $0 \leq \delta(p, q) \leq \pi^2/6$. Weiter ist $\delta(p, q) = \delta(q, p)$. Aus der Dreiecksungleichung für absolute Beträge folgt die Dreiecksungleichung $\delta(p, r) \leq \delta(p, q) + \delta(q, r)$. Schließlich ist $\delta(p, p) = 0$. Also ist δ eine Quasi-Metrik. Wir haben noch zu zeigen, daß die durch δ induzierte Topologie mit der gegebenen Topologie $\overline{A}$ von $\mathfrak{E}$ identisch ist. Es sei also A eine beliebige Menge aus $\mathfrak{E}$ und q ein Punkt aus $\mathfrak{E}$. Es genügt zu zeigen, daß dann und nur dann $q \in \overline{A}$ ist, wenn $\delta(A, q) = 0$ ist. Es sei $q \in \overline{A}$. Wir wählen ein beliebiges $\varepsilon > 0$ und hierzu ein natürliches n_0 derart, daß $\displaystyle\sum_{n > n_0} \frac{1}{n^2} < \frac{\varepsilon}{2}$ ist. Da die Funktionen $\varphi_1, \ldots, \varphi_{n_0}$ stetig sind, existiert nach **10.9.** und **7.11.** (zweiter Teil) eine Umgebung U von q derart, daß für jeden Punkt p aus U gilt $|\varphi_n p - \varphi_n q| < \dfrac{\varepsilon}{2 n_0}$ $(n = 1, \ldots, n_0)$.

Dann ist $\delta(p, q) < \varepsilon$ für jeden Punkt p aus U. Wegen $q \in \overline{A}$ ist der Durchschnitt $A \cap U$ nicht leer nach **7.15.** Also existiert in A ein Punkt p mit $\delta(p, q) < \varepsilon$. Da $\varepsilon > 0$ beliebig gewählt war, folgt $\delta(A, q) = 0$. Umgekehrt sei nicht $q \in \overline{A}$. Dann ist $U = E - \overline{A}$ eine Umgebung von q. Hierzu existiert ein Paar $P_n = (B_i, B_k)$ mit $q \in B_i$ und $B_k \subseteq U$. Dann gilt $|\varphi_n p - \varphi_n q| \geq 1/n^2$ für jeden Punkt $p \in A$. Also ist $\delta(A, q) > 0$. — Nun gelte in $\mathfrak{E}$ auch das Axiom $\boldsymbol{T_1}$. Nach **11.5.** ist jetzt δ eine Metrik.

Eine große Klasse vollständig normaler Räume liefert schließlich folgender Satz.

11.20. *Jeder quasi-metrische Raum ist vollständig normal.*

Beweis. Im quasi-metrischen Raum $\mathfrak{E}$ seien zwei Mengen F_0 und F_1 mit $F_0 \cap \overline{F_1} = L = \overline{F_0} \cap F_1$ gegeben (L die leere Menge). Zu zeigen ist die Existenz zweier offener Mengen G_0 und G_1 mit $F_0 \subseteq G_0$, $F_1 \subseteq G_1$ und $G_0 \cap G_1 = L$. Es sei i eine der beiden Zahlen 0 und 1, j die andere. Jeder Punkt $p_i \in F_i$ hat, da nicht $p_i \in \overline{F_j}$ gilt, von F_j einen Abstand $\delta(p_i, F_j) > 0$. Für jeden Punkt $p_j \in F_j$ ist $\delta(p_i, p_j) \geq \delta(p_i, F_j)$. Für jeden Punkt $p_i \in F_i$ sei $G(p_i)$ die offene Menge aller Punkte p des Raumes mit $\delta(p_i, p) < \frac{1}{2} \delta(p_i, F_j)$ und G_i die Vereinigung der Mengen $G(p_i)$ aller Punkte $p_i \in F_i$. Dann sind G_0 und G_1 offen und es ist $F_0 \subseteq G_0$ und $F_1 \subseteq G_1$. Außerdem ist $G_0 \cap G_1 = L$. Denn andernfalls gäbe es einen Punkt $p_0 \in F_0$, einen Punkt $p_1 \in F_1$ und einen Punkt p des Raumes derart, daß $p \in G(p_0)$ und $p \in G(p_1)$, also $\delta(p_0, p) < \frac{1}{2} \delta(p_0, F_1)$ und $\delta(p, p_1) < \frac{1}{2} \delta(p_1, F_0)$ gilt; dann wäre aber $\delta(p_0, p_1) < \frac{1}{2} \delta(p_0, F_1) + \frac{1}{2} \delta(p_1, F_0)$, also $\delta(p_0, p_1) < \delta(p_0, F_1)$ oder $\delta(p_0, p_1) < \delta(p_1, F_0)$, was falsch ist.

3. Vollständig reguläre, topologische BOOLE-Verbände.

Nach **11.15.** ist jeder Unterraum eines separierten oder regulären oder vollständig normalen, topologischen Raumes ebenfalls separiert bzw. regulär bzw. vollständig normal. Hingegen braucht, wie wir auf S. 87 bemerkten, ein Unterraum eines normalen, topologischen Raumes keineswegs normal zu sein. Vielmehr sind es nach **11.16.** gerade die vollständig normalen Räume, deren sämtliche Unterräume normal sind.

Hiernach erhebt sich die Frage nach einer Eigenschaft, durch welche diejenigen topologischen Räume gekennzeichnet sind, welche Unterräume normaler, topologischer Räume sein können. Es wird sich herausstellen (**11.24.**), daß (wenigstens für klassisch topologische $\boldsymbol{T_1}$-Räume) diese Eigenschaft die vollständige Regularität ist, die wir jetzt definieren wollen.

Es sei $\mathfrak{B}$ ein topologischer BOOLE-Verband. Ist für jedes dyadisch rationale $t = \dfrac{m}{2^n}$ ($m = 0, 1, \ldots, 2^n$; $n = 1, 2, \ldots$) H_t ein offenes Soma aus $\mathfrak{B}$ derart, daß $\overline{H_{t'}} \leq H_{t''}$ ist für $t' < t''$, so nennen wir die Menge (H_t)

der Somen H_t eine *dyadische Skala*. Wir bezeichnen nun den topologischen BOOLE-Verband $\mathfrak{B}$ als *vollständig regulär*, wenn in ihm das folgende Axiom erfüllt ist:

Axiom T_{3a}. *Sind $A_0 > 0$ und F_1 zwei Somen, F_1 abgeschlossen, mit $A_0 \wedge F_1 = 0$, so existiert eine dyadische Skala (H_t) derart, daß $A_0 \wedge H_0 > 0$ und $F_1 \wedge H_1 = 0$ ist.*

Wir beweisen über die vollständige Regularität drei Sätze, die den Sätzen **11.7.**, **11.15.** und **11.17.** entsprechen.

11.21. $\mathfrak{B}$ *sei ein topologischer* BOOLE-*Verband. Ist $\mathfrak{B}$ vollständig regulär, so ist $\mathfrak{B}$ regulär. Ist $\mathfrak{B}$ T_1-topologisch und normal, so ist $\mathfrak{B}$ vollständig regulär.*

Beweis. $\mathfrak{B}$ sei vollständig regulär. Es seien $A_0 > 0$ und F_1 zwei Somen, F_1 abgeschlossen, mit $A_0 \wedge F_1 = 0$. Nach T_{3a} existiert eine dyadische Skala (H_t) mit $A_0 \wedge H_0 > 0$ und $F_1 \wedge H_1 = 0$. Wir setzen $H_0 = G_0$ und $c\overline{H_0} = G_1$. Dann sind G_0 und G_1 offen. Weiter ist $A_0 \wedge G_0 > 0$ und $F_1 \leq G_1$, letzteres wegen $\overline{H_0} \leq H_1$ und $F_1 \wedge H_1 = 0$. Schließlich ist $G_0 \wedge G_1 = 0$ wegen $\overline{H_0} \leq H_1$. Also ist $\mathfrak{B}$ regulär. — Nun sei $\mathfrak{B}$ T_1-topologisch und normal. Es seien $A_0 > 0$ und F_1 zwei Somen, F_1 abgeschlossen, mit $A_0 \wedge F_1 = 0$. Nach **11.3.** existiert ein abgeschlossenes Soma F_0 mit $0 < F_0 \leq A_0$. Es ist $F_0 \wedge F_1 = 0$. Wir setzen $cF_1 = H_1$. Dann ist H_1 offen, $F_1 \wedge H_1 = 0$ und $F_0 \leq H_1$. Nach **11.11.** existiert ein offenes Soma H_0 mit $F_0 \leq H_0$ und $\overline{H_0} \leq H_1$. Mittels **11.11.** definiert man nun sukzessive für alle dyadisch rationalen Zahlen t mit $0 < t < 1$ (in irgendeiner Reihenfolge) offene Somen H_t mit $\overline{H_{t'}} \leq H_{t''}$ für $0 \leq t' < t'' \leq 1$ (vgl. die Konstruktion der Somen G_t im Beweis von **11.17.**). Diese Somen H_t ($0 \leq t \leq 1$, t dyadisch rational) bilden eine dyadische Skala mit $A_0 \wedge H_0 > 0$ und $F_1 \wedge H_1 = 0$. Also ist $\mathfrak{B}$ vollständig regulär.

11.22. *Ist der topologische* BOOLE-*Verband $\mathfrak{B}$ vollständig regulär und D ein Soma aus $\mathfrak{B}$, so ist auch $\mathfrak{B}_D$ vollständig regulär.*

Beweis. Es seien $A_0 > 0$ und F_1 zwei Somen aus $\mathfrak{B}_D$, F_1 abgeschlossen in $\mathfrak{B}_D$, mit $A_0 \wedge F_1 = 0$. Wegen $F_1 = \overline{F_1} \wedge D$ und $A_0 \leq D$ ist dann auch $A_0 \wedge \overline{F_1} = 0$. Nach T_{3a} existiert daher in $\mathfrak{B}$ eine dyadische Skala (H_t') mit $A_0 \wedge H_0' > 0$ und $\overline{F_1} \wedge H_1' = 0$. Das System (H_t) der Somen $H_t = H_t' \wedge D$ ist dann eine dyadische Skala in $\mathfrak{B}_D$ mit $A_0 \wedge H_0 > 0$ und $F_1 \wedge H_1 = 0$.

11.23. *Ein topologischer Raum $\mathfrak{E}$ ist dann und nur dann vollständig regulär, wenn folgende Bedingung erfüllt ist:*

Ist p ein Punkt und F eine p nicht enthaltende, abgeschlossene Punktmenge aus $\mathfrak{E}$, so existiert eine quasi-stetige, reelle Funktion $\varphi \mid E$ mit $\varphi p = 0$ und $\varphi x = 1$ für jedes $x \in F$ [1].

---

[1] Wir erinnern daran, daß, wenn $\mathfrak{E}$ klassisch topologisch ist, jede quasi-stetige Funktion $\varphi \mid E$ stetig ist.

Durch diese Eigenschaft hat P. URYSOHN die vollständige Regularität (für klassisch topologische Räume) eingeführt.

Beweis. Die Bedingung sei erfüllt. Es seien $A_0 > L$ und F_1 zwei Punktmengen, F_1 abgeschlossen, mit $A_0 \cap F_1 = L$ (L die leere Menge). Wir wählen in A_0 einen Punkt p. Dann existiert nach Voraussetzung eine quasi-stetige, reelle Funktion $\varphi \,|\, E$ mit $\varphi\, p = 0$ und $\varphi\, x = 1$ für jedes $x \in F$. Für jedes dyadisch rationale t ($0 \leq t \leq 1$) sei H_t die Menge aller Punkte x aus $\mathfrak{E}$ mit $\varphi\, x < \dfrac{t}{2} + \dfrac{1}{2}$. Nach **10.4.** ist jedes H_t offen. Für $t' < t''$ ist $\overline{H_{t'}} \subseteq H_{t''}$, da $\varphi\, x \leq \dfrac{t'}{2} + \dfrac{1}{2}$ ist für jedes $x \in \overline{H_{t'}}$ nach **10.2.** Wegen $\varphi\, p = 0$ ist $p \in H_0$, also $A_0 \cap H_0 > L$; wegen $\varphi\, x = 1$ für jedes $x \in F$ ist $F_1 \cap H_1 = L$. Das System der Somen H_t ist also eine dyadische Skala der im Axiom $\boldsymbol{T}_{3a}$ verlangten Art. — Umgekehrt sei $\boldsymbol{T}_{3a}$ in $\mathfrak{E}$ erfüllt. Es sei p ein Punkt und F_1 eine p nicht enthaltende, abgeschlossene Punktmenge aus $\mathfrak{E}$. Dann existiert eine dyadische Skala (H_t) mit $p \in H_0$ und $F_1 \cap H_1 = L$. Mittels der Somen H_t konstruiert man nun eine quasi-stetige, reelle Funktion $\varphi \,|\, E$ mit $\varphi\, p = 0$ und $\varphi\, x = 1$ für jedes $x \in F$, analog zur Konstruktion einer Funktion $\varphi \,|\, E$ mittels Mengen G_t im Beweis von **11.17.**

Korollar. *Es sei $\mathfrak{E}$ ein vollständig regulärer, topologischer Raum. Weiter seien p ein Punkt und F eine p nicht enthaltende, abgeschlossene Punktmenge, a und b zwei reelle Zahlen mit $a \leq b$. Dann existiert eine quasi-stetige, reelle Funktion $\varphi \,|\, E$ mit $\varphi\, p = a$, $a \leq \varphi\, x \leq b$ für jedes $x \in E$ und $\varphi\, x = b$ für jedes $x \in F$.*

Wir kommen nun noch einmal auf die Frage von S. 91 zurück. Ist $\mathfrak{E}$ ein Unterraum eines normalen, topologischen $\boldsymbol{T}_1$-Raumes, so ist $\mathfrak{E}$ nach **11.21.** und **11.22.** vollständig regulär. Umgekehrt werden wir später beweisen (**18.9.**), daß jeder vollständig reguläre, klassisch topologische $\boldsymbol{T}_1$-Raum $\mathfrak{E}$ zu einem normalen, klassisch topologischen $\boldsymbol{T}_1$-Raum erweitert werden kann. Damit werden wir folgenden Satz bewiesen haben.

11.24. *Ein klassisch topologischer $\boldsymbol{T}_1$-Raum $\mathfrak{E}$ ist dann und nur dann ein Unterraum eines normalen, klassisch topologischen $\boldsymbol{T}_1$-Raumes, wenn $\mathfrak{E}$ vollständig regulär ist.*

Beispiele. 1. Im Raum $\mathfrak{E}$ des Beispiels 3 von S. 80 ist auch das Axiom $\boldsymbol{T}_{3a}$ erfüllt. — 2. In der CARTESISchen Ebene $\mathfrak{E}^2$ sei E die Halbebene $[x_2 > 0]$, vermehrt um den Punkt $(0, 0)$. Es sei $\mathfrak{S}$ das System folgender Mengen $\subseteq E$: $\alpha)$ $P_0 = \big((0, 0)\big)$; $\beta)$ $\left[-\dfrac{1}{n} < x_1 < \dfrac{1}{n}, 0 < x_2 < \dfrac{1}{n} \right] \cup P_0$ für $n = 1, 2, \ldots$; $\gamma)$ $\left[-\dfrac{1}{n} \leq x_1 \leq \dfrac{1}{n}, 0 < x_2 \leq \dfrac{1}{n} \right] \cup P_0$ für $n = 1, 2, \ldots$; $\delta)$ $[a \leq x_1 \leq b; c \leq x_2 \leq d]$ für alle a, b, c, d mit $a < b$ und $0 < c < d$. Weiter sei $\mathfrak{B}$ der kleinste, aus Teilmengen von E bestehende Boole-Mengen-Verband, welcher $\mathfrak{S}$ als Teilmenge enthält. ($\mathfrak{B}$ ist atomar; die Atome sind die einpunktigen Teilsysteme von E.) Für jede Menge M aus $\mathfrak{B}$ definieren wir als Hülle $\overline{M}$ den mengentheoretischen Durchschnitt von E mit der Hülle von M in $\mathfrak{E}^2$. Dann ist $\mathfrak{B}$ klassisch topologisch. Das Axiom $\boldsymbol{T_1}$ ist in $\mathfrak{B}$ erfüllt, da jede einpunktige Menge aus $\mathfrak{B}$ abgeschlossen ist. Das Axiom $\boldsymbol{T_3}$ ist ebenfalls erfüllt. Denn ist P eine einpunktige Menge $\neq P_0$ aus $\mathfrak{B}$ und V eine Umgebung von P in $\mathfrak{B}$, so existiert in $\mathfrak{B}$ eine Umgebung $[a < x_1 < b,\ c < x_2 < d] \subseteq V$ von P; diese enthält eine Umgebung $[a' < x_1 < b',\ c' < x_2 < d']$ von P mit $a < a' < b' < b$ und $c < c' < d' < d$. Analog schließt man für P_0. Mit $\boldsymbol{T_3}$ ist nach **11.7.** auch $\boldsymbol{T_2}$ erfüllt. Das Axiom $\boldsymbol{T_{3a}}$ ist hingegen nicht erfüllt. Es sei nämlich $A_0 = P_0$ und F_1 die abgeschlossene Menge aller Punkte von E, die nicht in $[-1 < x_1 < 1,\ 0 < x_2 < 1] \cup P_0$ liegen. Wäre $\boldsymbol{T_{3a}}$ erfüllt, so gäbe es eine dyadische Kette (H_t) mit $P_0 \subseteq H_0$ und $H_1 \subseteq [-1 < x_1 < 1,\ 0 < x_2 < 1] \cup P_0$. Da $H_{\frac{1}{2}}$ eine Umgebung von P_0 ist, existiert ein natürliches n mit $\left[-\dfrac{1}{n} < x_1 < \dfrac{1}{n},\ 0 < x_2 < \dfrac{1}{n}\right] \subseteq H_{\frac{1}{2}}$. Wegen $\overline{H}_{\frac{1}{2}} \subseteq H_{\frac{3}{4}}$ folgt die Existenz eines $b_1 > 0$ derart, daß $\left[\dfrac{1}{n} < x_1 < \dfrac{1}{n-1},\ 0 < x_2 < b_1\right] \subseteq H_{\frac{3}{4}}$ gilt. Hieraus folgt wegen $\overline{H}_{\frac{3}{4}} \subseteq H_{\frac{7}{8}}$ weiter die Existenz eines $b_2 > 0$ derart, daß $\left[\dfrac{1}{n-1} < x_1 < \dfrac{1}{n-2},\ 0 < x_2 < b_2\right] \subseteq H_{\frac{7}{8}}$ gilt usw. Schließlich erhält man ein $b_{n-1} > 0$ derart, daß $[\frac{1}{2} < x_1 < 1,\ 0 < x_2 < b_{n-1}] \subseteq H_{1-\frac{1}{2^n}}$ gilt. Wegen $\overline{H}_{1-\frac{1}{2^n}} \subseteq H_1$ ist also $[\frac{1}{2} < x_1 \leq 1,\ 0 < x_2 < b_{n-1}] \subseteq H_1$, im Widerspruch zu $H_1 \subseteq [-1 < x_1 < 1,\ 0 < x_2 < 1] \cup P_0$. Das Axiom $\boldsymbol{T_{3a}}$ ist also nicht erfüllt. Nach **11.7.** und **11.21.** sind dann auch die Axiome $\boldsymbol{T_4}$ und $\boldsymbol{T_5}$ nicht erfüllt. In $\mathfrak{B}$ sind also die Axiome $\boldsymbol{T_1}$ bis $\boldsymbol{T_3}$ erfüllt, die Axiome $\boldsymbol{T_{3a}}$ bis $\boldsymbol{T_5}$ hingegen nicht.

§ 12. $\mathfrak{m}$-Kompaktheit und Vollkompaktheit.

Eine große Rolle spielt in der Analysis bekanntlich der Satz von Bolzano-Weierstrass, wonach jede unendliche Teilmenge eines Intervalls der Zahlengeraden mindestens einen Häufungspunkt besitzt, der dann ebenfalls dem Intervall angehört. Man bezeichnet die Intervalle wegen dieser Eigenschaft als kompakt. Mittels Intervallschachtelung beweist man, daß die Kompaktheit eines Intervalls äquivalent ist mit dem Durchschnittssatz von Cantor, welcher besagt, daß jede monoton fallende Folge abgeschlossener, nicht leerer Teilmengen eines Intervalls einen nicht leeren Durchschnitt hat. Hiermit ist gleichbedeutend, daß jeder abzählbare, eigentliche Raster von Teilmengen eines Intervalls mindestens einen adhärenten Punkt besitzt, der dann ebenfalls dem Intervall angehört.

Diese letztere Kennzeichnung der Kompaktheit wollen wir in einem beliebigen topologischen Verein zur Definition der Kompaktheit erheben. Dabei wollen wir aber nicht nur abzählbare Raster betrachten, sondern für jede Kardinalzahl $m \geq \aleph_0$ alle Raster mit Mächtigkeiten $\leq m$ und außerdem die Raster mit beliebigen Mächtigkeiten[1]. So ergeben sich die folgenden Definitionen.

Es sei $\mathfrak{B}$ ein topologischer Verein. Eine Teilmenge $\mathfrak{K}$ von $\mathfrak{B}$ heiße m-*kompakt* (m eine feste Kardinalzahl $\geq \aleph_0$), wenn jedem eigentlichen Raster $\mathfrak{R} \subseteq \mathfrak{K}$ einer Mächtigkeit $\leq m$ mindestens ein nicht verschwindendes Soma A aus $\mathfrak{K}$ adhärent ist. $\mathfrak{K}$ heiße *vollkompakt*, wenn jedem eigentlichen Raster $\mathfrak{R} \subseteq \mathfrak{K}$ (beliebiger Mächtigkeit) mindestens ein nicht verschwindendes Soma A aus $\mathfrak{K}$ adhärent ist. — Ist K ein Soma aus $\mathfrak{B}$ und der aus allen Somen $\leq K$ bestehende Unterverein $\mathfrak{B}_K$ von $\mathfrak{B}$ m-kompakt (vollkompakt), so nennen wir auch K m-kompakt (vollkompakt). — Statt $\aleph_0$-kompakt sagen wir auch kurz *kompakt*.

Für die Vollkompaktheit von $\mathfrak{B}$ selbst ist bereits das Verhalten der Ultrafilter maßgebend:

12.1. *Ein topologischer Verein $\mathfrak{B}$ ist dann und nur dann vollkompakt, wenn jedem Ultrafilter in $\mathfrak{B}$ ein nicht verschwindendes Soma A adhärent ist.*

Beweis. Jeder eigentliche Raster $\mathfrak{R}$ ist nach **4.3.** eine Teilmenge eines Ultrafilters $\mathfrak{U}$; jedes dem Ultrafilter $\mathfrak{U}$ adhärente Soma ist auch dem Raster $\mathfrak{R}$ adhärent. — Umgekehrt ist jeder Ultrafilter ein eigentlicher Raster.

Übungen. 1. Es sei $\mathfrak{E}$ ein klassisch topologischer Raum. $\mathfrak{E}$ ist dann und nur dann kompakt, wenn jede Punktfolge einen Häufungspunkt besitzt. Ebenso ist für die Kompaktheit von $\mathfrak{E}$ notwendig und, falls $\mathfrak{E}$ ein T_1-Raum ist, auch hinreichend, daß jede unendliche Punktmenge einen Häufungspunkt besitzt[2]. — 2. Im CARTESischen Raum $\mathfrak{C}^n$ fallen die Begriffe der Kompaktheit, der m-Kompaktheit für alle $m \geq \aleph_0$ und der Vollkompaktheit zusammen (vgl. **12.2.**). Eine Punktmenge K des $\mathfrak{C}^n$ ist dann und nur dann kompakt (und damit m-kompakt für jedes $m \geq \aleph_0$ und vollkompakt), wenn K abgeschlossen und beschränkt [d.h. in einer Kugel $x_1^2 + \cdots + x_n^2 \leq r^2 (r < +\infty)$ enthalten] ist. Der $\mathfrak{C}^n$ selbst ist nicht kompakt. — 3. Es sei E die Menge der Ordinalzahlen der ersten und zweiten Zahlenklasse und $\mathfrak{B}$ der Mengenverband aller Teilmengen von E. Die Hülle $\overline{M}$ einer Menge aus $\mathfrak{B}$ sei die Menge aller Zahlen aus M

---

[1] Zum Begriff der Mächtigkeit einer Menge vgl. den Anhang.
[2] Der Begriff der Kompaktheit stammt von M. FRÉCHET: Ein klassisch topologischer Raum heißt nach FRÉCHET kompakt, wenn jede unendliche Punktmenge einen Häufungspunkt hat. Dieser Begriff stimmt mit dem unseren für T_1-Räume überein. — Bei N. BOURBAKI heißt ein vollkompakter, HAUSDORFFscher Raum kompakt.

und aller derjenigen Zahlen aus E, welche Limeszahlen von Folgen von Zahlen aus M sind. Dann ist $\mathfrak{B}$ kompakt, aber m-kompakt für kein $\mathfrak{m} > \aleph_0$ und nicht vollkompakt. — 4. Ein topologischer Vollverband $\mathfrak{B}$ ist dann und nur dann vollkompakt, wenn jeder gefilterten Familie $(A_i)_{i \in I}$ von Somen $A_i > O$ aus $\mathfrak{B}$ ein Soma $A > O$ adhärent ist.

Über die Beziehungen der Begriffe der m-Kompaktheit für verschiede Mächtigkeiten $\mathfrak{m}$ und der Vollkompaktheit zueinander gilt folgendes. Ist die Somenmenge $\mathfrak{K} \subseteq \mathfrak{B}$ vollkompakt, so ist sie auch m-kompakt für jedes $\mathfrak{m} \geq \aleph_0$. Ist $\mathfrak{K}$ m-kompakt für ein $\mathfrak{m} \geq \aleph_0$, so ist $\mathfrak{K}$ auch m'-kompakt für jedes $\mathfrak{m}'$ mit $\mathfrak{m} \geq \mathfrak{m}' \geq \aleph_0$. In umgekehrter Richtung gilt zunächst: Wenn $\mathfrak{m}$ mindestens gleich der Mächtigkeit von $\mathfrak{K}$ und $\mathfrak{K}$ m-kompakt ist, so ist $\mathfrak{K}$ auch m'-kompakt für jedes $\mathfrak{m}' \geq \mathfrak{m}$ und vollkompakt. Aber auch wenn $\mathfrak{m}$ mindestens gleich der Mächtigkeit mindestens einer Basis von $\mathfrak{B}$ ist, kann man von der m-Kompaktheit von $\mathfrak{K}$ auf die Vollkompaktheit und damit auf die m'-Kompaktheit von $\mathfrak{K}$ für jedes $\mathfrak{m}' \geq \aleph_0$ schließen. Es gilt nämlich folgender Satz.

12.2. *Besitzt der topologische Verein $\mathfrak{B}$ eine Basis einer Mächtigkeit $\leq \mathfrak{m}$ und ist die Somenmenge $\mathfrak{K} \subseteq \mathfrak{B}$ m-kompakt, so ist $\mathfrak{K}$ vollkompakt.*

Beweis. Es sei $\mathfrak{R}$ ein eigentlicher Raster $\subseteq \mathfrak{K}$. Wir haben die Existenz eines nicht verschwindenden Somas A in $\mathfrak{K}$ nachzuweisen, welches dem Raster $\mathfrak{R}$ adhärent ist. Es sei $\mathfrak{B}$ eine (abgeschlossene) Basis einer Mächtigkeit $\leq \mathfrak{m}$ von $\mathfrak{B}$. Wir bezeichnen mit $\mathfrak{B}_0$ die Menge aller Somen B von $\mathfrak{B}$ mit $R \leq B$ für mindestens ein $R \in \mathfrak{R}$. Für jedes Soma $B \in \mathfrak{B}_0$ wählen wir ein Soma $R \in \mathfrak{R}$ mit $R \leq B$ aus und bezeichnen es mit $R(B)$. Es sei $\mathfrak{S}_1$ die Menge aller Somen $R(B)$, wobei B die Menge $\mathfrak{B}_0$ durchläuft. $\mathfrak{S}_1$ ist nicht leer und hat eine Mächtigkeit $\leq \mathfrak{m}$. Wir machen die Induktionsvoraussetzung, daß für ein natürliches n bereits eine Somenmenge $\mathfrak{S}_n \subseteq \mathfrak{R}$ mit einer Mächtigkeit $\leq \mathfrak{m}$ definiert ist. Da $\mathfrak{R}$ ein Raster ist, existiert für je zwei Somen R_1 und R_2 aus $\mathfrak{S}_n$ ein Soma $R \in \mathfrak{R}$ mit $R \leq R_1$ und $R \leq R_2$. Wir wählen ein solches Soma R aus und bezeichnen es mit $R(R_1, R_2)$. Es sei $\mathfrak{S}_{n+1}$ die Menge aller Somen aus $\mathfrak{S}_n$ und aller Somen $R(R_1, R_2)$, wobei R_1 und R_2 unabhängig alle Somen von $\mathfrak{S}_n$ durchlaufen. Dann ist $\mathfrak{S}_{n+1}$ eine Teilmenge von $\mathfrak{R}$ mit einer Mächtigkeit $\leq \mathfrak{m}$[1] und folgender Eigenschaft: $\mathfrak{S}_{n+1}$ enthält $\mathfrak{S}_n$ als Teilmenge und zu je zwei Somen R_1 und R_2 aus $\mathfrak{S}_n$ existiert in $\mathfrak{S}_{n+1}$ ein Soma R mit $R \leq R_1$ und $R \leq R_2$. Auf diese Weise definieren wir nacheinander die Somenmengen $\mathfrak{S}_2, \mathfrak{S}_3, \ldots$. Es sei nun $\mathfrak{S} = \cup \mathfrak{S}_n$. Dann ist $\mathfrak{S}$ eine Teilmenge von $\mathfrak{R} \subseteq \mathfrak{K}$ mit einer Mächtigkeit $\leq \mathfrak{m}^2$ und ein eigentlicher Raster. Da $\mathfrak{K}$ nach Voraussetzung m-kompakt ist, existiert in $\mathfrak{K}$ ein nicht verschwindendes, $\mathfrak{S}$ adhärentes Soma A. Wir behaupten, daß A

---

[1] Anhang, Satz 10.
[2] Anhang, Satz 9.

auch dem Raster $\Re$ adhärent ist. Angenommen, dies wäre nicht der Fall. Dann existiert ein Soma $R_0 \in \Re$ derart, daß nicht $A \leq \overline{R_0}$ ist. Da $\overline{R_0}$ der Durchschnitt von Somen B aus $\mathfrak{B}_0$ ist, existiert dann ein Soma $B_0 \in \mathfrak{B}_0$ derart, daß $R_0 \leq B_0$, aber nicht $A \leq B_0$ ist. Das Soma $R_1 = R(B_0)$ ist ein Element von $\mathfrak{S}_1$, also von $\mathfrak{S}$. Nach der Definition von $R(B_0)$ ist $R_1 \leq B_0$. Da nicht $A \leq B_0$ ist, so ist auch nicht $A \leq \overline{R_1}$, im Widerspruch dazu, daß A dem Raster $\mathfrak{S}$ adhärent ist.

Beispiel. Ein kompakter, topologischer Raum mit abzählbarer Basis ist vollkompakt.

Korollar. *Jeder kompakte, quasi-metrische Raum ist vollkompakt.*

Beweis. Nach **12.2.** genügt es zu zeigen: *Jeder kompakte, quasi-metrische Raum $\mathfrak{E}$ hat eine abzählbare Basis.* Für jede natürliche Zahl k definieren wir folgendermaßen endlich viele Punkte $p_k^0, \ldots, p_k^{n_k}$. Zunächst wählen wir in $\mathfrak{E}$ einen beliebigen Punkt p_k^0. Wir machen die Induktionsvoraussetzung, daß für ein natürliches v bereits v Punkte $p_k^0, \ldots, p_k^{v-1}$ definiert sind. Falls es nun in $\mathfrak{E}$ Punkte p gibt mit $\delta(p, p_k^i) \geq 1/k$ für jedes $i = 0, 1, \ldots, v-1$, so wählen wir einen dieser Punkte p aus und bezeichnen ihn mit p_k^v. Wir behaupten, daß diese Induktion nach endlich vielen, etwa n_k Schritten abbricht (und zwar dadurch, daß jeder Punkt p aus $\mathfrak{E}$ von mindestens einem Punkt p_k^v ($v = 0, 1, \ldots, n_k$) einen Abstand $\delta(p, p_k^v) < 1/k$ hat). Andernfalls nämlich würden wir eine unendliche Folge von Punkten $(p_k^v)_{v=0,1,\ldots}$ erhalten, die zu je zwei einen Abstand $\geq 1/k$ voneinander haben; bezeichnen wir nun für jedes v mit R_v die Menge aller Punkte $p_k^v, p_k^{v+1}, \ldots$ so ist das System $\Re$ der Mengen R_v ein abzählbarer, eigentlicher Raster; da $\mathfrak{E}$ kompakt ist, ist diesem Raster mindestens ein Punkt p adhärent; es gilt also $p \in \overline{R_v}$ für jedes v; aus $p \in \overset{*}{\overline{R_v}}$ folgt aber, daß $\delta(p, p_k^\mu) < 1/2k$ ist für mindestens ein $\mu \geq v$; dann ist aber $\delta(p, p_k^\lambda) \geq 1/2k$ für jedes $\lambda > \mu$, da andernfalls $\delta(p_k^\lambda, p_k^\mu) < 1/k$ wäre zufolge der Dreiecksungleichung; also ist $p \in \overline{R_\lambda}$ für kein $\lambda > \mu$, also p dem Raster $\Re$ doch nicht adhärent. Die Induktion bricht also ab, wie behauptet. Nun sei $\mathfrak{B}$ das abzählbare System der offenen Mengen $U_{\frac{1}{k}}(p_k^v)$, bestehend aus allen Punkten p mit $\delta(p, p_k^v) < 1/k$ ($k = 1, 2, \ldots$; $v = 0, 1, \ldots, n_k$). Wir behaupten, daß $\mathfrak{B}$ eine offene Basis von $\mathfrak{E}$ ist. Es sei nämlich G eine offene Punktmenge aus $\mathfrak{E}$, $F = E - G$ ihr (abgeschlossenes) Komplement. Ist p ein beliebiger Punkt aus G, so gilt nicht $p \in F = \overline{F}$; also ist $\delta(F, p) = \delta > 0$. Wir wählen ein natürliches k mit $2/k < \delta$. Dann existiert ein $v = 0, 1, \ldots, n_k$ mit $\delta(p, p_k^v) < 1/k$. Einerseits ist dann $p \in U_{\frac{1}{k}}(p_k^v)$; andererseits ist $U_{\frac{1}{k}}(p_k^v) \subseteq G$, da sonst ein Punkt $q \in F$ mit $\delta(p_k^v, q) < 1/k$, also mit $\delta(p, q) < 2/k$ vorhanden wäre, im Widerspruch zu $\delta(F, p) = \delta > 2/k$. Damit ist bewiesen, daß G die Vereinigung von Mengen des Systems $\mathfrak{B}$ ist. Also ist $\mathfrak{B}$ eine (abzählbare) Basis.

Anmerkung. Ist ein $\varepsilon > 0$ gegeben und wählen wir k so groß, daß $2/k < \varepsilon$ ist, so hat jeder Punkt p aus $\mathfrak{E}$ von mindestens einem der Punkte p_k^ν ($\nu = 0, 1, \ldots, n_k$) einen Abstand $< 1/k < \varepsilon/2$. Die offenen Punktmengen $V_\nu = U_{\frac{\varepsilon}{2}}(p_k^\nu)$ bilden also eine offene Überdeckung von $\mathfrak{E}$ und ihre Durchmesser sind $< \varepsilon$. Wir haben also bewiesen: *Für jedes $\varepsilon > 0$ existiert eine endliche, offene Überdeckung $(V_0, \ldots, V_n)$ von $\mathfrak{E}$ mit $\delta V_\nu < \varepsilon$ ($\nu = 0, 1, \ldots, n$).*

Ist $\mathfrak{B}$ ein beliebiger Verein und $\mathfrak{K}$ eine Menge von Somen aus $\mathfrak{B}$, so nennen wir eine Somenfamilie $(A_i)_{i \in I}$ aus $\mathfrak{B}$ *teilerfremd bezüglich* $\mathfrak{K}$, wenn kein nicht verschwindendes Soma A aus $\mathfrak{K}$ ein Teilsoma von allen Somen A_i ist (vgl. S. 3).

12.3. *Es sei $\mathfrak{B}$ ein topologischer Verein und $\mathfrak{K}$ eine Menge von Somen aus $\mathfrak{B}$. Damit $\mathfrak{K}$ $\mathfrak{m}$-kompakt (vollkompakt) sei, ist hinreichend und, falls $\mathfrak{B}$ ein $\wedge$-Verein und $\mathfrak{K}$ ein Verein $\mathfrak{B}_K$ ist ($K \in \mathfrak{B}$), auch notwendig: Jede Familie einer Mächtigkeit $\leq \mathfrak{m}$ (einer beliebigen Mächtigkeit) abgeschlossener Somen aus $\mathfrak{B}$, welche teilerfremd ist bezüglich $\mathfrak{K}$, enthält eine höchstens endliche[1] Teilfamilie, welche teilerfremd ist bezüglich $\mathfrak{K}$.*

Beweis. $\mathfrak{K}$ sei nicht $\mathfrak{m}$-kompakt (nicht vollkompakt). Dann existiert ein eigentlicher Raster $\mathfrak{R} \subseteq \mathfrak{K}$ einer Mächtigkeit $\leq \mathfrak{m}$ (einer beliebigen Mächtigkeit), welchem kein nicht verschwindendes Soma A aus $\mathfrak{K}$ adhärent ist. Zu jedem nicht verschwindenden Soma A aus $\mathfrak{K}$ existiert also in $\mathfrak{R}$ ein Soma R derart, daß nicht $A \leq \overline{R}$ ist. Die Menge $\mathfrak{F}$ der Hüllen $F = \overline{R}$ der Somen R aus $\mathfrak{R}$ ist also teilerfremd bezüglich $\mathfrak{K}$. Hingegen ist keine höchstens endliche Teilmenge $\mathfrak{F}'$ von $\mathfrak{F}$ teilerfremd bezüglich $\mathfrak{K}$; denn ist erstens $\mathfrak{F}'$ leer, so ist jedes Soma A aus $\mathfrak{K}$ Teilsoma von jedem Soma F aus $\mathfrak{F}'$; zweitens sei $\mathfrak{F}' = (\overline{R_1}, \ldots, \overline{R_n})$ mit $R_1, \ldots, R_n \in \mathfrak{R}$; da $\mathfrak{R}$ ein eigentlicher Raster ist, existiert ein nicht verschwindendes Soma $R \in \mathfrak{R}$ mit $R \leq R_1, \ldots, R \leq R_n$, also mit $R \leq \overline{R_1}, \ldots, R \leq \overline{R_n}$, und wegen $\mathfrak{R} \subseteq \mathfrak{K}$ ist $R \in \mathfrak{K}$. Die in **12.3.** genannte Bedingung ist also nicht erfüllt. Sie ist daher hinreichend für die $\mathfrak{m}$-Kompaktheit (Vollkompaktheit) von $\mathfrak{K}$. — Umgekehrt sei $\mathfrak{K} = \mathfrak{B}_K$ $\mathfrak{m}$-kompakt (vollkompakt) und $\mathfrak{B}$ ein $\wedge$-Verein. Weiter sei $(F_i)_{i \in I}$ eine Familie einer Mächtigkeit $\leq \mathfrak{m}$ (einer beliebigen Mächtigkeit) von abgeschlossenen Somen aus $\mathfrak{B}$, welche bezüglich $\mathfrak{K}$ teilerfremd ist. Ist $(F_i)_{i \in I}$ leer, so ist nichts zu beweisen. Ist $(F_i)_{i \in I}$ nicht leer, aber mindestens ein Soma F_i das Nullsoma O von $\mathfrak{B}$, falls dieses in $\mathfrak{B}$ überhaupt existiert, so ist die endliche Teilfamilie (O) von $(F_i)_{i \in I}$ trivialerweise teilerfremd bezüglich $\mathfrak{K}$ und wir sind abermals fertig. Nun sei $(F_i)_{i \in I}$ nicht leer und kein Soma F_i verschwinde. Angenommen, es gäbe keine endliche, bezüglich $\mathfrak{K}$ teilerfremde Teilfamilie $(F_{i_1}, \ldots, F_{i_n})$ von $(F_i)_{i \in I}$. Dann ist

---

[1] „Höchstens endlich" heißt „leer oder endlich". Das „leer" muß zugelassen werden, da die Familie leer sein kann.

für jede solche Teilfamilie der Durchschnitt $K \wedge F_{i_1} \wedge \cdots \wedge F_{i_n}$ ein nicht verschwindendes Soma aus $\Re = \mathfrak{B}_K$. Die Menge aller dieser Durchschnitte ist ein eigentlicher Raster $\mathfrak{R} \subseteq \Re$, dessen Mächtigkeit diejenige von $(F_i)_{i \in I}$ nicht übertrifft. Da $\Re$ m-kompakt (vollkompakt) ist, existiert in $\Re$ ein nicht verschwindendes Soma A, welches dem Raster $\mathfrak{R}$ adhärent ist. Da nach Voraussetzung $(F_i)_{i \in I}$ bezüglich $\Re$ teilerfremd ist, existiert in $(F_i)_{i \in I}$ ein Soma F_{i_1}, für welches nicht $A \leq F_{i_1}$ ist. Wegen $\overline{K \wedge F_{i_1}} \leq \overline{F_{i_1}} = F_{i_1}$ ist also auch nicht $A \leq \overline{K \wedge F_{i_1}}$, im Widerspruch dazu, daß $K \wedge F_{i_1} \in \mathfrak{R}$ und A dem Raster $\mathfrak{R}$ adhärent ist. Die Bedingung in **12.3.** ist also (unter den gemachten Voraussetzungen über $\mathfrak{B}$ und $\Re$) auch notwendig.

Beispiel. Es sei $\mathfrak{E}$ ein topologischer Raum und $\mathfrak{E}_D$ ein Unterraum von $\mathfrak{E}$. Damit $\mathfrak{E}_D$ m-kompakt (vollkompakt) sei, ist notwendig und hinreichend, daß jede aus abgeschlossenen Punktmengen von $\mathfrak{E}$ bestehende Mengenfamilie von einer Mächtigkeit $\leq$ m (einer beliebigen Mächtigkeit) mit zu D fremdem Durchschnitt eine höchstens endliche Teilfamilie mit zu D fremdem Durchschnitt enthält. Damit $\mathfrak{E}$ selbst m-kompakt (vollkompakt) sei, ist notwendig und hinreichend, daß jede aus abgeschlossenen Punktmengen von $\mathfrak{E}$ bestehende Mengenfamilie einer Mächtigkeit $\leq$ m (einer beliebigen Mächtigkeit) mit leerem Durchschnitt eine höchstens endliche Teilfamilie mit leerem Durchschnitt enthält[1].

Korollar. *Der topologische Raum $\mathfrak{E}$ sei kompakt. Es sei $(F_1, F_2, \ldots)$ eine monoton fallende[2] Folge abgeschlossener, nicht leerer Punktmengen aus $\mathfrak{E}$. Dann ist auch der Durchschnitt $\cap F_i$ nicht leer.* (Durchschnittssatz von G. Cantor.)

12.4. *Es sei $\mathfrak{B}$ ein topologischer Boole-Verband und K ein Soma aus $\mathfrak{B}$. Damit K m-kompakt (vollkompakt) sei, ist notwendig und hinreichend, daß jede offene Überdeckung einer Mächtigkeit $\leq$ m (einer beliebigen Mächtigkeit) von K eine höchstens endliche Überdeckung von K enthält[3].* (Überdeckungssatz von Heine-Borel-Lebesgue.)

Beweis. Ist $(G_i)_{i \in I}$ eine offene Überdeckung von K, so ist die Familie $(F_i)_{i \in I}$ der abgeschlossenen Somen $F_i = c G_i$ teilerfremd bezüglich $\mathfrak{B}_K$ und umgekehrt. Also folgt **12.4.** aus **12.3.**

Beispiel. Es sei $\mathfrak{E}$ ein topologischer Raum und D eine Punktmenge aus $\mathfrak{E}$. Damit der Unterraum $\mathfrak{E}_D$ m-kompakt (vollkompakt) sei, ist

---

[1] Nur wenn der Träger E von $\mathfrak{E}$ die leere Menge L ist, also $\mathfrak{E}$ nur aus der leeren Menge L besteht, ist der Durchschnitt der leeren Mengenfamilie aus $\mathfrak{E}$ leer (nämlich gleich $E = L$).

[2] Das heißt $F_{i+1} \subseteq F_i$.

[3] In dem Sinne, daß die letztere Überdeckung ein Teilsystem der ersteren Überdeckung ist.

notwendig und hinreichend, daß jede offene Überdeckung von D mit einer Mächtigkeit $\leq \mathfrak{m}$ (einer beliebigen Mächtigkeit) eine höchstens endliche Überdeckung von D enthält. — Eine Punktmenge D eines topologischen Raumes $\mathfrak{E}$ nennt man *bikompakt*, wenn jede offene Überdeckung von D eine höchstens endliche Überdeckung von D enthält (P. ALEXANDROFF und P. URYSOHN). Die Vollkompaktheit von D ist also äquivalent mit der Bikompaktheit von D. In einem topologischen Raum fällt daher der Begriff der Vollkompaktheit mit dem Begriff der Bikompaktheit zusammen. — Eine Verallgemeinerung des Begriffes der Bikompaktheit eines Raumes ($D = E$) ist folgender Begriff. Ein topologischer Raum $\mathfrak{E}$ heißt *parakompakt*, wenn zu jeder offenen Überdeckung $(V_j)_{j \in J}$ von $\mathfrak{E}$ eine offene Überdeckung $(U_i)_{i \in I}$ von $\mathfrak{E}$ existiert derart, daß erstens zu jedem U_i ein $V_j \supseteq U_i$ vorhanden ist und zweitens jeder Punkt p von $\mathfrak{E}$ eine Umgebung U besitzt, die nur mit endlich vielen U_i nicht leere Durchschnitte hat (J. DIEUDONNÉ; dieser verlangt allerdings zusätzlich, daß $\mathfrak{E}$ HAUSDORFFsch ist). Beispielsweise ist jeder metrische Raum mit abzählbarer Basis parakompakt.

Das Zusammentreffen der Vollkompaktheit mit einem Trennungs-axiom führt zu bemerkenswerten Konsequenzen. Es gelten nämlich die folgenden zwei Sätze.

12.5. *Jeder vollkompakte, T_1-topologische* BOOLE-*Verband* $\mathfrak{B}$ *ist atomar.*

Beweis. Zunächst sei $\mathfrak{B}$ ein beliebiger vollkompakter BOOLE-Verband. Wir behaupten, daß *jedes abgeschlossene Soma $F > O$ aus $\mathfrak{B}$ ein minimales abgeschlossenes Soma $P > O$ enthält*, d.h. ein abgeschlossenes Soma, das im Verein $\mathfrak{B}$ aller abgeschlossenen Somen $> O$ minimal ist. Nach **4.3.** existiert in $\mathfrak{B}$ ein Ultrafilter $\mathfrak{U}$, welches F als Element enthält. Da $\mathfrak{B}$ vollkompakt ist, existiert in $\mathfrak{B}$ ein Soma $A > O$, welches dem Ultrafilter $\mathfrak{U}$ adhärent ist. Wir setzen $\overline{A} = P$. Dann ist $P \leq U$ für jedes Soma $U \in \mathfrak{U}$. Wäre nun P nicht minimal, so gäbe es ein abgeschlossenes Soma Q mit $O < Q < P$; dann aber wäre das aus Q und allen Somen von $\mathfrak{U}$ bestehende Somensystem ein echter Oberraster von $\mathfrak{U}$ in $\mathfrak{B}$, was es nicht gibt. Also ist P minimal; wegen $F \in \mathfrak{U}$ ist außerdem $P \leq F$. Damit ist die Behauptung bewiesen. — Nun gelte in $\mathfrak{B}$ das Axiom T_1. Dann ist jedes minimale abgeschlossene Soma $P > O$ ein Atom (in $\mathfrak{B}$). Denn angenommen, es gäbe in $\mathfrak{B}$ ein Soma Q mit $O < Q < P$. Dann gibt es nach **11.3.** ein abgeschlossenes Soma R mit $O < R \leq P \wedge cQ$, also mit $O < R < P$. Damit ist gezeigt, daß jedes abgeschlossene Soma $F > O$ mindestens ein Atom enthält. Aus **11.2.** und **1.14.** folgt nun **12.5.**

Nun beweisen wir einen Satz, aus dem zusammen mit **11.7.** und **11.21.** folgt, daß für einen vollkompakten, klassisch und T_1-topologischen BOOLE-Verband die Begriffe der Separiertheit, der Regularität, der vollständigen Regularität und der Normalität äquivalent sind.

12.6. *Es sei $\mathfrak{B}$ ein vollkompakter, klassisch topologischer* BOOLE-*Verband. Ist $\mathfrak{B}$* HAUSDORFF*sch, so ist $\mathfrak{B}$ regulär. Ist $\mathfrak{B}$ regulär, so ist $\mathfrak{B}$ normal.*

Beweis. $\mathfrak{B}$ sei HAUSDORFFsch. Es seien $A_0 > O$ und F_1 zwei Somen, F_1 abgeschlossen, mit $A_0 \wedge F_1 = O$. Wir haben die Existenz zweier offener Somen G_0 und G_1 mit $A_0 \wedge G_0 > O$, $F_1 \le G_1$ und $G_0 \wedge G_1 = O$ zu beweisen. Ist $F_1 = O$, so setzen wir $E = G_0$, $O = G_1$ und sind fertig. Es sei also $F_1 > O$. Nach **12.5.** existiert ein Atom $P \le A_0$. Für jedes Soma A_1 mit $O < A_1 \le F_1$ ist $P \wedge A_1 = O$. Nach $\boldsymbol{T_2}$ existieren also zwei offene Somen $G_0(A_1)$ und $G_1(A_1)$ mit $P \le G_0(A_1)$, $A_1 \wedge G_1(A_1) > O$ und $G_0(A_1) \wedge G_1(A_1) = O$. Nun lassen wir das Soma A_1 alle Somen mit $O < A_1 \le F_1$ durchlaufen. Wegen $A_1 \wedge G_1(A_1) > O$ bilden die Somen $G_1(A_1)$ eine (offene) Überdeckung von F_1. Nun ist F_1 vollkompakt; denn jedes einem Raster $\subseteq \mathfrak{B}_{F_1}$ adhärente Soma ist $\le F_1$ wegen der Abgeschlossenheit von F_1. Nach **12.4.** genügen also zur Überdeckung von F_1 endlich viele der Somen $G_1(A_1)$, etwa $G_1(A_1^1), \ldots, G_1(A_1^m)$. Wir setzen $G_1(A_1^1) \vee \cdots \vee G_1(A_1^m) = G_1$ und $G_0(A_1^1) \wedge \cdots \wedge G_0(A_1^m) = G_0$. Dann sind G_0 und G_1 offen und es ist $G_0 \wedge G_1 = O$. Weiter ist $F_1 \le G_1$. Aus $P \le G_0(A_1^{\varkappa})$ folgt $P \le G_0$. — Nun sei $\mathfrak{B}$ regulär. Es seien F_0 und F_1 zwei abgeschlossene Somen mit $F_0 \wedge F_1 = O$. Wir haben die Existenz zweier offener Somen G_0 und G_1 mit $F_0 \le G_0$, $F_1 \le G_1$ und $G_0 \wedge G_1 = O$ zu zeigen. Ist $F_0 = O$, so setzen wir $O = G_0$, $E = G_1$ und sind fertig. Es sei also $F_1 > O$. Für jedes Soma A_0 mit $O < A_0 \le F_0$ existiert nach $\boldsymbol{T_3}$ zwei offene Somen $G_0(A_0)$ und $G_1(A_0)$ mit $A_0 \wedge G_0(A_0) > O$, $F_1 \le G_1(A_0)$ und $G_0(A_0) \wedge G_1(A_0) = O$. Lassen wir jetzt das Soma A_0 alle Somen A_0 mit $O < A_0 \le F_0$ durchlaufen, so bilden die Somen $G_0(A_0)$ eine (offene) Überdeckung von F_0. Wieder genügen endlich viele dieser Somen $G_0(A_0)$ zur Überdeckung von F_0, etwa $G_0(A_0^1), \ldots, G_0(A_0^n)$. Wir setzen $G_0(A_0^1) \vee \cdots \vee G_0(A_0^n) = G_0$ und $G_1(A_0^1) \wedge \cdots \wedge G_1(A_0^n) = G_1$. Dann sind die Somen G_0 und G_1 offen und es ist $F_0 \le G_0$, $F_1 \le G_1$ und $G_0 \wedge G_1 = O$.

Beispiel. Jeder vollkompakte, HAUSDORFFsche Raum ist normal.

Übung. Es sei $\mathfrak{E}$ ein parakompakter, klassisch topologischer Raum. Ist $\mathfrak{E}$ HAUSDORFFsch, so ist $\mathfrak{E}$ regulär. Ist $\mathfrak{E}$ regulär, so ist $\mathfrak{E}$ normal.

In einem vollkompakten, atomaren, HAUSDORFFschen BOOLE-Verband $\mathfrak{B}$ ist ein Soma K dann und nur dann ebenfalls vollkompakt, wenn K abgeschlossen ist. Dies ergibt sich aus den beiden folgenden Sätzen.

12.7. *Ist der topologische Verein $\mathfrak{B}$ m-kompakt (vollkompakt) und K ein abgeschlossenes Soma aus $\mathfrak{B}$, so ist auch K m-kompakt (vollkompakt).*

Beweis. Ist $\mathfrak{R}$ ein Raster $\subseteq \mathfrak{B}_K$ und A ein Soma aus $\mathfrak{B}$, das ihm adhärent ist, so ist $A \le \overline{R} \le \overline{K} = K$ mit $R \in \mathfrak{R}$, also $A \in \mathfrak{B}_K$.

Beispiel. Ist $\mathfrak{E}$ ein $\mathfrak{m}$-kompakter (vollkompakter) Raum und D eine abgeschlossene Punktmenge aus $\mathfrak{E}$, so ist D ebenfalls $\mathfrak{m}$-kompakt (vollkompakt).

12.8. *Ist $\mathfrak{V}$ ein atomarer,* HAUSDORFF*scher* BOOLE-*Verband und K ein vollkompaktes Soma aus $\mathfrak{V}$, so ist K abgeschlossen.*

Beweis. Es sei K ein nicht abgeschlossenes Soma aus $\mathfrak{V}$ (dann ist $K > O$, weil $\mathfrak{V}$ klassisch topologisch ist). Wir zeigen, daß $\mathfrak{V}_K$ nicht vollkompakt ist, indem wir einen eigentlichen Raster $\mathfrak{R} \subseteq \mathfrak{V}_K$ konstruieren, welchem kein Soma $A > O$ aus $\mathfrak{V}_K$ adhärent ist. Da K nicht abgeschlossen ist, ist $\overline{K} \wedge cK > O$. Nach Vor. existiert daher ein Atom $P \leq \overline{K} \wedge cK$. Es sei $\mathfrak{R}$ das System aller Somen $K \wedge G$, wobei G das System aller Umgebungen von P durchläuft. Da nach **7.11.** der Durchschnitt zweier Umgebungen von P wieder eine Umgebung von P ist, so ist $\mathfrak{R}$ ein Raster $\subseteq \mathfrak{V}_K$. Weiter ist stets $K \wedge G > O$; denn andernfalls wäre $\overline{K} \wedge G = O$, im Widerspruch zu $O < P \leq \overline{K}$ und $P \leq G$; also ist der Raster $\mathfrak{R}$ eigentlich. Nun sei A ein Soma $> O$ aus $\mathfrak{V}_K$, also $O < A \leq K$. Nach Vor. existiert ein Atom $P_0 \leq A$. Wegen $P_0 \leq A \leq K$ und $P \leq cK$ ist $P_0 \wedge P = O$. Nach dem Axiom $\boldsymbol{T_2}$ existieren also zwei offene Somen G_0 und G mit $P_0 \leq G_0$, $P \leq G$ und $G_0 \wedge G = O$. Für das Soma $R = K \wedge G$ aus $\mathfrak{R}$ ist dann $G_0 \wedge R = O$, nach **7.15.** also $G_0 \wedge \overline{R} = O$; da $O < P_0 \leq A$ und $P_0 \leq G_0$ ist, so ist nicht $A \leq \overline{R}$. Also ist A dem Raster $\mathfrak{R}$ nicht adhärent.

Beispiel. Es sei $\mathfrak{E}$ ein HAUSDORFFscher Raum und D eine Punktmenge aus $\mathfrak{E}$. Ist D vollkompakt, so ist D abgeschlossen.

Übung. Es sei $\mathfrak{E}$ ein HAUSDORFFscher Raum, in dem das erste Abzählbarkeitsaxiom (S. 49) erfüllt ist, und D eine Punktmenge aus $\mathfrak{E}$. Ist D kompakt, so ist D abgeschlossen.

Über die Vereinigung und den Durchschnitt $\mathfrak{m}$-kompakter (vollkompakter Somen) beweisen wir die beiden folgenden Sätze.

12.9. *In einem topologischen* BOOLE-*Verband $\mathfrak{V}$ ist die Vereinigung endlich vieler $\mathfrak{m}$-kompakter (vollkompakter) Somen wieder $\mathfrak{m}$-kompakt (vollkompakt).*

Beweis. Es seien K_1 und K_2 zwei $\mathfrak{m}$-kompakte (vollkompakte) Somen und K ihre Vereinigung. Ist $\mathfrak{R}$ ein eigentlicher Raster $\subseteq \mathfrak{V}_K$ einer Mächtigkeit $\leq \mathfrak{m}$ (einer beliebigen Mächtigkeit), so ist sowohl das System $\mathfrak{R}_1$ der Durchschnitte $R \wedge K_1$ als auch das System $\mathfrak{R}_2$ der Durchschnitte $R \wedge K_2$, wobei R den Raster $\mathfrak{R}$ durchläuft, ein Raster. Mindestens eines von ihnen, etwa $\mathfrak{R}_1$, ist eigentlich, da $\mathfrak{R}$ eigentlich ist [denn andernfalls gäbe es ein $R_1 \in \mathfrak{R}$ und ein $R_2 \in \mathfrak{R}$ mit $R_1 \wedge K_1 = O$ und $R_2 \wedge K_2 = O$; für ein $R \in \mathfrak{R}$ mit $R \leq R_1$ und $R \leq R_2$ wäre dann $R = R \wedge K = R \wedge (K_1 \vee K_2) = (R \wedge K_1) \vee (R \wedge K_2) \leq (R_1 \wedge K_1) \vee (R_2 \wedge K_2) = O$, also $R = O$]. Da

$\Re_1 \subseteqq \mathfrak{B}_{K_1}$ gilt, existiert ein Soma A mit $O < A \leq K_1$, welches dem Raster $\Re_1$ adhärent ist. Dann ist A auch dem Raster $\Re$ adhärent.

12.10. *In einem atomaren* Hausdorff*schen* Boole-*Verband* $\mathfrak{B}$ *ist der Durchschnitt (falls vorhanden) beliebig vieler vollkompakter Somen vollkompakt.*

Beweis. Es sei $(K_i)_{i \in I}$ eine Familie vollkompakter Somen des Verbandes und es existiere ihr Durchschnitt K. Wir wählen ein festes $i_0 \in I$ beliebig aus. Nun sei $\Re$ ein eigentlicher Raster $\subseteqq \mathfrak{B}_K$. Dann ist auch $\Re \subseteqq \mathfrak{B}_{K_{i_0}}$. Da K_{i_0} vollkompakt ist, existiert ein Soma A mit $O < A \leq K_{i_0}$, das dem Raster $\Re$ adhärent ist. Es sei R ein beliebiges Soma aus $\Re$. Dann ist $A \leq \overline{R}$. Für jedes $i \in I$ ist $R \leq K_i$ wegen $R \leq K$. Also ist $\overline{R} \leq \overline{K_i}$. Nach **12.8.** ist K_i abgeschlossen. Also ist $\overline{R} \leq K_i$ und daher $A \leq K_i$. Hieraus folgt $A \leq K$, also $A \in \mathfrak{B}_K$.

Der Begriff der m-Kompaktheit (Vollkompaktheit) ist natürlich topologisch invariant, d.h. sind $\mathfrak{B}$ und $\mathfrak{B}'$ zwei homöomorphe topologische Vereine und ist $\Re$ eine m-kompakte (vollkompakte) Somenmenge in $\mathfrak{B}$, so ist auch die ihr entsprechende Somenmenge $\Re'$ m-kompakt (vollkompakt). Dies folgt unmittelbar daraus, daß für jedes Soma A aus $\mathfrak{B}$ bei einer Homöomorphie Φ gilt $\Phi \overline{A} = \overline{\Phi A}$. Darüber hinaus gilt aber wesentlich mehr:

12.11. *Es seien* $\mathfrak{B}$ *und* $\mathfrak{B}'$ *zwei topologische Vereine und es existiere ein stetiger, umkehrbarer Homomorphismus* Φ *von* $\mathfrak{B}$ *auf* $\mathfrak{B}'$ *derart, daß für jedes nicht verschwindende Soma* A *aus* $\mathfrak{B}$ *das Soma* ΦA *ebenfalls nicht verschwindet*[1]. *Ist dann* $\mathfrak{B}$ m-*kompakt (vollkompakt), so ist auch* $\mathfrak{B}'$ m-*kompakt (vollkompakt).*

Beweis. Es sei $\Re'$ ein eigentlicher Raster in $\mathfrak{B}'$ mit einer Mächtigkeit $\leq m$ (einer beliebigen Mächtigkeit). Weiter sei $\Re$ das System der Somen $\Phi^{-1} R'$ für alle R' aus $\Re'$. Wegen (3.8) ist mit $\Re'$ auch $\Re$ ein Raster, und zwar ein eigentlicher Raster wegen (3.5) und der Voraussetzung in **12.11.** über Φ, da $\Re'$ eigentlich ist. Die Mächtigkeit von $\Re$ ist höchstens gleich der Mächtigkeit von $\Re'$. Da $\mathfrak{B}$ m-kompakt (vollkompakt) ist, existiert in $\mathfrak{B}$ ein nicht verschwindendes Soma A, das dem Raster $\Re$ adhärent ist. Wir setzen $\Phi A = A'$. Nach **10.1.** ist A' dem Raster $\Re'$ adhärent. Nach der Voraussetzung in **12.11.** über Φ verschwindet A' nicht.

Beispiel. Es seien $\mathfrak{E}$ und $\mathfrak{E}'$ zwei topologische Räume; es existiere eine stetige Abbildung von $\mathfrak{E}$ auf $\mathfrak{E}'$. Ist dann $\mathfrak{E}$ m-kompakt (vollkompakt), so ist auch $\mathfrak{E}'$ m-kompakt (vollkompakt).

---

[1] Dies gilt wegen (3.15) für jeden Vollhomomorphismus.

Über die stetigen Abbildungen vollkompakter, topologischer Räume gilt folgender bemerkenswerte Satz.

12.12. *Jede stetige Abbildung φ eines vollkompakten topologischen Raumes $\mathfrak{E}$ in einen* HAUSDORFF*schen Raum $\mathfrak{E}'$ ist abgeschlossen.*

Beweis. Es sei F eine abgeschlossene Punktmenge aus $\mathfrak{E}$ und $F' = \varphi F$ ihr Bild. Behauptet wird, daß auch F' abgeschlossen ist. Nun ist φ ein stetiger Vollhomomorphismus von $\mathfrak{E}_F$ auf den Unterraum $\mathfrak{E}'_{F'}$ von $\mathfrak{E}'$, der nach **11.15.** ebenfalls HAUSDORFFsch ist. Nach **12.11.** ist F' vollkompakt und daher nach **12.8.** abgeschlossen.

Korollar. *Jede eineindeutige, stetige Abbildung φ eines vollkompakten, topologischen Raumes $\mathfrak{E}$ auf einen* HAUSDORFF*schen Raum $\mathfrak{E}'$ ist eine Homöomorphie.*

Beweis. Nach **12.12.** ist φ abgeschlossen und daher φ^{-1} stetig.

Für die Gewinnung eines gewissen Überblickes wenigstens über die kompakten HAUSDORFFschen Räume mit abzählbarer Basis sind die folgenden Überlegungen von Nutzen. Es sei I^0 das Intervall $[0 \leq x \leq \frac{1}{3}]$ und I^1 das Intervall $[\frac{2}{3} \leq x \leq 1]$ der Zahlengeraden; ist ein Intervall $I^{i_1 \cdots i_n} = [a \leq x \leq b]$ der Zahlengeraden bereits definiert, so sei $I^{i_1 \cdots i_n 0}$ das Intervall $\left[a \leq x \leq a + \frac{b-a}{3} \right]$ und $I^{i_1 \cdots i_n 1}$ das Intervall $\left[a + 2\,\frac{b-a}{3} \leq x \leq b \right]$. Für jedes natürliche n sind durch diese vollständige Induktion 2^n Intervalle $I^{i_1 \cdots i_n}$ der Zahlengeraden definiert ($i_\nu = 0$ oder 1). Für jedes feste n sei S^n die mengentheoretische Vereinigung der Intervalle $I^{i_1 \cdots i_n}$. Den (nach dem Korollar zu **12.3.** nicht leeren) mengentheoretischen Durchschnitt $D = \cap\, S^n$ bezeichnet man als das CANTORsche Diskontinuum. Für uns ist es bequem, den Unterraum $\mathfrak{D}$ der CARTESischen Zahlengeraden $\mathfrak{E}^1$ mit dem Träger D als das CANTORsche Diskontinuum $\mathfrak{D}$ zu bezeichnen. $\mathfrak{D}$ ist kompakt und HAUSDORFFsch. Das System der Durchschnitte $D \cap I^{i_1 \cdots i_n}$ ist eine abzählbare offene Basis von $\mathfrak{D}$ (jeder dieser Durchschnitte ist sowohl offen als auch abgeschlossen in $\mathfrak{D}$). Dieses CANTORsche Diskontinuum $\mathfrak{D}$, das also selbst ein kompakter, HAUSDORFFscher Raum mit abzählbarer Basis ist, kann als ein Modell für alle kompakten, HAUSDORFFschen Räume mit abzählbarer Basis dienen. Es gilt nämlich folgender Satz:

12.13. *Jeder kompakte,* HAUSDORFF*sche Raum $\mathfrak{E}$ mit abzählbarer Basis ist ein stetiges Bild des* CANTOR*schen Diskontinuums $\mathfrak{D}$.*

Beweis. Es sei $\mathfrak{B} = (B_1, B_2, \ldots)$ eine abzählbare, offene Basis von $\mathfrak{E}$. Ohne Beschränkung der Allgemeinheit können wir $L \subset B_1 \subset E$ annehmen. Wir setzen $\overline{B_1} = E^0$ und $cB_1 = E^1$. Dann ist $E^0 \cup E^1 = E$ der Träger von $\mathfrak{E}$. Angenommen, für ein natürliches n seien bereits 2^n Punktmengen $E^{i_1 \cdots i_n}$ ($i_\nu = 0$ oder 1) aus $\mathfrak{E}$ definiert. Sind die Durchschnitte $\overline{B_{n+1}} \cap E^{i_1 \cdots i_n}$ und $cB_{n+1} \cap E^{i_1 \cdots i_n}$ beide nicht leer, so bezeichnen wir sie mit $E^{i_1 \cdots i_n 0}$

und $E^{i_1 \cdots i_n{}'}$. Andernfalls setzen wir $E^{i_1 \cdots i_n 0} = E^{i_1 \cdots i_n} - E^{i_1 \cdots i_n 1}$. Für jedes natürliche n sind auf diese Weise 2^n abgeschlossene Punktmengen $E^{i_1 \cdots i_n}$ ($i_\nu = 0$ oder 1) mit $E^0 \cup E^1 = E$ und $E^{i_1 \cdots i_n 0} \cup E^{i_1 \cdots i_n 1} = E^{i_1 \cdots i_n}$ definiert. Ist $(i_1, i_2, \ldots)$ eine Folge mit $i_\nu = 0$ oder 1, so ist $E^{i_1 \cdots i_n} \geqq E^{i_1 \cdots i_n i_{n+1}}$ für jedes n. Da $\mathfrak{E}$ kompakt ist, enthält der Durchschnitt $E^{i_1} \cap E^{i_1 i_2} \cap \cdots$ mindestens einen Punkt q. Weitere Punkte enthält er aber nicht. Es sei nämlich r ein Punkt $\neq q$. Nach dem Axiom $\boldsymbol{T_2}$ existieren zwei fremde, offene Punktmengen U und V mit $q \in U$ und $r \in V$. In der Basis $\mathfrak{B}$ existiert weiter eine Menge B_{n+1} mit $q \in B_{n+1} \leqq U$. Dann ist $q \in \overline{B}_{n+1}$ und nicht $r \in \overline{B}_{n+1}$. Nun ist $q \in E^{i_1 \cdots i_n}$. Ist nicht $r \in E^{i_1 \cdots i_n}$, so ist auch nicht $r \in E^{i_1} \cap E^{i_1 i_2} \cap \cdots$. Ist aber $r \in E^{i_1 \cdots i_n}$, so sind wegen $q \in \overline{B}_{n+1}$ und $r \in c B_{n+1}$ die Durchschnitte $\overline{B}_{n+1} \cap E^{i_1 \cdots i_n}$ und $c B_{n+1} \cap E^{i_1 \cdots i_n}$ nicht leer. Diese beiden Durchschnitte sind also die Mengen $E^{i_1 \cdots i_n 0}$ und $E^{i_1 \cdots i_n 1}$. Diejenige von ihnen, welche q enthält, ist $E^{i_1 \cdots i_n i_{n+1}}$. Es ist also $E^{i_1 \cdots i_n i_{n+1}} = \overline{B}_{n+1} \cap E^{i_1 \cdots i_n}$ und daher nicht $r \in E^{i_1 \cdots i_n i_{n+1}}$. Also ist wieder nicht $r \in E^{i_1} \cap E^{i_1 i_2} \cap \cdots$. Damit ist gezeigt, daß für jede Folge $(i_1, i_2, \ldots)$ mit $i_\nu = 0$ oder 1 der Durchschnitt $E^{i_1} \cap E^{i_1 i_2} \cap \cdots$ genau einpunktig ist. Umgekehrt existiert wegen $E = E^0 \cup E^1$ und $E^{i_1 \cdots i_n} = E^{i_1 \cdots i_n 0} \cup E^{i_1 \cdots i_n 1}$ zu jedem Punkt q aus $\mathfrak{E}$ mindestens eine Folge $(i_1, i_2, \ldots)$ mit $i_\nu = 0$ oder 1 derart, daß $E^{i_1} \cap E^{i_1 i_2} \cap \cdots = (q)$ ist. Nun gibt es zu jedem Punkte p des Cantorschen Diskontinuums $\mathfrak{D}$ genau eine Folge $(i_1, i_2, \ldots)$ mit $i_\nu = 0$ oder 1 derart, daß $I^{i_1} \cap I^{i_1 i_2} \cap \cdots = (p)$ ist. Wir ordnen dem Punkt p den Punkt q mit $E^{i_1} \cap E^{i_1 i_2} \cap \cdots = (q)$ als Bild φp zu. Wir behaupten, daß die hierdurch definierte Abbildung φ von $\mathfrak{D}$ auf $\mathfrak{E}$ stetig ist. Nach **10.4.** genügt es zu zeigen, daß für jede offene Punktmenge G aus $\mathfrak{E}$ das Urbild $\varphi^{-1} G$ offen ist. Es sei p ein beliebiger Punkt aus $\varphi^{-1} G$. Das Bild φp ist ein Punkt q aus G. Nach **12.2.** ist $\mathfrak{E}$ vollkompakt, nach **12.6.** also $\mathfrak{E}$ regulär; nach **11.9.** existiert daher in der Basis $\mathfrak{B}$ eine Menge B_n mit $q \in B_n$ und $\overline{B}_n \leqq G$. Ist nun $p \in I^{i_1 \cdots i_n}$, also $q = \varphi p \in E^{i_1 \cdots i_n}$ nach der Definition von φ, so folgt $E^{i_1 \cdots i_n} \leqq \overline{B}_n$, also $E^{i_1 \cdots i_n} \leqq G$. Nun gilt $\varphi(D \cap I^{i_1 \cdots i_n}) \leqq E^{i_1 \cdots i_n}$, also $D \cap I^{i_1 \cdots i_n} \leqq \varphi^{-1} G$. Da $D \cap I^{i_1 \cdots i_n}$ in $\mathfrak{D}$ offen ist und p ein beliebiger Punkt aus G war, so ist also $\varphi^{-1} G$ offen.

Eine wichtige Verallgemeinerung des Begriffes der m-Kompaktheit (der Vollkompaktheit) ist der Begriff der lokalen m-Kompaktheit (der lokalen Vollkompaktheit). Es sei $\mathfrak{B}$ ein topologischer Boole-Verband. Wir nennen $\mathfrak{B}$ *lokal m-kompakt (lokal vollkompakt)*, wenn für jedes Soma $A > O$ aus $\mathfrak{B}$ ein m-kompaktes (vollkompaktes) Soma K von $\mathfrak{B}$ mit $A \wedge \underline{K} > O$ existiert. Ist B ein Soma aus $\mathfrak{B}$ und der (Boolesche) Unterverband $\mathfrak{B}_B$ von $\mathfrak{B}$, bestehend aus allen Somen $\leqq B$, lokal m-kompakt (lokal vollkompakt), so nennen wir auch das Soma B lokal m-kompakt (lokal vollkompakt). Statt lokal $\aleph_0$-kompakt sagen wir auch lokal kompakt.

Beispiel. Der Cartesische $\mathfrak{E}^n$ ist lokal vollkompakt.

12.14. *Jeder* m-*kompakte (vollkompakte), topologische* BOOLE-*Verband mit* $\overline{O} = O$ *ist lokal* m-*kompakt (lokal vollkompakt).*

Beweis. Das Soma E ist m-kompakt (vollkompakt) und wegen $\overline{O} = O$ ist $\underline{E} = E$, also $A \wedge \underline{E} = A$.

Die Bemerkungen vor **12.2.** über die Beziehungen zwischen der m-Kompaktheit für verschiedene m und der Vollkompaktheit gelten automatisch auch für die lokalisierten Begriffe. Ebenso überträgt sich **12.2.**:

12.15. *Besitzt der topologische* BOOLE-*Verband* $\mathfrak{B}$ *eine Basis einer Mächtigkeit* $\leq$ m *und ist er lokal* m-*kompakt, so ist er lokal vollkompakt.*

Beweis. **9.7.** und **12.2.**

Der Satz **12.5.** gilt allgemeiner auch bei lokaler Vollkompaktheit:

12.16. *Jeder lokal vollkompakte,* $\mathbf{T_1}$-*topologische* BOOLE-*Verband* $\mathfrak{B}$ *ist atomar.*

Beweis. Es sei A ein Soma $>O$ aus $\mathfrak{B}$. Dann existiert ein vollkompaktes Soma K mit $A \wedge \underline{K} > O$. Nach **12.5.** ist $\mathfrak{B}_K$ atomar. Wegen $A \wedge \underline{K} \in \mathfrak{B}_K$ ist $A \wedge \underline{K}$ eine Vereinigung von Atomen. Es existiert also ein Atom $P \leq A \wedge \underline{K} \leq A$. Damit ist gezeigt, daß jedes Soma $A > O$ aus $\mathfrak{B}$ mindestens ein Atom P enthält. Hieraus folgt nach **1.14.** die Behauptung.

12.17. *Ein* HAUSDORFF*scher* BOOLE-*Verband* $\mathfrak{B}$ *ist dann und nur dann lokal vollkompakt, wenn eine offene Überdeckung* $(B_i)_{i \in I}$ *von* $\mathfrak{B}$ *derart existiert, daß jede Hülle* $\overline{B_i}$ *vollkompakt ist.*

Mit anderen Worten, dann und nur dann, wenn zu jedem Soma $A > O$ aus $\mathfrak{B}$ ein offenes Soma B mit $A \wedge B > O$ und vollkompakter Hülle $\overline{B}$ existiert.

Beweis. Es existiere eine solche Überdeckung. Dann existiert für jedes Soma $A > O$ ein Soma B_i mit $A \wedge B_i > O$. Für $K = \overline{B_i}$ ist $B_i \leq \underline{K}$ also $A \wedge \underline{K} > O$. Daher ist $\mathfrak{B}$ lokal vollkompakt. Umgekehrt sei $\mathfrak{B}$ lokal vollkompakt. Es sei $\mathfrak{K}$ die Menge aller vollkompakten Somen K aus $\mathfrak{B}$. Nach **12.8.** ist jedes K abgeschlossen. Die Menge $\mathfrak{B}$ aller Kerne $B = \underline{K}$ ist eine offene Überdeckung von $\mathfrak{B}$. Wegen $\overline{B} \leq \overline{K} = K$ ist $\overline{B}$ vollkompakt nach **12.7.**

Nach **12.6.** ist jeder vollkompakte, HAUSDORFF*sche* BOOLE-Verband regulär. Dies gilt auch im Falle der lokalen Vollkompaktheit:

12.18. *Jeder lokal vollkompakte,* HAUSDORFF*sche* BOOLE-*Verband* $\mathfrak{B}$ *ist regulär.*

Beweis. Nach **12.16.** und **11.8.** genügt es, folgendes zu zeigen: Ist P ein Atom und V eine Umgebung von P, so existiert eine Umgebung U von P mit $\overline{U} \leq V$. Da $\mathfrak{B}$ lokal vollkompakt und $P > O$ ist, existiert ein vollkompaktes Soma K mit $P \leq \underline{K}$. Nach **12.8.** ist K abgeschlossen. Nach **11.15.** ist $\mathfrak{U} = \mathfrak{B}_K$ HAUSDORFF*sch* und daher regulär nach **12.6.** Das Soma $\underline{K} \wedge V$ ist eine Umgebung von P in $\mathfrak{U}$. Nach **11.8.** existiert daher in $\mathfrak{U}$ ein in $\mathfrak{U}$ offenes Soma U mit $P \leq U$ und $\overline{U} \wedge K \leq \underline{K} \wedge V$. Da hiernach insbesondere $U \leq \underline{K}$ gilt und $\underline{K}$ in $\mathfrak{B}$ offen ist, so ist U nach **9.6.** in $\mathfrak{B}$ offen.

12.19. *Ist der topologische* BOOLE-*Verband $\mathfrak{B}$ lokal* m-*kompakt (lokal vollkompakt) und F ein abgeschlossenes Soma aus $\mathfrak{B}$, so ist auch F lokal* m-*kompakt (lokal vollkompakt).*

Beweis. Es sei $A > O$ ein Soma aus $\mathfrak{B}_F$, also $O < A \leq F$. Da $\mathfrak{B}$ lokal m-kompakt (lokal vollkompakt) ist, existiert in $\mathfrak{B}$ ein m-kompaktes (vollkompaktes) Soma K mit $A \wedge K > O$. Wir setzen $K \wedge F = H$. Dann ist $H \in \mathfrak{B}_F$. Nach **9.1.** ist H abgeschlossen in K, nach **12.7.** also H m-kompakt (vollkompakt). Da $\underline{K}$ offen ist, ist $\underline{K} \wedge F$ nach **9.5.** offen in F, also $\underline{K} \wedge F$ enthalten im Kern $\underline{H}_F$ in $\mathfrak{B}_F$ von H; wegen $A \wedge \underline{K} \wedge F = A \wedge \underline{K} > O$ ist also $A \wedge \underline{H}_F > O$.

12.20. *Ist der* HAUSDORFFsche BOOLE-*Verband $\mathfrak{B}$ lokal vollkompakt und G ein offenes Soma aus $\mathfrak{B}$, so ist auch G lokal vollkompakt.*

Beweis. Nach **12.17.** existiert eine offene Überdeckung $(B_i)_{i \in I}$ von $\mathfrak{B}$ mit vollkompakten Hüllen $\overline{B}_i$. Das System der Durchschnitte $G \wedge B_i$ ist eine offene Überdeckung von G. Zu jedem Soma A mit $O < A \leq G$ existiert also ein $i \in I$ mit $A \wedge (G \wedge B_i) > O$. Zu diesem i existiert nach **12.18.** und **11.8.** ein offenes Soma C_i mit $A \wedge C_i > O$ und $\overline{C}_i \leq G \wedge B_i$. Das System (C_i) dieser Somen C_i (für alle A mit $O < A \leq G$) ist eine offene Überdeckung von G. Die Hüllen $\overline{C}_i \leq G$ sind wegen $\overline{C}_i \leq \overline{B}_i$ vollkompakt nach **12.7.** Also ist G lokal vollkompakt nach **12.17.**

Nach **12.14.** ist jeder vollkompakte, klassisch topologische BOOLE-Verband auch lokal vollkompakt. Umgekehrt wollen wir nun zeigen, daß jeder lokal vollkompakte, HAUSDORFFsche BOOLE-Verband durch Hinzufügung eines Atoms vollkompakt gemacht werden kann.

12.21. *Es sei $\mathfrak{B}$ ein lokal vollkompakter,* HAUSDORFF*scher* BOOLE-*Verband. Dann existiert ein vollkompakter,* HAUSDORFF*scher* BOOLE-*Verband $\mathfrak{W}$ derart, daß $\mathfrak{B}$ der Unterverband $\mathfrak{W}_E$ von $\mathfrak{W}$ (E das Einssoma von $\mathfrak{B}$) und das Komplement in $\mathfrak{W}$ von E ein Atom P_0 ist* (P. ALEXANDROFF).

Beweis. Nach **12.16.** ist $\mathfrak{B}$ atomar. Nach **5.3.** können wir also $\mathfrak{B}$ als einen atomaren Mengenverband annehmen, dessen Atome die einelementigen Teilmengen $P = (p)$ einer Menge E sind. — Zur Menge E fügen wir ein nicht in E enthaltenes Element p_0 hinzu und setzen $E \cup (p_0) = E_0$. Es sei $\mathfrak{W}$ der Mengen-BOOLE-Verband, der aus allen Mengen M und allen Mengen $M \cup (p_0)$ mit $M \in \mathfrak{B}$ besteht. Dann ist $\mathfrak{B} = \mathfrak{W}_E$ und das Komplement in $\mathfrak{W}$ von E ist das Atom $P_0 = (p_0)$. — Wir topologisieren $\mathfrak{W}$ folgendermaßen. Es sei M_0 eine Menge aus $\mathfrak{W}$ und $M_0 \cap E = M$; ist $M_0 = M$ (also $M_0 \subseteq E$) und die Hülle $\overline{M}$ in $\mathfrak{B}$ von M vollkompakt, so definieren wir als Hülle in $\mathfrak{W}$ von M_0 die Menge $\widetilde{M}_0 = \overline{M}$;

andernfalls (also wenn $M_0 \subseteq E$ und $\overline{M}$ nicht vollkompakt oder wenn nicht $M_0 \subseteq E$ ist) die Menge $\widetilde{M}_0 = \overline{M} \cup (p_0)$. Man bestätigt (mittels **12.7.** und **12.9.**), daß hierdurch in $\mathfrak{W}$ eine klassische Topologie definiert und daß $\overline{M} = \widetilde{M}_0 \cap E$ ist für jede Menge $M \in \mathfrak{W}$. Wir behaupten, daß $\mathfrak{W}$ HAUSDORFFsch ist. Zunächst ist in $\mathfrak{W}$ das Axiom $\boldsymbol{T_1}$ erfüllt wegen **11.4.** [sowohl $\mathfrak{V}$ als auch $\mathfrak{W}$ ist atomar und es ist $\overline{(p)} = (p) = \widetilde{(p)}$ für jedes $p \in E$ und $\widetilde{(p_0)} = (p_0)$]. Um zu zeigen, daß auch das Axiom $\boldsymbol{T_2}$ in $\mathfrak{W}$ erfüllt ist, genügt es zu beweisen, daß für je zwei verschiedene Elemente p und q aus $\mathfrak{W}$ zwei offene Mengen U_0 und V_0 in $\mathfrak{W}$ existieren mit $p \in U_0$, $q \in V_0$ und $U_0 \cap V_0 = L$ (L die leere Menge). Sind p und q beide Elemente aus E, also (p) und (q) Atome von $\mathfrak{V}$, so existieren, da $\mathfrak{V}$ separiert ist, in $\mathfrak{V}$ zwei offene Mengen U und V mit $p \in U$, $q \in V$ und $U \cap V = L$; die Mengen $U_0 = U$ und $V_0 = V$ leisten dann das Verlangte. Nun sei $p = p_0$; da $\mathfrak{V}$ lokal vollkompakt ist, existiert in $\mathfrak{V}$ eine vollkompakte Menge K mit $q \in \underline{K}$; nach **12.8.** ist K abgeschlossen in $\mathfrak{V}$ und daher $\widetilde{K} = \overline{K} = K$; wir bezeichnen das Komplement in $\mathfrak{W}$ von K mit U_0 und den Kern $\underline{K}$ mit V_0; dann leisten U_0 und V_0 das Verlangte. — Schließlich behaupten wir, daß $\mathfrak{W}$ vollkompakt ist. Es sei also $\mathfrak{R}_0$ ein eigentlicher Raster in $\mathfrak{W}$. Ist das Atom $P_0 = (p_0)$ dem Raster $\mathfrak{R}_0$ nicht adhärent, so existiert in $\mathfrak{R}_0$ eine Menge R, für welche nicht $p_0 \in \widetilde{R}$ ist; nach der Definition von $\widetilde{R}$ ist dann $R \subseteq E$, $\widetilde{R} = \overline{R}$ und $\overline{R}$ vollkompakt. Das System der Durchschnitte $\overline{R} \cap R_0$, wobei R_0 den Raster $\mathfrak{R}_0$ durchläuft, ist ein eigentlicher Raster in $\overline{R}$; da $\overline{R}$ vollkompakt ist, ist diesem Raster ein Atom $P = (p) \subseteq \overline{R}$ in $\mathfrak{V}$ adhärent. Wegen $\overline{R} \cap R_0 \subseteq R_0$ ist P auch dem Raster $\mathfrak{R}_0$ in $\mathfrak{W}$ adhärent.

Zusatz. *Der* BOOLE-*Verband $\mathfrak{W}$ von* **12.21.** *ist eindeutig bestimmt bis auf Homöomorphien, die auf $\mathfrak{V}$ mit der Identität übereinstimmen.*

Das heißt folgendes. Ist $\mathfrak{W}^0$ ein ebensolcher Verband und ordnen wir jedes Soma A aus $\mathfrak{V}$ sich selbst und jedem Soma $A \vee P_0$ aus $\mathfrak{W}$ das Soma $A \vee P^0$ aus $\mathfrak{W}^0$ zu ($A \in \mathfrak{V}$, P^0 das Komplement in $\mathfrak{W}^0$ von E), so ist diese Zuordnung eine Homöomorphie von $\mathfrak{W}$ auf $\mathfrak{W}^0$.

Beweis. Betrachten wir $\mathfrak{V}$ und $\mathfrak{W}$ zunächst ohne ihre Topologien, so ist $\mathfrak{W}$ eindeutig bestimmt bis auf Isomorphismen, die auf $\mathfrak{V}$ mit der Identität übereinstimmen. Wir brauchen also nur zu zeigen, daß die Topologie von $\mathfrak{W}$ eindeutig bestimmt ist (durch die Topologie von $\mathfrak{V}$). Die Hülle in $\mathfrak{V}$ eines Somas A aus $\mathfrak{V}$ heiße $\overline{A}$, die Hülle in $\mathfrak{W}$ eines Somas A_0 aus $\mathfrak{W}$ heiße $\widetilde{A}_0$. Zunächst sei A ein beliebiges Soma aus $\mathfrak{V}$. Da die Topologie von $\mathfrak{V}$ durch die Topologie von $\mathfrak{W}$ induziert wird, ist $\widetilde{A} \wedge E = \overline{A}$, wegen $E \vee P_0 = E_0$ (E_0 das Einssoma von $\mathfrak{W}$) also entweder $\widetilde{A} = \overline{A}$ oder $\widetilde{A} = \overline{A} \vee P_0$. Ist $\overline{A}$ vollkompakt in $\mathfrak{V}$, so ist $\overline{A}$ auch vollkompakt in $\mathfrak{W}$, also $\overline{A}$ in $\mathfrak{W}$ abgeschlossen nach **12.8.** (angewandt auf

$\mathfrak{W}$), also $\widetilde{\bar{A}} = \bar{A}$, wegen $\tilde{A} \leq \widetilde{\bar{A}}$ also $\tilde{A} \leq \bar{A}$ und daher $\bar{A} = \overline{A}$. Nun sei $\bar{A}$ nicht vollkompakt in $\mathfrak{W}$; wegen $\mathfrak{W} = \mathfrak{W}_E$ und $\bar{A} \leq E$ ist dann $\bar{A}$ auch in $\mathfrak{W}$ nicht vollkompakt; anderseits ist $\tilde{A}$ vollkompakt in $\mathfrak{W}$ nach **12.7.**; folglich ist $\tilde{A} \neq \bar{A}$ und daher $\tilde{A} = A \vee P_0$. Schließlich sei A_0 ein beliebiges Soma aus $\mathfrak{W}$, aber nicht aus $\mathfrak{V}$. Setzen wir $A_0 \wedge E = A$, so ist $A_0 = A \vee P_0$, also $\tilde{A}_0 = \tilde{A} \vee \tilde{P}_0 = \tilde{A} \vee P_0$ nach **11.4.**; da $\tilde{A} = \bar{A}$ oder $\tilde{A} = \bar{A} \vee P_0$ ist, so folgt $\tilde{A}_0 = \bar{A} \vee P_0$.

Beispiel. Jeden lokal vollkompakten, HAUSDORFFschen Raum $\mathfrak{E}$ kann man durch Hinzufügung eines einzigen Punktes zu einem vollkompakten, HAUSDORFFschen Raum erweitern; dieser ist eindeutig bestimmt bis auf Homöomorphien, die auf $\mathfrak{E}$ mit der Identität übereinstimmen. — Die Hinzufügung des Punktes ∞ zur komplexen Zahlenebene ist ein Beispiel einer solchen Erweiterung.

§ 13. Dichtigkeit.

Es liege ein klassisch topologischer BOOLE-Verband $\mathfrak{W}$ vor.

Ein Soma A heiße *dicht zu* einem Soma B, wenn $B \leq \bar{A}$ ist; wenn außerdem $A \leq B$ ist, so heiße A dicht *in* B [1]. (Ist $\mathfrak{E}'$ ein Unterraum eines klassisch topologischen Raumes $\mathfrak{E}$ und der Träger von $\mathfrak{E}'$ dicht im Träger von $\mathfrak{E}$, so nennen wir auch $\mathfrak{E}'$ dicht in $\mathfrak{E}$.)

Beispiel. Im CARTESISCHEN $\mathfrak{E}^1$ sei A_1 die Menge aller rationalen, A_2 die Menge aller irrationalen und E^1 die Menge aller reellen Zahlen. Dann ist A_1 dicht zu A_2, A_2 dicht zu A_1 und sowohl A_1 als auch A_2 dicht in E^1.

13.1. *Ist A dicht zu B und B dicht zu C, so ist A dicht zu C.*

Beweis. Aus $C \leq \bar{B}$ und $B \leq \bar{A}$ folgt $C \leq \bar{A}$.

13.2. *Es seien $(A_i)_{i \in I}$ und $(B_i)_{i \in I}$ zwei Somenfamilien, deren Vereinigungen $A = \vee A_i$ und $B = \vee B_i$ existieren. Ist A_i dicht zu B_i für jedes $i \in I$, so ist A dicht zu B.*

Beweis. Aus $A_i \leq A$ folgt $\bar{A}_i \leq \bar{A}$ für jedes $i \in I$; wegen $B_i \leq \bar{A}_i$ ist also $B_i \leq \bar{A}$ für jedes $i \in I$ und daher $B \leq \bar{A}$.

Für die Durchschnitte gilt kein entsprechender Satz. (Denn im obigen Beispiel ist $A_1 \cap A_2$ nicht dicht in E^1.) Es gilt aber wenigstens folgendes:

13.3. *Ist A_1 dicht in B, A_2 dicht und offen in B, so ist auch $A_1 \wedge A_2$ dicht in B.*

Beweis. Indem wir nötigenfalls von $\mathfrak{W}$ zum ebenfalls klassisch topologischen BOOLE-Verband $\mathfrak{W}_B$ aller Somen $\leq B$ übergehen, können

---

[1] Insbesondere ist jedes Soma dicht in sich. [Man beachte, daß dies etwas anderes bedeutet als der Begriff „insichdicht" (S. 68).]

wir $B = E$ annehmen. Dann ist A_2 offen. Nach **7.18.** ist $\overline{A_1 \wedge A_2} \leq \overline{A_1} \wedge \overline{A_2}$. Da A_1 in E dicht ist, so ist $\overline{A_1} = E$ und daher $A_2 \leq \overline{A_1 \wedge A_2}$. Also ist $A_1 \wedge A_2$ dicht in A_2. Jetzt liefert **13.1.** die Behauptung.

13.4. *Ist A dicht zu B und G offen, so ist $A \wedge G$ dicht zu $B \wedge G$.*

Beweis. Aus $B \leq \overline{A}$ folgt $B \wedge G \leq \overline{A} \wedge G$. Nach **7.18.** ist $\overline{A} \wedge G \leq \overline{A \wedge G}$. Also ist $B \wedge G \leq \overline{A \wedge G}$.

Wir erwähnen noch folgende Definition. Ein klassisch topologischer Raum $\mathfrak{E}$ heißt *separabel*[1], wenn eine abzählbare, im Träger E von $\mathfrak{E}$ dichte Punktmenge A existiert.

Übungen. 1. Jeder klassisch topologische Raum mit abzählbarer Basis ist separabel. — 2. Jeder kompakte, quasi-metrische Raum ist separabel. — 3. Jeder separable, quasi-metrische Raum besitzt eine abzählbare Basis.

Es sei wieder ein klassisch topologischer BOOLE-Verband $\mathfrak{B}$ gegeben.

Sind A und B zwei Somen, so heiße A *nirgends dicht zu* B, wenn das (in B offene) Soma $c\overline{A} \wedge B$ in B dicht ist. Gilt dabei $A \leq B$, so heiße A nirgends dicht *in* B.

Beispiel. In der CARTESischen Zahlengeraden $\mathfrak{E}^1$ sei D der Träger des CANTORschen Diskontinuums $\mathfrak{D}$ (S. 104) und E^1 die Menge aller reellen Zahlen. Dann ist D nirgends dicht in E^1.

13.5. *Ist A nirgends dicht zu B und $A_0 \leq \overline{A}$, so ist auch A_0 nirgends dicht zu B.*

Beweis. Aus $A_0 \leq \overline{A}$ folgt $c\overline{A} \wedge B \leq c\overline{A_0} \wedge B$.

13.6. *Sind A_1 und A_2 nirgends dicht zu B, so ist auch $A_1 \vee A_2$ nirgends dicht zu B.*

Beweis. Es ist $c\overline{A_1 \vee A_2} \wedge B = c(\overline{A_1} \vee \overline{A_2}) \wedge B = (c\overline{A_1} \wedge c\overline{A_2}) \wedge B = (c\overline{A_1} \wedge B) \wedge (c\overline{A_2} \wedge B)$. Nun sind die Somen $c\overline{A_1} \wedge B$ und $c\overline{A_2} \wedge B$ beide dicht und offen in B. Nach **13.3.** ist also auch ihr Durchschnitt dicht in B.

Korollar. *Die Menge aller zu einem (festen) Soma B nirgends dichten Somen A ist ein Ideal.*

13.7. *Ein in B abgeschlossenes Soma $A \leq B$ ist dann und nur dann nirgends dicht in B, wenn $cA \wedge B$ dicht ist in B.*

Beweis. Wegen $A = \overline{A} \wedge B$ ist $cA = c\overline{A} \vee cB$, also $cA \wedge B = c\overline{A} \wedge B$.

13.8. *Sind A und B offen, so ist die Begrenzung bA nirgends dicht zu B.*

Beweis. Wegen $E = c\overline{A} \vee \overline{A}$ ist $E = \overline{c\overline{A} \vee \overline{A}}$, also $B = E \wedge B = (\overline{c\overline{A} \vee \overline{A}}) \wedge B = (\overline{c\overline{A}} \wedge B) \vee (\overline{A} \wedge B)$, nach **7.18.** also $B \leq \overline{c\overline{A} \wedge B} \vee \overline{A \wedge B} =$

---

[1] Dies hat nichts zu tun mit dem Begriff eines separierten Raumes (S. 79).

$(\overline{c\overline{A} \vee A}) \wedge B$; nun ist $b A = \overline{A} \wedge c A$ (wegen der Abgeschlossenheit von cA), also $c\overline{A} \vee A = cbA$; folglich ist $B \leq \overline{cbA \wedge B}$; wegen $bA = \overline{bA}$ heißt dies, daß bA zu B nirgends dicht ist.

13.9. *A ist dann und nur dann nirgends dicht zu B, wenn A zu keinem in B offenen Teilsoma $G > O$ von B dicht ist.*

Beweis. Nach **13.5.** genügt es, A als abgeschlossen vorauszusetzen. — A sei nicht nirgends dicht zu B. Dann ist nicht $B \leq \overline{cA \wedge B}$. Für das in B offene Soma $G = B \wedge c\,\overline{cA \wedge B}$ gilt also $O < G \leq B$. Aus $G \wedge \overline{cA \wedge B} = O$ folgt $G \wedge cA \wedge B = O$, wegen $G \leq B$ hieraus $G \wedge cA = O$ und hieraus $G \leq A$. Also ist A dicht zu G. — Umgekehrt sei $O < G \leq B$, G offen in B und A dicht zu G. Dann ist $G \leq A$, also $G \wedge cA \wedge B = O$, also, da G in B offen ist, $G \wedge \overline{cA \wedge B} = O$. Wegen $O < G$ gilt also nicht $B \leq \overline{cA \wedge B}$. Also ist A nicht nirgends dicht zu B.

13.10. *A ist dann und nur dann nirgends dicht in E, wenn zu jedem offenen Soma $G > O$ ein offenes Soma H mit $O < H \leq G$ und $H \wedge A = O$ existiert.*

Beweis. Diese Bedingung sei erfüllt. Es sei G ein offenes Soma $> O$. Dann existiert ein offenes Soma H mit $O < H \leq G$ und $H \wedge A = O$. Aus $H \wedge A = O$ folgt $H \wedge \overline{A} = O$. Wegen $O < H \leq G$ ist also nicht $G \leq \overline{A}$, also A zu G nicht dicht. Nach **13.9.** ist daher A nirgends dicht in E. Umgekehrt sei A nirgends dicht in E und G ein offenes Soma $> O$. Nach **13.9.** ist A zu G nicht dicht, also nicht $G \leq \overline{A}$. Für das offene Soma $H = G \wedge c\overline{A}$ ist dann $O < H \leq G$ und $H \wedge A = O$.

Übung. A ist dann und nur dann nirgends dicht in E, wenn $(\overline{A}) = O$ ist.

§ 14. Zusammenhang.

Ein abgeschlossenes Intervall der Zahlengeraden wird zusammenhängend genannt wegen der mit dem bekannten Axiom von R. DEDEKIND äquivalenten Tatsache, daß es nicht dargestellt werden kann als Vereinigung zweier fremder, abgeschlossener Teilintervalle oder allgemeiner zweier fremder, abgeschlossener, nicht leerer Teilmengen. Dementsprechend definieren wir den Zusammenhang folgendermaßen.

Es liege ein topologischer, distributiver Verband $\mathfrak{B}$ mit Nullsoma O vor. Zwei Somen A_1 und A_2 aus $\mathfrak{B}$ heißen *getrennt*, wenn $(\overline{A_1 \wedge A_2}) \vee (\overline{A_1} \wedge A_2) = O$ ist. (Hiermit ist nach **9.2.** gleichbedeutend, daß A_1 und A_2 teilerfremd und in $A_1 \vee A_2$ abgeschlossen sind.) Ein Soma A aus $\mathfrak{B}$ heiße *zusammenhängend*, wenn es nicht dargestellt werden kann in der Form $A = A_1 \vee A_2$, wobei A_1 und A_2 getrennt und $> O$ sind. Ist das Einssoma E, falls vorhanden, zusammenhängend, so nennen wir auch $\mathfrak{B}$ zusammenhängend.

Hilfssatz 1. *Ist $A_1 \leq B_1$, $A_2 \leq B_2$ und sind B_1 und B_2 getrennt, so sind auch A_1 und A_2 getrennt.*

Hilfssatz 2. *Ist A zusammenhängend, $A \leq B_1 \vee B_2$ und sind B_1 und B_2 getrennt, so ist $A \leq B_1$ oder $A \leq B_2$.*

Beweis. Andernfalls wären $A_1 = A \wedge B_1$ und $A_2 = A \wedge B_2$ beide > 0, getrennt nach dem Hilfssatz 1 und $A_1 \vee A_2 = A$, also A nicht zusammenhängend.

14.1. *Ist das Soma A zusammenhängend, so ist auch jedes Soma B mit $A \leq B \leq \overline{A}$ zusammenhängend.*

Beweis. Es sei $A \leq B \leq \overline{A}$ und $B = B_1 \vee B_2$ mit getrennten B_1 und B_2. Es genügt zu zeigen, daß $B_1 = 0$ oder $B_2 = 0$ ist. Nach dem Hilfssatz 2 ist $A \leq B_1$ oder $A \leq B_2$, etwa $A \leq B_1$. Dann ist $\overline{A} \leq \overline{B_1}$, wegen $\overline{B_1} \wedge B_2 = 0$ also $\overline{A} \wedge B_2 = 0$, folglich $B_2 = B \wedge B_2 = 0$.

14.2. *Ist das Soma A die Vereinigung einer Familie $(A_i)_{i \in I}$ zusammenhängender Somen A_i und existiert in der Familie ein Soma A_{i_0}, das von keinem Soma A_i der Familie getrennt ist, so ist A zusammenhängend.*

Beweis. Es sei $A = B_1 \vee B_2$ mit getrennten B_1 und B_2. Es genügt zu zeigen, daß $B_1 = 0$ oder $B_2 = 0$ ist. Für jedes A_i gilt $A_i \leq B_1$ oder $A_i \leq B_2$ nach dem Hilfssatz 2. Es sei etwa $A_{i_0} \leq B_1$. Für jedes A_i ist dann ebenfalls $A_i \leq B_1$ nach dem Hilfssatz 1. Also ist $A \leq B_1$ und folglich $B_2 = 0$.

Korollar. *Ist das Soma A eine Vereinigung zusammenhängender Somen, die zu je zwei nicht teilerfremd sind, so ist A zusammenhängend.*

14.3. *Das Soma B habe die Eigenschaft, daß zu je zwei Somen B_1, B_2 mit $0 < B_1 \leq B$ und $0 < B_2 \leq B$ ein zusammenhängendes Soma $A \leq B$ existiert, das weder von B_1 noch von B_2 getrennt ist. Dann ist B zusammenhängend.*

Beweis. Angenommen, B wäre nicht zusammenhängend. Dann existieren zwei getrennte Somen $B_1 > 0$ und $B_2 > 0$ mit $B = B_1 \vee B_2$. Nach Voraussetzung existiert ein zusammenhängendes Soma $A \leq B$, das weder von B_1 noch von B_2 getrennt ist. Nach dem Hilfssatz 2 ist $A \leq B_1$ oder $A \leq B_2$. Es sei etwa $A \leq B_1$. Dann ist A von B_2 getrennt nach dem Hilfssatz 1. Dies ist ein Widerspruch.

Beispiele. Der CARTESISCHE $\mathfrak{E}^n$ und der HILBERTsche Raum sind zusammenhängend, da in ihnen je zwei Punkte durch eine Strecke verbunden werden können.

Übungen. 1. In einem topologischen BOOLE-Verband seien A und B zwei Somen; es sei $\underline{A} \wedge B > 0$, $c\overline{A} \wedge B > 0$ und B zusammenhängend; dann ist auch $bA \wedge B > 0$. (In Worten: Ein zusammenhängendes Soma B, welches das „Innere" $\underline{A}$ und das „Äußere" $c\overline{A}$ des Somas A verbindet, hat mit der Begrenzung bA von A einen nicht verschwindenden Durchschnitt; in diesem Sinne trennt also die Begrenzung bA das „Innere" $\underline{A}$ vom „Äußeren" $c\overline{A}$ des Somas A.) — 2. In einem T_1-Raum ist jede zusammenhängende, mehrpunktige (d.h. nicht nur einen einzigen Punkt enthaltende) Punktmenge A insichdicht. — 3. In einem metrischen Raum enthält eine zusammenhängende, mehrpunktige Punktmenge unabzählbar viele Punkte.

Wegen seiner Anwendungen (z.B. **14.5.** und **14.6.**) ist der folgende Satz von Bedeutung.

14.4. $\mathfrak{B}$ *sei klassisch topologisch. n sei eine natürliche Zahl. Es sei $A = A_1 \vee \cdots \vee A_n \vee M \vee N$, wobei $A, A_1, \ldots, A_n$ zusammenhängend sind und $(M \wedge \overline{N}) \vee (\overline{M} \wedge N) \leq A_1 \vee \cdots \vee A_n$ ist. Dann ist $A_1 \vee \cdots \vee A_n \vee M$ eine Vereinigung von n zusammenhängenden Somen.*

Für $n = 1$ ist also $A_1 \vee M$ zusammenhängend.

Beweis. Vorbemerkung. Ist ein Soma B nicht Vereinigung von n zusammenhängenden Somen, so ist B Vereinigung von $n + 1$ paarweise getrennten Somen $> O$. Für $n = 1$ ist diese Behauptung richtig wegen der Definition des Zusammenhanges. Wir machen die Induktionsvoraussetzung, daß die Behauptung richtig ist für $n - 1$. Ist B nicht Vereinigung von n zusammenhängenden Somen, so ist B auch nicht Vereinigung von $n - 1$ zusammenhängenden Somen. Nach Induktionsvoraussetzung ist $B = B_1 \vee \cdots \vee B_n$ mit paarweise getrennten $B_\nu > O$. Dabei ist mindestens ein B_ν, etwa B_1, nicht zusammenhängend. Dann ist $B_1 = B_0' \vee B_1'$ mit getrennten $B_0' > O$ und $B_1' > O$. Also ist B Vereinigung der paarweise getrennten Somen $B_0', B_1', B_2, \ldots, B_n$, die sämtlich $> O$ sind.

Angenommen nun, die Behauptung von **12.4.** wäre falsch. Nach der Vorbemerkung ist dann $A_1 \vee \cdots \vee A_n \vee M = B_0 \vee B_1 \vee \cdots \vee B_n$ mit paarweise getrennten $B_\nu > O$. Ist $A_\mu = O$, so ist $A_\mu \leq B_1$; ist $A_\mu > O$, so ist A_μ zu einem B_ν nicht teilerfremd, also $A_\mu \leq B_\nu$ nach dem Hilfssatz 2, da B_ν und $B_0 \vee \cdots \vee B_{\nu-1} \vee B_{\nu+1} \vee \cdots \vee B_n$ getrennt sind ($\mathfrak{B}$ ist klassisch topologisch). Jedes A_μ ist also in mindestens einem B_ν enthalten. Daher enthält mindestens ein B_ν, etwa B_0, kein $A_\mu > O$. Dieses B_0 ist dann nach dem Hilfssatz 1 von jedem A_μ getrennt und daher auch von $A_1 \vee \cdots \vee A_n$; hieraus folgt $B_0 \leq M$. Also ist $(B_0 \wedge \overline{N}) \vee (\overline{B_0} \wedge N) \leq (\overline{B_0} \wedge M \wedge \overline{N}) \vee (\overline{B_0} \wedge \overline{M} \wedge N) = \overline{B_0} \wedge ((M \wedge \overline{N}) \vee (\overline{M} \wedge N)) \leq \overline{B_0} \wedge (A_1 \vee \cdots \vee A_n) = O$. Also ist B_0 getrennt von N. Daher ist A die Vereinigung der getrennten Somen $B_0 > O$ und $B_1 \vee \cdots \vee B_n \vee N > O$, im Widerspruch zum Zusammenhang von A.

Wichtig sind die Darstellungen eines zusammenhängenden Somas $> O$ als Vereinigungen zweier zusammenhängender, echter Teilsomen. Hierüber gilt:

14.5. $\mathfrak{B}$ *sei* BOOLE*sch und klassisch topologisch. Besitzt das zusammenhängende Soma* $A > O$ *wenigstens ein zusammenhängendes, echtes Teilsoma* $> O$, *so ist* A *darstellbar als Vereinigung zweier solcher Teilsomen.*

Beweis. Es sei A_1 ein solches Teilsoma. Ist das Soma $A_2 = A \wedge c A_1$ zusammenhängend, so ist $A = A_1 \vee A_2$ eine Darstellung der verlangten Art. Andernfalls ist $A_2 = M \vee N$ mit getrennten $M > O$ und $N > O$. Setzen wir $A_1 \vee M = B_1$ und $A_2 \vee N = B_2$, so sind B_1 und B_2 zusammenhängend nach **14.4.** und es ist $A = B_1 \vee B_2$ eine Darstellung der verlangten Art.

Ist das Soma $A > O$ zusammenhängend und ist für jede Darstellung $A = A_1 \vee A_2$ von A als Vereinigung zweier in A abgeschlossener, zusammenhängender Somen A_1 und A_2 der Durchschnitt $A_1 \wedge A_2$ zusammenhängend, so heiße A *unikohärent.*

Im Zusammenhang mit dieser Definition ist folgender Satz von Interesse.

14.6. $\mathfrak{B}$ *sei klassisch topologisch.* A_1 *und* A_2 *seien zwei in ihrer Vereinigung* $A_1 \vee A_2$ *abgeschlossene Somen. Sind dann* $A_1 \vee A_2$ *und* $A_1 \wedge A_2$ *zusammenhängend, so sind auch* A_1 *und* A_2 *zusammenhängend.*

Beweis. Man wende **14.4.** an auf $n = 1$ und $A_1 \vee A_2$, $A_1 \wedge A_2$, A_1, A_2 statt A, A_1, M, N. Dann ergibt sich der Zusammenhang von A_1 und analog der von A_2.

14.7. $\mathfrak{B}$ *sei ein* BOOLE-*Vollverband. Weiter seien* A *ein zusammenhängendes Soma,* B *und* C *zwei Somen mit* $O < B \leq A$, $O < C \leq A$ *und* $\mathfrak{G}$ *eine offene Überdeckung von* A. *Dann existieren in* $\mathfrak{G}$ *endlich viele Somen* $G_1, \ldots, G_n$ *mit*

$$B \wedge G_1 > O, \quad G_\nu \wedge G_{\nu+1} > O \quad (\nu = 1, \ldots, n-1), \quad G_n \wedge C > O \,[1].$$

Beweis. Es sei G^0 die Vereinigung aller Somen $G \in \mathfrak{G}$ mit der Eigenschaft, daß endlich viele Somen $G_1, \ldots, G_n \in \mathfrak{G}$ existieren mit $B \wedge G_1 > O$, $G_\nu \wedge G_{\nu+1} > O$ für $\nu = 1, \ldots, n-1$ und $G_n = G$. Da $\mathfrak{G}$ eine Überdeckung von A, also auch von B ist, gilt $B \leq G^0$; setzen wir $A \wedge G^0 = A_1$, so ist wegen $O < B \leq A$ also $A_1 > O$. Da G^0 als Vereinigung offener Somen offen ist, ist A_1 in A offen nach **9.5.** Wir behaupten, daß A_1 auch abgeschlossen ist in A. Es sei G ein Soma $\in \mathfrak{G}$ mit $A \wedge \overline{A_1} \wedge G > O$. Dann ist nach **7.15.** auch $A_1 \wedge G > O$ und folglich $G^0 \wedge G > O$. Hieraus folgt nach der Definition von G^0, daß G eines der Somen ist, als deren Vereinigung G^0 definiert wurde. Daher ist $G \leq G^0$. Dies gilt also für jedes Soma $G \in \mathfrak{G}$ mit $A \wedge \overline{A_1} \wedge G > O$. Da $\mathfrak{G}$ eine Überdeckung von A, also auch von $A \wedge \overline{A_1}$ ist, so folgt $A \wedge \overline{A_1} \leq G^0$. Daher ist auch $A \wedge \overline{A_1} \leq A \wedge G^0 = A_1$. Umgekehrt ist aber auch $A_1 \leq A \wedge \overline{A_1}$. Mithin ist $A \wedge \overline{A_1} = A_1$ und daher

---

[1] Statt $\mathfrak{B}$ als Vollverband vorauszusetzen, genügt es, $\mathfrak{B}$ als $\mathfrak{m}$-voll anzunehmen, wenn $\mathfrak{m}$ die Mächtigkeit von $\mathfrak{G}$ ist.

A_1 in A abgeschlossen, wie behauptet wurde. Das Soma A_1 ist also sowohl offen in A als auch abgeschlossen in A. Wir setzen $A \wedge cA_1 = A_2$. Wegen $A_1 \vee A_2 = A$ und $A_1 \wedge A_2 = O$ ist A_2 nach **7.5.** abgeschlossen in A, da A_1 in A offen ist. Folglich sind A_1 und A_2 getrennt. Da A zusammenhängend und $A_1 > O$ ist, muß also $A_2 = O$ sein. Daher ist $A_1 = A$, also $A \leq G^0$ und somit $C \leq G^0$.

Es sei $\mathfrak{E}$ ein quasi-metrischer Raum und A eine Punktmenge aus $\mathfrak{E}$. Ist ε eine positive Zahl, so nennen wir eine endliche Teilmenge $(a_0, a_1, \ldots, a_n, a_{n+1})$ von A eine die Punkte a_0 und a_{n+1} verbindende *ε-Kette* in A, wenn $\delta(a_\nu, a_{\nu+1}) < \varepsilon$ ist für $\nu = 0, 1, \ldots, n$. Wir nennen A *ε-verkettet*, wenn je zwei Punkte p und q aus A durch eine ε-Kette in A verbunden werden können. Wir nennen A *verkettet*, wenn A ε-verkettet ist für jedes $\varepsilon > O$. — Zu **14.7.** gilt nun folgendes

Korollar. *In einem quasi-metrischen Raum $\mathfrak{E}$ ist jede zusammenhängende Punktmenge A verkettet.*

Beweis. A sei eine zusammenhängende Punktmenge aus $\mathfrak{E}$ und ε eine positive Zahl. Für jeden Punkt $a \in A$ sei $U(a)$ die Menge aller Punkte b von $\mathfrak{E}$ mit $\delta(a, b) < \varepsilon/2$. Diese Mengen $U(a)$ bilden eine offene Überdeckung von A. Nach **14.7.** existieren zu zwei vorgegebenen Punkten p und q aus A endlich viele Mengen $U(a_1), \ldots, U(a_n)$ mit $p \in U(a_1)$, $U(a_\nu) \cap U(a_{\nu+1}) > L$ (L die leere Menge) und $q \in U(a_n)$. Dann ist $(p, a_1, \ldots, a_n, q)$ eine p und q verbindende ε-Kette in A.

Daß in einem metrischen Raum eine Punktmenge verkettet sein kann, ohne zusammenhängend zu sein, zeigt die Menge A aller rationalen Zahlen des CARTESISCHEN $\mathfrak{E}^1$. Im CARTESISCHEN $\mathfrak{E}^2$ ist die Vereinigung einer Hyperbel und ihrer Asymptoten sogar abgeschlossen und verkettet, aber nicht zusammenhängend. Für kompaktes A hingegen folgt aus der Verkettung der Zusammenhang:

14.8. *In einem metrischen Raum $\mathfrak{E}$ ist eine kompakte Menge A dann und nur dann zusammenhängend, wenn sie verkettet ist.*

Beweis. Die Bedingung ist notwendig nach dem Korollar zu **14.7.** Umgekehrt sei A nicht zusammenhängend. Dann ist $A = A_1 \cup A_2$ mit nicht leeren, getrennten A_1 und A_2. Wir behaupten, daß der Abstand $\delta(A_1, A_2) > 0$ ist. Nach dem Korollar zu **12.2.** (angewandt auf den metrischen Unterraum $\mathfrak{E}_A$ von $\mathfrak{E}$) ist A vollkompakt, nach **12.8.** also abgeschlossen. Nach **9.3.** sind A_1 und A_2 ebenfalls abgeschlossen und daher nach **12.7.** kompakt. Angenommen nun, es wäre $\delta(A_1, A_2) = 0$. Dann ist für jedes natürliche n die Menge R_n aller Punkte p aus A_1 mit $\delta(p, A_2) < 1/n$ nicht leer. Der Raster $\mathfrak{R} = (R_1, R_2, \ldots)$ ist also eigentlich. Da A_1 kompakt ist, existiert ein Punkt $p \in A_1$, der dem Raster adhärent ist. Aus $p \in \overline{R_n}$ folgt $\delta(p, A_2) \leq 1/n$ für jedes n, also $\delta(p, A_2) = 0$ und hieraus $p \in A_2$ wegen der Abgeschlossenheit von A_2. Es ist also $p \in A_1 \cap A_2$, also $A_1 \cap A_2$ nicht leer, im Widerspruch dazu, daß A_1 und A_2 getrennt sind. Mithin ist $\delta(A_1, A_2) > 0$, wie behauptet. Setzen wir nun $\delta(A_1, A_2) = \varepsilon$, so ist kein Punkt von A_1 mit keinem Punkt von A_2 ε-verkettet. Die Bedingung ist demnach auch hinreichend.

Natürlich ist der Zusammenhang topologisch invariant. Es gilt aber mehr:

14.9. *Es sei Φ ein stetiger Vollhomomorphismus eines topologischen* Boole-*Verbandes $\mathfrak{B}$ auf einen ebensolchen Verband $\mathfrak{B}'$. Ist dann das Soma A aus $\mathfrak{B}$ zusammenhängend, so ist auch $A' = \Phi A$ zusammenhängend.*

Beweis. Indem wir nötigenfalls $\mathfrak{B}$ durch den Verband $\mathfrak{B}_A$ aller Somen $\leq A$ ersetzen, können wir $A = E$ annehmen. Nun sei $A' = B' \vee C'$ mit getrennten B' und C'. Wir setzen $\Phi^{-1} B' = B$ und $\Phi^{-1} C' = C$. Nach (3.14) ist $A = B \vee C$. Weiter ist $\Phi(B \wedge \overline{C}) \leq \Phi B \wedge \Phi \overline{C} \leq \Phi B \wedge \overline{\Phi C} \leq B' \wedge \overline{C'}$ nach (3.1), **10.2.** und (3.4). Da $B' \wedge \overline{C'} = O'$ ist, folgt $B \wedge \overline{C} = O$ nach (3.15). Analog ist $\overline{B} \wedge C = O$. Also sind B und C getrennt. Da A zusammenhängend ist, folgt $B = O$ oder $C = O$. Wegen (3.5) und (3.6) ist daher $B' = O'$ oder $C' = O'$. Also ist A' zusammenhängend.

Beispiel. Sind $\mathfrak{E}$ und $\mathfrak{E}'$ zwei topologische Räume und existiert eine stetige Abbildung von $\mathfrak{E}$ auf $\mathfrak{E}'$, so ist mit $\mathfrak{E}$ auch $\mathfrak{E}'$ zusammenhängend.

14.10. *In einem topologischen, $\mathfrak{m}$-kompakten, normalen* Boole-*Verband $\mathfrak{B}$ sei $\mathfrak{R}$ ein Raster mit einer Mächtigkeit $\leq \mathfrak{m}$, das gegen ein Soma A konvergiert. Sind dann die Somen R von $\mathfrak{R}$ zusammenhängend, so ist auch A zusammenhängend.*

Beweis. Es sei $A = B \vee C$ mit getrennten B und C. Wir zeigen, daß dann $B = O$ oder $C = O$ ist. Wegen $A = \wedge \overline{R}$ ist A abgeschlossen. Nach **9.3.** sind dann auch B und C abgeschlossen. Da $\mathfrak{B}$ normal ist, existieren zwei offene Somen U und V mit $B \leq U$, $C \leq V$ und $U \wedge V = O$. Das Soma $W = U \vee V$ ist offen und es ist $A \leq W$. Angenommen, für kein Soma $R \in \mathfrak{R}$ wäre der Durchschnitt $S = R \wedge cW$ gleich O. Dann wäre das System dieser Durchschnitte ein eigentlicher Raster mit einer Mächtigkeit $\leq \mathfrak{m}$; wegen der $\mathfrak{m}$-Kompaktheit von $\mathfrak{B}$ wäre diesem Raster ein Soma $D > O$ adhärent; wegen $S \leq cW$ und der Abgeschlossenheit von cW wäre $D \leq cW$; wegen $S \leq R$ wäre aber D auch dem Raster $\mathfrak{R}$ adhärent, also $D \leq A$, im Widerspruch zu $A \leq W$ und $O < D \leq cW$. Also existiert im Raster $\mathfrak{R}$ ein Soma R_0 mit $R_0 \leq W$. Da $W = U \vee V$ ist und U und V getrennt sind, ist $R_0 \leq U$ oder $R_0 \leq V$ nach dem Hilfssatz 2 (S. 112). Es sei etwa $R_0 \leq U$. Dann ist $\overline{R_0} \leq \overline{U}$, wegen $A \leq \overline{R_0}$ also $A \leq \overline{U}$. Wegen $C \leq A$, $C \leq V$ und $\overline{U} \wedge V = O$ folgt $C = O$.

Beispiel. In einem topologischen, kompakten, normalen Boole-Verband ist der Durchschnitt, falls vorhanden, einer monoton fallenden Folge abgeschlossener, zusammenhängender Somen zusammenhängend.

Korollar 1. *In einem topologischen, kompakten, normalen σ-Boole-Verband $\mathfrak{B}$ sei $(S_1, S_2, \ldots)$ eine gegen ein Soma A konvergente Folge von Somen. Sind dann die Somen S_i zusammenhängend, so ist auch A zusammenhängend.*

Beweis. Wir setzen $S_i \vee S_{i+1} \vee \cdots = R_i$ für jedes i. Das System der Somen R_i ist dann ein abzählbarer, gegen A konvergenter Raster. Wie im Beweis von **14.10.** schließt man bis zur Relation $R_0 \leq W$. Ist $R_0 = S_{i_0} \vee S_{i_0+1} \vee \cdots$, so folgt wegen des Zusammenhanges der S_i, daß für jedes $i \geq i_0$ entweder $S_i \leq U$ oder $S_i \leq V$ ist. Es sei etwa $S_i \leq U$ für unendlich viele $i = i_1, i_2, \ldots$. Nach **8.15.** ist die Folge $(S_{i_1}, S_{i_2}, \ldots)$ gegen A konvergent. Wegen $S_{i_\nu} \leq U$ folgt $A \leq \overline{U}$. Jetzt schließt man wie im Beweis von **14.10.** weiter.

Korollar 2. *In einem kompakten, metrischen Raum $\mathfrak{E}$ sei $(S_1, S_2, \ldots)$ eine gegen eine Punktmenge A konvergente Folge von Punktmengen. Ist dann jede Menge S_i ε_i-verkettet für ein $\varepsilon_i > 0$ mit $\lim \varepsilon_i = 0$, so ist A zusammenhängend.*

Beweis. Man schließt analog wie im Beweis des Korollars 1, wählt aber die offenen Mengen U und V unter Verwendung von **11.20.** und **11.11.** so, daß $\overline{U} \cap \overline{V} = O$ ist, und verwendet, daß $\delta(U, V) > 0$ ist (vgl. den Beweis von **14.8.**).

Es liege wieder ein topologischer, distributiver Verband $\mathfrak{B}$ mit Nullsoma O vor. Es sei A ein Soma aus $\mathfrak{B}$. Ein Soma K aus $\mathfrak{B}$ heiße eine *Komponente* von A oder $\mathfrak{B}$, wenn $K \leq A$ ist, K zusammenhängend ist und für jedes zusammenhängende Soma $L \leq A$, das zu K nicht teilerfremd ist, gilt $L \leq K$. (Mit anderen Worten, die Komponenten von A sind die größten, zusammenhängenden Teilsomen von A.)

Beispiele. 1. Ist A eine nicht leere Punktmenge des Cartesischen $\mathfrak{E}^1$, so sind die Komponenten von A die größten, abgeschlossenen, halboffenen oder offenen Intervalle $\leq A$, wobei auch die abgeschlossenen und offenen Halbgeraden und die Punkte als Intervalle gelten. — 2. Ist A eine nicht leere Punktmenge eines topologischen Raumes, deren sämtliche Komponenten einpunktig sind, so heißt A *total diskontinuierlich*. Beispiel: das Cantorsche Diskontinuum.

14.11. *Die Komponenten eines Somas A sind paarweise teilerfremd.*

14.12. *Jede Komponente eines Somas A ist in A abgeschlossen.*

Beweis. Nach **14.1.** ist die Hülle $A \wedge \overline{K}$ in A einer Komponente K von A zusammenhängend.

Korollar. *Jede Komponente eines abgeschlossenen Somas ist abgeschlossen.*

Beweis. **9.3.**

Ein Soma A braucht außer dem Nullsoma O keine Komponenten zu besitzen. Ist beispielsweise $\mathfrak{B}$ ein BOOLE-Verband ohne Atome mit der identischen Topologie $\overline{A} = A$, so besitzt kein Soma aus $\mathfrak{B}$ eine Komponente $> O$; denn O ist das einzige zusammenhängende Soma aus $\mathfrak{B}$. Ist hingegen $\mathfrak{B}$ ein atomarer, distributiver Vollverband, so ist jedes Soma A die Vereinigung seiner Komponenten. Allgemeiner gilt:

14.13. $\mathfrak{B}$ *sei ein topologischer, distributiver Vollverband. Dann ist jedes Soma A, das eine Vereinigung von zusammenhängenden Somen ist, die Vereinigung seiner Komponenten.*

Beweis. Es sei $A = \vee Z$, wobei jedes Soma Z zusammenhängend ist. Für jedes Soma Z sei $K(Z)$ die Vereinigung aller zu Z nicht teilerfremden, zusammenhängenden Somen $\leq A$. Dann ist zunächst $Z \leq K(Z)$. Nach dem Korollar zu **14.2.** ist $K(Z)$ zusammenhängend. Schließlich ist $K(Z) \leq A$. Ist nun L ein zu $K(Z)$ nicht teilerfremdes, zusammenhängendes Soma $\leq A$, so ist $K(Z) \vee L$ nach dem Korollar zu **14.2.** zusammenhängend; wegen $Z \leq K(Z) \vee L$ ist $K(Z) \vee L \leq K(Z)$ und folglich $L \leq K(Z)$; mithin ist $K(Z)$ eine Komponente von A. Damit ist gezeigt: Zu jedem Soma Z existiert eine Komponente $K(Z)$ von A mit $Z \leq K(Z)$. Wegen $A = \vee Z$ ist dann $A = \vee K(Z)$.

Beispiel. In einem topologischen Raum ist jede Punktmenge die Vereinigung ihrer Komponenten.

Ein Soma A eines topologischen, distributiven Verbandes $\mathfrak{B}$ mit Nullsoma O heiße ein *Kontinuum*, wenn es zusammenhängend und kompakt ist[1]. Ebenso nennen wir dann den Unterverband $\mathfrak{B}_A$ von $\mathfrak{B}$, bestehend aus allen Somen $\leq A$, ein Kontinuum.

14.14. *In einem topologischen BOOLE-Verband $\mathfrak{B}$ ist die Vereinigung zweier nicht teilerfremder Kontinuen ein Kontinuum.*

Beweis. Korollar zu **14.2.** und **12.9.**

14.15. *Es sei Φ ein stetiger Vollhomomorphismus eines topologischen BOOLE-Verbandes $\mathfrak{B}$ auf einen ebensolchen Verband. Ist dann A ein Kontinuum aus $\mathfrak{B}$, so ist ΦA ein Kontinuum.*

Beweis. **14.9.** und **12.11.**

14.16. *Jede Komponente eines kompakten Somas A ist ein Kontinuum.*

Beweis. **14.12.** und **12.7.** (anzuwenden auf $\mathfrak{B}_A$).

Ein besonders interessanter, viel untersuchter Begriff ist der des lokalen Zusammenhanges. Es sei $\mathfrak{C}$ ein topologischer Raum. Man nennt $\mathfrak{C}$ *lokal zusammenhängend* in einem Punkt p, wenn jede Nach-

---

[1] Manche Autoren verlangen statt der Kompaktheit die Abgeschlossenheit von A; andere verlangen zusätzlich, daß A mindestens zwei Punkte enthält (hierbei ist natürlich ein topologischer Raum zugrunde gelegt).

barschaft V von p eine zusammenhängende Nachbarschaft U von p als Teilmenge enthält. Ist $\mathfrak{E}$ lokal zusammenhängend in jedem Punkt, so nennt man $\mathfrak{E}$ lokal zusammenhängend. Ist A eine Punktmenge aus $\mathfrak{E}$ und ist der Unterraum $\mathfrak{E}_A$ von $\mathfrak{E}$ mit dem Träger A lokal zusammenhängend in $p \in A$ (lokal zusammenhängend), so nennt man auch A lokal zusammenhängend in p (lokal zusammenhängend).

Beispiele. 1. Der CARTESIsche $\mathfrak{E}^n$ ist lokal zusammenhängend. — 2. In der CARTESIschen Ebene $\mathfrak{E}^2$ sei K die Menge aller Punkte (x_1, x_2) mit $0 < x_1 \le 1$, $x_2 = \sin \dfrac{1}{x_1}$ oder $x_1 = 0$, $-1 \le x_2 \le 1$. Dann ist K ein Kontinuum, aber nicht lokal zusammenhängend. — 3. In der CARTESIschen Zahlengeraden $\mathfrak{E}^1$ ist die Vereinigung der Intervalle $[0 \le x \le 1]$ und $[2 \le x \le 3]$ lokal zusammenhängend (und kompakt), aber nicht zusammenhängend (also kein Kontinuum).

14.17. *Ein topologischer Raum $\mathfrak{E}$ ist dann und nur dann lokal zusammenhängend, wenn jede Komponente jeder offenen Menge aus $\mathfrak{E}$ offen ist*[1].

Beweis. Jede Komponente jeder offenen Menge aus $\mathfrak{E}$ sei offen. Ist p ein Punkt aus $\mathfrak{E}$ und V eine Nachbarschaft von p, so ist $\underline{V}$ eine Umgebung von p, also offen. Nach **14.13.** ist $\underline{V}$ die Vereinigung der Komponenten von $\underline{V}$. Es sei U die p enthaltende Komponente von $\underline{V}$. Nach Voraussetzung ist U offen, also eine zusammenhängende Umgebung $\subseteqq V$ von p. Folglich ist $\mathfrak{E}$ in p lokal zusammenhängend. — Umgekehrt sei $\mathfrak{E}$ lokal zusammenhängend, V eine offene Menge und K eine Komponente von V. Für einen beliebigen Punkt p von K existiert eine zusammenhängende Nachbarschaft $U \subseteqq V$ von p. Dann ist $p \in \underline{U}$ und $U \subseteqq K$, also $p \in \underline{K}$. Für jeden Punkt p von K ist also $p \in \underline{K}$. Folglich ist $K = \underline{K}$ und daher K offen.

14.18. *Es sei $\mathfrak{E}$ ein topologischer, vollkompakter Raum, $\mathfrak{E}'$ ein HAUSDORFFscher Raum und es existiere eine stetige Abbildung φ von $\mathfrak{E}$ auf $\mathfrak{E}'$. Ist dann $\mathfrak{E}$ lokal zusammenhängend, so auch $\mathfrak{E}'$.*

Beweis. Es sei p' ein Punkt aus $\mathfrak{E}'$ und V' eine Nachbarschaft von p'. Wir setzen $\varphi^{-1}(p') = P$ und $\varphi^{-1} V' = V$. Nach **10.4.** ist $\varphi^{-1} \underline{V'}$ offen, also $\varphi^{-1} \underline{V'} \subseteqq \underline{V}$ und daher $P \subseteqq \underline{V}$ wegen $p' \in \underline{V'}$. Da $\mathfrak{E}$ lokal zusammenhängend ist, besitzt jeder Punkt p aus P eine zusammenhängende Nachbarschaft $U(p)$ mit $U(p) \subseteqq V$. Wir setzen $\bigcup_p \varphi U(p) = U'$. Da nach **14.9.** jede Menge $\varphi U(p)$ zusammenhängend ist und $p' \in \varphi U(p)$ ist für jedes $p \in P$, so ist U' zusammenhängend nach dem Korollar zu **14.2.** Aus $U(p) \subseteqq V$ folgt $\varphi U(p) \subseteqq V'$ für jedes $p \in P$ und hieraus $U' \subseteqq V'$. Wir brauchen also nur noch $p' \in \underline{U'}$ zu beweisen. Angenommen, es wäre nicht $p' \in \underline{U'}$. Dann ist $p' \in U' \cap c\underline{U'} = U' \cap \overline{cU'}$. Für jede Umgebung W' von p' ist der Durchschnitt $D' = cU' \cap W'$ nicht leer wegen $p' \in \overline{cU'}$. Nach

---

[1] Vgl. hierzu das Korollar zu **14.12.**

7.19. ist also das System $\mathfrak{D}'$ der Durchschnitte D', wobei W' alle Umgebungen von p' durchläuft, ein eigentlicher Raster. Nach **7.18** ist $\overline{D'} = \overline{c\,U' \cap W'} \supseteqq \overline{c\,U'} \cap W' \supseteqq U' \cap \overline{c\,U'} \cap W'$, also $p' \in \overline{D'}$ für jedes $D' \in \mathfrak{D}'$; ist anderseits q' ein Punkt $\neq p'$ aus $\mathfrak{E}'$, so existiert nach dem HAUSDORFFschen Trennungsaxiom (S. 49) eine Umgebung W'_0 von p' derart, daß nicht $q' \in \overline{W'_0}$, also nicht $q' \in \overline{D'_0} = \overline{c\,U' \cap W'_0}$ ist; folglich ist $(p') = \cap \overline{D'}$. Der Raster $\mathfrak{D}'$ ist demnach konvergent gegen p'. Das System $\mathfrak{D} = \varphi^{-1}\mathfrak{D}'$ der Mengen $D = \varphi^{-1}D'$ ist ein eigentlicher Raster in $\mathfrak{E}$. Da $\mathfrak{E}$ vollkompakt ist, existiert in $\mathfrak{E}$ ein Punkt p, der dem Raster $\mathfrak{D}$ adhärent ist. Nach **10.1.** ist dann der Punkt φp dem Raster $\varphi \mathfrak{D} = \mathfrak{D}'$ adhärent. Da $\mathfrak{D}'$ gegen p' konvergiert, ist $\varphi p = p'$. Hieraus folgt $p \in P$. Wegen $p \in U(p)$ und $p \in \overline{D}$ für jedes $D \in \mathfrak{D}$ ist $D \cap U(p)$ für kein $D \in \mathfrak{D}$ leer. Nun ist $\overline{D'} \cap U' \supseteqq \varphi D \cap \varphi\, U(p) \supseteqq \varphi\big(D \cap U(p)\big)$. Also ist $D' \cap U'$ für kein $D' \in \mathfrak{D}'$ leer, im Widerspruch zu $D' \subseteqq c\,U'$.

Ist $\mathfrak{B}$ ein topologischer BOOLE-Verband und $\mathfrak{S}$ ein System von Somen A aus $\mathfrak{B}$, so sagen wir von einem Soma B aus $\mathfrak{B}$, es sei die Vereinigung endlich vieler *beliebig kleiner* Somen aus $\mathfrak{S}$, wenn für jede endliche, offene Überdeckung $(V_1, \ldots, V_n)$ von B endlich viele Somen $A_1, \ldots, A_m$ aus $\mathfrak{S}$ derart existieren, daß $A_1 \vee \cdots \vee A_m = B$ ist und jedes Soma A_μ in mindestens einem Soma V_ν enthalten ist.

14.19. *Ein vollkompakter, HAUSDORFFscher Raum $\mathfrak{E}$ ist dann und nur dann lokal zusammenhängend, wenn der Träger E von $\mathfrak{E}$ die Vereinigung endlich vieler beliebig kleiner, zusammenhängender, abgeschlossener Mengen ist.*

Beweis. Die Bedingung sei erfüllt. Es sei p ein Punkt aus $\mathfrak{E}$ und V_1 eine Umgebung von p. Da der Raum $\mathfrak{E}$ nach **12.6.** regulär ist, existiert nach dem Korollar zu **11.8.** eine Umgebung W von p mit $\overline{W} \subseteqq V_1$. Wir setzen $c\overline{W} = V_2$. Dann ist $E = V_1 \cup V_2$ und die Mengen V_1 und V_2 sind offen. Nach der als erfüllt vorausgesetzten Bedingung existieren endlich viele zusammenhängende, abgeschlossene Punktmengen $A_1, \ldots, A_m$ mit $A_1 \cup \cdots \cup A_m = E$ und $A_\mu \subseteqq V_1$ oder $A_\mu \subseteqq V_2$ für $\mu = 1, \ldots, m$. Es seien etwa $A_1, \ldots, A_k$ diejenigen A_μ, für welche $p \in A_\mu$ ist. Wir setzen $A_1 \cup \cdots \cup A_k = U$. Dann ist U zusammenhängend nach dem Korollar zu **14.2.** Da nicht $p \in V_2$ ist, gilt $U \subseteqq V_1$. Für $A = A_{k+1} \cup \cdots \cup A_m$ ist nicht $p \in A$; also ist $p \in cA$; da jedes A_μ abgeschlossen ist, so ist auch A abgeschlossen, also cA offen; wegen $A \cup U = E$ ist $cA \subseteqq U$, wegen der Offenheit von cA also $cA \subseteqq \underline{U}$, wegen $p \in cA$ mithin $p \in \underline{U}$. Damit haben wir zur beliebigen Umgebung V von p eine zusammenhängende Nachbarschaft $U \subseteqq V_1$ von p gefunden. Also ist $\mathfrak{E}$ lokal zusammenhängend. — Umgekehrt sei $\mathfrak{E}$ lokal zusammenhängend. Es seien $V_1, \ldots, V_n$ endlich viele offene Punktmengen aus $\mathfrak{E}$ mit $V_1 \cup \cdots \cup V_n = E$. Für einen beliebigen Punkt p aus $\mathfrak{E}$ seien etwa $V_1, \ldots, V_h$ diejenigen V_ν, für welche

$p \in V_\nu$ ist. Dann ist $V = V_1 \cap \cdots \cap V_h$ eine Umgebung von p. Da $\mathfrak{E}$ nach
12.6. regulär ist, existiert nach dem Korollar zu **11.8.** eine Umgebung
W von p mit $\overline{W} \subseteq V$. Da $\mathfrak{E}$ lokal zusammenhängend ist, existiert weiter
eine zusammenhängende Nachbarschaft U von p mit $U \subseteq W$, also mit
$\overline{U} \subseteq V$. Nach **14.1.** ist auch $\overline{U}$ zusammenhängend. Damit ist gezeigt:
Zu jedem Punkt p aus $\mathfrak{E}$ existiert eine Nachbarschaft U derart, daß
$\overline{U} \subseteq V_\nu$ für mindestens ein $\nu = 1, \ldots, n$ gilt und $\overline{U}$ zusammenhängend ist.
Die Mengen U bilden eine offene Überdeckung von $\mathfrak{E}$. Nach **12.4.** genügen zur Überdeckung von E endlich viele dieser Mengen, etwa
$U_1, \ldots, U_n$. Wir setzen $\overline{U}_1 = A_1, \ldots, \overline{U}_n = A_n$. Diese Mengen $A_1, \ldots, A_n$
leisten das Verlangte.

Korollar. *Ein kompakter, metrischer Raum $\mathfrak{E}$ ist dann und nur dann
lokal zusammenhängend, wenn der Träger E von $\mathfrak{E}$ für jedes $\varepsilon > 0$ die
Vereinigung endlich vieler zusammenhängender, abgeschlossener Punktmengen mit Durchmessern $< \varepsilon$ ist.*

Beweis. Die Bedingung sei erfüllt. Es sei p ein beliebiger Punkt
aus $\mathfrak{E}$ und V eine Nachbarschaft von p. Dann ist p nicht in der abgeschlossenen Punktmenge $\overline{cV}$ enthalten, hat also von ihr einen Abstand
$\varepsilon > 0$. Dann ist $U_\varepsilon(p) \subseteq V$ $\big(U_\varepsilon(p)$ ist die Umgebung von p, bestehend
aus allen Punkten mit Abständen $< \varepsilon$ von $p\big)$. Nach der Bedingung
existieren endlich viele zusammenhängende, abgeschlossene Punktmengen $A_1, \ldots, A_m$ derart, daß $A_1 \cup \cdots \cup A_m = E$ ist und jedes A_μ einen
Durchmesser $\delta A_\mu < \varepsilon$ hat. Es seien etwa $A_1, \ldots, A_k$ diejenigen A_μ,
für welche $p \in A_\mu$ ist. Wir setzen $A_1 \cup \cdots \cup A_k = U$. Dann ist $U \subseteq U(p)$,
also $U \subseteq V$. Da $U \cup A_{k+1} \cup \cdots \cup A_m = E$ und $A_{k+1} \cup \cdots \cup A_m$ abgeschlossen
ist, so ist sogar $\underline{U} \cup A_{k+1} \cup \cdots \cup A_m = E$. Hieraus folgt $p \in \underline{U}$. Schließlich
ist U zusammenhängend nach dem Korollar zu **14.2.** Also ist $\mathfrak{E}$ lokal
zusammenhängend. — Umgekehrt sei $\mathfrak{E}$ lokal zusammenhängend. Wie
im Beweis des Korollars zu **12.2.** bewiesen wurde, existiert eine endliche,
offene Überdeckung $(V_1, \ldots, V_n)$ von E mit $\delta V_\nu < \varepsilon$ für $\nu = 1, \ldots, n$.
Nach **14.19.** existieren endlich viele zusammenhängende, abgeschlossene
Punktmengen $A_1, \ldots, A_m$ derart, daß $A_1 \cup \cdots \cup A_m = E$ und jedes A_μ in
mindestens einem V_ν enthalten ist. Wegen $\delta V_\nu < \varepsilon$ ist dann auch
$\delta A_\mu < \varepsilon$.

Das einfachste Beispiel eines lokal zusammenhängenden Kontinuums
ist die Strecke $S = [0 \le x \le 1]$ der CARTESISchen Zahlengeraden $\mathfrak{E}^1$. Ist
φ eine Homöomorphie von S (genauer: des Unterraumes von $\mathfrak{E}^1$ mit dem
Träger S), so heißt φS ein *Bogen* [und die Punkte $\varphi(0)$ und $\varphi(1)$ heißen
seine *Endpunkte*]. Also jeder Bogen ist ein lokal zusammenhängendes
Kontinuum. Es besteht aber ein viel engerer Zusammenhang zwischen
den Bogen und dem lokalen Zusammenhang. Für den Beweis des Satzes
hierüber (**14.21.**) benötigen wir die folgende Kennzeichnung der Bogen.

14.20. *In einem* HAUSDORFF*schen Raum* $\mathfrak{E}$ *mit abzählbarer Basis seien* B *eine Punktmenge,* b_0 *und* b_1 *zwei verschiedene Punkte aus* B. *Damit* B *ein Bogen mit den Endpunkten* b_0 *und* b_1 *sei, ist notwendig und hinreichend, daß* B *ein Kontinuum ist und für die Paare* (b', b'') *verschiedener Punkte aus* B *eine Relation* $b' < b''$ *mit folgenden vier Eigenschaften definiert werden kann:* 1. *Für je zwei Punkte* b' *und* b'' *aus* B *besteht genau eine der Relationen* $b' < b''$, $b' = b''$, $b'' < b'$; 2. *für jeden von* b_0 *und* b_1 *verschiedenen Punkt* b *aus* B *ist* $b_0 < b < b_1$; 3. *aus* $b' < b < b''$ *folgt* $b' < b''$; 4. *ist* $b' < b''$, *so ist die Menge* $[b', b'']$ *aller Punkte* b *aus* B *mit* $b' \leq b \leq b''$ *abgeschlossen* (J. LENNES)[1].

Beweis. B sei ein Bogen mit den Endpunkten b_0 und b_1. Dann existiert eine topologische Abbildung φ von S auf B mit $\varphi 0 = b_0$ und $\varphi 1 = b_1$. Sind $b' = \varphi x'$ und $b'' = \varphi x''$ zwei verschiedene Punkte aus B und ist $x' < x''$, so setzen wir $b' < b''$. Dann sind die Bedingungen 1. bis 3. in trivialer Weise erfüllt; 4. ist nach **12.12.** erfüllt. — Nun sei umgekehrt B ein Kontinuum in $\mathfrak{E}$ und in B sei eine Relation $b' < b''$ mit den Eigenschaften 1. bis 4. definiert. Wir wollen eine topologische Abbildung φ von S auf B mit $\varphi 0 = b_0$ und $\varphi 1 = b_1$ konstruieren. Indem wir $\mathfrak{E}$ durch den Unterraum $\mathfrak{E}_B$ mit dem Träger B ersetzen, können wir ohne Beschränkung der Allgemeinheit $\mathfrak{E} = \mathfrak{E}_B$ voraussetzen. — Wir verschärfen nun zunächst 4. um eine Kleinigkeit. Es sei b ein beliebiger Punkt aus B. Dann ist die Menge (b) der Durchschnitt des Systems aller Mengen $[b', b'']$ mit $b' \leq b < b''$ oder $b' < b \leq b''$ (denn ist etwa $b < c$, so existiert ein b'' mit $b < b'' < c$, da andernfalls B die Vereinigung der nach 4. abgeschlossenen, nach 1. und 3. fremden, nicht leeren Mengen $[b_0, b]$ und $[c, b_1]$ wäre, im Widerspruch zum Zusammenhang von B). Wegen 4. ist also auch die Menge (b) abgeschlossen. Bezeichnen wir die Menge (b) auch mit $[b, b]$, so können wir statt 4. etwas allgemeiner sagen: 4′. Ist $b' \leq b''$, so ist die Menge $[b', b'']$ aller Punkte b mit $b' \leq b \leq b''$ abgeschlossen. — Da $\mathfrak{E}$ eine abzählbare Basis besitzt, so besitzt $\mathfrak{E}$ nach **7.12.** insbesondere eine abzählbare, offene Basis. In jeder nicht leeren Menge dieser Basis wählen wir einen Punkt a. Die Menge A dieser ausgewählten Punkte a und der Punkte b_0 und b_1 ist abzählbar und dicht in B. Zu je zwei Punkten b' und b'' aus B mit $b' < b''$ existiert in A ein Punkt a mit $b' < a < b''$; denn wegen 4′. ist die Menge C aller Punkte b mit $b' < b < b''$ erstens offen; C ist zweitens nicht leer, da andernfalls B die Vereinigung der fremden, nicht leeren, abgeschlossenen Mengen $[b_0, b']$ und $[b'', b_1]$ wäre, im Widerspruch zum Zusammenhang von B; also enthält C eine nicht leere Basismenge. Wir setzen $b_0 = a_0$, $b_1 = a_1$ und bezeichnen die übrigen Punkte von A

---

[1] Die Bedingungen 1. und 3. besagen, daß B bezüglich der Relation $\leq$ eine Kette (S. 1) ist (mit den Punkten als Somen); die Bedingung 2. besagt, daß b_0 das Nullsoma und b_1 das Einssoma dieser Kette ist.

in irgendeiner Reihenfolge mit $a_2, a_3, \ldots$. Die rationalen Zahlen r mit $0 \leq r \leq 1$ numerieren wir derart, daß $r_m < r_n$ dann und nur dann gilt, wenn $a_m < a_n$ gilt[1]. Ist nun x ein (rationaler oder irrationaler) Punkt aus S, so sei $\Re$ der abzählbare Raster aller abgeschlossenen Intervalle $[r_m, r_n]$ mit $r_m \leq x \leq r_n$ ($r_m = r_n$ ist hierbei zugelassen). Das System $\mathfrak{S}$ der entsprechenden (nach 4') abgeschlossenen Mengen $[a_m, a_n]$ ist dann ebenfalls ein abzählbarer Raster. Da B als Kontinuum kompakt ist, existiert in B ein Punkt b, der dem Raster $\mathfrak{S}$ adhärent ist. b ist durch x eindeutig bestimmt; denn ist etwa $b < b'$, so existiert ein $a_\nu \in A$ mit $b < a_\nu < b'$. Dann gilt $a_m < a_\nu$ für jedes a_m, das in einer Menge $[a_m, a_n]$ aus $\mathfrak{S}$ auftritt; dann ist auch $r_m < r_\nu$ für den Endpunkt r_m jedes Intervalls $[r_m, r_n]$ aus $\Re$; folglich ist $x \leq r_\nu$, also $[0, r_\nu] \in \Re$, also $[a_0, a_\nu] \in \mathfrak{S}$ und daher der Punkt b', weil nicht in der abgeschlossenen Menge $[a_0, a_\nu]$ enthalten, dem Raster $\mathfrak{S}$ nicht adhärent. Der Punkt b ist also durch x eindeutig bestimmt, wie behauptet wurde. Ist umgekehrt b ein beliebiger Punkt aus B, so ergibt sich analog, daß er genau einem Punkt x aus S entspricht. Wir ordnen nun den Punkt b dem Punkt x als Bild φx zu. Auf diese Weise ist also eine eineindeutige Abbildung φ von S auf B definiert, und zwar derart, daß aus $x' < x''$ folgt $\varphi x' < \varphi x''$. Jedes abgeschlossene Intervall $[x', x'']$ aus S wird durch φ auf eine nach 4'. abgeschlossene Menge $[\varphi x', \varphi x'']$ abgebildet; jede abgeschlossene Menge $F \subseteq S$ läßt sich aber als Durchschnitt von Vereinigungen je endlich vieler abgeschlossener Intervalle $[x', x'']$ darstellen[2]; wegen **7.4.** und **7.2.** ist also φF abgeschlossen. Nach **10.3.** ist φ^{-1} also stetig. Nach **12.2.** und **12.12.** ist daher φ^{-1} eine Homöomorphie und somit auch φ.

Der auf S. 121 angekündigte Satz lautet nun:

14.21. *Zu je zwei verschiedenen Punkten b_0 und b_1 einer offenen, zusammenhängenden Punktmenge U eines lokal zusammenhängenden, kompakten,* Hausdorff*schen Raumes $\mathfrak{E}$ mit abzählbarer Basis existiert ein Bogen $B \subseteq U$ mit den Endpunkten b_0 und b_1* (R. L. Moore).

Ist $\mathfrak{E}$ auch zusammenhängend, so können also je zwei verschiedene Punkte aus $\mathfrak{E}$ durch einen Bogen in $\mathfrak{E}$ verbunden werden.

Beweis. Nach **12.2.**, **12.6.** und **11.19.** können wir $\mathfrak{E}$ als einen metrischen Raum annehmen.

---

[1] Etwa folgendermaßen: Wir numerieren die rationalen Zahlen r mit $0 < r < 1$ zunächst in beliebiger Reihenfolge: $(r'_2, r'_3, \ldots)$. Es seien $r_0, \ldots, r_i$ bereits so bestimmt, daß aus $a_m < a_n$ folgt $r_m < r_n$. Gilt nun $a_m < a_{i+1} < a_n$, so sei r_{i+1} die Zahl r'_j mit kleinstem j, für welche $r_m < r'_j < r_n$ ist. Bei dieser vollständigen Induktion tritt jede Zahl r'_j als Zahl r_{i+1} einmal auf, da es zu je zwei Punkten a_m und a_n mit $a_m < a_n$ mindestens einen Punkt a_{i+1} gibt.

[2] Denn für jedes natürliche n und jeden Punkt x_0 von F sei $I_n(x_0)$ das offene Intervall $[x_0 - 1/n < x < x_0 + 1/n]$. Zur Überdeckung der vollkompakten Menge F genügen für jedes n endlich viele dieser Intervalle: $I_n^1, \ldots, I_n^{k_n}$. Dann ist $F = \bigcap_n (\overline{I_n^1} \cup \cdots \cup \overline{I_n^{k_n}})$.

Wir setzen

$$U = U_0^0. \tag{α}$$

Dann ist für $n = 0$ durch U_0^0 die folgende Induktionsvoraussetzung erfüllt: Für ein ganzes $n \geq 0$ sind $U_n^0, \ldots, U_n^{k_n}$ endlich viele Punktmengen aus $\mathfrak{E}$ mit folgenden Eigenschaften:

$$b_0 \in U_n^0, \qquad b_1 \in U_n^{k_n}; \tag{β_n}$$

$$U_n^i \cap U_n^j \text{ ist nicht leer, wenn } |j - i| = 1 \text{ ist;} \tag{γ_n}$$

$$U_n^i \cap U_n^j \text{ ist leer, wenn } |j - i| > 1 \text{ ist;} \tag{δ_n}$$

$$U_n^j \text{ ist offen und zusammenhängend;} \tag{ι_n}$$

$$\text{der Durchmesser von } U_n^j \text{ ist } \leq \frac{1}{n}. \tag{$\varkappa_n$}$$

Wir wollen analoge Mengen U_{n+1}^j konstruieren. Nach (γ_n) existiert für $j = 1, \ldots, k_n$ ein Punkt $p^j \in U_n^{j-1} \cap U_n^j$; wir setzen noch $b_0 = p^0$ und $b_1 = p^{k_n+1}$. In der Menge U_n^j ($j = 0, 1, \ldots, k_n$) liegen dann die Punkte p^j und p^{j+1}. Ist nun q ein beliebiger Punkt aus U_n^j, so hat q vom Komplement cU_n^j von U_n^j einen positiven Abstand δ, da U_n^j nach (ι_n) offen, also cU_n^j abgeschlossen ist. Die Menge V aller Punkte r aus $\mathfrak{E}$ mit $\delta(q, r) < \mathrm{Min}\left(\dfrac{\delta}{2}, \dfrac{1}{n+1}\right)$ ist daher offen und es ist $\overline{V} \subseteq U_n^j$. Nach **14.17.** ist die q enthaltende Komponente $V(q)$ von V offen; außerdem ist $\overline{V(q)} \subseteq U_n^j$ und $\delta V(q) \leq \dfrac{1}{n+1}$. Die Mengen $V(q)$ ($q \in U_n^j$) bilden eine Überdeckung der nach (ι_n) zusammenhängenden Menge U_n^j. Nach **14.7.** existieren daher unter diesen Mengen $V(q)$ endlich viele, etwa $V(q_1^j), \ldots, V(q_{r_j}^j)$, derart, daß $p^j \in V(q_1^j)$, $p^{j+1} \in V(q_{r_j}^j)$ und der Durchschnitt $V(q_\varrho^j) \cap V(q_{\varrho+1}^j)$ nicht leer ist für $\varrho = 1, \ldots, r_j - 1$. Von den Mengen $V(q_1^1), \ldots, V(q_{r_1}^1)$, $V(q_1^2), \ldots, V(q_{r_2}^2), \ldots, V(q_1^{k_n}), \ldots, V(q_{r_{k_n}}^{k_n})$ sind je zwei unmittelbar aufeinander folgende nicht fremd; die erste enthält b_0, die letzte enthält b_1. Sind von diesen Mengen zwei nicht unmittelbar aufeinander folgende nicht fremd, so lassen wir die zwischen ihnen stehenden Mengen weg. Dies wiederholen wir solange, bis von den übrigbleibenden Mengen je zwei nicht unmittelbar aufeinanderfolgende fremd sind. Diese übrigbleibenden Mengen bezeichnen wir der Reihe nach mit $U_{n+1}^0, \ldots, U_{n+1}^{k_{n+1}}$. Dann gilt $(\beta_{n+1}) - (\varkappa_{n+1})$. Ist $U_{n+1}^{j'}$ die (übrig gebliebene) Menge $V(q_\varrho^j)$, so ordnen wir der Zahl j' die Zahl j zu: $j = \varphi_n(j')$. Dann gilt noch:

$$\left.\begin{array}{l} \text{Jedem ganzen } j' \text{ mit } 0 \leq j' \leq k_{n+1} \text{ ist ein ganzes } j = \varphi_n(j') \text{ mit} \\ 0 \leq j \leq k_n \text{ eindeutig derart zugeordnet, daß erstens } \overline{U_{n+1}^{j'}} \subseteq U_n^j \text{ gilt} \\ \text{und zweitens aus } j_1' < j_2' \text{ folgt } \varphi_n(j_1') \leq \varphi_n(j_2'). \end{array}\right\} (\lambda_n)$$

Hiermit ist die Konstruktion der Mengen U_{n+1}^j abgeschlossen. Wir können also für jedes $n = 0, 1, \ldots$ endlich viele Mengen U_n^j $(j = 0, 1, \ldots, k_n)$ mit den Eigenschaften (α), (β_n) bis (λ_n) als vorliegend annehmen.

Wir setzen $U_n^0 \cup \cdots \cup U_n^{k_n} = U_n$ und $\cap \overline{U}_n = B$. Da $\overline{U_{n+1}} \subseteq U_n$ ist nach (λ_n) und $U_0 = U$ nach (α), so folgt $B \subseteq U$. Wegen (β_n) ist $b_0 \in B$ und $b_1 \in B$. Wir wollen mittels **14.20.** beweisen, daß B ein Bogen mit den Endpunkten b_0 und b_1 ist. Damit wird **14.21.** bewiesen sein.

Da B abgeschlossen ist, so ist B kompakt nach **12.7.** Jede Menge U_n^j ist zusammenhängend nach (ι_n); nach dem Korollar zu **14.2.** ergibt sich also unter Verwendung von (γ_n), daß die Mengen $U_n^0 \cup U_n^1$, $U_n^0 \cup U_n^1 \cup U_n^2, \ldots$ zusammenhängend sind; insbesondere ist also $U_n = U_n^0 \cup \cdots \cup U_n^{k_n}$ zusammenhängend; nach **14.1.** ist daher auch $\overline{U}_n$ und folglich nach dem Korollar 1. zu **14.10.** auch B zusammenhängend. Also ist B ein Kontinuum.

Es seien b' und b'' zwei verschiedene Punkte aus B. Sie haben einen Abstand $\delta(b', b'') = \delta > 0$. Es sei n_0 eine natürliche Zahl $> \frac{4}{\delta}$. Wegen (δ_{n_0}) und $(\varkappa_{n_0})$ ist dann entweder $i_0 < j_0$ für jedes i_0 mit $b' \in U_{n_0}^{i_0}$ und jedes j_0 mit $b'' \in U_{n_0}^{j_0}$ oder es ist $i_0 > j_0$ für jedes solche i_0 und j_0 [es gibt höchstens zwei solche i_0 und höchstens zwei solche j_0 wegen (δ_{n_0})]. Hieraus folgt wegen (λ_n) weiter, daß entweder für alle hinreichend großen n (nämlich für alle $n \geq n_0$) gilt $i < j$ für jedes i mit $b' \in U_n^i$ und jedes j mit $b'' \in U_n^i$ oder für alle hinreichend großen n gilt $i > j$ für jedes solche i und j. Im ersten Fall schreiben wir $b' < b''$, im zweiten Fall $b'' < b'$. Damit haben wir für die Paare verschiedener Punkte aus B eine $<$-Relation definiert mit den Eigenschaften 1. bis 3. von **14.20.** Wir haben noch 4. als richtig nachzuweisen.

Es sei b' ein beliebiger Punkt aus B. Für jedes n sei h_n das kleinste h mit $b' \in U_n^h$. Wir setzen $U_n^{h_n} \cup U_n^{h_n+1} \cup \cdots \cup U_n^{k_n} = C_n$ und $\cap \overline{C}_n = C$. Dann ist C zunächst eine abgeschlossene Teilmenge von B. Ist b ein Punkt aus B mit $b' \leq b \leq b_1$, so gilt $b \in C_n$ zunächst für jedes hinreichend große n nach der Definition der $<$-Relation in B und sodann wegen (λ_n) für jedes n; also gilt $b \in C$. Ist hingegen b ein Punkt aus B mit $b < b'$ und $b \in U_n^i$, so ist $i < h_n$ für hinreichend großes n. Ist $n > \frac{1}{\delta}$ mit $\delta = \delta(b, b')$, wobei $b < b'$ gilt, so ist $U_n^i \cap U_n^{h_n}$ leer nach $(\varkappa_n)$. Nach (δ_n) ist dann auch $U_n^i \cap U_n^j$ leer für jedes $j > h_n$. Also ist $U_n^i \cap C_n$ leer. Da U_n^i offen ist nach (ι_n), so ist auch $U_n^i \cap \overline{C}_n$ leer. Wegen $b \in U_n^i$ ist folglich nicht $b \in C$. Damit ist gezeigt, daß C die Menge aller Punkte b aus B mit $b' \leq b \leq b_1$ ist. Also ist die Menge dieser b abgeschlossen. Analog ergibt sich, daß die Menge aller Punkte b aus B mit $b_0 \leq b \leq b''$ abgeschlossen ist. Folglich ist auch der Durchschnitt dieser beiden Mengen, nämlich die Menge aller Punkte b aus B mit $b' \leq b \leq b''$ abgeschlossen. Damit ist auch die Bedingung 4. von **14.20.** als erfüllt nachgewiesen.

Der lokale Zusammenhang ermöglicht die Kennzeichnung derjenigen wichtigen HAUSDORFFschen Räume, die als stetige Bilder einer Strecke dargestellt werden können. Man nennt einen HAUSDORFFschen Raum $\mathfrak{E}$ (oder auch seinen Träger E) ein *stetiges Streckenbild*, eine *stetige Kurve* oder eine PEANO-*Kurve*, wenn eine stetige Abbildung φ der Strecke $S = [0 \leq x \leq 1]$ auf E existiert. Die Bogen sind spezielle (nämlich eineindeutige) stetige Streckenbilder (Korollar zu **12.12.**).

14.22. *Ein* HAUSDORFF*scher Raum* $\mathfrak{E}$ *ist dann und nur dann ein stetiges Streckenbild, wenn er zusammenhängend, lokal zusammenhängend und kompakt ist und eine abzählbare Basis hat* (H. HAHN-S. MAZUR-KIEWICZ).

Beweis. $\mathfrak{E}$ besitze diese Eigenschaften. Nach **12.2.**, **12.6.** und **11.19.** können wir in $\mathfrak{E}$ eine Metrik δ mit $\delta(p, q) \leq 1$ für je zwei Punkte p und q als gegeben annehmen. Wir haben eine stetige Abbildung φ der Strecke $S = [0 \leq x \leq 1]$ auf den Träger E von $\mathfrak{E}$ zu konstruieren. Nach **12.13.** existiert eine stetige Abbildung φ des CANTORschen Diskontinuums D auf E. Diese Abbildung wollen wir erweitern zu einer Abbildung von S auf E.

Die Menge $S - D$ ist die Vereinigung abzählbar vieler, paarweise fremder, offener Intervalle $I_n = (a_n < x < b_n)$ $(n = 1, 2, \ldots)$. Für jedes n mit $\varphi a_n \neq \varphi b_n$ können wir nach **14.21.** die Punkte φa_n und φb_n durch Bogen in $\mathfrak{E}$ verbinden. Es sei d_n die untere Grenze der Durchmesser aller Bogen aus $\mathfrak{E}$ mit den Endpunkten φa_n und φb_n. Wir wählen unter diesen Bogen einen mit einem Durchmesser $< 2 d_n$ aus und bezeichnen ihn mit B_n. Auf diesen Bogen B_n bilden wir das Intervall $\overline{I_n}$ topologisch ab, und zwar derart, daß dabei a_n auf φa_n und b_n auf φb_n abgebildet wird. Für jedes n hingegen, für welches $\varphi a_n = \varphi b_n$ ist, bilden wir das ganze Intervall $\overline{I_n}$ auf den Punkt $\varphi a_n = \varphi b_n$ ab und setzen $d_n = 0$. Hiermit ist die stetige Abbildung φ von D auf E erweitert zu einer Abbildung φ von S auf E. Zu zeigen ist noch, daß diese erweiterte Abbildung stetig ist. Hierzu zeigen wir zunächst, daß die Folge $(d_1, d_2, \ldots)$ gegen 0 konvergiert. Angenommen, dies wäre nicht der Fall. Dann existiert ein $\varepsilon > 0$ mit $d_n > \varepsilon$ für unendlich viele n, etwa für $n_1, n_2, \ldots$. Die Folgen $(a_{n_1}, a_{n_2}, \ldots)$ und $(b_{n_1}, b_{n_2}, \ldots)$ haben einen gemeinsamen Häufungspunkt $x_0 \in D$. Die Menge V aller Punkte q aus $\mathfrak{E}$ mit $\delta(\varphi x_0, q) < \dfrac{\varepsilon}{3}$ ist offen. Dann ist auch die φx_0 enthaltende Komponente U von V nach **14.17.** offen und es ist $\delta U \leq \dfrac{2\varepsilon}{3} < \varepsilon$. Wegen der Stetigkeit von φ auf D sind nach **10.8.** für unendlich viele n_i die Punkte φa_{n_i} und φb_{n_i} in U enthalten. Für diese n_i ist wegen **14.21.** und $\delta U < \varepsilon$ dann $d_{n_i} < \varepsilon$, im Widerspruch zur Wahl der d_{n_i}. Also ist $\lim d_n = 0$, wie behauptet wurde. Nun beweisen wir die Stetigkeit der erweiterten Abbildung φ. Es sei $x \in S$ und U eine Umgebung von φx. Nach **10.8.** genügt es, die Existenz eines $\varepsilon' > 0$ zu zeigen mit der Eigenschaft, daß für jedes $x' \in S$ mit $|x - x'| < \varepsilon'$ gilt $\varphi x' \in U$. Nun hat φx vom (abgeschlossenen) Komplement cU von U einen positiven Abstand. Also genügt es zu zeigen, daß für jede Folge $(x_1, x_2, \ldots)$ von $x_j \in S$ mit $\lim |x - x_j| = 0$ gilt $\lim \delta(\varphi x, \varphi x_j) = 0$. Hierfür aber genügt es, die folgenden drei Fälle zu unterscheiden. 1. Alle x_j und damit auch x sind Punkte von D. Dann folgt aber die Behauptung aus der Stetigkeit von φ auf D. 2. Alle x_j und damit x sind Punkte eines festen Intervalls $\overline{I_n}$; dann folgt die Behauptung daraus, daß φ auf $\overline{I_n}$ eine topologische Abbildung oder konstant, jedenfalls also stetig ist. 3. Jeder Punkt x_j liegt in einem Intervall $\overline{I_{n_j}}$ mit $\lim n_j = +\infty$; dann ist $x \in D$ und $\lim a_{n_j} = x$; aus letzterem folgt $\lim \delta(\varphi x, \varphi a_{n_j}) = 0$ nach dem Fall 1; hieraus aber folgt $\lim \delta(\varphi x, \varphi x_j) = 0$ wegen $\delta(\varphi a_{n_j}, \varphi x_j) \leq \delta B_{n_j} < 2 d_{n_j}$ und $\lim d_n = 0$.

Umgekehrt sei nun der HAUSDORFFsche Raum $\mathfrak{E}$ ein stetiges Streckenbild; es existiere also eine stetige Abbildung φ der Strecke $S = [0 \leq x \leq 1]$ auf den Träger E von $\mathfrak{E}$. Dann ist $\mathfrak{E}$ zusammenhängend nach **14.9.**, lokal zusammenhängend nach **14.18.** und kompakt nach **12.11.** Es ist also nur noch zu zeigen, daß $\mathfrak{E}$ eine abzählbare Basis hat. Es sei $\mathfrak{B}$ das System der Vereinigungen je endlich vieler abgeschlossener Teilintervalle von S mit rationalen Endpunkten. Dieses System $\mathfrak{B}$ ist eine abzählbare, abgeschlossene Basis von S [1]. Wir behaupten, daß das System $\varphi\mathfrak{B}$ der Punktmengen φB mit $B \in \mathfrak{B}$ eine abgeschlossene Basis von $\mathfrak{E}$ ist. Zunächst sind diese Mengen φB abgeschlossen nach **12.12.** Nun sei F eine abgeschlossene Punktmenge aus $\mathfrak{E}$. Es ist zu zeigen, daß F der Durchschnitt von Mengen φB aus $\varphi\mathfrak{B}$ ist. Das Urbild $\varphi^{-1}F$ von F ist abgeschlossen nach **10.3.** Also existiert eine Folge $(B_1, B_2, \ldots)$ von Mengen aus $\mathfrak{B}$ mit $\varphi^{-1}F = \cap B_i$ und $B_1 \supseteq B_2 \supseteq \cdots$. Dann ist zunächst $F \subseteq \cap \varphi B_i$. Nun sei q ein beliebiger Punkt aus $\cap \varphi B_i$. Dann existiert für jedes i ein Punkt $p_i \in B_i$ mit $\varphi p_i = q$. In S existiert ein Häufungspunkt der Folge $(p_1, p_2, \ldots)$. Wegen der Stetigkeit von φ ist $\varphi p = q$. Wegen $B_1 \supseteq B_2 \supseteq \cdots$ und der Abgeschlossenheit der Mengen B_i ist $p \in B_i$ für jedes i. Also ist $p \in \cap B_i = \varphi^{-1}F$ und daher $q = \varphi p \in F$. Da q ein beliebiger Punkt aus $\cap \varphi B_i$ war, gilt also $\cap \varphi B_i \subseteq F$. Dies, zusammen mit $F \subseteq \cap \varphi B_i$, ergibt $F = \cap \varphi B_i$.

Beispiel (G. PEANO). Die abgeschlossene Quadratfläche $Q = [0 \leq x_1 \leq 1, 0 \leq x_2 \leq 1]$ der CARTESISchen Ebene $\mathfrak{E}^2$ ist nach **14.22.** ein stetiges Streckenbild. Man kann eine stetige Abbildung φ der Strecke $S = [0 \leq x \leq 1]$ auf Q konstruieren als Limes einer Folge von stückweise linearen Abbildungen φ_n von S auf Streckenzüge $\subseteq Q$. Zunächst sei

---

[1] Vgl. Fußnote 2, S. 123.

φ_0 eine lineare Abbildung von S auf eine Diagonale von Q. Nun zerlegt man Q in neun kongruente Teilquadrate Q^i und die Strecke S in neun gleichlange Strecken S^i ($i = 1, \ldots, 9$) und bildet S durch eine stetige Abbildung φ_1 derart auf einen Streckenzug $\leqq Q$ ab, daß hierbei jedes S^i linear auf eine Diagonale von Q^i abgebildet wird und $\varphi_0 0 = \varphi_1 0$ und $\varphi_0 1 = \varphi_1 1$ ist. Analog zerlegt man weiter jedes Quadrat Q^i in neun kongruente Teilquadrate Q^{ij} und jede Strecke S^i in neun gleichlange Strecken S^{ij} ($j = 1, \ldots, 9$) und bildet S durch eine stetige Abbildung φ_2 derart auf einen Streckenzug $\leqq Q$ ab, daß hierbei jedes S^{ij} linear auf eine Diagonale von Q^{ij} abgebildet wird und für die Endpunkte a^i und b^i von S^i gilt $\varphi_1 a^i = \varphi_2 a^i$ und $\varphi_1 b^i = \varphi_2 b^i$. So fährt man fort. Die Folge $(\varphi_1, \varphi_2, \ldots)$ konvergiert gleichmäßig gegen eine stetige Abbildung φ von S auf Q [1].

§ 15. Ableitung nach einem Filter oder einem Ideal.

Es sei $\mathfrak{V}$ ein topologischer $\wedge_{\mathfrak{m}}$-Verein mit einer abgeschlossenen Basis einer Mächtigkeit $\leqq \mathfrak{m}$ ($\mathfrak{m}$ eine Mächtigkeit $\geqq \aleph_0$). In $\mathfrak{V}$ sei ein Filter $\mathfrak{F}$ gegeben.

Für jedes Soma A aus $\mathfrak{V}$ nennen wir den (nach **7.3.** existierenden) Durchschnitt $\bigwedge\limits_{F \in \mathfrak{F}} \overline{A \wedge F}$ die *Ableitung* von A nach dem *Filter* $\mathfrak{F}$ und bezeichnen sie mit $A_{\mathfrak{F}}$ [2].

15.1. *$A_{\mathfrak{F}}$ ist abgeschlossen.*

15.2. *$A_{\mathfrak{F}} \leqq \overline{A}$.*

15.3. *Ist $\mathfrak{F}$ ein $\wedge_{\mathfrak{m}}$-Filter, so ist $A \leqq A_{\mathfrak{F}}$ (mod $\mathfrak{F}$).*

Beweis. Es sei $\mathfrak{C}$ die Menge aller Somen C der Basis, für welche ein Soma $F = F(C) \in \mathfrak{F}$ mit $A \wedge F \leqq C$ existiert. Dann ist $A_{\mathfrak{F}} = \bigwedge \overline{C}$ und folglich $A_{\mathfrak{F}} = \bigwedge\limits_c \overline{A \wedge F(C)}$. Da $F_0 = \bigwedge F(C)$ ein Soma aus $\mathfrak{F}$ ist, $A_{\mathfrak{F}} \leqq \overline{A \wedge F_0}$ und $\overline{A \wedge F_0} = \overline{\bigwedge (A \wedge F(C))} \leqq \bigwedge \overline{A \wedge F(C)}$ gilt, ist $A_{\mathfrak{F}} = \overline{A \wedge F_0}$, also $A \wedge F_0 \leqq \overline{A \wedge F_0} = A_{\mathfrak{F}}$ und daher $A \wedge F_0 \leqq A_{\mathfrak{F}} \wedge F_0$.

15.4. *Aus $A^1 \leqq A^2$ (mod $\mathfrak{F}$) folgt $A^1_{\mathfrak{F}} \leqq A^2_{\mathfrak{F}}$.*

Beweis. Es sei $A^1 \wedge F_0 \leqq A^2 \wedge F_0$ mit $F_0 \in \mathfrak{F}$. Da für jedes $F \in \mathfrak{F}$ gilt $F_0 \wedge F \in \mathfrak{F}$, folgt die Behauptung aus der Definition von $A^1_{\mathfrak{F}}$ und $A^2_{\mathfrak{F}}$.

15.5. *$(A_{\mathfrak{F}})_{\mathfrak{F}} \leqq A_{\mathfrak{F}}$. Ist $\mathfrak{F}$ ein $\wedge_{\mathfrak{m}}$-Filter, so ist $(A_{\mathfrak{F}})_{\mathfrak{F}} = A_{\mathfrak{F}}$.*

Beweis. Nach **15.2.** und **15.1.** ist $(A_{\mathfrak{F}})_{\mathfrak{F}} \leqq \overline{A_{\mathfrak{F}}} = A_{\mathfrak{F}}$. Nach **15.3.** und **15.4.** ist $A_{\mathfrak{F}} \leqq (A_{\mathfrak{F}})_{\mathfrak{F}}$, wenn $\mathfrak{F}$ ein $\wedge_{\mathfrak{m}}$-Filter ist.

---

[1] Die Quadratfläche (und analog der Würfel) ist also eine stetige Kurve. Dies zeigt, daß der Begriff der stetigen Kurve nicht das trifft, was man sich anschaulich unter einer Kurve vorstellt. Einen dieser Forderung genügenden Kurvenbegriff haben K. Menger und P. Urysohn aufgestellt und untersucht.

[2] Dieser Begriff der Ableitung nach einem Filter hat nichts zu tun mit dem Begriff der Derivierten (S. 66).

15.6. *Ist* $\mathfrak{B}$ *ein klassisch topologischer* Boole-*Verband, so ist* $(A^1 \vee A^2)_{\mathfrak{F}} = A^1_{\mathfrak{F}} \vee A^2_{\mathfrak{F}}$.

Beweis. Es ist $(A^1 \vee A^2)_{\mathfrak{F}} = \wedge \overline{(A^1 \vee A^2) \wedge F} = \wedge \overline{(A^1 \wedge F) \vee (A^2 \wedge F)} = \wedge (\overline{A^1 \wedge F} \vee \overline{A^2 \wedge F}) = \wedge \overline{A^1 \wedge F} \vee \wedge \overline{A^2 \wedge F} = A^1_{\mathfrak{F}} \vee A^2_{\mathfrak{F}}$ nach dem Korollar 1 zu **1.13.** und (4.2).

15.7. *Ist* $\mathfrak{B}$ *ein* Boole-*Verband und* $\mathfrak{J}$ *das Ideal der Komplemente* $J = cF$ *aller* $F \in \mathfrak{F}$, *so ist* $A_{\mathfrak{F}}$ *das Komplement* $A_{\mathfrak{J}}$ *der Vereinigung aller offenen Somen* G *mit* $A \wedge G \in \mathfrak{J}$.

Beweis.

$$A_{\mathfrak{F}} = \underset{F \in \mathfrak{F}}{\wedge} \overline{A \wedge F} = \underset{\substack{c A \vee T \in \mathfrak{F} \\ T \leq A}}{\wedge} \overline{T} = \underset{c A \vee T \in \mathfrak{F}}{\wedge} \overline{T} = c\left(\underset{A \wedge cT \in \mathfrak{J}}{\vee} cT \right) = c\left(\underset{\substack{A \wedge G \in \mathfrak{J} \\ G \text{ offen}}}{\vee} G \right) = A_{\mathfrak{J}}.$$

Man nennt daher, wenn $\mathfrak{B}$ ein Boole-Verband ist, das Soma $A_{\mathfrak{F}} = A_{\mathfrak{J}}$ auch die *Ableitung* von A *nach dem Ideal* $\mathfrak{J}$.

Beispiele. $\mathfrak{B}$ sei ein topologischer Raum $\mathfrak{E}$. Erstens sei $\mathfrak{J}$ das Ideal aller endlichen Punktmengen aus $\mathfrak{E}$ (und $\mathfrak{F}$ der Filter der Komplemente aller Mengen aus $\mathfrak{J}$). Für jede Punktmenge A aus $\mathfrak{E}$ ist dann $A_{\mathfrak{F}} = A_{\mathfrak{J}}$ die Menge aller Punkte von $\mathfrak{E}$, deren Umgebungen mit A je unendlich viele Punkte gemein haben, nach **8.26.** also, wenn $\mathfrak{E}$ ein klassisch topologischer T_1-Raum ist, die Menge aller Häufungspunkte von A. Zweitens sei $\mathfrak{J}$ das Ideal aller (höchstens) abzählbaren Punktmengen aus $\mathfrak{E}$ (und $\mathfrak{F}$ der Filter der Komplemente aller Mengen aus $\mathfrak{J}$). Für jede Punktmenge A aus $\mathfrak{E}$ ist dann $A_{\mathfrak{F}} = A_{\mathfrak{J}}$ die Menge aller *Kondensations-* oder *Verdichtungspunkte* von A, d.h. aller Punkte von $\mathfrak{E}$, deren Umgebungen mit A je unabzählbar viele Punkte gemein haben.

Übungen. 1. Ist $\mathfrak{B}$ klassisch topologisch und ein Boole-Verband und G ein offenes Soma, so ist $G \wedge A_{\mathfrak{F}} = G \wedge (G \wedge A)_{\mathfrak{F}}$. — 2. Ist $\mathfrak{B}$ ein Boole-Verband und $\mathfrak{F}$ ein $\wedge_{\mathfrak{m}}$-Filter, so ist $cA \vee A_{\mathfrak{F}} \in \mathfrak{F}$.

§ 16. Topologische Restklassenvereine.

Es liege ein topologischer $\wedge_{\mathfrak{m}}$-Verein $\mathfrak{B}$ mit einer Basis einer Mächtigkeit $\leq \mathfrak{m}$ und ein $\wedge_{\mathfrak{m}}$-Filter $\mathfrak{F}$ in $\mathfrak{B}$ vor ($\mathfrak{m}$ eine Mächtigkeit $\geq \aleph_0$).

Für jede Klasse $[A]$ des Restklassen-$\wedge_{\mathfrak{m}}$-Vereins $\mathfrak{B}/\mathfrak{F}$ (S. 24) definieren wir als Hülle die Klasse

$$\overline{[A]} = [A_{\mathfrak{F}}].$$

Diese Definition ist eindeutig; denn ist $[A^1] = [A^2]$, so ist $A^1 \leq A^2$ (mod $\mathfrak{F}$) und $A^2 \leq A^1$ (mod $\mathfrak{F}$), nach **15.4.** also $A^1_{\mathfrak{F}} = A^2_{\mathfrak{F}}$ und daher $\overline{[A^1]} = \overline{[A^2]}$. Die Hülle $\overline{[A]}$ erfüllt weiter nach **15.4.** das Hüllenaxiom H_0, nach **15.3.** das Hüllenaxiom H_1 und nach **15.5.** das Hüllenaxiom H_2. Wir haben also durch die vorstehende Hüllendefinition im Restklassenverein $\mathfrak{B}/\mathfrak{F}$ eine Topologie eingeführt. Dabei sind *die Klassen* $[A_{\mathfrak{F}}]$ *und nur sie abgeschlossen.*

Über diese Topologie gelten die folgenden fünf Sätze.

16.1. $\overline{[A]} \leq [\overline{A}]$.

Beweis. **15.2.**

16.2. *Eine Klasse* $[A]$ *ist dann und nur dann abgeschlossen, wenn ein abgeschlossenes Soma* $A_0 \in [A]$ *existiert.*

Beweis. Ist $A_0 \in [A]$ abgeschlossen, so ist $\overline{[A]} \leq [A]$ nach **16.1.**, wegen $[A] \leq \overline{[A]}$ also $\overline{[A]} = [A]$. Ist umgekehrt $[A]$ abgeschlossen, so ist $[A] = [A_{\mathfrak{F}}]$; nach **15.1.** ist aber $A_{\mathfrak{F}}$ abgeschlossen.

16.3. *Ist* $\mathfrak{B}$ *eine abgeschlossene Basis von* $\mathfrak{B}$, *so ist das System der Klassen* $[B]$ *mit* $B \in \mathfrak{B}$ *eine abgeschlossene Basis von* $\mathfrak{B}/\mathfrak{F}$.

Beweis. Zunächst sind die Klassen $[B]$ abgeschlossen nach **16.2.** Nun sei $[A]$ eine abgeschlossene Klasse. Nach **16.2.** können wir A als abgeschlossen voraussetzen. Dann existiert eine Familie $(B_i)_{i \in I}$ von Somen aus $\mathfrak{B}$ mit $A = \wedge B_i$. Aus $A \leq B_i$ für jedes $i \in I$ folgt $[A] \leq [B_i]$ für jedes $i \in I$. Nun sei $[C]$ eine Klasse mit $[C] \leq [B_i]$ für jedes $i \in I$. Es ist noch $[C] \leq [A]$ zu zeigen; denn dann ist die Gleichung $[A] = \wedge [B_i]$ bewiesen. Aus $[C] \leq [B_i]$ für jedes $i \in I$ folgt $C \leq B_i$ (mod $\mathfrak{F}$), nach **15.4.** und **15.2.** also $C_{\mathfrak{F}} \leq (B_i)_{\mathfrak{F}} \leq B_i$ für jedes $i \in I$. Mithin ist $C_{\mathfrak{F}} \leq \wedge B_i = A$, folglich $[C_{\mathfrak{F}}] \leq [A]$, wegen $[C] \leq \overline{[C]} = [C_{\mathfrak{F}}]$ also $[C] \leq [A]$.

16.4. $\mathfrak{B}$ *sei klassisch topologisch und ein* Boole-*Verband. Dann ist auch* $\mathfrak{B}/\mathfrak{F}$ *ein klassisch topologischer* Boole-*Verband. Eine Klasse* $[A]$ *ist dann und nur dann offen, wenn ein offenes Soma* $A_0 \in [A]$ *existiert. Ist* $\mathfrak{B}$ *eine offene Basis von* $\mathfrak{B}$, *so ist das System der Klassen* $[B]$ *mit* $B \in \mathfrak{B}$ *eine offene Basis von* $\mathfrak{B}/\mathfrak{F}$.

Beweis. Nach **4.5.** ist $\mathfrak{B}/\mathfrak{F}$ ein Boole-Verband. Nach **15.6.** erfüllt die Topologie von $\mathfrak{B}/\mathfrak{F}$ das Hüllenaxiom $\boldsymbol{H_3}$. Aus $\overline{O} = O$ folgt $O_{\mathfrak{F}} = O$, also $\overline{[O]} = [O_{\mathfrak{F}}] = [O]$; mithin erfüllt die Topologie von $\mathfrak{B}/\mathfrak{F}$ auch das Hüllenaxiom $\boldsymbol{H_4}$. Die Topologie von $\mathfrak{B}/\mathfrak{F}$ ist demnach klassisch. Die restlichen Behauptungen folgen aus **4.4.**, **4.5.**, **16.2.** und **16.3.**

16.5. $\mathfrak{B}$ *sei klassisch topologisch und ein* Boole-*Verband. Ist dann* $\mathfrak{B}$ *vollständig normal, so ist* $\mathfrak{B}/\mathfrak{F}$ *normal.*

Beweis. Es seien $[A]$ und $[B]$ zwei abgeschlossene Klassen aus $\mathfrak{B}/\mathfrak{F}$ mit der Eigenschaft $[A] \wedge [B] = [O]$. Nach **16.2.** können wir A und B als abgeschlossen annehmen. Nach **4.4.** ist $[O] = [A] \wedge [B] = [A \wedge B]$, also $[E] = c[A \wedge B] = [c(A \wedge B)]$, also $c(A \wedge B) \in \mathfrak{F}$. Wir setzen $A \wedge c(A \wedge B) = A_1$ und $B \wedge c(A \wedge B) = B_1$. Weiter ist $A_1 = A \wedge (cA \vee cB) = A \wedge cB$ und analog $B_1 = B \wedge cA$, also $A_1 \wedge \overline{B_1} = A \wedge cB \wedge \overline{B \wedge cA} = A \wedge cB \wedge \overline{cB \wedge B \wedge cA} = A \wedge cB \wedge \overline{O} = O$ wegen **7.18.** und analog $\overline{A_1} \wedge B_1 = O$. Da $\mathfrak{B}$ nach Vor. vollständig normal ist, existieren in $\mathfrak{B}$ zwei offene Somen U und V mit $A_1 \leq U$, $B_1 \leq V$ und $U \wedge V = O$. Wegen $[A] = [A_1]$ und $[B] = [B_1]$

folgt hieraus $[A] \leq [U]$ und $[B] \leq [V]$, sowie $[U] \wedge [V] = [O]$ nach **4.4.**; die Klassen $[U]$ und $[V]$ sind offen nach **16.4.**

Ist $\mathfrak{V}$ ein topologischer, $\mathfrak{m}$-voller BOOLE-Verband mit einer Basis einer Mächtigkeit $\leq \mathfrak{m}$ und $\mathfrak{J}$ ein $\vee_{\mathfrak{m}}$-Ideal in $\mathfrak{V}$, so ist das System der Komplemente $F = cJ$ der Somen J aus $\mathfrak{J}$ ein $\wedge_{\mathfrak{m}}$-Filter $\mathfrak{F}$ in $\mathfrak{V}$. Nach (4.19) ist $\mathfrak{V}/\mathfrak{J} = \mathfrak{V}/\mathfrak{F}$ und nach **5.7.** ist $A_{\mathfrak{J}} = A_{\mathfrak{F}}$ für jedes Soma A aus $\mathfrak{V}$. Setzen wir also

$$\overline{[A]} = [A_{\mathfrak{J}}],$$

so ist hierdurch in $\mathfrak{V}/\mathfrak{J}$ eine Topologie definiert und es gelten die Sätze **16.1.** bis **16.5.** auch für $\mathfrak{V}/\mathfrak{J}$ statt $\mathfrak{V}/\mathfrak{F}$.

Beispiele. 1. Es sei $\mathfrak{E}$ ein topologischer Raum, U eine Punktmenge aus $\mathfrak{E}$ und $\mathfrak{E}_U$ der Unterraum von $\mathfrak{E}$ mit dem Träger U. Ist $\mathfrak{F}$ der Filter aller Mengen $F \supseteq U$, so ist der Restklassenverband $\mathfrak{V}/\mathfrak{F}$, topologisiert durch $\overline{[A]} = [A_{\mathfrak{F}}]$, homöomorph zu $\mathfrak{E}_U$. — 2. Es sei $\mathfrak{J}$ das σ-Ideal aller LEBESGUEschen Nullmengen der CARTESIschen $\mathfrak{E}^n$. Dann ist der Restklassenverband $\mathfrak{E}^n/\mathfrak{J}$, topologisiert durch $\overline{[A]} = [A_{\mathfrak{J}}]$, ein normaler, klassisch topologischer (nicht atomarer) σ-BOOLE-Verband mit abzählbarer Basis.

Übung. Unter den eingangs dieses Paragraphen formulierten Voraussetzungen ist die Topologie $\overline{[A]} = [A_{\mathfrak{F}}]$ die gröbste Topologie von $\mathfrak{V}/\mathfrak{F}$, für welche die Beziehung **16.1.** gilt.

§ 17. Topologische Produktverbände.

In diesem Paragraphen wird der BOOLEsche Produktverband $\boldsymbol{P}^{\beta}\mathfrak{V}_i$ klassisch topologischer BOOLE-Verbände $\mathfrak{V}_i$ und das CARTESIsche Produkt $\boldsymbol{P}^{\gamma}\mathfrak{E}_i$ klassisch topologischer Räume $\mathfrak{E}_i$ klassisch topologisiert und gezeigt, daß sich zahlreiche topologische Eigenschaften der $\mathfrak{V}_i$ bzw. $\mathfrak{E}_i$ auf das Produkt übertragen.

1. Topologische BOOLEsche Produktverbände.

Für jedes Element i einer nicht leeren Menge I beliebiger Mächtigkeit sei $\mathfrak{V}_i$ ein klassisch topologischer BOOLE-Verband mit $O_i < E_i$. Es sei $\mathfrak{V} = \boldsymbol{P}^{\beta}\mathfrak{V}_i$ der BOOLEsche Produktverband der $\mathfrak{V}_i$ und $\underline{\mathfrak{V}} = \boldsymbol{P}\mathfrak{V}_i \subseteq \mathfrak{V}$ der Produktverband der $\mathfrak{V}_i$.

Für jedes Soma $A = \boldsymbol{P}A_i$ aus $\underline{\mathfrak{V}}$ definieren wir als Hülle das Soma $\overline{A} = \boldsymbol{P}\overline{A_i}$; außerdem setzen wir $\overline{O} = O$. Dann ist $\underline{\mathfrak{V}}$ klassisch topologisch. Für jedes Soma A aus $\underline{\mathfrak{V}}$ und jedes $i \in I$ ist

$$\Pi_i \overline{A} = \overline{\Pi_i A} \qquad (A \in \underline{\mathfrak{V}}). \qquad (17.1)$$

Der Vollhomomorphismus $\Pi_i | \underline{\mathfrak{V}}$ von $\underline{\mathfrak{V}}$ auf $\mathfrak{V}_i$ ist also *stetig und abgeschlossen*. Für $A = \langle A_{i_0} \rangle$ ist die Gleichung $\overline{A} = \boldsymbol{P}\overline{A_i}$ äquivalent mit

9*

$\overline{\langle A_{i_0} \rangle} = \langle \overline{A_{i_0}} \rangle$; also ist, wenn wir i statt i_0 schreiben:

$$\overline{\langle A_i \rangle} = \langle \overline{A_i} \rangle \qquad (A_i \in \mathfrak{B}_i). \qquad (17.2)$$

Nach **10.7.** ist daher $\Pi_i | \langle \mathfrak{B}_i \rangle$ eine Homöomorphie von $\langle \mathfrak{B}_i \rangle$ auf $\mathfrak{B}_i$.

Nun wollen wir auch in $\mathfrak{B}$ eine klassische Topologie einführen, und zwar so, daß sie auf $\mathfrak{V}$ mit der soeben eingeführten Topologie zusammenfällt (daß mit anderen Worten $\mathfrak{V}$ ein invariant topologischer Unterverein von $\mathfrak{B}$ ist). Hierzu bedarf es einer Vorbereitung. Wir betrachten dabei den topologischen Verein $\mathfrak{V}$ als Unterverein von $\mathfrak{B}$.

Es seien $C, D^1, \ldots, D^r$ Somen aus $\mathfrak{V}$. Wir behaupten[1]:

$$\text{Ist } C = \bigvee_\varrho D^\varrho, \text{ so ist } \overline{C} = \bigvee_\varrho \overline{D^\varrho}. \qquad (17.3)$$

Es genügt, den Fall $C > O$ und $D^\varrho > O$ für $\varrho = 1, \ldots, r$ zu betrachten. Es sei C_i bzw. D_i^ϱ die Projektion von C bzw. D^ϱ in $\mathfrak{B}_i$. Wir wählen $i_1, \ldots, i_n \in I$ so, daß $C = \langle C_{i_1}, \ldots, C_{i_n} \rangle$ und $D^\varrho = \langle D_{i_1}^\varrho, \ldots, D_{i_n}^\varrho \rangle$ für $\varrho = 1, \ldots, r$ ist. Für jedes $\nu = 1, \ldots, n$ entwickeln wir den Ausdruck $(D_{i_\nu}^1 \vee c D_{i_\nu}^1) \wedge \cdots \wedge (D_{i_\nu}^r \vee c D_{i_\nu}^r)$ distributiv. Wegen $C_{i_\nu} = D_{i_\nu}^1 \vee \cdots \vee D_{i_\nu}^r$ ist C_{i_ν} eine Vereinigung von Somen $F_{i_\nu}^\sigma > O_{i_\nu}$ dieser Entwicklung: $C_{i_\nu} = F_{i_\nu}^1 \vee \cdots \vee F_{i_\nu}^{\sigma_\nu}$. Aus $C = \langle C_{i_1}, \ldots, C_{i_n} \rangle$ folgt durch mehrfache Anwendung von (6.9), das nach S. 37 auch in $\mathfrak{B}$ gilt:

$$C = \bigvee_{\sigma_1, \ldots, \sigma_n} \langle F_{i_1}^{\sigma_1}, \ldots, F_{i_n}^{\sigma_n} \rangle,$$

wobei die σ_ν unabhängig voneinander die Zahlen $1, \ldots, s_\nu$ durchlaufen. Hieraus folgt, wieder nach (6.9),

$$\overline{C} = \overline{\bigvee_{\sigma_1, \ldots, \sigma_n} \langle F_{i_1}^{\sigma_1}, \ldots, F_{i_n}^{\sigma_n} \rangle} = \overline{\langle \bigvee_{\sigma_1} F_{i_1}^{\sigma_1}, \ldots, \bigvee_{\sigma_n} F_{i_n}^{\sigma_n} \rangle}$$

$$= \langle \overline{\bigvee_{\sigma_1} F_{i_1}^{\sigma_1}}, \ldots, \overline{\bigvee_{\sigma_n} F_{i_n}^{\sigma_n}} \rangle = \langle \bigvee_{\sigma_1} \overline{F_{i_1}^{\sigma_1}}, \ldots, \bigvee_{\sigma_n} \overline{F_{i_n}^{\sigma_n}} \rangle$$

$$= \bigvee_{\sigma_1, \ldots, \sigma_n} \langle \overline{F_{i_1}^{\sigma_1}}, \ldots, \overline{F_{i_n}^{\sigma_n}} \rangle = \bigvee_{\sigma_1, \ldots, \sigma_n} \overline{\langle F_{i_1}^{\sigma_1}, \ldots, F_{i_n}^{\sigma_n} \rangle}.$$

Nun ist nach der Definition der $F_{i_\nu}^\sigma$ jeder Block $\langle F_{i_1}^{\sigma_1}, \ldots, F_{i_n}^{\sigma_n} \rangle$ in C enthalten, also zu mindestens einem Soma D^ϱ nicht teilerfremd und daher in mindestens einem D^ϱ enthalten. Also ist $\langle F_{i_1}^{\sigma_1}, \ldots, F_{i_n}^{\sigma_n} \rangle \leq \overline{D^1} \vee \cdots \vee \overline{D^r}$ und folglich wegen der soeben bewiesenen Gleichung $\overline{C} \leq \overline{D^1} \vee \cdots \vee \overline{D^r}$. Da trivialerweise $\overline{D^1} \vee \cdots \vee \overline{D^r} \leq \overline{C}$ ist, so gilt also (17.3).

Weiter seien $A^1, \ldots, A^m, A_0^1, \ldots, A_0^n$ Somen aus $\mathfrak{V}$. Wir behaupten:

$$\text{Ist } \bigvee_\mu A^\mu = \bigvee_\nu A_0^\nu, \text{ so ist } \bigvee_\mu \overline{A^\mu} = \bigvee_\nu \overline{A_0^\nu}. \qquad (17.4)$$

---

[1] Von jetzt an bis zum Schluß von § 17.1 bedeutet das Zeichen $\vee$ für Somen aus $\mathfrak{V}$ oder $\mathfrak{B}$ stets die Vereinigung in $\mathfrak{B}$, wenn nicht ausdrücklich etwas anderes gesagt ist. Hingegen hat das Zeichen $\wedge$ in $\mathfrak{V}$ und $\mathfrak{B}$ dieselbe Bedeutung, da nach (6.15) $\mathfrak{V}$ ein $\wedge$-invarianter Unterverein von $\mathfrak{B}$ ist.

Es ist $A^\mu = \bigvee_\nu (A^\mu \wedge A_0^\nu)$, also, weil A^μ und $A^\mu \wedge A_0^\nu$ Somen aus $\mathfrak{B}$ sind, $\overline{A^\mu} = \bigvee_\nu \overline{A^\mu \wedge A_0^\nu}$ nach (17.3) und daher $\bigvee_\mu \overline{A^\mu} = \bigvee_{\mu,\nu} \overline{A^\mu \wedge A_0^\nu}$. Analog ist $\bigvee_\nu \overline{A_0^\nu} = \bigvee_{\mu,\nu} \overline{A^\mu \wedge A_0^\nu}$. Also ist $\bigvee_\mu \overline{A^\mu} = \bigvee_\nu \overline{A_0^\nu}$.

Nach dieser Vorbereitung können wir in $\mathfrak{B}$ die gewünschte Topologie definieren. Es sei B ein beliebiges Soma aus $\mathfrak{B}$. Nach (6.18) können wir B auf mindestens eine Weise als Vereinigung in $\mathfrak{B}$ endlich vieler Somen $A^1, \ldots, A^m$ aus $\mathfrak{B}$ darstellen:

$$B = A^1 \vee \cdots \vee A^m. \qquad (17.5)$$

Als Hülle von B definieren wir nun das Soma

$$\overline{B} = \overline{A^1} \vee \cdots \vee \overline{A^m}. \qquad (17.6)$$

Nach (17.4) ist $\overline{B}$ von der gewählten Darstellung (17.5) unabhängig. Für jedes Soma $B = A$ aus $\mathfrak{B}$ ist die Hülle $\overline{B}$ gleich der Hülle $\overline{A}$ von A in $\mathfrak{B}$. Aus (17.6) folgt unmittelbar, daß die Hüllen $\overline{B}$ den Hüllenaxiomen $\boldsymbol{H_1}$ bis $\boldsymbol{H_4}$ genügen. Durch (17.6) ist also in $\mathfrak{B}$ eine klassische Topologie definiert, die auf $\mathfrak{B}$ mit der auf S. 131 definierten Topologie von $\mathfrak{B}$ identisch ist.

Aus (17.6) und (17.1) folgt

$$\Pi_i \overline{B} = \overline{\Pi_i B} \qquad (B \in \mathfrak{B}). \qquad (17.7)$$

Der Vollhomomorphismus $\Pi_i | \mathfrak{B}$ von $\mathfrak{B}$ auf $\mathfrak{B}_i$ ist also *stetig und abgeschlossen*. Weiter sei G ein offenes Soma aus $\mathfrak{B}$. Für ein festes $i \in I$ sei A_i ein beliebiges Soma aus $\mathfrak{B}_i$ mit $A_i \wedge \Pi_i G = O_i$; für $A = \langle A_i \rangle$ ist dann $A \wedge G = O$, also $\overline{A} \wedge G = O$, wegen (17.2) folglich $\langle \overline{A_i} \rangle \wedge G = O$ und daher $\overline{A_i} \wedge \Pi_i G = O_i$; also ist $\Pi_i G$ offen. Damit ist gezeigt, daß $\Pi_i | \mathfrak{B}$ auch *offen* ist.

Nach (17.2) ist eine Säule $\langle F_i \rangle$ dann und nur dann abgeschlossen in $\mathfrak{B}$, wenn F_i abgeschlossen ist in $\mathfrak{B}_i$; da $c \langle G_i \rangle = \langle c G_i \rangle$ ist nach (6.17), so ist also weiter eine Säule $\langle G_i \rangle$ dann und nur dann offen in $\mathfrak{B}$, wenn G_i offen ist in $\mathfrak{B}_i$.

17.1. *Ein Soma F aus $\mathfrak{B} = \boldsymbol{P}\,\mathfrak{B}_i$ ist dann und nur dann abgeschlossen, wenn die Projektion $F_i = \Pi_i F$ von F in $\mathfrak{B}_i$ für jedes $i \in I$ abgeschlossen ist.*

Beweis. Definition der Hülle eines Somas aus $\mathfrak{B}$.

17.2. *Ein Soma G aus $\mathfrak{B} = \boldsymbol{P}\,\mathfrak{B}_i$ ist dann und nur dann offen[1], wenn die Projektion $G_i = \Pi_i G$ von G in $\mathfrak{B}_i$ für jedes $i \in I$ offen ist.*

---

[1] Das Wort „offen" bezieht sich für Somen aus $\mathfrak{B}$ immer auf $\mathfrak{B}$ (da $\mathfrak{B}$ im allgemeinen kein BOOLE-Verband ist, so ist in $\mathfrak{B}$ der Begriff „offen" gar nicht definiert). Das Wort „abgeschlossen" hat für ein Soma aus $\mathfrak{B}$ dieselbe Bedeutung in $\mathfrak{B}$ und in $\mathfrak{B}$.

Beweis. Das Einssoma E von $\mathfrak{B}$ ist offen und für jedes $i \in I$ ist die Projektion E_i von E als Einssoma von $\mathfrak{B}_i$ offen. Analog für das Nullsoma O von $\mathfrak{B}$. Nun sei G ein Soma aus $\mathfrak{B}$ mit $O < G < E$ und es sei $G_i < E_i$ für $i = i_1, \ldots, i_n$, hingegen $G_i = E_i$ für alle anderen $i \in I$. Ist jedes G_i offen, so ist jede Säule $\langle G_i \rangle$ offen und daher auch G, da $G = \bigwedge_\nu \langle G_{i_\nu} \rangle$ ist nach (6.7). Ist umgekehrt G offen, so ist jedes G_i offen, da $\varPi_i | \mathfrak{B}$ offen ist.

Nach (6.18) läßt sich jedes Soma B aus $\mathfrak{B}$ darstellen als Vereinigung $B = A^1 \vee \cdots \vee A^m$ von Somen aus $\mathfrak{B}$. Ist B speziell abgeschlossen oder offen, so kann man die Somen A^μ abgeschlossen oder offen wählen. Dies ist der wesentliche Inhalt der beiden folgenden Sätze.

17.3. *Ein Soma F aus $\mathfrak{B} = \boldsymbol{P}^\beta \mathfrak{B}_i$ ist dann und nur dann abgeschlossen, wenn F darstellbar ist als Vereinigung $F = F^1 \vee \cdots \vee F^m$ abgeschlossener Somen F^μ aus $\mathfrak{B} = \boldsymbol{P} \mathfrak{B}_i$.*

Beweis. Daß diese Bedingung hinreichend ist, ist trivial. Umgekehrt sei F ein abgeschlossenes Soma aus $\mathfrak{B}$. Nach (6.18) ist F darstellbar als Vereinigung $F = A^1 \vee \cdots \vee A^m$ von Somen A^μ aus $\mathfrak{B}$. Dann ist $F = \overline{A^1} \vee \cdots \vee \overline{A^m}$. Die Somen $F^\mu = \overline{A^\mu}$ leisten nun das Verlangte.

17.4. *Ein Soma G aus $\mathfrak{B} = \boldsymbol{P}^\beta \mathfrak{B}_i$ ist dann und nur dann offen, wenn G darstellbar ist als Vereinigung $G = G^1 \vee \cdots \vee G^n$ offener Somen G^ν aus $\mathfrak{B} = \boldsymbol{P} \mathfrak{B}_i$.*

Beweis. Daß diese Bedingung hinreichend ist, ist trivial. Umgekehrt sei G ein offenes Soma aus $\mathfrak{B}$. Ist G das Einssoma E oder das Nullsoma O von $\mathfrak{B}$, so ist G ein Soma aus $\mathfrak{B}$ und es ist nichts zu beweisen. Es sei also $O < G < E$. Nach **17.3.** ist das abgeschlossene Soma $F = cG$ darstellbar als Vereinigung $F = F^1 \vee \cdots \vee F^m$ abgeschlossener Somen F^μ aus $\mathfrak{B}$. Nach **1.12.** ist $G = \bigwedge_\mu cF^\mu$. Es seien F_i^μ $(i = i_1^\mu, \ldots, i_{\varkappa_\mu}^\mu)$ diejenigen Projektionen von F^μ, für welche $F_i^\mu < E_i$ ist. Nach **17.1.** ist jedes F_i^μ abgeschlossen. Nach (6.17) ist dann $cF^\mu = \bigvee_i \langle G_i^\mu \rangle$ mit $G_i^\mu = cF_i^\mu$ und daher $G = \bigwedge_\mu \bigvee_i \langle G_i^\mu \rangle$. Die Somen G_i^μ sind offen in $\mathfrak{B}_i$ als Komplemente abgeschlossener Somen; die Säulen $\langle G_i^\mu \rangle$ sind daher nach **17.2.** offen in $\mathfrak{B}$. Die distributive Entwicklung der letzten Gleichung liefert nun die gesuchte Darstellung von G.

Die soeben bewiesenen Sätze gestatten den Beweis eines nützlichen Lemmas. Es seien $h_1, \ldots, h_m$ endlich viele, paarweise verschiedene Elemente von I. Für jedes $h = h_1, \ldots, h_m$ sei E_h' ein Soma $> O_h$ aus $\mathfrak{B}_h$ und $\mathfrak{B}_h'$ der BOOLE-Verband aller Somen $\leq E_h'$ von $\mathfrak{B}_h$. Weiter sei $\langle E_{h_1}', \ldots, E_{h_m}' \rangle = E'$ gesetzt und $\mathfrak{B}'$ der BOOLE-Verband aller Somen $\leq E'$ von $\mathfrak{B} = \boldsymbol{P}^\beta \mathfrak{B}_i$. Einerseits wird nun im Unterverband $\mathfrak{B}'$ von $\mathfrak{B}$ durch die Topologie von $\mathfrak{B}$ eine Topologie T induziert, und zwar sind

nach **9.5.** die offenen Somen aus $\mathfrak{B}'$ die Durchschnitte $E' \wedge G$ von E'
mit den offenen Somen G aus $\mathfrak{B}$. Anderseits können wir, wenn wir noch
$E_k = E'_k$ und $\mathfrak{B}_k = \mathfrak{B}'_k$ setzen für jedes $k \neq h_1, \ldots, h_m$ aus I, $\mathfrak{B}'$ auffassen
als BOOLEschen Produktverband $P^\beta \mathfrak{B}'_i$ der BOOLE-Verbände $\mathfrak{B}'_i$. In
$P^\beta \mathfrak{B}'_i$ wird aber durch die Topologien der $\mathfrak{B}'_i$ eine Topologie T' induziert.
Wir behaupten nun, daß die Topologien T und T' von $\mathfrak{B}' = P^\beta \mathfrak{B}'_i$ identisch sind. Wir drücken das so aus:

Lemma. *Die Topologie des* BOOLE*schen Produktverbandes* $\mathfrak{B}' = P^\beta \mathfrak{B}'_i$
wird durch die Topologie von $\mathfrak{B} = P^\beta \mathfrak{B}_i$ *induziert.*

Beweis. Einerseits behaupten wir: Jedes offene Soma U' von $\mathfrak{B}'$
(aufgefaßt als Unterverband von $\mathfrak{B}$) ist ein offenes Soma von $P^\beta \mathfrak{B}'_i$
(aufgefaßt als BOOLEscher Produktverband der $\mathfrak{B}'_i$). Nach **9.5.** ist
$U' = E' \cap U$, wobei U ein offenes Soma aus $\mathfrak{B}$ ist. Nach **17.4.** ist U
die Vereinigung endlich vieler offener Somen G aus $\mathfrak{B} = P \mathfrak{B}_i$. Daher
genügt es zu zeigen, daß $G' = E' \wedge G$ ein offenes Soma aus $P^\beta \mathfrak{B}'_i$ ist.
Nach **17.2.** ist die Projektion G_i von G in $\mathfrak{B}_i$ offen für jedes $i \in I$. Daher
ist $E'_i \wedge G_i$ offen in $\mathfrak{B}'_i$. Nun ist $E'_i \wedge G_i$ die Projektion von $G' = E' \wedge G$
in $\mathfrak{B}'_i$. Also ist die Projektion von $G' = E' \wedge G$ in $\mathfrak{B}'_i$ offen für jedes $i \in I$.
Nach **17.2.** ist also G' offen in $P^\beta \mathfrak{B}'_i$. Anderseits behaupten wir: Jedes
offene Soma U' von $P^\beta \mathfrak{B}'_i$ (aufgefaßt als BOOLEscher Produktverband
der $\mathfrak{B}'_i$) ist ein offenes Soma von $\mathfrak{B}'$ (aufgefaßt als Unterverband von $\mathfrak{B}$).
Nach **17.4.** genügt es, dies zu zeigen für ein offenes Soma $U' = G'$ aus
$\mathfrak{B}' = P \mathfrak{B}'_i$. Nach **17.2.** ist G' der Block über endlich vielen offenen
Somen $G'_{i_1}, \ldots, G'_{i_n}$ aus $\mathfrak{B}'_{i_1}, \ldots, \mathfrak{B}'_{i_n}$. Nach **9.5.** ist $G'_{i_\nu} = E'_{i_\nu} \wedge G_{i_\nu}$ ($\nu = 1$,
$\ldots, n$), wobei G_{i_ν} ein offenes Soma von $\mathfrak{B}_{i_\nu}$ ist. Der Block G in $\mathfrak{B}$ über
$G_{i_1}, \ldots, G_{i_n}$ ist offen in $\mathfrak{B}$ und es ist $G' = E' \wedge G$. Also ist G' offen in $\mathfrak{B}'$.

17.5. $\mathfrak{B} = P^\beta \mathfrak{B}_i$ *ist dann und nur dann* T_1*-topologisch, wenn jedes* $\mathfrak{B}_i$
T_1*-topologisch ist.*

Beweis. Jedes $\mathfrak{B}_i$ sei T_1-topologisch. Um zu zeigen, daß dann auch
$\mathfrak{B}$ T_1-topologisch ist, genügt es nach **11.2.** zu beweisen, daß jedes Soma
aus $\mathfrak{B}$ die Vereinigung abgeschlossener Somen ist. Wegen (6.18) und
$\overline{O} = O$ genügt es, dies zu beweisen für ein beliebiges Soma $A > O$ aus $\mathfrak{B}$.
Sind nun $A_{i_1}, \ldots, A_{i_n}$ diejenigen Projektionen von A, für welche $A_i < E_i$
ist, so ist $A = \langle A_{i_1}, \ldots, A_{i_n} \rangle = \langle A_{i_1} \rangle \wedge \cdots \wedge \langle A_{i_n} \rangle$. Nach dem Korrollar 1
zu **1.13.** genügt es weiter zu zeigen, daß jede Säule $\langle A_i \rangle$ über einem
Soma A_i aus $\mathfrak{B}_i$ die Vereinigung abgeschlossener Somen ist. Dies aber
folgt wegen **11.2.** daraus, daß $\langle \mathfrak{B}_i \rangle$ zu $\mathfrak{B}_i$ homöomorph, also $\langle \mathfrak{B}_i \rangle$ T_1-
topologisch ist. — Umgekehrt sei $\mathfrak{B}$ T_1-topologisch. Weiter sei i ein
festes Element aus I und A_i ein Soma aus $\mathfrak{B}_i$. Wir wählen in $\mathfrak{B}$ ein
beliebiges Soma mit $\Pi_i B = A_i$, z.B. $B = \langle A_i \rangle$. Nach **11.2.** ist B die
Vereinigung abgeschlossener Somen F^j aus $\mathfrak{B}$: $B = \bigvee_j F^j$. Nach **3.2.** ist

dann $A_i = \Pi_i B = \bigvee_j \Pi_i F^j$ und die Projektionen $\Pi_i F^j$ sind abgeschlossen, da $\Pi_i | \mathfrak{B}$ abgeschlossen ist. Nach **11.2.** ist also $\mathfrak{B}_i$ T_1-topologisch.

17.6a. *Ist jedes $\mathfrak{B}_i$ separiert bzw. regulär bzw. vollständig regulär bzw. normal bzw. vollständig normal, so gilt dasselbe für $\mathfrak{B} = P^\beta \mathfrak{B}_i$.*

Beweis. 1. Jedes $\mathfrak{B}_i$ sei separiert. Es seien A^0 und A^1 zwei Somen $> O$ aus $\mathfrak{B}$ mit $A^0 \wedge A^1 = O$. Wir haben die Existenz zweier offener Somen G^0 und G^1 von $\mathfrak{B}$ mit $A^0 \wedge G^0 > O$, $A^1 \wedge G^1 > O$ und. $G^0 \wedge G^1 = O$ zu zeigen. Wegen (6.18) genügt es, A^0 und A^1 als Somen von $\mathfrak{B} = P \mathfrak{B}_i$ anzunehmen. Dann existiert ein $i \in I$ derart, daß für die Projektionen $A_i^0 = \Pi_i A^0$ und $A_i^1 = \Pi_i A^1$ von A^0 und A^1 in $\mathfrak{B}_i$ gilt $A_i^0 \wedge A_i^1 = O_i$; denn andernfalls wäre das Soma A mit $\Pi_i A = A_i^0 \wedge A_i^1$ für jedes $i \in I$ ein Teilsoma $> O$ von A^0 und A^1, im Widerspruch zu $A^0 \wedge A^1 = O$. Da $\mathfrak{B}_i$ separiert ist, existieren in $\mathfrak{B}_i$ zwei offene Somen G_i^0 und G_i^1 mit $A_i^0 \wedge G_i^0 > O_i$, $A_i^1 \wedge G_i^1 > O_i$ und $G_i^0 \wedge G_i^1 = O$. Die Säulen $G^0 = \langle G_i^0 \rangle$ und $G^1 = \langle G_i^1 \rangle$ leisten nun das Verlangte. — 2. Jedes $\mathfrak{B}_i$ sei regulär. Es sei $A > O$ ein beliebiges und F ein abgeschlossenes Soma aus $\mathfrak{B}$ mit $A \wedge F = O$. Wir zeigen die Existenz zweier offener Somen G^0 und G^1 in $\mathfrak{B}$ mit $A \wedge G^0 > O$, $F \leq G^1$ und $G^0 \wedge G^1 = O$. Wegen (6.18) können wir A als Soma aus $\mathfrak{B}$ annehmen. Nach **17.3.** ist $F = F^1 \vee \cdots \vee F^n$, wobei die F^ν abgeschlossene Somen aus $\mathfrak{B}$ sind. Es ist $A \wedge F^\nu = O$ für jedes $\nu = 1, \ldots, n$. Daher existiert für jedes ν ein $i = i_\nu \in I$ derart, daß für die Projektionen $\Pi_i A = A_i$ und $\Pi_i F^\nu = F_i^\nu$ gilt $A_i \wedge F_i^\nu = O_i$ [1]. Dabei ist $A_i > O_i$ wegen $A > O$ und F_i^ν ist wegen der Abgeschlossenheit von F^ν abgeschlossen nach **17.1.** Da $\mathfrak{B}_i$ regulär ist, existieren in $\mathfrak{B}_i$ zwei offene Somen $G_i^{0\nu}$ und $G_i^{1\nu}$ mit $A_i \wedge G_i^{0\nu} > O_i$, $F_i \leq G_i^{1\nu}$ und $G_i^{0\nu} \wedge G_i^{1\nu} = O_i$. Für die offenen Somen $G^{0\nu} = \langle G_i^{0\nu} \rangle$ und $G^{1\nu} = \langle G_i^{1\nu} \rangle$ ist dann $A \wedge G^{0\nu} > O$, $F^\nu \leq G^{1\nu}$ und $G^{0\nu} \wedge G^{1\nu} = O$. Die offenen Somen $G^0 = \bigwedge_\nu G^{0\nu}$ und $G^1 = \bigvee_\nu G^{1\nu}$ leisten nun das Verlangte. — 3. Jedes $\mathfrak{B}_i$ sei vollständig regulär. Es sei $A > O$ ein beliebiges und F ein abgeschlossenes Soma aus $\mathfrak{B}$ mit $A \wedge F = O$. Wir zeigen die Existenz einer dyadischen Skala (H^t) in $\mathfrak{B}$ mit $A \wedge H^0 > O$ und $F \wedge H^1 = O$. Wegen (6.19) können wir A als Soma aus $\mathfrak{B}$ annehmen. Nach **17.3.** ist $F = F^1 \vee \cdots \vee F^m$, wobei die F^μ abgeschlossene Somen aus $\mathfrak{B}$ sind. Wegen $A \wedge F = O$ ist $A \wedge F^\mu = O$ für jedes μ. Also existiert für jedes μ ein i_μ derart, daß für die Projektionen $\Pi_{i_\mu} A = A_{i_\mu}$ und $\Pi_{i_\mu} F^\mu = F_{i_\mu}$ gilt $A_{i_\mu} \wedge F_{i_\mu} = O_{i_\mu}$. Wegen $A > O$ ist $A_{i_\mu} > O_{i_\mu}$ und wegen der Abgeschlossenheit von F^μ ist F_{i_μ} abgeschlossen nach **17.1.** Da $\mathfrak{B}_{i_\mu}$ vollständig regulär ist, existiert in $\mathfrak{B}_{i_\mu}$ eine dyadische Skala $(H_{i_\mu}^t)$ mit $A_{i_\mu} \wedge H_{i_\mu}^0 > O_{i_\mu}$ und $F_{i_\mu} \wedge H_{i_\mu}^1 = O_{i_\mu}$. Setzen wir nun $\langle H_{i_1}^t, \ldots, H_{i_m}^t \rangle = H^t$, so ist (H^t) eine dyadische Skala, die das Verlangte leistet. — 4. Jedes $\mathfrak{B}_i$ sei normal. Es seien F^0 und F^1

---

[1] Indem wir, falls $i_\mu = i_{\mu'}$ ist, F_{i_μ} und $F_{i_{\mu'}}$ durch ihre Vereinigung ersetzen, können wir die Indizes i_μ als paarweise verschieden annehmen.

zwei abgeschlossene Somen aus $\mathfrak{B}$ mit $F^0 \wedge F^1 = O$. Wir zeigen die Existenz zweier offener Somen G^0 und G^1 von $\mathfrak{B}$ mit $F^0 \leqq G^0$, $F^1 \leqq G^1$ und $G^0 \wedge G^1 = O$. Nach **17.3.** ist $F^0 = F^{01} \vee \cdots \vee F^{0m}$ und $F^1 = F^{11} \vee \cdots \vee F^{1n}$, wobei die $F^{0\mu}$ und $F^{1\nu}$ abgeschlossene Somen aus $\mathfrak{B}$ sind. Für jedes Paar (μ, ν) mit $\mu = 1, \ldots, m$ und $\nu = 1, \ldots, n$ ist $F^{0\mu} \wedge F^{1\nu} = O$. Daher existiert für jedes solche Paar ein $i = i_{\mu\nu} \in I$ derart, daß für die nach **17.1.** abgeschlossenen Projektionen $F_i^{0\mu}$ und $F_i^{1\nu}$ von $F^{0\mu}$ und $F^{1\nu}$ in $\mathfrak{B}_i$ gilt $F_i^{0\mu} \wedge F_i^{1\nu} = O_i$. Da $\mathfrak{B}_i$ normal ist, existieren in $\mathfrak{B}_i$ zwei offene Somen $G_i^{0\mu\nu}$ und $G_i^{1\mu\nu}$ mit $F_i^{0\mu} \leqq G_i^{0\mu\nu}$, $F_i^{1\nu} \leqq G_i^{1\mu\nu}$ und $G_i^{0\mu\nu} \wedge G_i^{1\mu\nu} = O_i$. Für die offenen Somen $G^{0\mu\nu} = \langle G_i^{0\mu\nu} \rangle$ und $G^{1\mu\nu} = \langle G_i^{1\mu\nu} \rangle$ ist dann $F^{0\mu} \leqq G^{0\mu\nu}$, $F^{1\nu} \leqq G^{1\mu\nu}$ und $G^{0\mu\nu} \wedge G^{1\mu\nu} = O$. Die offenen Somen $G^0 = \bigwedge_\nu \bigvee_\mu G^{0\mu\nu}$ und $G^1 = \bigvee_\nu \bigwedge_\mu G^{1\mu\nu}$ leisten nun das Verlangte. — 5. Jedes $\mathfrak{B}_i$ sei vollständig normal. Es seien F^0 und F^1 zwei Somen aus $\mathfrak{B}$ mit $F^0 \wedge \overline{F^1} = O = \overline{F^0} \wedge F^1$. Wir zeigen die Existenz zweier offener Somen G^0 und G^1 in $\mathfrak{B}$ mit $F^0 \leqq G^0$, $F^1 \leqq G^1$ und $G^0 \wedge G^1 = O$. Nach (6.18) ist $F^0 = F^{01} \vee \cdots \vee F^{0m}$ und $F^1 = F^{11} \vee \cdots \vee F^{1n}$, wobei die $F^{0\mu}$ und $F^{1\nu}$ Somen aus $\mathfrak{B}$ sind. Für jedes Paar (μ, ν) mit $\mu = 1, \ldots, m$ und $\nu = 1, \ldots, n$ ist $F^{0\mu} \wedge \overline{F^{1\nu}} = O = \overline{F^{0\mu}} \wedge F^{1\nu}$. Daher existiert für jedes solche Paar ein $i = i_{\mu\nu} \in I$ derart, daß für die Projektionen $F_i^{0\mu}$ und $F_i^{1\nu}$ von $F^{0\mu}$ und $F^{1\nu}$ in $\mathfrak{B}_i$ gilt $F_i^{0\mu} \wedge \overline{F_i^{1\nu}} = O_i = \overline{F_i^{0\mu}} \wedge F_i^{1\nu}$. Nun schließt man wie soeben im Fall 4. weiter.

17.6 b. *Ist $\mathfrak{B} = \mathbf{P}^\beta \mathfrak{B}_i$ regulär bzw. vollständig regulär bzw. normal bzw. vollständig normal, so gilt dasselbe für jedes $\mathfrak{B}_i$.*

Beweis. Es sei i ein festes Element aus I. — 1. $\mathfrak{B}$ sei regulär. Es sei A_i ein beliebiges Soma $> O_i$ und H_i ein offenes Soma aus $\mathfrak{B}_i$ mit $A_i \wedge H_i > O_i$. Nach **11.8.** genügt es, die Existenz eines offenen Somas G_i von $\mathfrak{B}_i$ mit $A_i \wedge G_i > O_i$ und $\overline{G_i} \leqq H_i$ zu beweisen. Wir setzen $\langle A_i \rangle = A$ und $\langle H_i \rangle = H$. Dann ist $A > O$, H offen und $A \wedge H > O$. Da $\mathfrak{B}$ regulär ist, existiert nach **11.8.** in $\mathfrak{B}$ ein offenes Soma G mit $A \wedge G > O$ und $\overline{G} \leqq H$. Die Projektion G_i von G in $\mathfrak{B}_i$ leistet nun das Verlangte. — 2. $\mathfrak{B}$ sei vollständig regulär. Es sei A_i ein beliebiges Soma $> O_i$ und F_i ein abgeschlossenes Soma aus $\mathfrak{B}_i$ mit $A_i \wedge F_i = O_i$. Wir zeigen die Existenz einer dyadischen Kette (H_i^t) in $\mathfrak{B}_i$ mit $A_i \wedge H_i^0 > O_i$ und $F_i \wedge H_i^1 = O_i$. Wir setzen $\langle A_i \rangle = A$ und $\langle F_i \rangle = F$. Dann ist $A > O$, F abgeschlossen und $A \wedge F = O$. Da $\mathfrak{B}$ vollständig regulär ist, existiert in $\mathfrak{B}$ eine dyadische Kette (H^t) mit $A \wedge H^0 > O$ und $F \wedge H^1 = O$. Ist nun H_i^t die Projektion von H^t in $\mathfrak{B}_i$, so ist das System dieser Somen eine dyadische Kette (H_i^t) in $\mathfrak{B}_i$, die das Verlangte leistet. — 3. $\mathfrak{B}$ sei normal. Es sei F_i ein abgeschlossenes und H_i ein offenes Soma aus $\mathfrak{B}_i$ mit $F_i \leqq H_i$. Nach **11.11.** genügt es zu zeigen, daß in $\mathfrak{B}_i$ ein offenes Soma G_i mit $F_i \leqq G_i$ und $\overline{G_i} \leqq H_i$ existiert. Wir setzen $\langle F_i \rangle = F$ und $\langle H_i \rangle = H$. Dann ist F abgeschlossen, H offen und es ist $F \leqq H$. Da $\mathfrak{B}$ normal ist, existiert in $\mathfrak{B}$ ein offenes Soma G mit $F \leqq G$ und $\overline{G} \leqq H$. Die Projektion G_i von G

in $\mathfrak{B}_i$ leistet nun das Verlangte. — 4. $\mathfrak{B}$ sei vollständig normal. Es seien F_i^0 und F_i^1 zwei Somen aus $\mathfrak{B}_i$ mit $F_i^0 \wedge \overline{F_i^1} = O_i = \overline{F_i^0} \wedge F_i^1$. Wir zeigen die Existenz zweier offener Somen G_i^0 und G_i^1 in $\mathfrak{B}_i$ mit $F_i^0 \le G_i^0$, $F_i^1 \le G_i^1$ und $G_i^0 \wedge G_i^1 = O_i$. Wir setzen $\langle F_i^0 \rangle = F^0$ und $\langle F_i^1 \rangle = F^1$. Dann ist $F^0 \wedge \overline{F^1} = O = \overline{F^0} \wedge F^1$. Da $\mathfrak{B}$ vollständig normal ist, existieren in $\mathfrak{B}$ zwei offene Somen H^0 und H^1 mit $F^0 \le H^0$, $F^1 \le H^1$ und $H^0 \wedge H^1 = O$. Es seien H_i^0 und H_i^1 die Projektionen von H^0 und H^1 in $\mathfrak{B}_i$. Dann ist $F_i^0 \le H_i^0$ und $F_i^1 \le H_i^1$. Wir setzen $\overline{H_i^0 \wedge H_i^1} = K_i$. Angenommen, es wäre $K_i \wedge F_i^1 > O_i$. Dann wäre natürlich auch $\overline{H_i^0} \wedge F_i^1 > O_i$. Nach **17.4.** ist nun $H^0 = H^{01} \vee \cdots \vee H^{0n}$, wobei die $H^{1\nu}$ offene Somen aus $\mathfrak{B}$ sind. Aus $\overline{H_i^0} \wedge F_i^1 > O_i$ würde nun folgen, daß $\overline{H^{0\nu}} \wedge F^1 > O$ für mindestens ein ν, also auch $\overline{H^0} \wedge F^1 > O$ wäre, was falsch ist. Es ist also $K_i \wedge F_i^1 = O_i$ und analog $K_i \wedge F_i^0 = O_i$. Die Somen $G_i^0 = H_i^0 \wedge cK_i$ und $G_i^1 = H_i^1 \wedge cK_i$ leisten nun das Verlangte.

Übung. Es sei $\mathfrak{B}_1$ ein diskret topologischer BOOLE-Verband ohne Atome (etwa der BOOLE-Verband $\mathfrak{B}^*/\mathfrak{F}$ von S. 32) und $\mathfrak{B}_2$ ein beliebiger klassisch topologischer BOOLE-Verband. Dann ist der BOOLEsche Produktverband $\mathfrak{B}$ von $\mathfrak{B}_1$ und $\mathfrak{B}_2$ separiert (auch wenn $\mathfrak{B}_2$ nicht separiert ist; **17.6 b.** gilt also für die Separiertheit nicht).

17.7. *Die Anzahl der $\mathfrak{B}_i$ sei endlich.* $\mathfrak{B} = \boldsymbol{P}^\beta \mathfrak{B}_i$ *ist dann und nur dann*[1] *vollkompakt, wenn jedes $\mathfrak{B}_i$ vollkompakt ist.*

Beweis. Jedes $\mathfrak{B}_i$ sei vollkompakt. Es sei $\mathfrak{F}$ ein Ultrafilter in $\mathfrak{B}$. Wir haben nach **12.1.** die Existenz eines Somas $B > O$ in $\mathfrak{B}$ zu zeigen, das $\mathfrak{F}$ adhärent ist. Jedes Soma $F = \overline{R}$ ist nach **17.3.** darstellbar als Vereinigung $F = F^1 \vee \cdots \vee F^m$ in $\mathfrak{B}$ von endlich vielen abgeschlossenen Somen F^μ aus $\mathfrak{B}$. Nach **4.2.** ist für jedes $F = F^1 \vee \cdots \vee F^m$ aus $\mathfrak{F}$ mindestens ein F^μ ein Element von $\mathfrak{F}$. Ist also $\mathfrak{F}'$ das System aller abgeschlossenen Somen F' aus $\mathfrak{B}$, die $\in \mathfrak{F}$ sind, so ist $\mathfrak{F}'$ ein eigentlicher Raster, der mindestens so fein ist wie $\mathfrak{F}$. Also genügt es, die Existenz eines $\mathfrak{F}'$ adhärenten Somas $B > O$ in $\mathfrak{B}$ zu zeigen. Nun ist für jedes $i \in I$ das System $\mathfrak{F}_i'$ der Projektionen F_i' in $\mathfrak{B}_i$ der Somen F' von $\mathfrak{F}'$ ein eigentlicher Raster. Da $\mathfrak{B}_i$ vollkompakt und jedes F_i' abgeschlossen ist, existiert in $\mathfrak{B}_i$ ein Soma B_i mit $O_i < B_i \le F_i'$ für jedes Soma $F_i' \in \mathfrak{F}_i'$. Für das Soma $B = \boldsymbol{P} B_i$[2] von $\mathfrak{B}$ gilt dann $O < B \le F'$ für jedes Soma F' aus $\mathfrak{F}'$. Damit ist gezeigt, daß $\mathfrak{B}$ vollkompakt ist, wie behauptet wurde. — Die Umkehrung (das „nur dann") beweisen wir in schärferer Fassung: *Ist K ein $\mathfrak{m}$-kompaktes (vollkompaktes) Soma aus $\mathfrak{B}$, so ist für jedes $i \in I$ die Projektion K_i von K in $\mathfrak{B}_i$ $\mathfrak{m}$-kompakt (vollkompakt)*; dabei kann die Anzahl der $\mathfrak{B}_i$ unendlich sein. Die Zuordnung Π_i, nur auf K betrachtet, ist nach S. 133 ein stetiger Vollhomomorphismus von K auf K_i

---

[1] Das „nur dann" und unser Beweis hierfür gilt auch dann, wenn die Anzahl der $\mathfrak{B}_i$, also die Mächtigkeit von I beliebig ist.

[2] Wäre die Mächtigkeit von I unendlich, so wäre $\boldsymbol{P} B_i$ nicht definiert.

(genauer des Verbandes $\mathfrak{K}$ aller Somen $\leq K$ auf den Verband $\mathfrak{K}_i$ aller Somen $\leq K_i$); nach **12.11.** ist daher mit K auch K_i $\mathfrak{m}$-kompakt (vollkompakt).

17.8. *Die Anzahl der $\mathfrak{V}_i$ sei endlich.* $\mathfrak{V} = \boldsymbol{P}^\beta \mathfrak{V}_i$ *ist dann und nur dann*[1] *lokal vollkompakt, wenn jedes $\mathfrak{V}_i$ lokal vollkompakt ist.*

Beweis. Jedes $\mathfrak{V}_i$ sei lokal vollkompakt. Es sei A ein Soma $> O$ aus $\mathfrak{V}$. Für jedes Element i aus I ist die Projektion A_i von A in $\mathfrak{V}_i$ dann $> O_i$. Da $\mathfrak{V}_i$ lokal vollkompakt ist, existiert in $\mathfrak{V}_i$ ein vollkompaktes Soma K_i mit $A_i \wedge K_i > O_i$. Wir setzen $\boldsymbol{P} K_i = K$. Aus $A_i \wedge K_i > O_i$ folgt dann zunächst $\underline{A} \wedge \underline{K} > O$ (da die Säule $\langle K_i \rangle$ über $\underline{K_i}$ offen in $\mathfrak{V}$, also $\leq \underline{K}$ ist). Wir sind nach (6.18) fertig, wenn wir zeigen, daß K vollkompakt ist. Dies aber ergibt sich folgendermaßen. Es sei $\mathfrak{K}_i$ der Unterverband von $\mathfrak{V}_i$, bestehend aus allen Somen $\leq K_i$. Durch die klassische Topologie von $\mathfrak{V}_i$ wird in $\mathfrak{K}_i$ eine klassische Topologie induziert (§ 9) und $\mathfrak{K}_i$ ist bezüglich dieser Topologie vollkompakt. Nach **17.7.** ist daher der Boolesche Produktverband $\mathfrak{K} = \boldsymbol{P}^\beta \mathfrak{K}_i$ vollkompakt und damit K, als Soma von $\mathfrak{K}$ betrachtet. Nun ist aber $\mathfrak{K}$ nach dem Lemma von S. 135 ein Unterverband von $\mathfrak{V}$, dessen Topologie durch die Topologie von $\mathfrak{V}$ induziert wird. Also ist K auch als Soma von $\mathfrak{V}$ betrachtet vollkompakt. — Die Umkehrung (das „nur dann") beweisen wir in etwas schärferer Fassung: *Ist $\mathfrak{V}$ lokal $\mathfrak{m}$-kompakt, (lokal vollkompakt), so ist jedes $\mathfrak{V}_i$ lokal $\mathfrak{m}$-kompakt (lokal vollkompakt)*; hierbei kann die Anzahl der $\mathfrak{V}_i$ unendlich sein. Es sei nämlich i ein festes Element aus I und A_i ein Soma $> O_i$ aus $\mathfrak{V}_i$. Die Säule $A = \langle A_i \rangle$ über A_i ist dann $> O$. Da $\mathfrak{V}$ lokal $\mathfrak{m}$-kompakt (lokal vollkompakt) ist, existiert in $\mathfrak{V}$ ein $\mathfrak{m}$-kompaktes (vollkompaktes) Soma K mit $A \wedge \underline{K} > O$. Nach dem Beweis von **17.7.** ist die Projektion K_i von K in $\mathfrak{V}_i$ vollkompakt. Da die Projektion $(\underline{K})_i$ von $\underline{K}$ in $\mathfrak{V}_i$ offen ist nach **17.2.**, gilt $(\underline{K})_i \leq \underline{K_i}$; wegen $O_i < A_i \wedge (\underline{K})_i$ ist also $O_i < A_i \wedge \underline{K_i}$.

17.9. $\mathfrak{V} = \boldsymbol{P}^\beta \mathfrak{V}_i$ *ist dann und nur dann zusammenhängend, wenn jedes $\mathfrak{V}_i$ zusammenhängend ist.*

Beweis. Jedes $\mathfrak{V}_i$ sei zusammenhängend. Es ist zu zeigen:

Ist $E = A \vee B$, $A > O$, $B > O$, A und B abgeschlossen, so ist $A \wedge B > O$. (*)

Nach **17.3.** ist $A = A^1 \vee \cdots \vee A^m$ und $B = B^1 \vee \cdots \vee B^n$, wobei die A^μ und B^ν abgeschlossene Somen $> O$ aus $\mathfrak{V} = \boldsymbol{P} \mathfrak{V}_i$ sind. Nach **17.2.** existieren in I endlich viele Elemente $i_1, \ldots, i_r$, wofür wir zur Abkürzung $1, \ldots, r$ schreiben, derart, daß für die Projektionen A_i^μ, B_i^ν und E_i in $\mathfrak{V}_i$ von A^μ, B^ν und E gilt $A_i^\mu = E_i = B_i^\nu$ $(i \neq 1, \ldots, r; \mu = 1, \ldots, m; \nu = 1, \ldots, n)$. Dann ist $A^\mu = \langle A_1^\mu, \ldots, A_r^\mu \rangle$, $B^\nu = \langle B_1^\nu, \ldots, B_r^\nu \rangle$, $E = \langle E_1, \ldots, E_r \rangle$ und statt $E = A \vee B$ können wir schreiben

$$\langle E_1, \ldots, E_r \rangle = \bigvee_\mu \langle A_1^\mu, \ldots, A_r^\mu \rangle \vee \bigvee_\nu \langle B_1^\nu, \ldots, B_r^\nu \rangle. \quad (**)$$

---

[1] Siehe Fußnote 1, S. 138.

Wegen (6.8 b) und **3.2.** folgt hieraus $E_1 = \bigvee_\mu A_1^\mu \vee \bigvee_\nu B_1^\nu$. Nach **17.1.** sind die Somen A_1^μ und B_1^ν abgeschlossen; also sind auch $\bigvee A_1^\mu$ und $\bigvee B_1^\nu$ abgeschlossen; wegen $A^\mu > O$ und $B^\nu > O$ ist $A_1^\mu > O_1$ und $B_1^\nu > O_1$, also $\bigvee A_1^\mu > O_1$ und $\bigvee B_1^\nu > O_1$; da E_1 nach Voraussetzung zusammenhängend ist, folgt $\bigvee A_1^\mu \wedge \bigvee B_1^\nu > O_1$. Hieraus ergibt sich die Existenz endlich vieler natürlicher Zahlen $\mu' = \mu_1, \ldots, \mu_s$ und $\nu' = \nu_1, \ldots, \nu_t$ mit $1 \leq \mu' \leq m$ und $1 \leq \nu' \leq n$ derart, daß für das Soma

$$D_1 = A_1^{\mu_1} \wedge \cdots \wedge A_1^{\mu_s} \wedge B_1^{\nu_1} \wedge \cdots \wedge B_1^{\nu_t} \qquad (***)$$

aus $\mathfrak{B}_1$ gilt $D_1 > O_1$, daß aber $D_1 \wedge A_1^\mu = O_1$ ist für jedes $\mu \neq \mu_1, \ldots \mu_s$ und $D_1 \wedge B_1^\nu = O_1$ für jedes $\nu \neq \nu_1, \ldots, \nu_t$. Dann ist

$$
\begin{aligned}
\langle D_1, E_2, \ldots, E_r \rangle &= \langle D_1 \rangle \wedge \langle E_1, E_2, \ldots, E_r \rangle \\
&= \langle D_1 \rangle \wedge \left(\bigvee_\mu \langle A_1^\mu, \ldots, A_r^\mu \rangle \vee \bigvee_\nu \langle B_1^\nu, \ldots, B_r^\nu \rangle \right) \\
&= \bigvee_\mu \langle D_1 \wedge A_1^\mu, A_2^\mu, \ldots, A_r^\mu \rangle \vee \bigvee_\nu \langle D_1 \wedge B_1^\nu, B_2^\nu, \ldots, B_r^\nu \rangle \\
&= \bigvee_{\mu'} \langle D_1, A_2^{\mu'}, \ldots, A_r^{\mu'} \rangle \vee \bigvee_{\nu'} \langle D_1, B_2^{\nu'}, \ldots, B_r^{\nu'} \rangle .
\end{aligned}
$$

Hieraus ergibt sich, analog wie aus $(**)$ die Existenz von D_1 folgt, die Existenz eines Somas D_2 aus $\mathfrak{B}_2$ mit $D_2 > O_2$, sowie endlich vieler natürlicher Zahlen μ'', von denen jede eine Zahl μ' ist, und endlich vieler natürlicher Zahlen ν'', von denen jede eine Zahl ν' ist, derart, daß $D_2 \leq A_2^{\mu''}$ für jedes μ'', $D_2 \leq B_2^{\nu''}$ für jedes ν'' und

$$\langle D_1, D_2, E_3, \ldots, E_r \rangle = \bigvee_{\mu''} \langle D_1, D_2, A_3^{\mu''}, \ldots, A_r^{\mu''} \rangle \vee \bigvee_{\nu''} \langle D_1, D_2, B_3^{\nu''}, \ldots, B_r^{\nu''} \rangle$$

ist. [Da jedes μ'' ein μ' und jedes ν'' ein ν' ist, folgt aus $(***)$, daß $D_1 \leq A_1^{\mu''}$ und $D_1 \leq B_1^{\nu''}$ ist für jedes μ'' bzw. jedes ν''.] So fahren wir fort. Nach r Schritten haben wir r Somen $D_\varrho \in \mathfrak{B}_\varrho$ ($\varrho = 1, \ldots, r$) mit $D_\varrho > O_\varrho$, sowie endlich viele natürliche Zahlen $\mu^{(r)}$ und $\nu^{(r)}$ derart, daß $D_\varrho \leq A^{\mu^{(r)}}$ und $D_\varrho \leq B^{\nu^{(r)}}$ ist ($\varrho = 1, \ldots, r$). Für das Soma $D = \langle D_1, \ldots, D_r \rangle$ aus $\mathfrak{B}$ ist dann $D > O$, $D \leq A^{\mu^{(r)}}$ und $D \leq B^{\mu^{(s)}}$, also $O < D \leq A \wedge B$. Damit ist $(*)$ bewiesen und somit gezeigt, daß $\mathfrak{B}$ zusammenhängend ist.

Die Umkehrung (das „nur dann") beweisen wir in schärferer Fassung: *Ist Z ein zusammenhängendes Soma aus $\mathfrak{B}$, so ist für jedes $i \in I$ die Projektion Z_i von Z in $\mathfrak{B}_i$ zusammenhängend.* Dies folgt unmittelbar aus **14.9.**, da die Zuordnung Π_i nach S. 133 ein stetiger Vollhomomorphismus von $\mathfrak{B}$ auf $\mathfrak{L}_i$ ist.

2. Topologische CARTESIsche Produkträume.

Für jedes Element i einer Menge I beliebiger Mächtigkeit sei $\mathfrak{C}_i$ ein klassisch topologischer Raum mit mindestens einem Punkt. Es sei $\mathfrak{V} = \boldsymbol{P} \mathfrak{C}_i$ der Produktverband, $\mathfrak{B} = \boldsymbol{P}^\beta \mathfrak{C}_i$ der BOOLEsche Produktverband und $\mathfrak{C} = \boldsymbol{P}^\gamma \mathfrak{C}_i$ das CARTESIsche Produkt der $\mathfrak{C}_i$. Es gilt $\mathfrak{V} \subseteq \mathfrak{B} \subseteq \mathfrak{C}$ (S. 40).

Nach S. 131 und 133 ist sowohl in $\mathfrak{B}$ als auch in $\mathfrak{B}$ eine klassische Topologie definiert, und zwar derart, daß $\mathfrak{B}$ ein topologisch invarianter Unterverein von $\mathfrak{B}$ ist. Wir wollen nun auch $\mathfrak{E}$ topologisieren. Ist M eine beliebige Punktmenge aus $\mathfrak{E}$, so definieren wir als Hülle $\overline{M}$ von M den (mengentheoretischen) Durchschnitt aller abgeschlossenen Mengen F aus $\mathfrak{B}$ mit $M \subseteq F$. Daß diese Hüllen den Hüllenaxiomen $\boldsymbol{H_1}, \boldsymbol{H_2}$ und $\boldsymbol{H_4}$ genügen, ist trivial; die Gültigkeit des Axioms $\boldsymbol{H_3}$ ergibt sich mittels des Korollars 1 zu **1.13.** Also ist jetzt $\mathfrak{E}$ klassisch topologisch; wir nennen $\mathfrak{E}$ mit dieser Topologie den CARTESIschen *Produktraum* der Räume $\mathfrak{E}_i$. Aus der Hüllendefinition in $\mathfrak{E}$ folgt noch, daß $\mathfrak{B}$ ein invariant topologischer BOOLEscher Unterverband von $\mathfrak{E}$ ist und hieraus weiter, daß der Verband $\mathfrak{B}$ ein invariant topologischer Unterverein von $\mathfrak{E}$ ist.

17.10. *Eine Punktmenge U aus $\mathfrak{E} = \boldsymbol{P}^\gamma \mathfrak{E}_i$ ist dann und nur dann offen, wenn sie die Vereinigung $\cup G$ von Mengen G ist, deren jede der Block über je endlich vielen offenen Mengen $G_{i_1} \in \mathfrak{E}_{i_1}, \ldots, G_{i_n} \in \mathfrak{E}_{i_n}$ ist.* (Also von offenen Punktmengen G aus $\mathfrak{B} = \boldsymbol{P}^\beta \mathfrak{E}_i$.)

Beweis. Nach der Definition der Topologie von $\mathfrak{E}$ und nach **1.12.** ist eine Punktmenge U aus $\mathfrak{E}$ dann und nur dann offen, wenn sie die Vereinigung $\cup G$ offener Punktmengen G aus $\mathfrak{B}$ ist. Die Behauptung folgt also aus **17.4.** und **17.2.**

Übung. In $\mathfrak{E}$ sei eine Punktfolge $(p^1, p^2, \ldots)$ und ein Punkt p gegeben. p ist der Folge dann und nur dann stark adhärent, wenn für jedes $i \in I$ in $\mathfrak{E}_i$ der Punkt p_i der Punktfolge $(p_i^1, p_i^2, \ldots)$ stark adhärent ist[1].

Die Abbildung Π_i von $\boldsymbol{P}^\gamma \mathfrak{E}_i$ auf $\mathfrak{E}_i$ (S. 39) ist stetig nach **10.4.**, da für jede offene Menge U_i aus $\mathfrak{E}_i$ das Urbild $\Pi_i^{-1} U_i$ die Säule $\langle U_i \rangle$ über U_i, also offen ist. Außerdem ist Π_i *offen* nach **17.10.**, da das Bild $\Pi_i G$ eines Blockes $G = \langle G_{i_1}, \ldots, G_{i_n} \rangle$ (über offenen Mengen G_{i_ν}) die Menge G_{i_ν} für $i = i_\nu$ und die Menge E_i für $i \neq i_1, \ldots, i_n$, in jedem Fall also offen ist.

Da in einem topologischen Raum die offenen Mengen die abgeschlossenen Mengen und diese die Hüllen bestimmen, so wird also durch **17.10.** die Topologie von $\mathfrak{E} = \boldsymbol{P}^\gamma \mathfrak{E}_i$ durch die Topologien der Räume $\mathfrak{E}_i$ direkt, d.h. ohne den Umweg über die Topologie von $\mathfrak{B} = \boldsymbol{P} \mathfrak{E}_i$ und $\mathfrak{B} = \boldsymbol{P}^\beta \mathfrak{E}_i$ gekennzeichnet.

Aus dieser Kennzeichnung ergibt sich ein Lemma, das dem Lemma von S. 135 entspricht. Für jedes $i \in I$ sei E_i' eine nicht leere Menge aus $\mathfrak{E}_i$, E' die Menge aller Punkte p aus $\mathfrak{E} = \boldsymbol{P}^\gamma \mathfrak{E}_i$ mit $p_i \in E_i$ und $\mathfrak{E}'$ der Mengenverband aller Teilmengen von E'. Einerseits wird nun in $\mathfrak{E}'$ eine Topologie $\boldsymbol{T}$ induziert durch die Topologie von $\mathfrak{E}$, und zwar sind nach **9.5.**

---

[1] Hier und im folgenden bezeichnen wir für einen Punkt q aus $\mathfrak{E}$ mit q_i stets die Projektion $\Pi_i q$ von q in $\mathfrak{E}_i$ (S. 39).

die bezüglich T offenen Mengen aus $\mathfrak{E}'$ die Durchschnitte $E' \cap U$ von E' mit den offenen Mengen U aus $\mathfrak{E}$; hierdurch wird $\mathfrak{E}'$ zu einem Unterraum von $\mathfrak{E}$. Anderseits können wir $\mathfrak{E}'$ auffassen als das CARTESISche Produkt $\boldsymbol{P}^\gamma \mathfrak{E}'_i$, wobei $\mathfrak{E}'_i$ der Unterraum von $\mathfrak{E}_i$ mit dem Träger E'_i ist; dann erzeugen die Topologien der $\mathfrak{E}'_i$ eine zweite Topologie T' von $\mathfrak{E}'$. Wir behaupten nun, daß die Topologien T und T' von $\mathfrak{E}'$ identisch sind. Wir drücken das so aus:

Lemma. *Ist $\mathfrak{E}'_i$ für jedes $i \in I$ ein Unterraum von $\mathfrak{E}_i$* (mit mindestens einem Punkt), *so ist $\mathfrak{E}' = \boldsymbol{P}^\gamma \mathfrak{E}'_i$ ein Unterraum von $\mathfrak{E} = \boldsymbol{P}^\gamma \mathfrak{E}_i$.*

Beweis. Einerseits behaupten wir: Jede offene Menge U' von $\mathfrak{E}'$ (aufgefaßt als Unterraum von $\mathfrak{E}$) ist eine offene Menge von $\boldsymbol{P}^\gamma \mathfrak{E}'_i$ (aufgefaßt als CARTESIScher Produktraum der $\mathfrak{E}'_i$). Nach **9.5.** ist $U' = E' \cap U$, wobei U eine offene Menge von $\mathfrak{E}$ ist. Nach **7.10.** ist $U = \cup G$, also $U' = \cup (E' \cap G)$, wobei jedes G der Block in $\mathfrak{B} = \boldsymbol{P}^\beta \mathfrak{E}_i$ über endlich vielen offenen Mengen $G_{i_1}, \ldots, G_{i_n}$ aus $\mathfrak{E}_{i_1}, \ldots, \mathfrak{E}_{i_n}$ ist. Folglich genügt es zu zeigen, daß $G' = E' \cap G$ eine offene Menge von $\boldsymbol{P}^\gamma \mathfrak{E}'_i$ ist. Nun setzen wir $E'_{i_\nu} \cap G_{i_\nu} = G'_{i_\nu}$ für $\nu = 1, \ldots, n$ und $E'_j = G'_j$ für jedes $j \neq i_1, \ldots, i_n$ aus I. Dann ist $G' = E' \cap G = E' \cap \boldsymbol{P}^\gamma G_i = \boldsymbol{P}^\gamma (E'_i \cap G_i) = \boldsymbol{P}^\gamma G'_i$. Also ist G' der Block in $\mathfrak{B}' = \boldsymbol{P}^\beta \mathfrak{E}'_i$ über den offenen Mengen $G'_{i_1}, \ldots, G'_{i_n}$ der Räume $\mathfrak{E}'_{i_1}, \ldots, \mathfrak{E}'_{i_n}$ und daher G' offen in $\boldsymbol{P}^\gamma \mathfrak{E}'_i$. — Anderseits behaupten wir: Jede offene Menge U' von $\boldsymbol{P}^\gamma \mathfrak{E}'_i$ (aufgefaßt als CARTESIScher Produktraum der $\mathfrak{E}'_i$) ist eine offene Menge von $\mathfrak{E}'$ (aufgefaßt als Unterraum von $\mathfrak{E}$). Nach **7.10.** genügt es, dies zu zeigen für eine Menge $U' = G'$, welche der Block in $\mathfrak{B}' = \boldsymbol{P}^\beta \mathfrak{E}'_i$ über endlich vielen offenen Mengen $G'_{i_1}, \ldots, G'_{i_n}$ aus $\mathfrak{E}'_{i_1}, \ldots, \mathfrak{E}'_{i_n}$ ist. Nach **9.5.** ist $G'_{i_\nu} = E'_{i_\nu} \cap G_{i_\nu}$ $(\nu = 1, \ldots, n)$, wobei G_{i_ν} eine offene Menge von $\mathfrak{E}_{i_\nu}$ ist. Der Block G in $\mathfrak{B} = \boldsymbol{P}^\beta \mathfrak{E}_i$ über $G_{i_1}, \ldots, G_{i_n}$ ist offen in $\mathfrak{E}$ und es ist $G' = E' \cap G$. Also ist G' offen in $\mathfrak{E}'$.

17.11. *$\mathfrak{E} = \boldsymbol{P}^\gamma \mathfrak{E}_i$ ist dann und nur dann ein $\boldsymbol{T}_1$-Raum, wenn jedes $\mathfrak{E}_i$ ein $\boldsymbol{T}_1$-Raum ist.*

Beweis. Ein topologischer Raum ist dann und nur dann ein $\boldsymbol{T}_1$-Raum, wenn er dem Trennungsaxiom von M. FRÉCHET genügt (S. 65). — Jedes $\mathfrak{E}_i$ sei ein $\boldsymbol{T}_1$-Raum. Es seien p und q zwei verschiedene Punkte aus $\mathfrak{E}$. Dann existiert ein $i \in I$ derart, daß $p_i \neq q_i$ ist. Da $\mathfrak{E}_i$ ein $\boldsymbol{T}_1$-Raum ist, existiert in $\mathfrak{E}_i$ eine Umgebung U_i von p_i, welche q_i nicht enthält. Die Säule $U = \langle U_i \rangle$ über U_i ist eine Umgebung von p, welche q nicht enhält. Also ist $\mathfrak{E}$ ein $\boldsymbol{T}_1$-Raum. — Umgekehrt sei $\mathfrak{E}$ ein $\boldsymbol{T}_1$-Raum. Es sei i_0 ein Element aus I. In $\mathfrak{E}_{i_0}$ seien zwei verschiedene Punkte p_{i_0} und q_{i_0} gegeben. Für jedes Element $j \neq i_0$ von I wählen wir in $\mathfrak{E}_j$ einen Punkt r_j. Nun sei p der Punkt von $\mathfrak{E}$, dessen Projektion in $\mathfrak{E}_{i_0}$ der Punkt p_{i_0} und dessen Projektion in $\mathfrak{E}_j$ für jedes $j \neq i_0$ der Punkt r_j ist; analog sei q der Punkt von $\mathfrak{E}$, dessen Projektion in $\mathfrak{E}_{i_0}$ der Punkt q_{i_0} und dessen Projektion in $\mathfrak{E}_j$ für jedes $j \neq i_0$ der Punkt r_j

ist. Dann ist $p \neq q$. Da $\mathfrak{C}$ ein T_1-Raum ist, existiert in $\mathfrak{C}$ eine Umgebung U von p, welche q nicht enthält. Nach **17.10.** können wir U als einen Block über endlich vielen offenen Mengen der $\mathfrak{C}_i$ annehmen. Dann ist die Projektion U_{i_0} von U in $\mathfrak{C}_{i_0}$ eine Umgebung von p_{i_0}, welche q_{i_0} nicht enthält. Also ist $\mathfrak{C}_{i_0}$ ein T_1-Raum.

17.12.a. *Ist jedes $\mathfrak{C}_i$ Hausdorffsch bzw. regulär bzw. vollständig regulär, so ist auch $\mathfrak{C} = \boldsymbol{P}^\nu \mathfrak{C}_i$ Hausdorffsch bzw. regulär bzw. vollständig regulär.*

Beweis. 1. Jedes $\mathfrak{C}_i$ sei Hausdorffsch. Daß dann auch $\mathfrak{C}$ Hausdorffsch ist, beweist man analog wie die erste Behauptung von **17.11.** („dann") unter Verwendung des Trennungsaxioms von F. Hausdorff an Stelle des Trennungsaxioms von M. Fréchet. — 2. Jedes $\mathfrak{C}_i$ sei regulär. In $\mathfrak{C}$ seien ein Punkt p und eine Umgebung W von p gegeben. Nach **17.10.** existiert in $\mathfrak{C}$ eine Umgebung $V \subseteq W$ von p, welche der Block über endlich vielen offenen Mengen $V_{i_1} \in \mathfrak{C}_{i_1}, \ldots, V_{i_n} \in \mathfrak{C}_{i_n}$ ist. Da jedes $\mathfrak{C}_i$ regulär ist, existiert nach dem Korollar zu **11.8.** für $\nu = 1, \ldots, n$ in $\mathfrak{C}_{i_\nu}$ eine Umgebung U_{i_ν} von p_{i_ν} mit $\overline{U_{i_\nu}} \subseteq V_{i_\nu}$. Dann ist der Block $U = \langle U_{i_1}, \ldots, U_{i_n} \rangle$ über den U_{i_ν} nach **17.2.** eine Umgebung von p mit $\overline{U} \subseteq V$ wegen (17.1), also mit $\overline{U} \subseteq W$. Nach dem Korollar zu **11.8.** ist folglich $\mathfrak{C}$ regulär. — 3. Jedes $\mathfrak{C}_i$ sei vollständig regulär. In $\mathfrak{C}$ sei ein Punkt p und eine Umgebung V von p gegeben. Es genügt, die Existenz einer dyadischen Skala (H^t) in $\mathfrak{C}$ mit $p \in H^0$ und $H^1 \subseteq V$ zu zeigen. Nach **17.10.** existiert ein Block $U = \langle U_{i_1}, \ldots, U_{i_n} \rangle$ über offenen Mengen $U_{i_1} \in \mathfrak{C}_{i_1}, \ldots, U_{i_n} \in \mathfrak{C}_{i_n}$ mit $p \in U$ und $U \subseteq V$. Dann ist $p_{i_\nu} \in U_{i_\nu}$ ($\nu = 1, \ldots, n$). Da $\mathfrak{C}_{i_\nu}$ vollständig regulär ist, existiert in $\mathfrak{C}_{i_\nu}$ eine dyadische Skala $(H^t_{i_\nu})$ mit $p_{i_\nu} \in H^0_{i_\nu}$ und $H^1_{i_\nu} \subseteq U_{i_\nu}$. Wir setzen $\langle H^t_{i_1}, \ldots, H^t_{i_n} \rangle = H^t$. Dann ist das System (H^t) der Mengen H^t eine dyadische Skala mit $p \in H^0$ und $H^1 \subseteq U$, also $H^1 \subseteq V$.

17.12.b. *Ist $\mathfrak{C} = \boldsymbol{P}^\nu \mathfrak{C}_i$ Hausdorffsch bzw. regulär, so ist auch jedes $\mathfrak{C}_i$ Hausdorffsch bzw. regulär.*

Beweis. 1. $\mathfrak{C}$ sei Hausdorffsch. Daß dann auch jedes $\mathfrak{C}_i$ Hausdorffsch ist, beweist man analog wie die zweite Behauptung von **17.11.** („nur dann") unter Verwendung des Trennungsaxioms von F. Hausdorff an Stelle des Trennungsaxioms von M. Fréchet. — 2. $\mathfrak{C}$ sei regulär. Für ein festes $i_0 \in I$ seien in $\mathfrak{C}_{i_0}$ ein Punkt p_{i_0} und eine Umgebung V_{i_0} von p_{i_0} gegeben. Für jedes $j \neq i_0$ aus I wählen wir in $\mathfrak{C}_j$ einen Punkt p_j. Es sei p der Punkt aus $\mathfrak{C}$, dessen Projektion in $\mathfrak{C}_i$ für jedes $i \in I$ der Punkt p_i ist, und $V = \langle V_{i_0} \rangle$ die Säule über V_{i_0}. Dann ist V eine Umgebung in $\mathfrak{C}$ von p. Da $\mathfrak{C}$ regulär ist, existiert nach dem Korollar zu **11.8.** in $\mathfrak{C}$ eine Umgebung U von p mit $\overline{U} \subseteq V$. Nach **17.10.** können wir U als Block über endlich vielen offenen Mengen der $\mathfrak{C}_i$ annehmen. Dann ist die Projektion U_{i_0} von U in $\mathfrak{C}_{i_0}$ nach **17.2.** eine Umgebung von p_{i_0} mit $\overline{U_{i_0}} \subseteq V_{i_0}$ wegen (17.1). Nach dem Korollar zu **11.8.** ist also $\mathfrak{C}_{i_0}$ regulär.

17.13. $\mathfrak{E} = \boldsymbol{P}^\gamma \mathfrak{E}_i$ *ist dann und nur dann vollkompakt, wenn jedes $\mathfrak{E}_i$ vollkompakt ist* (M. Tychonoff).

Beweis. Jedes $\mathfrak{E}_i$ sei vollkompakt. Es sei $\mathfrak{F}$ ein Ultrafilter in $\mathfrak{E}$. Wir haben die Existenz einer nicht leeren Menge B von $\mathfrak{E}$ zu zeigen, welche $\mathfrak{F}$ adhärent ist. Für jede Menge M aus $\mathfrak{F}$ ist die Hülle $\bar{M}$ nach S. 141 und **17.3.** der mengentheoretische Durchschnitt aller derjenigen abgeschlossenen Mengen F aus $\mathfrak{B} = \boldsymbol{P}^\beta \mathfrak{E}_i$, die M enthalten und jede solche Menge F ist darstellbar als Vereinigung $F = F^1 \cup \cdots \cup F^m$ von je endlich vielen abgeschlossenen Mengen F^μ aus $\mathfrak{B} = \boldsymbol{P}\, \mathfrak{E}_i$. Man schließt nun weiter wie im Beweis von **17.7.**, definiert jedoch B als die nicht leere Menge $\boldsymbol{P}^\gamma B_i$ aus $\mathfrak{E}$. — Die Umkehrung (das „nur dann") gilt in folgender schärferen Fassung: *Ist K eine $\mathfrak{m}$-kompakte (vollkompakte) Menge aus $\mathfrak{E}$, so ist für jedes $i \in I$ die Projektion K_i von K in $\mathfrak{E}_i$ $\mathfrak{m}$-kompakt (vollkompakt)*. Man beweist dies analog wie die Umkehrung im Beweis von **17.7.**

17.14. $\mathfrak{E} = \boldsymbol{P}^\gamma \mathfrak{E}_i$ *ist dann und nur dann lokal vollkompakt, wenn endlich viele $\mathfrak{E}_i$ lokal vollkompakt und die übrigen $\mathfrak{E}_i$ vollkompakt sind.*

Beweis. $\mathfrak{E}_{i_1}, \ldots, \mathfrak{E}_{i_n}$ seien lokal vollkompakt, die übrigen $\mathfrak{E}_i$ seien vollkompakt. Es sei p ein beliebiger Punkt von $\mathfrak{E}$. Für jedes $i = i_1, \ldots, i_n$ existiert in $\mathfrak{E}_i$ eine vollkompakte Nachbarschaft K_i der Projektion p_i von p in $\mathfrak{E}_i$. Für jedes $i \neq i_1, \ldots, i_n$ setzen wir $E_i = K_i$. Dann ist $K = \boldsymbol{P}^\gamma K_i$ nach **17.10.** eine Nachbarschaft von p und vollkompakt, wie man analog zeigt wie im Beweis von **17.8.** (wobei man jetzt aber das Lemma von S. 142 benutzt). — Die Umkehrung (das „nur dann") beweisen wir in folgender schärferen Fassung: $\mathfrak{E}$ *sei lokal $\mathfrak{m}$-kompakt (lokal vollkompakt); dann sind endlich viele $\mathfrak{E}_i$ lokal $\mathfrak{m}$-kompakt (lokal vollkompakt) und die übrigen $\mathfrak{E}_i$ $\mathfrak{m}$-kompakt (vollkompakt)*. Es sei nämlich p ein zunächst fester Punkt von $\mathfrak{E}$. Dann existiert eine $\mathfrak{m}$-kompakte (vollkompakte) Nachbarschaft K von p. Für jedes $i \in I$ sei K_i die Projektion von K in $\mathfrak{E}_i$. Wie im Beweis von **17.13.** gezeigt wurde, ist für jedes i die Menge K_i $\mathfrak{m}$-kompakt (vollkompakt). Da K eine Umgebung H von p enthält, so enthält K nach **17.10.** auch einen Block $G = \langle G_{i_1}, \ldots, G_{i_n} \rangle$ über endlich vielen offenen Mengen $G_{i_1} \in \mathfrak{E}_{i_1}, \ldots, G_{i_n} \in \mathfrak{E}_{i_n}$ mit $p \in G$. Daher ist $K_i = E_i$ für alle $i \neq i_1, \ldots, i_n$ aus I. Folglich ist $\mathfrak{E}_i$ $\mathfrak{m}$-kompakt (vollkompakt) für alle diese i. Für $i = i_1, \ldots, i_n$ ist K_i eine Nachbarschaft von p_i wegen $p_i \in G_i \subseteq K_i$. Für jedes $i = i_1, \ldots, i_n$ besitzt also der Punkt p_i eine $\mathfrak{m}$-kompakte (vollkompakte) Nachbarschaft K_i. Ist nun in $\mathfrak{E}_i$ $(i = i_1, \ldots, i_n)$ ein Punkt q_i beliebig gegeben, so können wir p so wählen, daß $p_i = q_i$ ist. Also besitzt jeder Punkt q_i von $\mathfrak{E}_i$ $(i = i_1, \ldots, i_n)$ eine $\mathfrak{m}$-kompakte (vollkompakte) Nachbarschaft in $\mathfrak{E}_i$. Mithin ist $\mathfrak{E}_i$ $(i = i_1, \ldots, i_n)$ lokal $\mathfrak{m}$-kompakt (lokal vollkompakt).

17.15. $\mathfrak{E} = \boldsymbol{P}^\gamma \mathfrak{E}_i$ *ist dann und nur dann zusammenhängend, wenn jedes $\mathfrak{E}_i$ zusammenhängend ist.*

Beweis. Jedes $\mathfrak{E}_i$ sei zusammenhängend. Es genügt zu zeigen: Ist $E = A \cup B$, A und B offen und nicht leer, so ist $A \cap B$ nicht leer. Nach **17.10.** existieren endlich viele nicht leere, offene Mengen $G_{j_1} \in \mathfrak{E}_{j_1}, \ldots,$ $G_{j_l} \in \mathfrak{E}_{j_l}$ und $H_{k_1} \in \mathfrak{E}_{k_1}, \ldots, H_{k_m} \in \mathfrak{E}_{k_m}$ derart, daß $G = \langle G_{j_1}, \ldots, G_{j_l} \rangle \subseteq A$ und $H = \langle H_{k_1}, \ldots, H_{k_m} \rangle \subseteq B$ ist. Es seien nun $i_1, \ldots, i_n$ die Elemente $j_1, \ldots, j_l, k_1, \ldots, k_m$, aber jedes nur einmal aufgeschrieben. Für jedes $i \neq i_1, \ldots, i_n$ aus I wählen wir nun in $\mathfrak{E}_i$ einen festen Punkt r_i. Dann existiert in G, also in A, ein Punkt p, dessen Projektion p_i in $\mathfrak{E}_i$ der Punkt r_i ist und in H, also in B, ein Punkt q, dessen Projektion q_i in $\mathfrak{E}_i$ ebenfalls der Punkt r_i ist (für jedes $i \neq i_1, \ldots, i_n$ aus I). Es genügt nun zu zeigen, daß in $\mathfrak{E}$ eine zusammenhängende Menge Z mit $p \in Z$ und $q \in Z$ existiert; denn da $Z = (A \cap Z) \cup (B \cap Z)$ ist, $A \cap Z$ und $B \cap Z$ in Z offen sind, kann $(A \cap Z) \cap (B \cap Z)$ und damit $A \cap B$ nicht leer sein. Eine solche Menge Z konstruieren wir nun. Statt $i_1, \ldots, i_n$ schreiben wir $1, \ldots, n$. Für jedes $\nu = 1, \ldots, n$ sei Z^ν folgende Menge aus $\mathfrak{E}$: Für $\nu = 1$ sei Z^ν die Menge aller Punkte z von $\mathfrak{E}$ mit $z_i = p_i$ für $i = 2, \ldots, n$ und $z_i = r_i$ für jedes $i \neq 1, \ldots, n$ aus I; für $1 < \nu < n$ sei Z^ν die Menge aller Punkte z von $\mathfrak{E}$ mit $z_i = q_i$ für $i = 1, \ldots, \nu - 1$, $z_i = p_i$ für $i = \nu + 1$ $, \ldots, n$ und $z_i = r_i$ für jedes $i \neq 1, \ldots, n$ aus I; für $\nu = n$ sei Z^ν die Menge aller Punkte z von $\mathfrak{E}$ mit $z_i = q_i$ für $i = 1, \ldots, n - 1$ und $z_i = r_i$ für jedes $i \neq 1, \ldots, n$ aus I. Für jedes ν ist die Menge Z^ν zusammenhängend; denn $\mathfrak{E}_\nu$ ist zusammenhängend und die Zuordnung Π_ν, nur auf Z^ν betrachtet, ist eine eineindeutige Abbildung von Z^ν auf E_ν, stetig und offen nach S. 141, also eine Homöomorphie. Wegen des Zusammenhanges von Z^ν ($\nu = 1, \ldots, n$) ist nach dem Korollar zu **14.2.** auch die Menge $Z = Z^1 \cup \cdots \cup Z^n$ zusammenhängend; denn für $\nu = 2, \ldots, n$ haben $Z^{\nu-1}$ und Z^ν den Punkt z mit $z_i = q_i$ für $i = 1, \ldots, \nu - 1$, $z_i = p_i$ für $i = \nu, \ldots, n$ und $z_i = r_i$ für jedes $i \neq 1, \ldots, n$ aus I gemeinsam. Der Punkt p liegt in Z^1, der Punkt q liegt in Z^n; also beide Punkte liegen in Z. Damit haben wir aus dem Zusammenhang jedes $\mathfrak{E}_i$ den Zusammenhang von $\mathfrak{E}$ gefolgert. — Die Umkehrung (das „nur dann") gilt in folgender schärferen Fassung: *Ist Z eine zusammenhängende Menge aus $\mathfrak{E}$, so ist für jedes $i \in I$ die Projektion Z_i von Z in $\mathfrak{E}_i$ zusammenhängend.* Man beweist dies analog wie die entsprechende Behauptung in **17.9.**

17.16. $\mathfrak{E} = \boldsymbol{P}^\gamma \mathfrak{E}_i$ *ist dann und nur dann lokal zusammenhängend, wenn jedes $\mathfrak{E}_i$ lokal zusammenhängend ist und alle $\mathfrak{E}_i$ mit höchstens endlich vielen Ausnahmen zusammenhängend sind.*

Beweis. Jedes $\mathfrak{E}_i$ sei lokal zusammenhängend und die Menge H aller $i \in I$, für welche $\mathfrak{E}_i$ nicht zusammenhängend ist, sei endlich oder leer. Es sei p ein Punkt von $\mathfrak{E}$ und V eine Nachbarschaft von p. Nach **7.10.** existiert eine Umgebung $U \subseteq V$ von p, welche der Block über endlich vielen offenen Mengen $U_{i_1} \in \mathfrak{E}_{i_1}, \ldots, U_{i_n} \in \mathfrak{E}_{i_n}$ ist. Die Menge $(i_1, \ldots, i_n)$

heiße J. Für jedes $i \in (H \cup J)$ existiert in $\mathfrak{E}_i$ eine zusammenhängende Nachbarschaft $Z_i \subseteq U_i$ von p_i. Für jedes nicht in $H \cup J$ liegende $i \in I$ setzen wir $E_i = Z_i$. Dann ist $Z = \boldsymbol{P}^v Z_i$ nach **17.10.** eine Nachbarschaft $\subseteq V$ von p und zusammenhängend, wie man aus **17.15.** unter Verwendung des Lemmas von S. 142 analog folgert, wie wir im Beweis von **17.8.** aus **17.7.** unter Verwendung des Lemmas von S. 135 die Vollkompaktheit von K gefolgert haben. Also ist $\mathfrak{E}$ lokal zusammenhängend. — Umgekehrt sei $\mathfrak{E}$ lokal zusammenhängend. Es sei p ein zunächst fester Punkt von $\mathfrak{E}$. Er besitzt eine zusammenhängende Nachbarschaft Z. Für jedes $i \in I$ sei Z_i die Projektion von Z in $\mathfrak{E}_i$. Nach dem Beweis von **17.15.** ist Z_i zusammenhängend. Da Z eine offene Menge enthält, ist $Z_i = E_i$ für alle $i \in I$ mit höchstens endlich vielen Ausnahmen nach **17.10.** Für alle diese i ist also $\mathfrak{E}_i$ zusammenhängend. Nun sei weiter i_0 ein festes Element von I, p_{i_0} ein Punkt von $\mathfrak{E}_{i_0}$ und V_{i_0} eine Nachbarschaft von p_i. Wir wählen in $\mathfrak{E}$ einen beliebigen Punkt p, dessen Projektion in $\mathfrak{E}_{i_0}$ der Punkt p_{i_0} ist. Die Säule $V = \langle V_{i_0} \rangle$ über V_i ist dann eine Nachbarschaft von p. Da $\mathfrak{E}$ lokal zusammenhängend ist, existiert in $\mathfrak{E}$ eine zusammenhängende Nachbarschaft $Z \subseteq V$ von p. Die Projektion Z_{i_0} von Z in $\mathfrak{E}_{i_0}$ ist dann eine Nachbarschaft $\subseteq V_{i_0}$ von p_i und zusammenhängend nach dem Beweis von **17.15.** Also ist $\mathfrak{E}_i$ lokal zusammenhängend.

17.17. *Der* CARTESI*sche Produktraum* $\mathfrak{E} = \boldsymbol{P}^v \mathfrak{E}_i$ *abzählbar vieler metrisierbarer Räume* $\mathfrak{E}_i$ $(i = 1, 2, \ldots)$ *ist metrisierbar.*

Beweis. In jedem Raum $\mathfrak{E}_i$ sei eine Metrik δ_i gegeben. Ohne Beschränkung der Allgemeinheit können wir annehmen, daß für je zwei Punkte p_i und q_i aus $\mathfrak{E}_i$ gilt $\delta_i(p_i, q_i) \leq 2^{-i}$. Denn andernfalls können wir in $\mathfrak{E}_i$ eine neue Metrik δ_i' definieren durch die Festsetzung, daß $\delta_i'(p_i, q_i) = \delta_i(p_i, q_i)$ sein soll, falls $\delta_i(p_i, q_i) \leq 2^{-i}$ ist, und $\delta_i'(p_i, q_i) = 2^{-i}$ sonst; diese neue Metrik induziert in $\mathfrak{E}_i$ dieselbe Topologie wie die Metrik δ_i; denn für alle ε mit $0 < \varepsilon < 2^{-i}$ und alle Punkte p_i aus $\mathfrak{E}_i$ sind die Umgebungen $U_\varepsilon(p_i)$[1] für beide Metriken dieselben und diese Umgebungen legen die induzierte Topologie fest. — Sind nun p und q zwei beliebige Punkte aus $\mathfrak{E}$ (und p_i, q_i ihre Projektionen in $\mathfrak{E}_i$), so definieren wir als ihren Abstand die Zahl $\delta(p, q) = \Sigma \delta_i(p_i, q_i)$. Es ist trivial, daß die drei Abstandsaxiome (S. 50) erfüllt sind. Es ist also nur zu zeigen, daß die durch diese Metrik in $\mathfrak{E}$ induzierte Topologie identisch ist mit der (auf S. 141 definierten) gegebenen Topologie von $\mathfrak{E}$. Hierzu zeigen wir *einerseits*, daß jede im Sinne der gegebenen Topologie offene Menge G aus $\mathfrak{E}$ auch im Sinne der induzierten Topologie offen ist. Nach **7.10.** genügt es hierfür anzunehmen, daß G der Block über

---

[1] $U_\varepsilon(p_i)$ ist die Menge aller Punkte q_i aus $\mathfrak{E}_i$ mit $\delta_i(p_i, q_i) < \varepsilon$, $U_\varepsilon(p)$ die Menge aller Punkte q aus $\mathfrak{E}$ mit $\delta(p, q) < \varepsilon$.

endlich vielen offenen Mengen $G_{i_1} \in \mathfrak{E}_{i_1}, \ldots, G_{i_n} \in \mathfrak{E}_{i_n}$ ist. Ist p ein beliebiger Punkt aus G, so existiert ein $\varepsilon > 0$ derart, daß $U_\varepsilon(p_{i_\nu}) \leqq G_{i_\nu}$ gilt für $\nu = 1, \ldots, n$. Dann gilt $U_\varepsilon(p) \leqq G$, weil aus $\delta(p, q) < \varepsilon$ folgt $\delta_i(p_i, q_i) < \varepsilon$ für jedes i. *Anderseits* zeigen wir, daß eine im Sinne der induzierten Topologie offene Menge G auch im Sinne der gegebenen Topologie offen ist. Nun existiert zu einem beliebigen Punkt $p \in G$ ein $\varepsilon > 0$ mit $U_\varepsilon(p) \leqq G$. Wir wählen ein i_0 so groß, daß $\sum_{i > i_0} 2^{-i} < \dfrac{\varepsilon}{2}$ ist. Dann ist für $\varepsilon' = \dfrac{\varepsilon}{2 i_0}$ der Block über den offenen Mengen $U_{\varepsilon'}(p_1), \ldots,$ $U_{\varepsilon'}(p_{i_0})$ der Räume $\mathfrak{E}_1, \ldots, \mathfrak{E}_{i_0}$ eine p enthaltende, im Sinne der gegebenen Topologie offene Teilmenge von $U_\varepsilon(p)$ und damit von G. Nach **7.10.** ist also G offen im Sinne der gegebenen Topologie. — Beide Topologien haben also dieselben offenen Mengen, daher dieselben abgeschlossenen Mengen und folglich auch dieselben Hüllen. Sie sind also identisch.

Beispiel. Der CARTESische Produktraum abzählbar vieler CARTESischer Zahlengeraden $\mathfrak{E}^1$ ist metrisierbar.

§ 18. Darstellungs- und Erweiterungssätze.

1. Darstellung topologischer Vereine als Untervereine topologischer Räume.

Ein topologischer Raum ist nach unserer Definition (S. 47) ein aus allen Teilmengen einer Menge E bestehender Mengenverband, in welchem eine Topologie definiert ist. Die topologischen Räume sind also ganz spezielle topologische Verbände. In gewissem Sinne umfassen aber diese speziellen topologischen Verbände schon die allgemeinsten topologischen Vereine und Verbände. Es gelten nämlich die folgenden Sätze.

18.1. *Jeder topologische Verein $\mathfrak{V}$ ist homöomorph zu einem invariant topologischen Unterverein $\mathfrak{V}'$ eines topologischen Raumes $\mathfrak{E}'$.*

Beweis. $\mathfrak{V}$ sei ein topologischer Verein. Nach **5.1.** existiert ein Isomorphismus Φ von $\mathfrak{V}$ auf einen Mengenverein $\mathfrak{V}'$. Es sei E' der Träger von $\mathfrak{V}'$ und $\mathfrak{E}'$ der aus allen Teilmengen von E' bestehende Mengenverband. Wir machen $\mathfrak{E}'$ zu einem topologischen Raum, indem wir für jede Menge M' aus $\mathfrak{E}'$ als Hülle $\overline{M'}$ den mengentheoretischen Durchschnitt aller Mengen ΦF mit $M' \leqq \Phi F$ und abgeschlossenem F aus $\mathfrak{V}$ definieren:

$$\overline{M'} = \bigcap_{\substack{M' \leqq \Phi F \\ F \text{ abg}}} \Phi F.$$

Daß die Hüllenaxiome $\boldsymbol{H_0}$ bis $\boldsymbol{H_2}$ erfüllt sind, ist trivial; also ist $\mathfrak{E}'$ jetzt ein topologischer Raum. Ist A ein beliebiges Soma aus $\mathfrak{V}$, so ist nach der vorstehenden Hüllendefinition $\overline{\Phi A} = \Phi \overline{A}$; hieraus folgt erstens, daß $\mathfrak{B}'$ ein invariant topologischer Unterverein von $\mathfrak{E}'$ ist, und zweitens nach **10.7.**, daß Φ eine Homöomorphie von $\mathfrak{B}$ auf $\mathfrak{B}'$ ist.

Wir merken noch an, daß *das System der Mengen* ΦF ($F \in \mathfrak{B}$ *abgeschlossen*) *eine abgeschlossene Basis von* $\mathfrak{E}'$ ist und daß die definierte Topologie von $\mathfrak{E}'$ die gröbste Topologie von $\mathfrak{E}'$ ist, für welche $\mathfrak{B}'$ ein invariant topologischer Unterverein von $\mathfrak{E}'$ und Φ eine Homöomorphie ist.

Übung. Jeder topologische, atomare BOOLE-Verband $\mathfrak{B}$ ist homöomorph zu einem invariant topologischen Unterverband $\mathfrak{B}'$ eines topologischen Raumes $\mathfrak{E}'$ derart, daß die Bilder ΦP der Atome P aus $\mathfrak{B}$ die einpunktigen Mengen (p) aus $\mathfrak{E}'$ sind und für jede Somenfamilie $(A_i)_{i \in I}$ aus $\mathfrak{B}$, für welche $\vee A_i$ bzw. $\wedge A_i$ existiert, $\Phi \vee A_i = \cup \Phi A_i$ bzw. $\Phi \wedge A_i = \cap \Phi A_i$ ist. Ist $\mathfrak{B}$ klassisch topologisch bzw. $\boldsymbol{T}_1$-topologisch bzw. HAUSDORFFsch, so auch $\mathfrak{E}'$. (Man verfahre wie im Beweis von **18.1.**, verwende aber **5.3.** statt **5.1.**)

18.2. *Jeder topologische, distributive Verband* $\mathfrak{B}$ *ist homöomorph zu einem invariant topologischen Unterverband* $\mathfrak{B}'$ *eines vollkompakten topologischen Raumes* $\mathfrak{E}'$. *Ist* $\mathfrak{B}$ *klassisch topologisch, so auch* $\mathfrak{E}'$.

Beweis. Es sei $\mathfrak{W}$ der ($\wedge$-invariante) Unterverein von $\mathfrak{B}$, der aus allen abgeschlossenen Somen F von $\mathfrak{B}$ besteht. Weiter sei N das System aller Ultrafilter $\mathfrak{F}$ in $\mathfrak{W}$. Nach **4.3.** existieren zu jedem $\mathfrak{F} \in \mathsf{N}$ Ultrafilter $\mathfrak{U}$ in $\mathfrak{B}$ mit $\mathfrak{F} \subseteq \mathfrak{U}$. Zu jedem $\mathfrak{F} \in \mathsf{N}$ wählen wir einen solchen Ultrafilter $\mathfrak{U}$ aus und bezeichnen ihn mit $\mathfrak{U}(\mathfrak{F})$. Das System aller dieser $\mathfrak{U}(\mathfrak{F})$, wobei also $\mathfrak{F}$ das System N durchläuft, heiße M_0.

Weiter sei M_1 ein System von Filtern in $\mathfrak{B}$ mit den Eigenschaften (5.1) und (5.2). Nach dem zweiten Teil des Beweises von **5.2.** existiert ein solches System M_1. Da nach **4.2.** jedes $\mathfrak{U}(\mathfrak{F}) \in \mathsf{M}_0$ als Ultrafilter in $\mathfrak{B}$ die Eigenschaft (5.1) hat, besitzt das System $\mathsf{M} = \mathsf{M}_0 \cup \mathsf{M}_1$ die Eigenschaften (5.1) und (5.2).

Mittels dieses Systems M von Filtern in $\mathfrak{B}$ konstruieren wir wie im Beweis von **5.2.** einen reduzierten Isomorphismus Φ von $\mathfrak{B}$ auf einen Mengenverband $\mathfrak{B}'$. Der Träger von $\mathfrak{B}'$ heiße E' und der Mengenverband aller Teilmengen von E' heiße $\mathfrak{E}'$. Wie im Beweis von **18.1.** führen wir in $\mathfrak{E}'$ eine Topologie ein. Dann ist Φ eine Homöomorphie von $\mathfrak{B}$ auf den invariant topologischen Unterverband $\mathfrak{B}'$ des topologischen Raumes $\mathfrak{E}'$.

Wir behaupten, daß $\mathfrak{E}'$ vollkompakt ist. Es sei also $\mathfrak{R}'$ ein eigentlicher Raster in $\mathfrak{E}'$. Wir zeigen die Existenz eines Punktes p' von $\mathfrak{E}'$, welcher $\mathfrak{R}'$ adhärent ist. Ist $\overline{R'} = E'$ für jedes $R' \in \mathfrak{R}'$, so ist jeder Punkt aus $\mathfrak{E}'$ dem Raster $\mathfrak{R}'$ adhärent und wir sind fertig. Nun sei $\overline{R'} \subset E'$ für mindestens ein $R' \in \mathfrak{R}'$. Dann bezeichnen wir mit $\mathfrak{S}'$ das System aller Mengen ΦF mit $R' \subseteq \Phi F$ für mindestens ein $R' \in \mathfrak{R}'$, wobei $F \in \mathfrak{B}$ ist. Dann ist auch $\mathfrak{S}'$ ein eigentlicher Raster in $\mathfrak{E}'$ und jeder $\mathfrak{S}'$ adhärente Punkt ist auch $\Re'$ adhärent zufolge der Definition der Topologie von $\mathfrak{E}'$. Also genügt es, die Existenz eines $\mathfrak{S}'$ adharenten Punktes p' zu beweisen. Da Φ ein reduzierter Isomorphismus von $\mathfrak{B}$ auf $\mathfrak{B}'$ ist, ist das System $\mathfrak{S}$ aller Somen F aus $\mathfrak{B}$ mit $\Phi F \in \mathfrak{S}'$ ein eigentlicher Raster in $\mathfrak{B}$. Nach **4.3.** existiert ein Ultrafilter $\mathfrak{F}$ in $\mathfrak{B}$ mit $\mathfrak{S} \subseteq \mathfrak{F}$. Dem Ultra-filter $\mathfrak{U} = \mathfrak{U}(\mathfrak{F})$ entspricht nach dem Beweis von **5.2.** ein Punkt $p' = \varphi\, \mathfrak{U}$ von $\mathfrak{E}'$ mit $p' \in \Phi A$ für jedes Soma $A \in \mathfrak{U} = \mathfrak{U}(\mathfrak{F})$. Wegen $\mathfrak{S} \subseteq \mathfrak{F} \subseteq \mathfrak{U} = \mathfrak{U}(\mathfrak{F})$ ist dann insbesondere $p' \in \Phi F$ für jedes $F \in \mathfrak{S}$, also $p' \in F'$ für jede Menge $F' \in \mathfrak{S}'$. Der Punkt p' ist also dem Raster $\mathfrak{S}'$ und damit dem Raster $\Re'$ adhärent. $\mathfrak{E}'$ ist folglich vollkompakt.

Nun sei $\mathfrak{B}$ klassisch topologisch. Es seien M_1' und M_2' zwei Mengen aus $\mathfrak{E}'$ und p' ein Punkt von $\mathfrak{E}'$, der nicht in $\overline{M_1' \cup M_2'}$ enthalten ist. Dann existieren in $\mathfrak{B}$ zwei abgeschlossene Somen F_1 und F_2 mit $M_1' \subseteq \Phi F_1$ und $M_2' \subseteq \Phi F_2$ derart, daß p' weder in ΦF_1, noch in ΦF_2 enthalten ist. Wegen $M_1' \cup M_2' \subseteq \Phi F_1 \cup \Phi F_2 = \Phi(F_1 \vee F_2)$ und der Ab-geschlossenheit von $F_1 \vee F_2$ ist $\overline{M_1' \cup M_2'} \subseteq \Phi F_1 \cup \Phi F_2$, also p' nicht $\in \overline{M_1' \cup M_2'}$. Also ist $\overline{M_1' \cup M_2'} \subseteq \overline{M_1'} \cup \overline{M_2'}$; daher ist das Hüllenaxiom $\boldsymbol{H_3}$ erfüllt. Da Φ reduziert ist, so ist ΦO die leere Menge L' aus $\mathfrak{E}'$. Wegen $\overline{O} = O$ ist also $\overline{L'} \subseteq \Phi\overline{O} = \Phi O = L'$. Das Hüllenaxiom $\boldsymbol{H_4}$ ist demnach ebenfalls erfüllt. Damit ist **18.2.** bewiesen.

Wieder (vgl. S. 148) ist *das System der Mengen* ΦF ($F \in \mathfrak{B}$ *abgeschlossen*) *eine abgeschlossene Basis von* $\mathfrak{E}'$ und die definierte Topologie die gröbste Topologie von $\mathfrak{E}'$, für welche $\mathfrak{B}'$ ein invarianter Unterverband von $\mathfrak{E}'$ und Φ eine Homöomorphie ist.

Nun sei $\mathfrak{B}$ speziell ein $\boldsymbol{T_1}$-topologischer BOOLE-Verband. Es sei Φ eine Homöomorphie von $\mathfrak{B}$ in einen $\boldsymbol{T_1}$-Raum $\mathfrak{E}' = \omega\mathfrak{B}$ mit folgenden Eigenschaften:

1. $\omega\mathfrak{B}$ ist vollkompakt;

2. $\Phi\mathfrak{B}$ ist ein invariant topologischer, BOOLEscher Unterverband von $\omega\mathfrak{B}$[1];

3. das System der Mengen ΦF ($F \in \mathfrak{B}$ abgeschlossen) ist eine abge-schlossene Basis von $\omega\mathfrak{B}$.

Dann nennen wir $\Phi\mathfrak{B}$ eine WALLMAN*sche Darstellung* von $\mathfrak{B}$ im WALL-MAN*schen Darstellungsraum* $\omega\mathfrak{B}$ von $\mathfrak{B}$.

---

[1] Da Φ ein Isomorphismus ist, so ist für zwei Somen A_1 und A_2 aus $\mathfrak{B}$ die Menge $\Phi(A_1 \vee A_2)$ die Vereinigung in $\Phi\mathfrak{B}$ von ΦA_1 und ΦA_2. Nach 2. hat aber die Vereinigung in $\Phi\mathfrak{B}$ die mengentheoretische Bedeutung. Also ist $\Phi(A_1 \vee A_2) = \Phi A_1 \cup \Phi A_2$. Analog ist $\Phi(A_1 \vee A_2) = \Phi A_1 \cap \Phi A_2$. Da weiter nach 2. das Null-soma von $\Phi\mathfrak{B}$ die leere Menge L' und das Einssoma von $\Phi\mathfrak{B}$ der Träger E' von $\omega\mathfrak{B}$ ist, so ist $\Phi O = L'$ und $\Phi E = E'$. Die Komplementbildung in $\Phi\mathfrak{B}$ hat nach 2. ebenfalls die mengentheoretische Bedeutung; also ist $\Phi(cA) = E' - \Phi A$ für jedes Soma A aus $\mathfrak{B}$.

Wir beweisen zunächst folgenden Existenzsatz, der eine Verschärfung des Satzes **18.2.** ist.

18.3. *Zu jedem T_1-topologischen* BOOLE-*Verband* $\mathfrak{B}$ *existiert eine* WALLMAN*sche Darstellung. Ist* $\mathfrak{B}$ *klassisch topologisch, so auch* $\omega\mathfrak{B}$.

Beweis. Wir verfahren wie im Beweis von **18.2.** Nur können wir jetzt $\mathsf{M_1} = \mathsf{M_0}$, also $\mathsf{M} = \mathsf{M_0}$ wählen. Hierzu brauchen wir nur zu zeigen, daß $\mathsf{M_0}$ die Eigenschaften (5.1) und (5.2) hat. Hierfür aber brauchen wir nur zu zeigen, daß $\mathsf{M_0}$ die im Zusatz 2 zum Beweis von **5.2.** genannte Eigenschaft besitzt: Sei also A ein Soma $> O$ aus $\mathfrak{B}$; dann existiert nach **11.2.** in $\mathfrak{B}$ ein abgeschlossenes Soma F mit $O < F \leq A$; nach **4.3.** existiert im Verein $\mathfrak{W}$ der abgeschlossenen Somen von $\mathfrak{B}$ ein Ultrafilter $\mathfrak{F}$ mit $F \in \mathfrak{F}$; dann ist $A \in \mathfrak{U}(\mathfrak{F})$.

Wie im Beweis von **18.2.** definieren wir mittels $\mathsf{M} = \mathsf{M_0}$ einen reduzierten Isomorphismus $\varPhi$ von $\mathfrak{B}$ auf einen Unterverband $\mathfrak{B}'$ eines Mengenvollverbandes $\mathfrak{E}'$ und führen in $\mathfrak{E}'$ eine Topologie so ein, daß $\mathfrak{B}'$ ein invariant topologischer Unterverband des topologischen Raumes $\mathfrak{E}'$ und $\varPhi$ eine Homöomorphie von $\mathfrak{B}$ auf $\mathfrak{B}'$ wird. Wir setzen $\mathfrak{E}' = \omega\mathfrak{B}$. Dann gilt zunächst 1. und 3.; $\omega\mathfrak{B}$ ist klassisch topologisch, wenn $\mathfrak{B}$ klassisch topologisch ist. $\mathfrak{B}' = \varPhi\mathfrak{B}$ ist zunächst ein Unterverband von $\omega\mathfrak{B}$, d.h. die Vereinigung und der Durchschnitt in $\varPhi\mathfrak{B}$ haben die mengentheoretische Bedeutung. Da aber der Isomorphismus $\varPhi$ reduziert ist, ist $\varPhi O = L'$ (L' die leere Menge von $\omega\mathfrak{B}$) und $\varPhi E = \omega E$ (ωE der Träger von $\omega\mathfrak{B}$). In $\varPhi\mathfrak{B}$ hat also auch die Komplementbildung ($\varPhi\mathfrak{B}$ ist für sich betrachtet, ein BOOLE-Verband, da $\mathfrak{B}$ ein BOOLE-Verband ist) die mengentheoretische Bedeutung. Also ist $\varPhi\mathfrak{B}$ ein BOOLEscher Unterverband von $\omega\mathfrak{B}$. Es gilt demnach auch 2.

Wir haben also nur noch zu zeigen, daß $\omega\mathfrak{B}$ ein T_1-Raum ist. Um dies zu zeigen, genügt es nach **11.4.** zu beweisen: Es sei p' ein Punkt von $\omega\mathfrak{B}$; dann ist $\overline{(p')} = (p')$. Nun ist $p' = \varphi\mathfrak{U}$, wobei $\mathfrak{U} = \mathfrak{U}(\mathfrak{F}) \in \mathsf{M}$ und $\mathfrak{F} \in \mathsf{N}$ ist. Dann ist $p' \in \varPhi F$ für jedes $F \in \mathfrak{F}$ und daher $\overline{(p')} \subseteq \varPhi F$ für jedes $F \in \mathfrak{F}$ nach der Hüllendefinition in $\omega\mathfrak{B}$. Es genügt also zu beweisen: Ist p'_0 ein Punkt $\neq p'$ von $\omega\mathfrak{B}$, so existiert ein $F \in \mathfrak{F}$ derart, daß nicht $p'_0 \in \varPhi F$ ist. Nun ist $p'_0 = \varphi\mathfrak{U}_0$ mit $\mathfrak{U}_0 = \mathfrak{U}(\mathfrak{F}_0)$, $\mathfrak{F}_0 \in \mathsf{N}$, $\mathfrak{F}_0 \neq \mathfrak{F}$. Da $\mathfrak{F}_0$ und $\mathfrak{F}$ Ultrafilter in $\mathfrak{W}$ sind, folgt aus $\mathfrak{F}_0 \neq \mathfrak{F}$ die Existenz zweier Somen $F_0 \in \mathfrak{F}_0$ und $F \in \mathfrak{F}$ mit $F_0 \wedge F = O$. Hieraus aber folgt $\varPhi F_0 \frown \varPhi F = L'$, da $\varPhi$ ein reduzierter Isomorphismus von $\mathfrak{B}$ auf den Mengenverband $\varPhi\mathfrak{B}$ ist. Wegen $p'_0 \in \varPhi F_0$ ist also nicht $p'_0 \in \varPhi F$, was zu zeigen war.

Wir merken noch an: Ist P ein Atom von $\mathfrak{B}$, so ist $\varPhi P$ einpunktig. Denn das System aller abgeschlossenen Somen F aus $\mathfrak{W}$ mit $P \leq F$ ist ein Ultrafilter $\mathfrak{F}_0$ in $\mathfrak{W}$ mit $P \in \mathfrak{F}_0$ und $\mathfrak{U}(\mathfrak{F}_0)$ ist das System aller Somen A aus $\mathfrak{B}$ mit $P \leq A$; dieser Ultrafilter $\mathfrak{U}(\mathfrak{F}_0)$ in $\mathfrak{B}$ ist der einzige Ultrafilter $\mathfrak{U}(\mathfrak{F})$ mit $P \in \mathfrak{U}(\mathfrak{F})$. Für den Punkt $p' = \varphi\mathfrak{U}(\mathfrak{F}_0)$ ist also $\varPhi P = (p')$.

Übung. Ist $\mathfrak{B}$ ein T_1-topologischer, vollkompakter Boole-Voll-verband, so ist $\mathfrak{B}$ homöomorph zu $\omega\mathfrak{B}$. (Man beachte **12.5.**)

18.4. *Es seien $\Phi\mathfrak{B}$ und $\hat{\Phi}\mathfrak{B}$ zwei* Wallman*sche Darstellungen des T_1-topologischen* Boole*-Verbandes $\mathfrak{B}$, $\omega\mathfrak{B}$ und $\hat{\omega}\mathfrak{B}$ die zugehörigen Dar-stellungsräume. Dann existiert eine Homöomorphie Ψ von $\hat{\omega}\mathfrak{B}$ auf $\omega\mathfrak{B}$* (und zwar derart, daß für jedes abgeschlossene Soma F aus $\mathfrak{B}$ gilt $\Phi F = \Psi \hat{\Phi} F$).

Der Wallmansche Darstellungsraum eines T_1-topologischen Boole-Verbandes $\mathfrak{B}$ ist also bis auf Homöomorphien eindeutig bestimmt. In diesem Sinne sprechen wir von *dem* Wallmanschen Darstellungsraum $\omega\mathfrak{B}$ von $\mathfrak{B}$ [1].

Beweis. Besteht $\mathfrak{B}$ aus einem einzigen Soma O, so ist der nur aus der leeren Menge L bestehende Raum der einzige Darstellungsraum. Besteht $\mathfrak{B}$ aus genau zwei Somen O und E, so ist jeder Darstellungs-raum einpunktig und die Behauptung ist wieder trivial. Es enthalte also $\mathfrak{B}$ mindestens drei Somen O, A und E; dann ist $O < A < E$ und für $A^* = cA$ ist ebenfalls $O < A^* < E$; nach **11.3.** existieren zwei ab-geschlossene Somen F und F^* mit $O < F \leq A$ und $O < F^* \leq A^*$; dann ist $F \wedge F^* = O$ und das Nullsoma O daher abgeschlossen.

Es sei $\mathfrak{W}$ der $\wedge$-invariante Unterverein von $\mathfrak{B}$, bestehend aus allen abgeschlossenen Somen F von $\mathfrak{B}$; es ist $O \in \mathfrak{W}$. Wir behaupten zunächst folgendes: Die Ultrafilter $\mathfrak{F}$ in $\mathfrak{W}$ und die Punkte p' von $\omega\mathfrak{B}$ entsprechen einander eineindeutig in folgender Weise: Ist $\mathfrak{F}$ ein Ultrafilter in $\mathfrak{W}$, so ist der zugehörige Punkt $p' = \chi\mathfrak{F}$ bestimmt durch die Gleichung $(p') = \bigcap\limits_{F \in \mathfrak{F}} \Phi F$.

Bezeichnen wir mit $\mathfrak{W}'$ den $\cap$-Mengenverein $\Phi\mathfrak{W}$ der Mengen ΦF mit $F \in \mathfrak{W}$, so ist ein System $\mathfrak{F}$ von Somen F aus $\mathfrak{W}$ dann und nur dann ein Ultrafilter in $\mathfrak{W}$, wenn das System $\mathfrak{F}' = \Phi\mathfrak{F}$ der Mengen $F' = \Phi F$ mit $F \in \mathfrak{F}$ ein Ultrafilter in $\mathfrak{W}'$ ist. Daher genügt es zum Beweis der soeben aufgestellten Behauptung, folgendes zu zeigen: a) Für jeden Ultrafilter $\mathfrak{F}'$ in $\mathfrak{W}'$ ist die Menge $\bigcap\limits_{F' \in \mathfrak{F}'} F'$ einpunktig: $\bigcap\limits_{F' \in \mathfrak{F}'} F' = (p')$; b) für jeden Punkt p' von $\omega\mathfrak{B}$ existiert in $\mathfrak{W}'$ ein Ultrafilter $\mathfrak{F}'$ mit $(p') = \bigcap\limits_{F' \in \mathfrak{F}'} F'$; c) für je zwei verschiedene Ultrafilter $\mathfrak{F}'_1$ und $\mathfrak{F}'_2$ in $\mathfrak{W}'$ ist $\bigcap\limits_{F'_1 \in \mathfrak{F}'_1} F'_1 \neq \bigcap\limits_{F'_2 \in \mathfrak{F}'_2} F'_2$.

a) Es sei $\mathfrak{F}'$ ein Ultrafilter in $\mathfrak{W}'$. Da die Mengen $F' \in \mathfrak{F}'$ abgeschlossen sind nach 3. und da 1. gilt, existiert ein Punkt p' von $\omega\mathfrak{B}$ mit $p' \in F'$ für jedes $F' \in \mathfrak{F}'$. Ist weiter $\mathfrak{S}'$ das System aller Mengen $F' \in \mathfrak{W}'$ mit $p' \in F'$, so ist $\overline{(p')} = \bigcap\limits_{F' \in \mathfrak{S}'} F'$ nach 3. Da $\omega\mathfrak{B}$ T_1-topologisch ist, ist $\overline{(p')} = (p')$ nach **11.4.** Also ist $(p') = \bigcap\limits_{F' \in \mathfrak{S}'} F'$. Weiter ist $p' \in F' \cap F'_0$, also $F' \cap F'_0 > L'$ für

---

[1] Vgl. hierzu die Bemerkung von S. 152.

jedes $F' \in \mathfrak{F}'$ und jedes $F'_0 \in \mathfrak{S}'$. Wegen $O \in \mathfrak{W}$ und $\Phi O = L'$ ist die leere Menge $L' \in \mathfrak{W}'$, also L' das Nullsoma von $\mathfrak{W}'$. Aus $F' \wedge F'_0 > L'$ folgt daher, weil $\mathfrak{F}'$ ein Ultrafilter ist, daß $F'_0 \in \mathfrak{F}'$ ist für jedes $F'_0 \in \mathfrak{S}'$. Mithin ist $\mathfrak{S}' = \mathfrak{F}'$ und daher $(p') = \bigcap\limits_{F' \in \mathfrak{F}'} F'$.

b) Es sei p' ein Punkt von $\omega\mathfrak{W}$. Für das System $\mathfrak{S}'$ aller Mengen $F' \in \mathfrak{W}'$ mit $p' \in F'$ ist wieder $(p') = \bigcap\limits_{F' \in \mathfrak{S}'} F'$. Da der Durchschnitt zweier Mengen aus $\mathfrak{S}'$ in $\mathfrak{W}'$, also in $\mathfrak{S}'$ liegt und für jede Menge aus $\mathfrak{S}'$ auch jede Obermenge aus $\mathfrak{W}'$ in $\mathfrak{S}'$ liegt, ist $\mathfrak{S}'$ ein Filter in $\mathfrak{W}'$, und zwar ein eigentlicher Filter, da die in $\mathfrak{W}'$ enthaltene leere Menge L' nicht in $\mathfrak{S}'$ liegt. Ist weiter F'_0 eine Menge aus $\mathfrak{W}'$ mit $F' \cap F'_0 > L'$ für jede Menge F' aus $\mathfrak{S}'$, so ist auch das System der Durchschnitte $F' \cap F'_0$ ein eigentlicher Filter in $\mathfrak{W}'$. Wegen 1. existiert also in $\omega\mathfrak{W}$ ein Punkt q' mit $q' \in F' \cap F'_0$ für jedes $F' \in \mathfrak{S}'$. Wegen $\bigcap\limits_{F' \in \mathfrak{S}'} F' = (p')$ ist $q' = p'$. Also ist $p' \in F'_0$ und daher $F'_0 \in \mathfrak{S}'$. Folglich ist $\mathfrak{S}'$ ein Ultrafilter $\mathfrak{F}'$ in $\mathfrak{W}'$.

c) Es seien $\mathfrak{F}'_1$ und $\mathfrak{F}'_2$ zwei verschiedene Ultrafilter in $\mathfrak{W}'$ und p'_1 und p'_2 die Punkte von $\omega\mathfrak{W}$ mit $(p'_1) = \bigcap\limits_{F'_1 \in \mathfrak{F}'_1} F'_1$ und $(p'_2) = \bigcap\limits_{F'_2 \in \mathfrak{F}'_2} F'_2$. Nach **4.1.** existieren zwei Mengen $F'_1 \in \mathfrak{F}'_1$ und $F'_2 \in \mathfrak{F}'_2$ mit $F'_1 \cap F'_2 = L'$. Also ist $p'_1 \neq p'_2$.

Schließlich behaupten wir noch: Für jedes abgeschlossene Soma F_0 aus $\mathfrak{W}$ ist ΦF_0 die Menge aller Punkte $p' = \chi \mathfrak{F}$ mit $F_0 \in \mathfrak{F}$. Denn ist $F_0 \in \mathfrak{F}$, so ist $p' \in \Phi F_0$ wegen $(p') = \bigcap\limits_{F \in \mathfrak{F}} \Phi F$. Ist umgekehrt $p' \in \Phi F_0$, so sei F ein beliebiges Soma aus $\mathfrak{F}$; dann ist $p' \in \Phi F$, also $\Phi F_0 \cap \Phi F > L'$, wegen $\Phi F_0 \cap \Phi F = \Phi(F_0 \wedge F)$ also $\Phi(F_0 \wedge F) > L'$, folglich $F_0 \wedge F > O$; dies gilt für jedes $F \in \mathfrak{F}$; da $\mathfrak{F}$ ein Ultrafilter in $\mathfrak{W}$ und $O \in \mathfrak{W}$ ist, so ist $F_0 \in \mathfrak{F}$.

Die Ultrafilter $\mathfrak{F}$ in $\mathfrak{W}$ und die Punkte $\hat{p}'$ des zweiten Darstellungsraumes $\hat{\omega}\mathfrak{W}$ entsprechen einander ebenfalls eineindeutig mittels der Gleichung $(\hat{p}') = \bigcap\limits_{F \in \mathfrak{F}} \hat{\Phi} F$; wir schreiben $p' = \hat{\chi} \mathfrak{F}$; und ebenso ist für jedes abgeschlossene Soma F_0 aus $\mathfrak{W}$ die Menge $\hat{\Phi} F_0$ die Menge aller Punkte $\hat{p}' = \hat{\chi}(\mathfrak{F})$ mit $F_0 \in \mathfrak{F}$.

Wir ordnen nun jedem Punkt $\hat{p}' = \hat{\chi} \mathfrak{F}$ von $\hat{\omega}\mathfrak{W}$ den Punkt $p' = \chi \mathfrak{F}$ von $\omega\mathfrak{W}$ zu und schreiben hierfür $p' = \Psi \hat{p}'$. Dann ist die Abbildung Ψ ein Isomorphismus des Mengenvollverbandes $\hat{\omega}\mathfrak{W}$ auf den Mengenvollverband $\omega\mathfrak{W}$. Für jedes abgeschlossene Soma F aus $\mathfrak{W}$ ist $\Phi F = \Psi \hat{\Phi} F$. Nach 3. und dem Korollar zu **10.7.** ist Ψ eine Homöomorphie von $\hat{\omega}\mathfrak{W}$ auf $\omega\mathfrak{W}$.

Bemerkung. Durch Ψ wird zwar der $\cap$-Mengenverein aller abgeschlossenen Mengen $\hat{F}'$ von $\hat{\omega}\mathfrak{W}$ homöomorph auf den $\cap$-Mengenverein aller abgeschlossenen Mengen F' von $\omega\mathfrak{W}$ abgebildet. Hingegen wird im allgemeinen der Darstellungsverband $\hat{\Phi}\mathfrak{W}$ durch Ψ nicht homöomorph auf den Darstellungsverband $\Phi\mathfrak{B}$ abgebildet. Obwohl also der WALL-MANsche Darstellungsraum $\omega\mathfrak{B}$ bis auf Homöomorphien eindeutig bestimmt ist, kann es in $\omega\mathfrak{B}$ mehrere Darstellungen $\Phi\mathfrak{B}$ von $\mathfrak{B}$ geben (die aber wenigstens dieselben abgeschlossenen und offenen Mengen enthalten). In der Tat liefert die im Beweis von **18.3.** durchgeführte Konstruktion mehrere WALLMANsche Darstellungen im selben WALL-MANschen Darstellungsraum. Es sei nämlich $\mathfrak{F}$ ein Ultrafilter in $\mathfrak{B}$. Im allgemeinen gibt es dann mehrere Ultrafilter in $\mathfrak{B}$, welche $\mathfrak{F}$ enthalten, etwa $\mathfrak{U}$ und $\hat{\mathfrak{U}}$. Nach **4.1.** existieren zwei Somen $A\in\mathfrak{U}$ und $\hat{A}\in\hat{\mathfrak{U}}$ mit $A\wedge\hat{A}=O$. Die Konstruktion liefert nun bei Verwendung von $\mathfrak{U}$ eine Darstellung $\Phi\mathfrak{B}$, bei Verwendung von $\hat{\mathfrak{U}}$ eine Darstellung $\hat{\Phi}\mathfrak{B}$. Für die den Ultrafiltern $\mathfrak{U}$ und $\hat{\mathfrak{U}}$ entsprechenden Punkte $p'=\varphi\mathfrak{U}$ und $\hat{p}'=\hat{\varphi}\hat{\mathfrak{U}}$ gilt dann $p'\in\Phi A$, $\hat{p}'\in\hat{\Phi}\hat{A}$ und $p'=\Psi\hat{p}'$. Also ist $\Phi A\cap\Psi\hat{\Phi}\hat{A}\gt L'$. Es kann daher nicht $\Psi\hat{\Phi}\hat{A}=\Phi\hat{A}$ sein, da $\Phi A\cap\Phi\hat{A}=\Phi(A\wedge\hat{A})=\Phi O=L'$ ist. Wenn wir die beiden Räume $\omega\mathfrak{B}$ und $\hat{\omega}\mathfrak{B}$ identifizieren, indem wir jeden Punkt $\hat{p}'$ mit dem Punkt $\Psi\hat{p}'$ identifizieren, so sind also die Darstellungen $\Phi\mathfrak{B}$ und $\hat{\Phi}\mathfrak{B}$ zwar im selben Raum enthalten, aber trotzdem verschieden, da $\Phi\hat{A}\neq\hat{\Phi}\hat{A}$ ist.

Beispiel. Es sei $\mathfrak{E}$ der Mengenverband aller Mengen reeller Zahlen x mit $0\leq x\lt+\infty$. Weiter sei $\mathfrak{B}$ der Mengenverein aller abgeschlossenen Intervalle $[a\leq x\leq b]$ $(0\leq a, b\leq+\infty)$ in $\mathfrak{E}$ (für $a\gt b$ ist $[a\leq x\leq b]$ die leere Menge L, für $a=b\lt+\infty$ einpunktig, für $a\lt b=+\infty$ eine Halbgerade). Für eine Menge $A\in\mathfrak{E}$ sei die Hülle in $\mathfrak{E}$ das kleinste A enthaltende Intervall aus $\mathfrak{B}$. Dann ist $\mathfrak{E}$ ein T_1-topologischer Raum und $\mathfrak{B}$ der Verein aller abgeschlossenen Mengen F von $\mathfrak{E}$. Ist nun $\mathfrak{F}_0$ der aus allen Halbgeraden aus $\mathfrak{B}$ bestehende Ultrafilter in $\mathfrak{B}$, A_0 die Menge der rationalen und $\hat{A}_0$ die Menge der irrationalen Zahlen $x\geq 0$, so existiert in $\mathfrak{E}$ ein Ultrafilter $\mathfrak{U}_0$ mit $\mathfrak{F}_0\subseteq\mathfrak{U}_0$, $A_0\in\mathfrak{U}_0$ und ein Ultra-filter $\hat{\mathfrak{U}}_0$ mit $\mathfrak{F}_0\subseteq\hat{\mathfrak{U}}_0$, $\hat{A}_0\in\hat{\mathfrak{U}}_0$; wegen $A_0\cap\hat{A}_0=L$ ist $\mathfrak{U}_0\neq\hat{\mathfrak{U}}_0$. Für jeden anderen Ultrafilter $\mathfrak{F}$ in $\mathfrak{B}$ ist der Ultrafilter $\mathfrak{U}$ in $\mathfrak{B}$ mit $\mathfrak{F}\subseteq\mathfrak{U}$ eindeutig bestimmt. Als Darstellungsraum $\omega\mathfrak{E}$ kann man nun den Mengenver-band aller Mengen reeller Zahlen x' mit $0\leq x'\leq+\infty$ nehmen, in welchem für eine Menge A' die Hülle $\overline{A'}$ das kleinste Intervall $[a\leq x'\leq b]$ $(0\leq a, b\leq+\infty)$ ist. Wir erhalten in $\omega\mathfrak{E}$ folgende zwei verschiedene Darstel-lungen von $\mathfrak{E}$. Für eine beschränkte Menge A aus $\mathfrak{E}$ ist $\Phi A=A=\hat{\Phi}A$. Für eine nicht beschränkte Menge A aus $\mathfrak{E}$ ist $\Phi A=A\cup(+\infty)$, wenn $A\in\mathfrak{U}_0$, und $\Phi A=A$, wenn nicht $A\in\mathfrak{U}_0$ ist; analog ist $\hat{\Phi}A=A\cup(+\infty)$ wenn $A\in\hat{\mathfrak{U}}_0$, und $\hat{\Phi}A=A$, wenn nicht $A\in\hat{\mathfrak{U}}_0$ ist. Es ist $\Phi A_0\neq\hat{\Phi}A_0$, $\Phi\hat{A}_0\neq\hat{\Phi}\hat{A}_0$.

18.5. *Der* WALLMAN*sche Darstellungsraum $\omega\mathfrak{B}$ eines T_1-topologischen* BOOLE-*Verbandes $\mathfrak{B}$ ist dann und nur dann normal, wenn $\mathfrak{B}$ normal ist.*

Beweis. $\mathfrak{B}$ sei normal. Es seien F_0' und F_1' zwei abgeschlossene Mengen aus $\omega\mathfrak{B}$ mit $F_0' \cap F_1' = L'$. Zu zeigen ist die Existenz zweier offener Mengen G_0' und G_1' von $\omega\mathfrak{B}$ mit $F_0' \subseteq G_0'$, $F_1' \subseteq G_1'$ und $G_0' \cap G_1' = L'$. Der Fall, daß $\mathfrak{B}$ höchstens zwei Somen enthält, ist trivial, weil dann $\mathfrak{B}$ zu $\omega\mathfrak{B}$ homöomorph ist. Es enthalte also $\mathfrak{B}$ mindestens drei Somen. Dann ist O abgeschlossen (S. 151), also E offen; da E stets abgeschlossen ist, ist auch O offen. Daher sind auch die Mengen $L' = \Phi O$ und $E' = \Phi E$ offen. Ist nun $F_0' = L'$ bzw. $F_1' = L'$, so setzen wir $G_0' = L'$ und $G_1' = E'$ bzw. $G_0' = E'$ und $G_1' = L'$ und sind fertig. Nun liege der allgemeine Fall vor, daß $F_0' > L'$ und $F_1' > L'$ ist. Nach 3. ist F_0' der mengentheoretische Durchschnitt aller Mengen ΦF_0 ($F_0 \in \mathfrak{B}$ abgeschlossen) mit $F_0' \leqq \Phi F_0$ und F_1' der mengentheoretische Durchschnitt aller Mengen ΦF_1 ($F_1 \in \mathfrak{B}$ abgeschlossen) mit $F_1' \subseteq \Phi F_1$: $F_0' = \cap \Phi F_0$ und $F_1' = \cap \Phi F_1$. Wegen $F_0' \cap F_1' = L'$ ist also $\cap \Phi F_0 \cap \cap \Phi F_1 = L'$. Da $\omega\mathfrak{B}$ vollkompakt ist, gibt es also nach **12.3.** unter den Mengen ΦF_0 und ΦF_1 endlich viele, deren Durchschnitt gleich der leeren Menge L' ist. Diese endlich vielen Mengen können aber nicht sämtlich unter den Mengen ΦF_0 oder sämtlich unter den Mengen ΦF_1 vorkommen, da $L' < F_0' \subseteq \Phi F_0$ und $L' < F_1' \subseteq \Phi F_1$ für jede Menge ΦF_0 bzw. ΦF_1 ist. Also können wir die genannten endlich vielen Mengen in der Form $\Phi F_0^1, \ldots, \Phi F_0^m, \Phi F_1^1, \ldots, \Phi F_1^n$ schreiben. Es ist $F_0' \subseteq \Phi F_0^\mu$ ($\mu = 1, \ldots, m$), $F_1' \subseteq \Phi F_1^\nu$ ($\nu = 1, \ldots, n$) und $\Phi F_0^1 \cap \cdots \cap \Phi F_0^m \cap \Phi F_1^1 \cap \cdots \cap \Phi F_1^n = L'$. Für die abgeschlossenen Somen $F_0^1 \wedge \cdots \wedge F_0^m = F_0$ und $F_1^n \wedge \cdots \wedge F_1^\mu = F_1$ ist dann $F_0' \leqq \Phi F_0$, $F_1' \subseteq \Phi F_1$ und $\Phi F_0 \cap \Phi F_1 = L'$. Aus der letzten Gleichung folgt $F_0 \wedge F_1 = O$. Da $\mathfrak{B}$ nach Voraussetzung normal ist, existieren in $\mathfrak{B}$ zwei offene Somen G_0 und G_1 mit $F_0 \leqq G_0$, $F_1 \leqq G_1$ und $G_0 \wedge G_1 = O$. Die Mengen $G_0' = \Phi G_0$ und $G_1' = \Phi G_1$ sind wegen der Bedingung 2. von S. 149 offen und es ist $\Phi F_0 \subseteq G_0'$, $\Phi F_1 \subseteq G_1'$ und $G_0' \cap G_1' = L'$. Wegen $F_0' \subseteq \Phi F_0$ und $F_1' \subseteq \Phi F_1$ ist $F_0' \subseteq G_0'$ und $F_1' \subseteq G_1'$.

Umgekehrt sei $\omega\mathfrak{B}$ normal. Es seien F_0 und F_1 zwei abgeschlossene Somen aus $\mathfrak{B}$ mit $F_0 \wedge F_1 = O$. Wir haben zwei offene Somen G_0 und G_1 mit $F_0 \leqq G_0$, $F_1 \leqq G_1$ und $G_0 \wedge G_1 = O$ anzugeben. Die Mengen ΦF_0 und ΦF_1 von $\omega\mathfrak{B}$ sind abgeschlossen und es ist $\Phi F_0 \cap \Phi F_1 = L'$. Da $\omega\mathfrak{B}$ nach Voraussetzung normal ist, existieren in $\omega\mathfrak{B}$ zwei offene Mengen H_0' und H_1' mit $\Phi F_0 \subseteq H_0'$, $\Phi F_1 \subseteq H_1'$ und $H_0' \cap H_1' = L'$. Wir wollen uns analoge Mengen verschaffen, die in $\mathfrak{B}$ liegen. Nun ist nach der Bedingung 3. von S. 149 das System der offenen Mengen aus $\Phi\mathfrak{B}$ eine offene Basis von $\omega\mathfrak{B}$. Also ist H_0' die (mengentheoretische) Vereinigung offener Mengen aus $\Phi\mathfrak{B}$. Diese offenen Mengen überdecken die Menge ΦF_0, die als abgeschlossene Menge des vollkompakten Raumes $\omega\mathfrak{B}$ nach **12.7.** vollkompakt ist. Nach **12.4.** genügen daher bereits endlich viele von ihnen zur Überdeckung von ΦF_0. Die Vereinigung G_0' dieser endlich vielen offenen Mengen ist ebenfalls eine offene Menge aus $\Phi\mathfrak{B}$

und es ist $\Phi F_0 \subsetneq G_0' \subsetneq H_0'$. Analog erhalten wir eine offene Menge G_1' aus $\Phi\mathfrak{B}$ mit $\Phi F_1 \subsetneq G_1' \subsetneq H_1'$. Wegen $H_0' \cap H_1' = L'$ ist $G_0' \cap G_1' = L'$. Die Somen G_0 und G_1 von $\mathfrak{B}$ mit $\Phi G_0 = G_0'$ und $\Phi G_1 = G_1'$ sind offen, da Φ eine Homöomorphie von $\mathfrak{B}$ auf $\Phi\mathfrak{B}$ ist, und es ist $F_0 \leqq G_0$, $F_1 \leqq G_1$ und $G_0 \wedge G_1 = O$. — Damit ist **18.5.** bewiesen.

Für die Separiertheit, Regularität und vollständige Regularität gilt ein zu **18.5.** analoger Satz sicher dann nicht, wenn $\mathfrak{B}$ und damit $\omega\mathfrak{B}$ klassisch topologisch ist. Denn ist $\omega\mathfrak{B}$ separiert, regulär oder vollständig regulär, so ist $\omega\mathfrak{B}$ nach **12.6.** und **11.21.** normal. Also ist $\omega\mathfrak{B}$, falls $\mathfrak{B}$ klassisch topologisch ist, entweder normal (und damit nach **11.7.** und **11.21.** auch separiert, regulär und vollständig regulär) oder nicht separiert, nicht regulär, nicht vollständig regulär und nicht normal.

Aus den vorstehenden Sätzen ergibt sich folgender Darstellungssatz von M. H. Stone.

18.6. *Jeder* Boole-*Verband ist isomorph zum Unterverband aller zugleich abgeschlossenen und offenen Mengen eines klassisch topologischen, total diskontinuierlichen, vollkompakten, normalen* T_1-*Raumes.*

Beweis. Es sei $\mathfrak{B}$ ein Boole-Verband. Wir führen in $\mathfrak{B}$ die diskrete Topologie ein: $\overline{A} = A$ für jedes Soma A. Dann ist jedes Soma A von $\mathfrak{B}$ abgeschlossen und offen; $\mathfrak{B}$ ist klassisch und T_1-topologisch und normal. Es sei $\omega\mathfrak{B}$ der Wallmansche Darstellungsraum von $\mathfrak{B}$ und $\Phi\mathfrak{B}$ die (eindeutig bestimmte) Wallmansche Darstellung von $\mathfrak{B}$ in $\omega\mathfrak{B}$. Dann ist $\omega\mathfrak{B}$ klassisch und T_1-topologisch nach **18.3.** und der Definition von $\omega\mathfrak{B}$, vollkompakt nach 1., S. 149 und normal nach **18.5.** Daß $\omega\mathfrak{B}$ total diskontinuierlich ist, ergibt sich folgendermaßen. Es sei p' ein Punkt von $\omega\mathfrak{B}$ und q' ein Punkt $\neq p'$ von $\omega\mathfrak{B}$. Nach 3., S. 149 ist $\overline{(p')}$ der mengentheoretische Durchschnitt von Mengen ΦA aus $\Phi\mathfrak{B}$. Da $\omega\mathfrak{B}$ T_1-topologisch ist, ist $\overline{(p')} = (p')$. Also existiert in $\mathfrak{B}$ ein Soma A derart, daß $p' \in \Phi A$, aber nicht $q' \in \Phi A$ ist. Da A abgeschlossen und offen ist, so ist ΦA nach 2., S. 149 ebenfalls abgeschlossen und offen. Die p' enthaltende Komponente von $\omega\mathfrak{B}$ enthält also den Punkt q' nicht; da $q' \neq p'$ beliebig war, ist also die p' enthaltende Komponente gleich (p'). Dies gilt für jeden Punkt p' aus $\omega\mathfrak{B}$. Also ist $\omega\mathfrak{B}$ total diskontinuierlich. Schließlich sei A ein beliebiges Soma aus $\mathfrak{B}$. Da A abgeschlossen und offen ist, so ist auch ΦA nach 2., S. 149 abgeschlossen und offen. Umgekehrt sei A' eine Menge aus $\omega\mathfrak{B}$, die abgeschlossen und offen ist. Wir setzen $A' = F_0'$ und $cA' = F_1'$. Dann sind F_0' und F_1' abgeschlossen und es ist $F_0' \cap F_1' = L'$. Im ersten Teil des Beweises von **18.5.** wurde gezeigt, daß es in $\mathfrak{B}$ zwei offene Somen G_0 und G_1 mit $F_0' \subseteq \Phi G_0$, $F_1' \subseteq \Phi G_1$ und $\Phi G_0 \cap \Phi G_1 = L'$ gibt. Wegen $F_0' = cF_1'$ ist dann $F_0' = \Phi G_0$. Also ist die Menge $F_0' = A'$ eine Menge aus $\Phi\mathfrak{B}$.

2. Erweiterung von T_1-Räumen zu vollkompakten T_1-Räumen.

a) Die WALLMANsche Erweiterung.

Es sei $\mathfrak{E}$ ein T_1-Raum und $\varPhi\mathfrak{E}$ eine WALLMANsche Darstellung von $\mathfrak{E}$ im WALLMANschen Darstellungsraum $\omega\mathfrak{E}$. Dann ist $\varPhi\mathfrak{E}$ nach 2., S. 149 ein invariant topologischer, atomarer, BOOLEscher Unterverband von $\omega\mathfrak{E}$; die Atome von $\varPhi\mathfrak{E}$ sind die einpunktigen Mengen $\varPhi(p)$, wobei p die Punkte von $\mathfrak{E}$ durchläuft (S. 150, Anmerkung). Ist nun $\varPhi\mathfrak{E}$ speziell auch ein Unter*raum* von $\omega\mathfrak{E}$, so ist wegen $\varPhi E = \omega E$ (E der Träger von $\mathfrak{E}$, ωE der Träger von $\omega\mathfrak{E}$) $\mathfrak{E}$ homöomorph zu $\omega\mathfrak{E}$, und daher $\mathfrak{E}$ wegen 1., S. 149 vollkompakt. (Ist umgekehrt $\mathfrak{E}$ vollkompakt, so ist $\varPhi$ eine Homöomorphie von $\mathfrak{E}$ auf $\omega\mathfrak{E}$.) Ist also $\mathfrak{E}$ nicht vollkompakt, so ist $\varPhi\mathfrak{E}$ zwar ein invariant topologischer, atomarer, BOOLEscher Unterverband von $\omega\mathfrak{E}$, aber kein Unterraum von $\omega\mathfrak{E}$. Die Menge E^* aller Punkte p^* von $\omega\mathfrak{E}$, zu denen es in $\mathfrak{E}$ einen Punkt p mit $(p^*) = \varPhi(p)$ gibt, ist dann eine echte Untermenge von E'. [Für eine unendliche Mengenfamilie $(A_i)_{i \in I}$ in $\mathfrak{E}$ ist also im allgemeinen $\varPhi(\cup A_i) = \vee \varPhi A_i > \cup \varPhi A_i$, (die Vereinigung $\vee$ in $\varPhi\mathfrak{E}$ genommen).] — Wir wollen nun aber zeigen, daß $\omega\mathfrak{E}$ einen zu $\mathfrak{E}$ homöomorphen Unterraum $\mathfrak{E}^*$ enthält (der, wenn $\mathfrak{E}$ vollkompakt ist, mit $\omega\mathfrak{E}$ zusammenfällt).

Es sei wieder E^* die Menge aller Punkte p^* von $\omega\mathfrak{E}$, zu denen es einen Punkt p von $\mathfrak{E}$ mit $(p^*) = \varPhi(p)$ gibt. Wir schreiben dafür auch $p^* = \varphi p$. Dann ist φ zunächst eine eineindeutige Abbildung von E auf E^*. Für eine beliebige Menge A aus $\mathfrak{E}$ ist φA die Menge aller Punkte $p^* = \varphi p$ mit $p \in A$. Wegen $p^* \in E^*$ ist $\varphi A \subseteq E^*$; aus $p \in A$, also $(p) \subseteq A$ folgt $(p^*) = \varPhi(p) \subseteq \varPhi A$; also ist einerseits $\varphi A \subseteq E^* \cap \varPhi A$; ist anderseits $p^* = \varphi p$ ein Punkt aus $E^* \cap \varPhi A$, so folgt aus $(p^*) = \varPhi(p) \subseteq \varPhi A$, daß $(p) \subseteq \varPhi A$, also $p \in A$, also $p^* \in \varphi A$ ist; daher ist $E^* \cap \varPhi A \subseteq \varphi A$. Damit ist gezeigt: $\varphi A = E^* \cap \varPhi A$ ($A \in \mathfrak{E}$).

Insbesondere ist also $\varphi F = E^* \cap \varPhi F$ für jede abgeschlossene Menge F aus $\mathfrak{E}$. Nun ist nach 3., S. 149 das System der Mengen $\varPhi F$ eine abgeschlossene Basis von $\omega\mathfrak{E}$. Also ist *das System der Mengen* $\varphi F = E^* \cap \varPhi F$ *eine abgeschlossene Basis des Unterraums* $\mathfrak{E}^*$ *von* $\omega\mathfrak{E}$ *mit dem Träger* E^*. Wegen $\varphi F = E^* \cap \varPhi F$ für jedes F ist daher φ nach dem Korollar zu **10.7.** *eine Homöomorphie von* $\mathfrak{E}$ *auf* $\mathfrak{E}^*$.

Für eine abgeschlossene Menge F aus $\mathfrak{E}$ ist $\varphi F = E^* \cap \varPhi F \subseteq \varPhi F$, also $\overline{\varphi F} \subseteq \overline{\varPhi F}$ [1]. Da aber $\varPhi F$ in $\omega\mathfrak{E}$ abgeschlossen ist nach 2., S. 149, so ist $\overline{\varphi F} \subseteq \varPhi F$. Nun sei p' ein Punkt von $\omega\mathfrak{E}$, für welchen nicht $p' \in \overline{\varphi F}$ gilt. Nach 3., S. 149 existiert dann in $\mathfrak{E}$ eine abgeschlossene Menge F_0 mit $\varphi F \subseteq \varPhi F_0$, für welche nicht $p' \in \varPhi F_0$ ist. Aus $\varphi F \subseteq \varPhi F_0$ und $\varphi F \subseteq E^*$ folgt aber $\varphi F \subseteq E^* \cap \varPhi F_0$, also $\varphi F \subseteq \varphi F_0$ und hieraus $F \subseteq F_0$.

---

[1] Für jede Menge aus $\omega\mathfrak{E}$ (also auch für jede Menge aus $\mathfrak{E}^*$) bedeutet der Querstrich die Hülle in $\omega\mathfrak{E}$.

Es gilt also nicht $p' \in \Phi F$. Damit ist gezeigt:

$$\overline{\varphi F} = \Phi F \qquad (F \in \mathfrak{E} \text{ abgeschlossen}). \tag{18.1}$$

Schließlich seien $F_1, \ldots, F_n$ endlich viele abgeschlossene Mengen aus $\mathfrak{E}$. Wegen (18.1) ist dann $\overline{\varphi(F_1 \cap \cdots \cap F_n)} = \Phi(F_1 \cap \cdots \cap F_n) = \Phi F_1 \cap \cdots \cap \Phi F_n = \overline{\varphi F_1} \cap \cdots \cap \overline{\varphi F_n}$, also

$$\overline{\varphi(F_1 \cap \cdots \cap F_n)} = \overline{\varphi F_1} \cap \cdots \cap \overline{\varphi F_n} \quad (F_1, \ldots, F_n \in \mathfrak{E} \text{ abgeschlossen}). \tag{18.2}$$

Wir identifizieren nun jeden Punkt p von $\mathfrak{E}$ mit dem Punkt $p^* = \varphi p$ von $\mathfrak{E}^*$ und damit den Raum $\mathfrak{E}$ mit dem zu ihm homöomorphen Raum $\mathfrak{E}^*$ Für die T_1-Räume $\mathfrak{E}$ und $\omega \mathfrak{E}$ gilt dann folgendes:

1*. $\omega \mathfrak{E}$ ist vollkompakt;

2*. $\mathfrak{E}$ ist ein Unterraum von $\omega \mathfrak{E}$;

3*. das System der Hüllen $\overline{F}$ in $\omega \mathfrak{E}$ aller in $\mathfrak{E}$ abgeschlossenen Mengen F aus $\mathfrak{E}$ ist eine abgeschlossene Basis von $\omega \mathfrak{E}$[1,2];

4*. für je endlich viele in $\mathfrak{E}$ abgeschlossene Mengen $F_1, \ldots, F_n$ aus $\mathfrak{E}$ ist $\overline{F_1 \cap \cdots \cap F_n} = \overline{F_1} \cap \cdots \cap \overline{F_n}$.

Wir nennen einen T_1-Raum $\omega \mathfrak{E}$ mit den Eigenschaften 1*. bis 4*. eine WALLMANsche *Erweiterung* des T_1-Raumes $\mathfrak{E}$.

Unser bisheriges Ergebnis können wir folgendermaßen formulieren. Es sei $\omega \mathfrak{E}$ ein WALLMANscher Darstellungsraum des T_1-Raumes $\mathfrak{E}$ und $\Phi \mathfrak{E}$ eine WALLMANsche Darstellung von $\mathfrak{E}$ in $\omega \mathfrak{E}$; dann existiert ein Unterraum $\mathfrak{E}^*$ von $\Phi \mathfrak{E}$, der zu $\mathfrak{E}$ homöomorph ist; identifizieren wir $\mathfrak{E}$ mit $\mathfrak{E}^*$, so ist[3,4]

$$\Phi F = \overline{F} \qquad (F \in \mathfrak{E}, \ F \text{ abgeschlossen in } \mathfrak{E}) \tag{18.3}$$

und $\omega \mathfrak{E}$ ist eine WALLMANsche Erweiterung von $\mathfrak{E}$.

Umgekehrt wollen wir nun zeigen, daß wir auf diese Weise alle WALLMANschen Erweiterungen von $\mathfrak{E}$ erhalten. Es sei also $\mathfrak{E}$ ein T_1-Raum und $\omega \mathfrak{E}$ eine WALLMANsche Erweiterung von $\mathfrak{E}$; wir haben eine WALLMANsche Darstellung $\Phi \mathfrak{E}$ von $\mathfrak{E}$ in $\omega \mathfrak{E}$ anzugeben derart, daß (18.3) gilt.

Besitzt $\mathfrak{E}$ höchstens einen einzigen Punkt, so ist $\mathfrak{E} = \omega \mathfrak{E}$; setzen wir nun $\Phi L = L$ (L die leere Menge von $\mathfrak{E}$ und $\omega \mathfrak{E}$) und $\Phi E = E$, so sind wir schon fertig. Wir können also annehmen, daß $\mathfrak{E}$ mindestens zwei verschiedene Punkte p_1 und p_2 besitzt. Dann ist $\overline{L} \subseteq \overline{(p_1)} = (p_1)$

---

[1] Siehe Fußnote 1, S. 156.

[2] Hieraus folgt, daß $\mathfrak{E}$ dicht ist in $\omega \mathfrak{E}$.

[3] (18.3.) folgt aus (18.1.), da durch die genannte Identifikation die Abbildung φ von $\mathfrak{E}$ auf $\mathfrak{E}^* = \mathfrak{E}$ in die identische Abbildung von $\mathfrak{E}$ auf sich übergeht.

[4] Aus (18.3.) folgt $\Phi(p) = (p)$ für jeden Punkt p von $\mathfrak{E}$, da $\overline{(p)} = (p)$ ist nach **11.4.**, also (p) eine in $\mathfrak{E}$ abgeschlossene Menge F ist.

und $\overline{L} \subseteq \overline{(p_2)} = (p_2)$, also $\overline{L} \subseteq (p_1) \cap (p_2) = L$; die leere Menge L ist also abgeschlossen.

Es sei $\mathfrak{W}$ der $\cap$-Mengenverein aller in $\mathfrak{E}$ abgeschlossenen Mengen F aus $\mathfrak{E}$ (die leere Menge L ist Element von $\mathfrak{W}$). Wir beweisen zunächst folgendes: Die Ultrafilter $\mathfrak{F}$ in $\mathfrak{W}$ und die Punkte p' von $\omega\mathfrak{E}$ entsprechen einander eineindeutig in folgender Weise: p' ist $\mathfrak{F}$ adhärent. Hierzu genügt es, folgende drei Behauptungen zu beweisen: a) Für jeden Ultrafilter $\mathfrak{F}$ in $\mathfrak{W}$ ist die Menge $\bigcap_{F \in \mathfrak{F}} \overline{F}$ einpunktig: $\bigcap_{F \in \mathfrak{F}} \overline{F} = (p')$; b) für jeden Punkt p' von $\omega\mathfrak{E}$ existiert in $\mathfrak{W}$ ein Ultrafilter $\mathfrak{F}$ mit $(p') = \bigcap_{F \in \mathfrak{F}} \overline{F}$; c) für je zwei verschiedene Ultrafilter $\mathfrak{F}_1$ und $\mathfrak{F}_2$ in $\mathfrak{W}$ ist $\bigcap_{F_1 \in \mathfrak{F}_1} \overline{F}_1 \neq \bigcap_{F_2 \in \mathfrak{F}_2} \overline{F}_2$.

a) Es sei $\mathfrak{F}$ ein Ultrafilter in $\mathfrak{W}$. Nach 1*. ist ihm mindestens ein Punkt p' von $\omega\mathfrak{E}$ adhärent. Es ist also $p' \epsilon \overline{F}$ für jedes $F \epsilon \mathfrak{F}$. Ist $\mathfrak{S}$ das System aller Mengen $F \epsilon \mathfrak{W}$ mit $p' \epsilon \overline{F}$, so ist $\overline{(p')} = \bigcap_{F \in \mathfrak{S}} \overline{F}$ nach 3*.; da $\overline{(p')} = (p')$ ist nach 11.4., so ist $(p') \bigcap_{F \in \mathfrak{S}} \overline{F}$. Weiter ist $p' \epsilon \overline{F} \cap \overline{F}_0$, also $\overline{F} \cap \overline{F}_0 > L$ für jedes $F \epsilon \mathfrak{F}$ und jedes $F_0 \epsilon \mathfrak{S}$. Da L das Nullsoma von $\mathfrak{W}$ ist, so folgt, weil $\mathfrak{F}$ ein Ultrafilter in $\mathfrak{W}$ ist, daß $F_0 \epsilon \mathfrak{F}$ ist für jedes $F_0 \epsilon \mathfrak{S}$. Mithin ist $\mathfrak{S} = \mathfrak{F}$ und daher $(p') = \bigcap_{F \in \mathfrak{F}} \overline{F}$.

b) Es sei p' ein Punkt von $\omega\mathfrak{E}$. Für das System $\mathfrak{S}$ aller Mengen $F \epsilon \mathfrak{W}$ mit $p' \epsilon \overline{F}$ ist wieder $(p') = \bigcap_{F \in \mathfrak{S}} \overline{F}$. Sind F_1 und F_2 Mengen aus $\mathfrak{S}$, so gilt $F_1 \cap F_2 \epsilon \mathfrak{W}$; wegen 4*. ist $p' \epsilon \overline{F_1 \cap F_2}$; also ist $F_1 \cap F_2 \epsilon \mathfrak{S}$. Ist $F_1 \epsilon \mathfrak{S}$, $F_1 \subseteq F_2$ und $F_2 \epsilon \mathfrak{W}$, so ist $p' \epsilon \overline{F}_2$, also $F_2 \epsilon \mathfrak{S}$. Folglich ist $\mathfrak{S}$ ein Filter in $\mathfrak{W}$, und zwar ein eigentlicher Filter, da $L \epsilon \mathfrak{W}$, aber nicht $L \epsilon \mathfrak{S}$ ist. Ist weiter F_0 eine Menge aus $\mathfrak{W}$ mit $F \cap F_0 > L$ für jede Menge F aus $\mathfrak{S}$, so ist auch das System der Durchschnitte $F \cap F_0$ ein eigentlicher Filter in $\mathfrak{W}$. Wegen 1*. existiert also in $\omega\mathfrak{E}$ ein Punkt q' mit $q' \epsilon \overline{F \cap F_0}$, also $q' \epsilon \overline{F} \cap \overline{F}_0$ wegen 4*. für jedes $F \epsilon \mathfrak{S}$. Wegen $\bigcap_{F \in \mathfrak{S}} \overline{F} = (p')$ ist $q' = p'$. Also ist $p' \epsilon \overline{F}_0$ und daher $F_0 \epsilon \mathfrak{S}$. Folglich ist $\mathfrak{S}$ ein Ultrafilter $\mathfrak{F}$ in $\mathfrak{W}$.

c) Es seien $\mathfrak{F}_1$ und $\mathfrak{F}_2$ zwei verschiedene Ultrafilter in $\mathfrak{W}$. Nach a) existieren Punkte p'_1 und p'_2 von $\omega\mathfrak{E}$ mit $(p'_1) = \bigcap_{F_1 \in \mathfrak{F}_1} \overline{F}_1$ und $(p'_2) = \bigcap_{F_2 \in \mathfrak{F}_2} \overline{F}_2$. Nach 4.1. existieren Mengen $F_1 \epsilon \mathfrak{F}_1$ und $F_2 \epsilon \mathfrak{F}_2$ derart, daß $F_1 \cap F_2 = L$ ist. Nach 4*. ist dann auch $\overline{F}_1 \cap \overline{F}_2 = L$. Wegen $p_1 \epsilon \overline{F}_1$ und $p_2 \epsilon \overline{F}_2$ ist also $p_1 \neq p_2$.

Nach 4.3. ist jeder Ultrafilter $\mathfrak{F}$ in $\mathfrak{W}$ enthalten in mindestens einem Ultrafilter in $\mathfrak{E}$. Wir wählen für jedes $\mathfrak{F}$ einen solchen Ultrafilter in $\mathfrak{E}$ aus und bezeichnen ihn mit $\mathfrak{U}(\mathfrak{F})$. Die Menge aller dieser Ultrafilter $\mathfrak{U}(\mathfrak{F})$ heiße M. Ist A eine beliebige nicht leere Menge aus $\mathfrak{E}$, so existiert nach 11.3. in $\mathfrak{W}$ eine nicht leere Menge $F \subseteq A$; nach 4.3. existiert in $\mathfrak{W}$ ein Ultrafilter $\mathfrak{F}$ mit $F \epsilon \mathfrak{F}$; dann ist $A \epsilon \mathfrak{U}(\mathfrak{F})$. Nach dem Zusatz 2 zum Beweis von 5.2. hat also M die Eigenschaften (5.1) und (5.2). Jedem

Ultrafilter $\mathfrak{U} = \mathfrak{U}(\mathfrak{F})$ aus M ordnen wir den Punkt p' von $\omega\mathfrak{E}$ zu, welcher $\mathfrak{F}$ adhärent ist: $p' = \varphi\mathfrak{U}$. Nach dem vorhin bewiesenen ist φ eine eineindeutige Abbildung von M auf die Menge E' aller Punkte p' von $\omega\mathfrak{E}$. Für jede Menge A aus $\mathfrak{E}$ sei weiter ΦA die Menge aller Punkte $p' = \varphi\mathfrak{U}$ von $\omega\mathfrak{E}$ mit $A \in \mathfrak{U}$ ($\mathfrak{U} \in \mathsf{M}$). Wie im Beweis von **5.2.** gezeigt wurde, ist Φ ein Isomorphismus des Mengenverbandes $\mathfrak{E}$ auf einen Unterverband $\Phi\mathfrak{E}$ des Mengenverbandes $\omega\mathfrak{E}$. — Für eine in $\mathfrak{E}$ abgeschlossene Menge F aus $\mathfrak{E}$ ist ΦF die Menge aller Punkte $p' = \varphi\mathfrak{U}(\mathfrak{F})$ mit $F \in \mathfrak{F}$, nach Definition von φ also ΦF die Menge aller Punkte p' von $\omega\mathfrak{E}$, welche allen Ultrafiltern $\mathfrak{F}$ in $\mathfrak{W}$ mit $F \in \mathfrak{F}$ adhärent sind. Hieraus folgt einerseits $\Phi F \subseteq \overline{F}$. Anderseits ist für jeden Punkt $p' \in \overline{F}$ das System $\mathfrak{S}$ aller Mengen aus $\mathfrak{W}$, deren Hülle den Punkt p' enthalten, nach b) ein Ultrafilter $\mathfrak{F}$ in $\mathfrak{W}$ mit $F \in \mathfrak{F}$; also ist $p' \in \Phi F$. Damit ist die Gleichung $\Phi F = \overline{F}$ für jede in $\mathfrak{E}$ abgeschlossene Menge F aus $\mathfrak{E}$, d.h. (18.3) bewiesen. — Hieraus folgt wegen 3*. die Gültigkeit von 3., S. 149. — Da $\mathfrak{E}$ ein BOOLE-Verband ist, so ist $\Phi\mathfrak{E}$, für sich (d.h. nicht als Unterverband von $\omega\mathfrak{E}$) betrachtet, ein BOOLE-Verband; da aber die leere Menge L in keinem Ultrafilter $\mathfrak{U} \in \mathsf{M}$ auftritt, ist $\Phi L = L$; da E in jedem $\mathfrak{U} \in \mathsf{M}$ auftritt und jeder Punkt p' von $\omega\mathfrak{E}$ einem Ultrafilter $\mathfrak{F}$ in $\mathfrak{W}$ adhärent, also $p' = \varphi\mathfrak{U}(\mathfrak{F})$ ist, so ist $\Phi E = \omega E$; das Nullsoma von $\Phi\mathfrak{E}$ ist also die leere Menge L und das Einssoma von $\Phi\mathfrak{E}$ die Menge ωE, also das Einssoma von $\omega\mathfrak{E}$; daher ist $\Phi\mathfrak{E}$ ein BOOLEscher Unterverband von $\omega\mathfrak{E}$. Zum Beweis von 2., S. 149 bleibt also noch zu zeigen, daß $\Phi\mathfrak{E}$ invariant topologisch ist. Es sei also ΦA eine Menge aus $\Phi\mathfrak{E}$. Nach 3., S. 149 ist $\overline{\Phi A}$ der mengentheoretische Durchschnitt aller Mengen ΦF mit $F \in \mathfrak{W}$, $\Phi A \subseteq \Phi F$. Nun ist $\Phi A \subseteq \Phi F$ äquivalent mit $A \subseteq F$; weiter ist die Hülle $E \cap \overline{A}$ von A in $\mathfrak{E}$ eine Menge $F_0 \in \mathfrak{W}$ mit $A \subseteq F_0 \subseteq F$ für jedes $F \in \mathfrak{W}$ mit $A \subseteq F$. Also ist $\overline{\Phi A} = \Phi(E \cap \overline{A})$. Mithin ist $\overline{\Phi A}$ eine Menge aus $\Phi\mathfrak{E}$. Damit ist 2., S. 149 bewiesen. — Aus $\Phi\overline{A} = \Phi(E \cap \overline{A})$ folgt schließlich noch nach **10.7.**, daß Φ eine Homöomorphie des Raumes $\mathfrak{E}$ auf den invariant topologischen Mengenverband $\Phi\mathfrak{E}$ ist. — Also ist $\Phi\mathfrak{E}$ eine WALLMANsche Darstellung von $\mathfrak{E}$ in $\omega\mathfrak{E}$ mit der Eigenschaft (18.3).

Damit ist bewiesen, daß die auf S. 157 aus den WALLMANschen Darstellungsräumen durch Identifikation von $\mathfrak{E}$ mit zu $\mathfrak{E}$ homöomorphen Unterräumen $\mathfrak{E}^*$ von $\omega\mathfrak{E}$ die einzigen WALLMANschen Erweiterungsräume von $\mathfrak{E}$ sind.

Auf Grund dieses Ergebnisses erhalten wir nun aus den Sätzen **18.3.** bis **18.5.** den folgenden Satz.

18.7. *Es sei $\mathfrak{E}$ ein T_1-Raum. Dann existiert eine WALLMANsche Erweiterung $\omega\mathfrak{E}$ von $\mathfrak{E}$. Ist $\hat{\omega}\mathfrak{E}$ eine zweite WALLMANsche Erweiterung von $\mathfrak{E}$, so existiert eine Homöomorphie von $\hat{\omega}\mathfrak{E}$ auf $\omega\mathfrak{E}$, die $\mathfrak{E}$ identisch auf sich abbildet. Ist $\mathfrak{E}$ klassisch topologisch, so auch $\omega\mathfrak{E}$. $\omega\mathfrak{E}$ ist dann und nur dann normal, wenn $\mathfrak{E}$ normal ist.*

Im Sinne der zweiten Behauptung sprechen wir kurz von *der* WALL-
MANschen Erweiterung.

Beweis. Die erste Behauptung folgt aus **18.3.** — Für die zweite
Behauptung sei $\Phi\mathfrak{E}$ bzw. $\hat{\Phi}\mathfrak{E}$ eine WALLMANsche Darstellung von $\mathfrak{E}$
in $\omega\mathfrak{E}$ bzw. $\hat{\omega}\mathfrak{E}$. Es sei Ψ die Homöomorphie von $\hat{\omega}\mathfrak{E}$ auf $\omega\mathfrak{E}$ des Satzes
18.4. Für jeden Punkt p von $\mathfrak{E}$ ist (p) nach **11.4.** eine abgeschlossene
Menge F von $\mathfrak{E}$. Nach (18.3) ist also $\Phi(p) = (p)$. Analog ist $\hat{\Phi}(p) = (p)$.
Nach **18.4.** ist daher $\Psi(p) = (p)$. Ψ bildet also $\mathfrak{E}$ identisch auf sich
ab. — Die dritte Behauptung folgt aus **18.3.** — Die vierte Behauptung
folgt aus **18.5.**

Schließlich beweisen wir noch folgenden interessanten Satz.

18.8. *Es sei* $\omega\mathfrak{E}$ *die* WALLMAN*sche Erweiterung des* $\boldsymbol{T}_1$*-Raumes* $\mathfrak{E}$.
Dann existiert zu jeder beschränkten, stetigen, reellen Funktion $\psi\,|\,E$ *eine
beschränkte, stetige, reelle Funktion* $\varphi\,|\,\omega E$, *die auf* E *mit* ψ *identisch ist.*
(E der Träger von $\mathfrak{E}$, ωE der Träger von $\omega\mathfrak{E}$.)

Beweis. Es sei $|\psi|\leq k$. Für einen beliebigen Punkt p' von $\mathfrak{E}'=\omega\mathfrak{E}$
sei $\mathfrak{R}'(p')$ der eigentliche Raster aller Umgebungen U' von p' in $\mathfrak{E}'$.
Wir behaupten, daß die Menge $D=\cap\,\overline{\psi(E\cap U')}$ der Zahlengeraden $\mathfrak{E}^1$
einpunktig ist. Da $p'\in\overline{E}$ ist nach 3*., ist der Raster $\mathfrak{R}(p')$ der Durchschnitte $E\cap U'$ eigentlich. Also ist auch das System der Mengen $\psi(E\cap U')$
ein eigentlicher Raster. Da diese Mengen Teilmengen des vollkompakten
Intervalls $[-k\leq x\leq k]$ sind, ist D nicht leer. Angenommen, D enthielte
zwei verschiedene Punkte x^* und x^{**}. Wir setzen $|x^*-x^{**}|=3\,\delta$.
Die Menge F^* aller Punkte p von $\mathfrak{E}$ mit $|x^*-\psi\,p|\leq\delta$ ist abgeschlossen
in $\mathfrak{E}$ nach **10.3.**; ebenso die Menge F^{**} aller Punkte p von $\mathfrak{E}$ mit
$|x^{**}-\psi\,p|\leq\delta$. Außerdem sind F^* und F^{**} fremd. Aus $x^*\in\overline{\psi(E\cap U')}$
für jedes $U'\in\mathfrak{R}'(p')$ folgt, daß F^* zu keiner Menge $U'\in\mathfrak{R}'(p')$ fremd,
daß also $p'\in\overline{F^*}$ ist; analog ist $p'\in\overline{F^{**}}$. Dies steht aber im Widerspruch
zu 4*. Damit ist gezeigt, daß D einpunktig ist: $D=(x)$. Wir setzen
nun $x=\varphi\,p'$. Dann ist $\varphi\,p=\psi\,p$ für jeden Punkt p von $\mathfrak{E}$. Es bleibt
also nur noch zu zeigen, daß φ stetig ist. Es sei V eine offene Menge
der CARTESISchen Zahlengeraden $\mathfrak{E}^1$ und p' ein Punkt von $\mathfrak{E}'$ mit $\varphi\,p'\in V$.
Dann existiert eine Menge $U'\in\mathfrak{R}'(p')$ mit $\overline{\psi(E-U')}\subseteq V$. Ist nun q'
ein beliebiger Punkt von U', so ist $U'\in\mathfrak{R}'(q')$, also $\varphi\,q'\in\overline{\psi(E-U')}$ und
daher $\varphi\,q'\in V$. Also ist $\varphi^{-1}V$ offen und daher φ stetig nach **10.4.**

b) Die ČECHsche Erweiterung.

Nach **18.7.** ist die WALLMANsche Erweiterung eines $\boldsymbol{T}_1$-Raumes $\mathfrak{E}$
dann und nur dann normal, wenn $\mathfrak{E}$ normal ist. Nun ist man aber auch
für nicht normale $\boldsymbol{T}_1$-Räume an vollkompakten, normalen Erweiterungen
interessiert. Eine solche Erweiterung kann dann keine WALLMANsche

Erweiterung sein. Man muß also einen neuen Erweiterungsbegriff aufstellen. Da ein Unterraum $\mathfrak{E}$ eines normalen T_1-Raumes nach **11.21.** und **11.22.** vollständig regulär ist, müssen wir jetzt den zu erweiternden Raum als vollständig regulär voraussetzen. Wir definieren folgendermaßen.

Es sei $\mathfrak{E}$ ein klassisch topologischer, vollständig regulärer T_1-Raum. Wir bezeichnen einen klassisch topologischen, normalen T_1-Raum als ČECH*sche Erweiterung* $\beta\mathfrak{E}$ von $\mathfrak{E}$, wenn er folgende vier Eigenschaften hat:

1**. $\beta\mathfrak{E}$ ist vollkompakt;

2**. $\mathfrak{E}$ ist ein Unterraum von $\beta\mathfrak{E}$;

3**. $\mathfrak{E}$ ist dicht in $\beta\mathfrak{E}$;

4**. zu jeder beschränkten, stetigen, reellen Funktion $\psi | E$ existiert eine beschränkte, stetige, reelle Funktion $\varphi | \beta E$, die auf E mit ψ identisch ist (E der Träger von $\mathfrak{E}$, βE der Träger von $\beta\mathfrak{E}$)[1].

18.9. *Jeder klassisch topologische, vollständig reguläre* T_1*-Raum* $\mathfrak{E}$ *besitzt eine* ČECH*sche Erweiterung* $\beta\mathfrak{E}$.

Beweis. Es sei I eine Menge gleicher Mächtigkeit wie die Menge aller stetigen, reellen Funktionen $\psi | E$ mit $0 \leq \psi p \leq 1$ für jeden Punkt p von $\mathfrak{E}$. Wir ordnen die Elemente i von I und die Funktionen ψ eineindeutig einander zu; die einem Element i von I hierbei entsprechende Funktion ψ bezeichnen wir mit ψ_i. Für jedes $i \in I$ sei weiter T_i das Einheitsintervall $[0 \leq x_i \leq 1]$ und $\mathfrak{T}_i$ der topologische Raum mit dem Träger T_i (mit der üblichen Topologie, also $\mathfrak{T}_i$ ein Unterraum der CARTESIschen Zahlengeraden); $\mathfrak{T}_i$ ist HAUSDORFFsch und vollkompakt. Es sei $\mathfrak{P} = \boldsymbol{P}^y \mathfrak{T}_i$ der CARTESIsche Produktraum aller dieser Räume $\mathfrak{T}_i (i \in I)$. Nach **17.12a.** und **17.13.** ist $\mathfrak{P}$ HAUSDORFFsch und vollkompakt, nach **12.6.** also auch normal. Jedem Punkt p von $\mathfrak{E}$ ordnen wir nun den Punkt x von $\mathfrak{P}$ mit[2] $x_i = \psi_i p$ für jedes $i \in I$ als Bild χp zu. Diese Zuordnung ist eineindeutig; denn sind p_0 und p_1 zwei verschiedene Punkte von $\mathfrak{E}$, so existiert nach **11.23.** eine Funktion ψ_i mit $\psi_i p_0 = 0$

---

[1] Die WALLMANsche Erweiterung $\omega\mathfrak{E}$ von $\mathfrak{E}$ ist ein T_1-Raum nach ihrer Definition (S. 157), mit $\mathfrak{E}$ klassisch topologisch nach **18.7.** und sie besitzt die Eigenschaften 1**. bis 4**. nach 1*. bis 3*., S. 157 und **18.8.** Sie ist jedoch normal, also eine ČECHsche Erweiterung von $\mathfrak{E}$, nach **18.7.** dann und nur dann, wenn $\mathfrak{E}$ normal ist. Da die ČECHsche Erweiterung von $\mathfrak{E}$ bis auf den Raum $\mathfrak{E}$ festlassende Homöomorphien eindeutig bestimmt ist nach **18.11.**, so fallen also für einen (klassisch topologischen) normalen T_1-Raum und nur für einen solchen die Begriffe der WALLMANschen Erweiterung und der ČECHschen Erweiterung zusammen. — Man findet in der Literatur auch die Bezeichnungen STONE-ČECHsche Erweiterung oder TYCHONOFFsche Erweiterung.

[2] x_i ist die Projektion von x in $\mathfrak{T}_i$.

und $\psi_i p_1 = 1$, woraus $\chi p_0 \neq \chi p_1$ folgt. χ ist also ein Isomorphismus von $\mathfrak{E}$ auf den Mengenverband aller Teilmengen von χE. Wir behaupten, daß diese Abbildung χ eine Homöomorphie von $\mathfrak{E}$ auf den Unterraum $\mathfrak{E}'$ von $\mathfrak{P}$ mit dem Träger χE ist. Nach **10.7.** genügt es hierfür zu zeigen, daß für jede Menge M aus $\mathfrak{E}$ gilt $\chi \overline{M} = \overline{\chi M} \cap \chi E$ (dieser Durchschnitt ist die Hülle von χM in $\mathfrak{E}'$). Es sei p ein beliebiger Punkt aus $\overline{M}$. Weiter sei W eine Umgebung von χp in $\mathfrak{P}$. Nach **17.10.** existiert eine Umgebung $V \subseteq W$ von χp, welche der Block über endlich vielen offenen Mengen V_i aus $\mathfrak{T}_i$ ($i = i_1, \ldots, i_n$) ist. Nach **10.5.** existiert für jedes dieser i eine Umgebung U_i in $\mathfrak{E}$ von p mit $\psi_i U_i \subseteq V_i$. Der Durchschnitt $U = U_{i_1} \cap \cdots \cap U_{i_n}$ ist eine Umgebung in $\mathfrak{E}$ von p mit $\psi_i U \subseteq V_i$ für $i = i_1, \ldots, i_n$, also mit $\chi U \subseteq W$. Wegen $p \in \overline{M}$ existiert ein Punkt $q \in M \cap U$. Für ihn gilt $\chi q \in W$. Damit ist gezeigt: In jeder Umgebung W des Punktes χp mit beliebigem $p \in \overline{M}$ gibt es einen Punkt χq von χM. Also ist $\chi \overline{M} \subseteq \overline{\chi M}$, wegen $\chi \overline{M} \subseteq \chi E$ folglich $\chi \overline{M} \subseteq \overline{\chi M} \cap \chi E$. Da für jeden nicht in $\overline{M}$ liegenden Punkt p von $\mathfrak{E}$ nach **11.23.** eine Funktion ψ_i mit $\psi_i p = 0$ und $\psi_i q = 1$ für alle $q \in \overline{M}$ existiert und die Säule über dem Intervall $[0 \leq x_i < \tfrac{1}{2}]$ eine Umgebung von χp und zu χM fremd ist, also χp nicht in $\overline{\chi M}$ liegt, ist sogar $\chi \overline{M} = \overline{\chi M} \cap \chi E$. Also ist χ eine Homöomorphie, wie behauptet wurde.

Wir wollen dieses Zwischenergebnis noch besonders festhalten (dabei nennen wir der Kürze halber die Räume $\mathfrak{T}_i$ mit den Trägern $T_i = [0 \leq x_i \leq 1]$ Einheitsintervalle):

Jeder klassisch topologische, vollständig reguläre T_1-Raum ist homöomorph zu einem Unterraum eines CARTESISchen Produktes $\mathfrak{P}$ von Einheitsintervallen $\mathfrak{T}_i$.

Wir identifizieren nun jeden Punkt p aus $\mathfrak{E}$ mit seinem Bild $x = \chi p$ in $\mathfrak{P}$ und jede Menge M aus $\mathfrak{E}$ mit ihrem Bild χM. Dann ist $\mathfrak{E}$ ein Unterraum des klassisch topologischen, vollkompakten, normalen T_1-Raumes $\mathfrak{P}$ und für jeden Punkt x aus $\mathfrak{E}$ und jedes $i \in I$ ist $x_i = \psi_i p$. Es sei $\beta \mathfrak{E}$ der (klassisch topologische) Unterraum von $\mathfrak{P}$, dessen Träger βE die Hülle $\overline{E}$ in $\mathfrak{P}$ des Trägers E von $\mathfrak{E}$ ist. Dann gilt zunächst 2**. und 3**. und wegen **12.7.** auch 1**. Ist $\psi | E$ eine beschränkte, stetige, reelle Funktion, so genügt es zum Beweis ihrer Fortsetzbarkeit auf $\beta E = \overline{E}$ anzunehmen, daß $0 \leq \psi p \leq 1$ ist für jeden Punkt p aus E. Dann ist aber ψ eine Funktion ψ_i, also $\psi_i p = x_i$ für jedes $p \in E$. Nun ist die Funktion, die jedem Punkt x des ganzen Raumes $\mathfrak{P}$ seine Projektion x_i in T_i zuordnet, eine beschränkte, stetige, reelle Funktion. Betrachten wir sie nur auf βE, so ist sie also eine beschränkte, stetige, reelle Erweiterung φ von $\psi | E$ auf βE. Es gilt daher 4**. Schließlich ist mit $\mathfrak{P}$ auch $\beta \mathfrak{E}$ HAUSDORFFsch, wegen 1**. und **12.6.** also normal. Mithin ist $\beta \mathfrak{E}$ eine ČECHsche Erweiterung von $\mathfrak{E}$.

Wir zeigen nun, daß man die Bedingung 4**. durch eine andere Bedingung 4***. ersetzen kann.

18.10. *Es sei* $\mathfrak{E}$ *ein klassisch topologischer, vollständig regulärer* T_1-*Raum. Ein klassisch topologischer, normaler* T_1-*Raum* $\beta\mathfrak{E}$ *ist dann und nur dann eine* ČECH*sche Erweiterung von* $\mathfrak{E}$, *wenn* $\beta\mathfrak{E}$ *die Eigenschaften* 1**. *bis* 3**. *und außerdem die folgende hat*:

4***. *Ist* $\widetilde{\mathfrak{E}}$ *ein klassisch topologischer, normaler* T_1-*Raum mit den Eigenschaften* 1**. *bis* 3**. *(mit* $\widetilde{\mathfrak{E}}$ *statt* $\beta\mathfrak{E}$), *so existiert eine stetige Abbildung von* $\beta\mathfrak{E}$ *auf* $\widetilde{\mathfrak{E}}$, *die auf* $\mathfrak{E}$ *die Identität ist.*

Man erhält also jeden Raum $\widetilde{\mathfrak{E}}$ mit den genannten Eigenschaften aus $\beta\mathfrak{E}$, indem man Punkte aus $\beta E - E$ miteinander identifiziert.

Beweis. Es sei $\beta\mathfrak{E}$ eine ČECHsche Erweiterung von $\mathfrak{E}$. Wir zeigen zuerst, daß $\beta\mathfrak{E}$ die Eigenschaft 4***. hat. Es sei also $\widetilde{\mathfrak{E}}$ ein Raum der genannten Art. Nach dem Zwischenergebnis von S. 162 können wir $\widetilde{\mathfrak{E}}$ als einen Unterraum eines CARTESISchen Produktraumes $\mathfrak{P} = \boldsymbol{P}^\gamma \mathfrak{T}_i$ von Einheitsintervallen $\mathfrak{T}_i$ ($i \in I$) annehmen. Dann ist insbesondere auch $\mathfrak{E}$ ein Unterraum von $\mathfrak{P}$ (nicht aber $\beta\mathfrak{E}$). Für jedes $i \in I$ sei $\psi_i | E$ diejenige beschränkte, stetige, reelle Funktion, welche jedem Punkt x aus E seine Projektion x_i in $\mathfrak{T}_i$ zuordnet. Nach 4**. können wir diese Funktion $\psi_i | E$ erweitern zu einer beschränkten, stetigen, reellen Funktion $\varphi_i | \beta E$. Da $\beta E = \overline{E}$ ist nach 3**. und $\varphi_i | \beta E$ stetig ist, so liegt wegen 10.2. auch für jeden Punkt p aus $\beta\mathfrak{E}$ das Bild $\varphi_i p$ in $\mathfrak{T}_i$. Wir ordnen nun jedem Punkt p von $\beta\mathfrak{E}$ den Punkt x von $\mathfrak{P}$ mit $x_i = \varphi_i p$ als Bild φp zu. Hiermit ist eine Abbildung φ von $\beta\mathfrak{E}$ in $\mathfrak{P}$ definiert, die auf $\mathfrak{E}$ die Identität ist. Sie ist stetig. Denn es sei p ein beliebiger Punkt aus $\beta\mathfrak{E}$ und W eine Umgebung von φp in $\mathfrak{P}$. Nach **17.10.** existiert eine Umgebung $V \subseteqq W$ von φp, welche der Block über endlich vielen offenen Mengen V_i aus $\mathfrak{T}_i$ ($i = i_1, \dots, i_n$) ist. Nach **10.5.** existiert für jedes dieser i eine Umgebung U_i in $\beta\mathfrak{E}$ von p mit $\varphi_i U_i \subseteqq V_i$. Der Durchschnitt $U = U_{i_1} \cap \dots \cap U_{i_n}$ ist eine Umgebung in $\beta\mathfrak{E}$ von p mit $\varphi_i U \subseteqq V_i$ für $i = i_1, \dots, i_n$, also mit $\varphi U \subseteqq W$. Nach **10.5.** ist also φ stetig, wie behauptet wurde. Aus $\varphi E = E$ folgt wegen **10.2.**, daß das Bild der Hülle von E in $\beta\mathfrak{E}$ eine Teilmenge der Hülle von E in $\mathfrak{P}$ ist. Nun ist die erstere Hülle wegen 3**. gleich βE; die letztere Hülle ist gleich dem Träger $\widetilde{E}$ von $\widetilde{\mathfrak{E}}$, weil $\mathfrak{E}$ auch in $\widetilde{\mathfrak{E}}$ dicht und $\widetilde{E}$ nach **12.8.** in $\mathfrak{P}$ abgeschlossen ist. Also ist $\varphi\beta E \subseteqq \widetilde{E}$. Anderseits ist $E \subseteqq \varphi\beta E$ wegen $E = \varphi E$; da $\varphi\beta E$ nach **12.11.** und **12.8.** in $\mathfrak{P}$ abgeschlossen ist, so ist also die Hülle von E in $\widetilde{\mathfrak{E}}$, d.h. $\widetilde{E}$ enthalten in $\varphi\beta E$, in Zeichen $\widetilde{E} \subseteqq \varphi\beta E$. Mithin ist $\varphi\beta E = \widetilde{E}$, d.h. φ ist eine (stetige) Abbildung von $\beta\mathfrak{E}$ auf $\widetilde{\mathfrak{E}}$. Damit ist gezeigt, daß jede ČECHsche Erweiterung $\beta\mathfrak{E}$ von $\mathfrak{E}$ der Bedingung 4***. genügt.

Umgekehrt sei $\hat{\beta}\mathfrak{E}$ ein klassisch topologischer, normaler T_1-Raum mit den Eigenschaften 1**. bis 3**. und 4***. Wir behaupten, daß $\hat{\beta}\mathfrak{E}$ eine Čechsche Erweiterung von $\mathfrak{E}$ ist. Nach **18.9.** existiert eine Čechsche Erweiterung $\beta\mathfrak{E}$ von $\mathfrak{E}$. Wie soeben bewiesen wurde, existiert dann eine stetige Abbildung φ von $\beta\mathfrak{E}$ auf $\hat{\beta}\mathfrak{E}$, die auf $\mathfrak{E}$ die Identität ist. Nach 4***. existiert weiter eine stetige Abbildung $\hat{\varphi}$ von $\hat{\beta}\mathfrak{E}$ auf $\beta\mathfrak{E}$, die ebenfalls auf $\mathfrak{E}$ die Identität ist. Dann ist $\psi = \hat{\varphi}\,\varphi$ eine stetige Abbildung von $\beta\mathfrak{E}$ auf sich, die auf $\mathfrak{E}$ die Identität ist. Wir behaupten, daß ψ sogar auf $\beta\mathfrak{E}$ die Identität ist. Es sei nämlich p ein Punkt aus $\beta\mathfrak{E}$ und $\psi p = q$. Angenommen, es wäre $p \neq q$. Da $\beta\mathfrak{E}$ nach **11.7.** Hausdorffsch ist, existieren in $\beta\mathfrak{E}$ zwei punktfremde offene Mengen V und W mit $p \in V$ und $q \in W$. Da ψ stetig ist, existiert in $\beta\mathfrak{E}$ eine Umgebung U von p mit $\psi U \subseteq W$. Wir können $U \subseteq V$ annehmen. Da $\mathfrak{E}$ in $\beta\mathfrak{E}$ dicht ist, existiert in $\mathfrak{E}$ ein Punkt $r \in U$. Da ψ auf $\mathfrak{E}$ die Identität ist, gilt $\psi r = r$. Wegen $r \in V$ und $\psi r \in W$ wären also V und W doch nicht punktfremd. Also ist ψ auf $\beta\mathfrak{E}$ die Identität, wie behauptet. Hieraus folgt $\varphi^{-1} = \hat{\varphi}$. Also ist nicht nur φ, sondern wegen der Stetigkeit von $\hat{\varphi}$ auch φ^{-1} stetig. Folglich ist φ eine Homöomorphie von $\beta\mathfrak{E}$ auf $\hat{\beta}\mathfrak{E}$. Mit $\beta\mathfrak{E}$ ist also auch $\hat{\beta}\mathfrak{E}$ eine Čechsche Erweiterung von $\mathfrak{E}$.

18.11. *Sind $\beta\mathfrak{E}$ und $\hat{\beta}\mathfrak{E}$ zwei Čechsche Erweiterungen des klassisch topologischen, vollständig regulären T_1-Raumes $\mathfrak{E}$, so existiert eine Homöomorphie von $\hat{\beta}\mathfrak{E}$ auf $\beta\mathfrak{E}$, die auf $\mathfrak{E}$ die Identität ist.*

In diesem Sinne sprechen wir von *der* Čechschen Erweiterung von $\mathfrak{E}$.

Beweis. Nach **18.10.** genügt $\hat{\beta}\mathfrak{E}$ den Bedingungen 1**. bis 3**. und 4***. Wie soeben bewiesen wurde, existiert eine Homöomorphie φ von $\beta\mathfrak{E}$ auf $\hat{\beta}\mathfrak{E}$, die auf $\mathfrak{E}$ die Identität ist.

Über die Beziehungen zwischen der Wallmanschen Erweiterung und der Čechschen Erweiterung beweisen wir folgenden Satz.

18.12. *Es sei $\mathfrak{E}$ ein klassisch topologischer, vollständig regulärer T_1-Raum, $\omega\mathfrak{E}$ seine Wallmansche und $\beta\mathfrak{E}$ seine Čechsche Erweiterung. Dann existiert eine stetige Abbildung von $\omega\mathfrak{E}$ auf $\beta\mathfrak{E}$, die auf $\mathfrak{E}$ die Identität ist.*

Beweis. Wir setzen $\omega\mathfrak{E} = \mathfrak{E}'$. Zwei Punkte p' und q' von $\mathfrak{E}'$ nennen wir äquivalent, wenn für jede stetige, reelle Funktion $\varphi \mid E'$ ($E' = \omega E$ der Träger von $\mathfrak{E}'$) gilt $\varphi p' = \varphi q'$. Nach **11.4.**, **11.23.** und **18.8.** sind keine zwei Punkte p und q von $\mathfrak{E}$ äquivalent. E' zerfällt in die Klassen äquivalenter Punkte. Für jeden Punkt p' von $\mathfrak{E}'$ bezeichnen wir die p' enthaltende Klasse mit $[p']$ und für jede Menge A' aus $\mathfrak{E}'$ mit $[A']$ die mengentheoretische Vereinigung aller Klassen $[p']$ mit $p' \in A'$. Wir behaupten, daß für jede abgeschlossene Menge F' aus $\mathfrak{E}'$ die Menge

$[F']$ abgeschlossen ist. Es sei nämlich q' ein Punkt aus $\overline{[F']}$. Es ist zu zeigen, daß ein Punkt $p' \epsilon F'$ existiert, der zu q' äquivalent ist. Angenommen, es gäbe keinen solchen Punkt p'. Dann gibt es zu jedem Punkt $p' \epsilon F'$ eine stetige, reelle Funktion $\varphi | E'$ mit $\varphi p' = 0$ und $\varphi q' = 1$. Für jede solche Funktion ist die Menge U' aller Punkte r' von $\mathfrak{E}'$ mit $\varphi r' < \frac{1}{2}$ offen nach **10.4.** und es ist $p' \epsilon U'$. Das System aller dieser Mengen U' ist also eine offene Überdeckung der nach **12.7.** vollkompakten Menge F'. Nach **12.4.** genügen zur Überdeckung von F' bereits endlich viele dieser Mengen U', etwa $U'_1, \ldots, U'_n$. Zu jeder dieser Mengen U'_ν existiert (nach Definition der U') eine stetige, reelle Funktion $\varphi_\nu | E'$ derart, daß $\varphi_\nu r' < \frac{1}{2}$ ist für jeden Punkt $r' \epsilon U'_\nu$ und $\varphi_\nu q' = 1$ ist. Dann ist $\varphi = \mathrm{Min}\, (\varphi_1, \ldots, \varphi_n)$ eine stetige, reelle Funktion $\varphi | E'$ mit $\varphi p' < \frac{1}{2}$ für jeden Punkt $p' \epsilon F'$ und $\varphi q' = 1$. Die Menge V' aller Punkte r' von $\mathfrak{E}'$ mit $\varphi r' > \frac{1}{2}$ ist nach **10.4.** eine Umgebung von q'. Wegen $q' \epsilon \overline{[F']}$ ist $[F']$ zu V' nicht fremd. Also existiert in F' ein Punkt p' und in V' ein zu p' äquivalenter Punkt r'. Dann ist einerseits $\varphi p' < \frac{1}{2}$ und $\varphi r' > \frac{1}{2}$, anderseits $\varphi p' = \varphi r'$. Dies ist ein Widerspruch. Also ist $[F']$ abgeschlossen, wie behauptet wurde.

Nun sei E'' eine Menge von gleicher Mächtigkeit wie das System aller Klassen $[p']$. Wir ordnen die Elemente p'' von E'' und die Klassen $[p']$ eineindeutig einander zu: $p'' = \chi[p']$. Jedem Punkt p' von $\mathfrak{E}'$ ordnen wir nun das Element $p'' = \chi[p']$ als Bild zu: $p'' = \varrho\, p'$. Dann ist ϱ eine Abbildung von E' auf E''; auf E ist sie eineindeutig, da je zwei verschiedene Punkte aus E in verschiedenen Klassen liegen und χ eineindeutig ist. Im Mengenverband $\mathfrak{E}''$ aller Teilmengen A'' von E'' führen wir nun folgende klassische Topologie ein: $\overline{A''} = \varrho\, \overline{\varrho^{-1} A''}$ (vgl. S. 75). Dann behaupten wir über die Abbildung ϱ dreierlei. Erstens ist ϱ stetig. Denn für eine beliebige Menge A' aus $\mathfrak{E}'$ ist $A' \subseteq \varrho^{-1} \varrho A'$, also $\overline{A'} \subseteq \overline{\varrho^{-1} \varrho A'}$, also $\varrho \overline{A'} \subseteq \varrho\, \overline{\varrho^{-1} \varrho A'} = \overline{\varrho A'}$. Zweitens ist ϱ abgeschlossen. Es sei nämlich F' eine abgeschlossene Menge aus $\mathfrak{E}'$. Oben wurde gezeigt, daß $[F']$ abgeschlossen ist. Nun ist $[F'] = \varrho^{-1} \varrho F'$. Also ist $\varrho^{-1} \varrho F'$ abgeschlossen. Nach der Hüllendefinition in $\mathfrak{E}''$ ist aber $\overline{\varrho F'} = \varrho\, \overline{\varrho^{-1} \varrho F'}$. Also ist $\overline{\varrho F'} = \varrho\, \varrho^{-1} \varrho F' = \varrho F'$. Drittens ist ϱ auf $\mathfrak{E}$ eine Homöomorphie. Da ϱ auf E eineindeutig und stetig ist, genügt es, folgendes zu zeigen: Ist A eine Menge aus $\mathfrak{E}$ und p ein Punkt von $\mathfrak{E}$ derart, daß nicht $p \epsilon \overline{A}$ ist, so ist nicht $\varrho\, p \epsilon \overline{\varrho A}$. Da p nicht in der in $\mathfrak{E}$ abgeschlossenen Menge $F = E \cap \overline{A}$ liegt, existiert nach **11.4.**, **11.23.** und **18.8.** eine stetige, reelle Funktion $\varphi | E'$ derart, daß $\varphi p = 0$ und $\varphi q = 1$ ist für jeden Punkt $q \epsilon F$, wegen $A \subseteq F$ also für jeden Punkt $q \epsilon A$ und daher auch für jeden Punkt $q \epsilon \overline{A}$. Also ist p zu keinem Punkt q von $\overline{A}$ äquivalent. Also ist nicht $\varrho\, p \epsilon \varrho \overline{A}$. Da ϱ abgeschlossen ist, so ist $\overline{\varrho \overline{A}} = \varrho \overline{A}$. Aus $A \subseteq \overline{A}$ folgt aber $\varrho A \subseteq \varrho \overline{A}$, also $\overline{\varrho A} \subseteq \varrho \overline{A} = \varrho \overline{A}$. Da nicht $\varrho\, p \epsilon \varrho \overline{A}$ ist, so ist folglich nicht $\varrho\, p \epsilon \overline{\varrho A}$.

Über den klassisch topologischen Raum $\mathfrak{E}''$ beweisen wir folgende fünf Behauptungen. Erstens ist $\mathfrak{E}''$ T_1-topologisch. Dies folgt nach **11.4.** daraus, daß $\mathfrak{E}'$ T_1-topologisch und ϱ abgeschlossen ist. Zweitens ist $\mathfrak{E}''$ normal. Es seien p'' und q'' zwei verschiedene Punkte von $\mathfrak{E}''$. Wir wählen zwei Punkte p' und q' von $\mathfrak{E}'$ mit $\varrho\, p' = p''$ und $\varrho\, q' = q''$. Aus $p'' \neq q''$ folgt, daß p' und q' nicht äquivalent sind. Also existiert eine stetige, reelle Funktion $\varphi\,|\,E'$ mit $\varphi p' = 0$ und $\varphi q' = 1$. Es sei F_0' die abgeschlossene Menge aller Punkte r' von $\mathfrak{E}'$ mit $\varphi r' \leq \tfrac{1}{2}$ und F_1' die abgeschlossene Menge aller Punkte s' von $\mathfrak{E}'$ mit $\varphi s' \geq \tfrac{1}{2}$. Die Mengen $F_0'' = \varrho F_0'$ und $F_1'' = \varrho F_1'$ sind dann abgeschlossen, da ϱ abgeschlossen ist. Aus $F_0' \cup F_1' = E'$ folgt $F_0'' \cup F_1'' = E''$. Da p' zu keinem Punkt $s' \in F_1'$ äquivalent ist, ist nicht $p'' \in F_1''$. Analog ist nicht $q'' \in F_0''$. Die Mengen $U_0'' = E'' - F_0''$ und $U_1'' = E'' - F_1''$ sind daher offen, fremd und es ist $p'' \in U_0''$ und $q'' \in F_1''$. Also ist $\mathfrak{E}''$ Hausdorffsch und daher nach **12.6.** normal. Denn drittens ist $\mathfrak{E}''$ vollkompakt nach **12.11.** Viertens ist $\varrho\, \mathfrak{E}$ dicht in $\mathfrak{E}''$, weil $\mathfrak{E}$ in $\mathfrak{E}'$ dicht ist. Fünftens kann jede beschränkte, stetige, reelle Funktion $\psi''\,|\,\varrho E$ erweitert werden zu einer ebensolchen Funktion $\varphi''\,|\,E''$. Denn zunächst ist $\psi'' \varrho\, E$ eine beschränkte stetige, reelle Funktion mit dem Definitionsbereich E [$\psi'' \varrho$ bedeutet natürlich die Funktion $\psi''(\varrho(p))$]. Nach **18.8.** existiert eine beschränkte, stetige, reelle Funktion $\varphi'\,|\,E'$, die auf E mit $\psi'' \varrho$ identisch ist. Dann ist $\varphi' \varrho^{-1}\,|\,E''$ eine beschränkte, stetige, reelle Funktion mit dem Definitionsbereich E'', die auf ϱE mit ψ'' identisch ist (da φ' in äquivalenten Punkten von $\mathfrak{E}'$ gleiche Werte annimmt, ist $\varphi' \varrho^{-1}$ auf E'' eindeutig definiert).

Nach den soeben bewiesenen fünf Behauptungen über $\mathfrak{E}''$ ist $\mathfrak{E}''$ die Čechsche Erweiterung des Raumes $\varrho\,\mathfrak{E}$. Wie oben bewiesen wurde, bildet ϱ den Raum $\mathfrak{E}$ homöomorph auf den Raum $\varrho\,\mathfrak{E}$ ab. Identifizieren wir nun $\mathfrak{E}$ mit $\varrho\,\mathfrak{E}$, indem wir jeden Punkt p von $\mathfrak{E}$ mit dem Punkt ϱp von $\varrho\,\mathfrak{E}$ identifizieren, so ist also $\mathfrak{E}''$ die Čechsche Erweiterung $\beta\,\mathfrak{E}$ von $\mathfrak{E}$ und die stetige Abbildung ϱ von $\mathfrak{E}' = \omega\,\mathfrak{E}$ auf $\mathfrak{E}'' = \beta\,\mathfrak{E}$ ist dann auf $\mathfrak{E}$ die Identität. Damit ist **18.12.** bewiesen.

Wir merken noch folgendes an. Im vorstehenden Beweis haben wir den Satz **18.9.** nicht verwendet. Vielmehr haben wir (kurz gesagt, indem wir die äquivalenten Punkte der Wallmanschen Erweiterung $\omega\,\mathfrak{E}$ identifizierten) einen Raum $\mathfrak{E}''$ direkt konstruiert, welcher eine Čechsche Erweiterung von $\mathfrak{E}$ ist. Der vorstehende Beweis enthält also einen zweiten Beweis des Satzes **18.9.**

c) Universalräume.

Zur Gewinnung eines gewissen Überblickes über die große Mannigfaltigkeit der topologischen Räume wäre es wichtig, einige wenige solcher Räume angeben zu können, derart, daß man jeden beliebigen Raum in wenigstens einen von ihnen einbetten kann. Solche Räume könnte man dann Universalräume nennen. Einen einzigen Universalraum gibt es natürlich nicht, da er eine bestimmte Mächtigkeit hätte, es aber Räume mit noch größerer Mächtigkeit gibt. Wohl aber können wir zeigen, daß es für jede Mächtigkeit $m \geq \aleph_0$ einen Universalraum $\mathfrak{P}_m$ für die (klassisch topologischen, vollständig regulären) Räume mit einer Basis einer Mächtigkeit $\leq m$ gibt. Die Unterräume aller dieser Räume $\mathfrak{P}_m$ sind also die sämtlichen klassisch topologischen, vollständig regulären T_1-Räume, die es gibt (bis auf Homöomorphien natürlich).

Genauer lautet unser Satz folgendermaßen.

18.13. *Zu jeder Mächtigkeit $m \geq \aleph_0$ existiert ein klassisch topologischer, vollkompakter, normaler T_1-Raum $\mathfrak{P}_m$ mit einer Basis der Mächtigkeit m, welcher zu jedem klassisch topologischen, vollständig regulären T_1-Raum $\mathfrak{E}$ mit einer Basis einer Mächtigkeit $\leq m$ einen homöomorphen Unterraum enthält.*

Beweis. Es sei I irgendeine Menge der Mächtigkeit m. Für jedes $i \in I$ sei T_i das Intervall $[0 \leq x_i \leq 1]$ und $\mathfrak{T}_i$ der Raum mit dem Träger T_i und der üblichen Topologie (also $\mathfrak{T}_i$ ein Unterraum des CARTESischen $\mathfrak{E}^1$). Schließlich sei $\mathfrak{P}_m = \boldsymbol{P}^y \mathfrak{T}_i$ der CARTESische Produktraum aller dieser $\mathfrak{T}_i$. Der Raum $\mathfrak{P}_m$ ist klassisch topologisch als Produktraum, vollkompakt nach **17.13.** und HAUSDORFFsch nach **17.12.a**, also normal nach **12.6.** Er hat eine Basis der Mächtigkeit m. Denn ist $\mathfrak{U}_i = (U_i^1, U_i^2, \ldots)$ eine abzählbare, offene Basis von $\mathfrak{T}_i$ und bezeichnen wir für endlich viele, paarweise verschiedene Elemente $i_1, \ldots, i_n$ aus I mit $U_{i_1, \ldots, i_n}$ die Menge aller Punkte x aus $\mathfrak{P}_m$ mit $x_{i_1} \in U_{i_1}, \ldots, x_{i_n} \in U_{i_n}$, so ist das System aller Mengen $U_{i_1 \ldots i_n}$ nach **17.10.** eine offene Basis von $\mathfrak{P}_m$ und seine Mächtigkeit ist gleich m (Anhang, Satz 10).

Nun sei $\mathfrak{E}$ ein beliebiger klassisch topologischer, vollständig regulärer T_1-Raum mit einer (offenen) Basis $\mathfrak{B}$ einer Mächtigkeit $\leq m$. Wir haben einen zu $\mathfrak{E}$ homöomorphen Unterraum von $\mathfrak{P}_m$ anzugeben. Wir nennen zur Abkürzung ein Paar (U, V) von Mengen der Basis $\mathfrak{B}$ kanonisch, wenn erstens $\overline{U} \subseteq V$ ist und zweitens eine stetige, reelle Funktion $\varphi \,|\, E$ (E der Träger von $\mathfrak{E}$) derart existiert, daß $\varphi \, p = 0$ ist für jeden Punkt $p \in U$, weiter $\varphi \, q = 1$ ist für jeden Punkt $q \in E - V$ und schließlich $0 \leq \varphi \, r \leq 1$ ist für jeden Punkt r des Raumes $\mathfrak{E}$; eine solche Funktion heiße dem kanonischen Paar (U, V) zugehörig. Wir behaupten: Ist p_0 ein beliebiger Punkt von $\mathfrak{E}$ und W eine beliebige Umgebung von p_0, so existiert ein kanonisches Paar (U, V) mit $p_0 \in U$ und $V \subseteq W$. Zunächst existiert in der Basis $\mathfrak{B}$ eine Menge V mit $p_0 \in V$ und $V \subseteq W$. Nach **11.23.** existiert eine stetige, reelle Funktion $\varphi^* \,|\, E$ mit $\varphi^* p_0 = 0$, $\varphi^* q = 1$ für jeden Punkt $q \in E - V$ und $0 \leq \varphi^* r \leq 1$ für jeden Punkt r von $\mathfrak{E}$. Wegen der Stetigkeit von φ^* existiert nach **10.5.** eine Umgebung U von p_0

mit $\varphi^* p < \frac{1}{2}$ für alle $p \in U$. Wir können U als Menge der Basis $\mathfrak{B}$ und sogar $\overline{U} \subseteq V$ annehmen wegen **11.9.** und **11.21.** Wir definieren nun eine neue Funktion $\varphi \mid E$ folgendermaßen: Wir setzen $\varphi r = 0$, wenn $\varphi^* r \leq \frac{1}{2}$ ist, $\varphi r = 1$, wenn $\varphi^* r = 1$ ist, und $\varphi r = 2 (\varphi^* r - \frac{1}{2})$, wenn $\frac{1}{2} < \varphi r < 1$ ist. Dann ist $\varphi \mid E$ stetig, wie sich etwa mittels **10.4.** leicht ergibt, und es ist $\varphi p = 0$ für $p \in \overline{U}$, $\varphi q = 1$ für $q \in E - V$ und $0 \leq \varphi r \leq 1$ für $r \in E$. Damit ist die behauptete Existenz eines kanonischen Paares (U, V) mit $p_0 \in U$ und $V \subseteq W$ bewiesen. — Da die Basis $\mathfrak{B}$ eine Mächtigkeit $\leq \mathfrak{m}$ hat, besitzt auch das System aller kanonischen Paare (U, V) eine Mächtigkeit $\leq \mathfrak{m}$. Wir können daher die Menge I auf das System der kanonischen Paare abbilden; das dem beliebigen Element i von I zugeordnete kanonische Paar bezeichnen wir mit (U_i, V_i). Wir wählen zu jedem kanonischen Paar (U_i, V_i) eine zugehörige Funktion φ aus und bezeichnen sie mit φ_i.

Nun können wir die gesuchte Homöomorphie χ von $\mathfrak{E}$ in $\mathfrak{P}_\mathfrak{m}$ definieren. Ist r ein beliebiger Punkt von $\mathfrak{E}$, so ordnen wir ihm als Bild denjenigen Punkt x von $\mathfrak{P}_\mathfrak{m}$ zu, dessen Projektion $x_i = \varphi_i r$ ist für jedes $i \in I$. Diese eindeutige Abbildung χ von $\mathfrak{E}$ in $\mathfrak{P}_\mathfrak{m}$ ist erstens eineindeutig; denn sind p und q zwei verschiedene Punkte von $\mathfrak{E}$, so setzen wir $E - (q) = W$; wie oben bewiesen wurde, existiert ein kanonisches Paar (U_i, V_i) mit $p \in U_i$ und $V_i \subseteq W$; dann ist $\varphi_i p = 0$ und $\varphi_i q = 1$, also $\chi p \neq \chi q$. Zweitens ist χ stetig (Beweis analog wie auf S. 162). Drittens behaupten wir, daß auch χ^{-1} stetig ist. Es sei x^0 ein Punkt aus χE und r^0 sein Urbildpunkt in $\mathfrak{E}$. Es sei W eine Umgebung von r^0. Wie oben bewiesen wurde, existiert ein kanonisches Paar (U_{i_0}, V_{i_0}) mit $r^0 \in U_{i_0}$ und $V_{i_0} \subseteq W$. Die Menge X aller Punkte x von $\mathfrak{P}_\mathfrak{m}$ mit $x_{i_0} < 1$ ist eine Umgebung in $\mathfrak{P}_\mathfrak{m}$ von x^0. Da $\varphi_{i_0} q = 1$ ist für alle Punkte $q \in E - V_{i_0}$, so folgt $\chi^{-1} X \subseteq V_{i_0} \subseteq W$. Nach **10.5.** ist also χ^{-1} stetig. — χ ist also eine Homöomorphie von $\mathfrak{E}$ auf den Unterraum von $\mathfrak{P}_\mathfrak{m}$ mit dem Träger χE. Damit ist **18.14.** bewiesen.

Wir betrachten nun noch den speziellen Fall $\mathfrak{m} = \aleph_0$. In diesem Fall können wir für I die Menge der natürlichen Zahlen $i = 1, 2, \ldots$ nehmen. Ordnen wir nun jedem Punkt $x = (x_1, x_2, \ldots)$ des Raumes $\mathfrak{P}_{\aleph_0}$ den Punkt $\left(x_1, \frac{x_2}{2}, \frac{x_3}{3}, \ldots \right)$ des HILBERTschen Fundamentalquaders $\mathfrak{Q}^\omega$ (S. 52) zu, so ist diese Abbildung eine Homöomorphie von $\mathfrak{P}_{\aleph}$ auf $\mathfrak{Q}^\omega$. Berücksichtigen wir noch, daß nach **11.7.**, **11.14.** und **11.21.** jeder klassisch topologische, reguläre $\boldsymbol{T}_1$-Raum mit abzählbarer Basis vollständig regulär ist, so liefert **18.13.**:

18.14. *Jeder klassisch topologische, reguläre $\boldsymbol{T}_1$-Raum mit abzählbarer Basis ist homöomorph zu einem Unterraum des HILBERTschen Fundamentalquaders $\mathfrak{Q}^\omega$.* (Einbettungssatz von P. URYSOHN.)

III. Uniforme Strukturen.

In der reellen oder komplexen Analysis spielen Gleichmäßigkeitsaussagen wie z.B. die, daß eine Funktion gleichmäßig stetig ist, eine wichtige Rolle. Eine solche Aussage setzt voraus, daß für den Unterschied zweier Argumentwerte ein Maßstab vorhanden ist, der überall im Definitionsbereich der Funktion angelegt werden kann. Genauer ausgedrückt, muß die Aussage einen Sinn haben, daß zwei Argumentwerte x_1 und x_2 sich um höchstens α voneinander unterscheiden, wobei — was wesentlich ist — dieses α von x_1 und x_2 nicht abhängt.

In diesem Kapitel wird es sich darum handeln, in BOOLE-Verbänden und speziell in Räumen den Begriff der uniformen Struktur zu definieren und zu untersuchen. Durch sie erhält die Aussage einen Sinn, daß sich zwei Somen oder Punktmengen oder Punkte A und B um höchstens α unterscheiden, in Zeichen $|A, B| \leq \alpha$. Dabei ist α im allgemeinen keine reelle Zahl. Vielmehr ist es ein wesentlicher Gesichtspunkt dieser Theorie, daß man über die reellen Zahlen als den einzigen Maßstäben für den Unterschied hinauskommt.

§ 19. Uniforme BOOLE-Verbände.

Es liege ein BOOLE-Verband $\mathfrak{B}$ und eine nicht leere Menge Σ von Dingen vor, die wir mit kleinen griechischen Buchstaben bezeichnen und *Indizes* nennen.

Für jedes Soma A aus $\mathfrak{B}$ und jedes Element α von Σ sei eindeutig ein Soma $V_\alpha(A)$ von $\mathfrak{B}$ definiert, und zwar derart, daß die folgenden sechs Axiome erfüllt sind:

Axiom U_1. $A \leq V_\alpha(A)$.

Axiom U_2. *Zu jedem $\alpha \in \Sigma$ und jedem $\beta \in \Sigma$ existiert ein $\gamma \in \Sigma$ mit* $V_\gamma(A) \leq V_\alpha(A) \wedge V_\beta(A)$ [1].

Axiom U_3. *Zu jedem $\alpha \in \Sigma$ existiert ein $\beta \in \Sigma$ mit $V_\beta\big(V_\beta(A)\big) \leq V_\alpha(A)$* [2].

Axiom U_4. *Aus $V_\alpha(A) \wedge B = O$ folgt $A \wedge V_\alpha(B) = O$.*

Axiom U_5. *Aus $A_1 \leq A_2$ folgt $V_\alpha(A_1) \leq V_\alpha(A_2)$.*

Axiom U_6. *Es existiert $\bigwedge\limits_\alpha V_\alpha(A)$.*

Wir vermerken gleich hier eine Folgerung aus U_4: Es ist $V_\alpha(O) = O$ für jedes α. Denn aus $O \wedge V_\alpha(E) = O$ folgt $V_\alpha(O) \wedge E = O$.

Ohne Beschränkung der Allgemeinheit können wir noch folgende Voraussetzung machen: *In Σ existiert mindestens ein Element ω mit $V_\omega(A) = E$ für jedes $A > O$ und $V_\omega(O) = O$.* Denn existiert in Σ ein solches Element ω zunächst nicht, so können wir zu Σ ein Element ω

---

[1] γ hängt von A nicht ab!

[2] β hängt von A nicht ab!

hinzufügen und $V_\omega(A) = E$ für jedes $A > O$ und $V_\omega(O) = O$ definieren; dies stört die Gültigkeit der Axiome U_1 bis U_6 nicht.

Wir nennen $\mathfrak{B}$ einen *uniformen* BOOLE-Verband und das System $(V_\alpha(A)) = (V_\alpha(A))_{\alpha \in \Sigma}$ der Somen $V_\alpha(A)$ eine *uniforme Struktur* von $\mathfrak{B}$.

Jedem Soma A aus $\mathfrak{B}$ ordnen wir das nach U_6 in $\mathfrak{B}$ vorhandene Soma $\overline{A} = \bigwedge_\alpha V_\alpha(A)$ als Hülle zu. Bezüglich dieser Hüllendefinition behaupten wir:

19.1. $\mathfrak{B}$ *ist klassisch topologisch.*

Beweis. Wir haben zu zeigen, daß die Hüllenaxiome H_1 bis H_4 (S. 41—42) erfüllt sind. H_1: Dies folgt aus U_1. H_2: Zu einem beliebigen $\alpha \in \Sigma$ wählen wir ein $\beta \in \Sigma$ nach U_3. Zunächst ist $\overline{\overline{A}} \leq V_\beta(\overline{A})$ und $\overline{A} \leq V_\beta(A)$. Aus letzterem folgt $V_\beta(\overline{A}) \leq V_\beta(V_\beta(A))$ nach U_5. Also ist $\overline{\overline{A}} \leq V_\beta(V_\beta(A))$ und folglich $\overline{\overline{A}} \leq V_\alpha(A)$. Also ist $\overline{\overline{A}} \leq \overline{A}$. H_3: Aus U_5 folgt H_0. Es muß also nur noch gezeigt werden, daß für je zwei Somen A_1 und A_2 aus $\mathfrak{B}$ gilt $\overline{A_1 \vee A_2} \leq \overline{A_1} \vee \overline{A_2}$. Nach dem Korollar 1 zu **1.13** ist nun $\overline{A_1 \vee A_2} = \bigwedge_\alpha V_\alpha(A_1) \vee \bigwedge_\beta V_\beta(A_2) = \bigwedge_{\alpha,\beta} (V_\alpha(A_1) \vee V_\beta(A_2))$. Angenommen, es wäre nicht $\overline{A_1 \vee A_2} \leq \overline{A_1} \vee \overline{A_2}$. Dann gibt es ein $\alpha_0 \in \Sigma$ und ein $\beta_0 \in \Sigma$ derart, daß nicht $\overline{A_1 \vee A_2} \leq V_{\alpha_0}(A_1) \vee V_{\beta_0}(A_2)$ ist. Es existiert somit ein Soma B mit $O < B \leq \overline{A_1 \vee A_2}$ und $(V_{\alpha_0}(A_1) \vee V_{\beta_0}(A_2)) \wedge B = O$. Aus der letzteren Gleichung folgt $V_{\alpha_0}(A_1) \wedge B = O = V_{\beta_0}(A_2) \wedge B$ und hieraus $A_1 \wedge V_{\alpha_0}(B) = O = A_2 \wedge V_{\beta_0}(B)$ nach U_4. Zu α_0 und β_0 wählen wir nach U_2 ein $\gamma \in \Sigma$. Für dieses γ ist dann $A_1 \wedge V_\gamma(B) = O = A_2 \wedge V_\gamma(B)$, also auch $(A_1 \vee A_2) \wedge V_\gamma(B) = O$. Unter Benutzung von U_4 folgt hieraus $B = \overline{A_1 \vee A_2} \wedge B \leq V_\gamma(A_1 \vee A_2) \wedge B = O$, also $B = O$, im Widerspruch zu $B > O$. H_4: Aus $\overline{O} \leq V_\alpha(O) = O$ folgt $\overline{O} = O$.

Die soeben in $\mathfrak{B}$ eingeführte klassische Topologie nennen wir durch die uniforme Struktur *induziert*. Wenn im folgenden bei einem uniformen BOOLE-Verband topologische Begriffe auftreten, so beziehen sich diese immer auf die durch die uniforme Struktur induzierte klassische Topologie.

Ist die induzierte klassische Topologie eine T_1-Topologie (S. 77), so nennen wir die uniforme Struktur eine T_1-*uniforme Struktur* und $\mathfrak{B}$ T_1-*uniform*.

Die Somen $V_\alpha(A)$ haben bezüglich der Topologie von $\mathfrak{B}$ folgende wichtige Eigenschaft:

19.2. $V_\alpha(A)$ *ist eine Nachbarschaft von* A.

Beweis. Wir setzen $c V_\alpha(A) = B$. Dann ist $V_\alpha(A) \wedge B = O$. Nach U_4 folgt $A \wedge V_\alpha(B) = O$. Wegen $\overline{B} \leq V_\alpha(B)$ ist daher $A \wedge \overline{B} = O$, d. h. $A \wedge \overline{c V_\alpha(A)} = O$, also $A \leq c\, c V_\alpha(A) = \underline{V_\alpha(A)}$.

Wir nennen $V_\alpha(A)$ die *Nachbarschaft der Ordnung* α von A und sagen von jedem Soma B mit $B \leq V_\alpha(A)$, es sei dem Soma A *benachbart von der Ordnung* α.

Der größeren Anschaulichkeit wegen kann man auch noch die Begriffe „beliebig benachbart" und „hinreichend benachbart" folgendermaßen einführen. Ist $R(A, B)$ eine Relation zwischen Somen A und B, so sagen wir:

„Zu jedem Soma A existiert ein *beliebig benachbartes* Soma B mit $R(A, B)$", wenn zu jedem $\alpha \in \Sigma$ ein Soma $B \leq V_\alpha(A)$ mit $R(A, B)$ existiert; „für jedes zum Soma A *hinreichend benachbarte* Soma B ist $R(A, B)$", wenn ein $\alpha \in \Sigma$ derart existiert, daß $R(A, B)$ ist für jedes $B \leq V_\alpha(A)$.

Sind α und β zwei Elemente aus Σ derart, daß stets $V_\alpha(A) \leq V_\beta(A)$ ist, so schreiben wir $\beta \leq \alpha$ und gleichbedeutend damit $\beta \geq \alpha$. Nach U_2 existiert zu je zwei Elementen $\alpha \in \Sigma$ und $\beta \in \Sigma$ ein Element $\gamma \in \Sigma$ mit $\gamma \leq \alpha$ und $\gamma \leq \beta$. Bezüglich der Relation $\geq$ ist also Σ *gerichtet* (S. 55).

Die wichtigsten Beispiele für uniforme BOOLE-Verbände sind die quasi-metrischen (metrischen) Räume. Es sei nämlich $\mathfrak{E}$ ein quasimetrischer (metrischer) Raum. Σ sei die Menge aller reellen Zahlen α mit $0 < \alpha \leq + \infty$. Für jede Menge A von $\mathfrak{E}$ und jedes $\alpha \in \Sigma$ sei $V_\alpha(A)$ die Menge $U_\alpha(A)$ aller Punkte q von $\mathfrak{E}$, zu denen es Punkte $p \in A$ mit $\delta(p, q) < \alpha$ gibt. Dann ist das System der Mengen $V_\alpha(A)$ eine uniforme (T_1-uniforme) Struktur des BOOLE-Verbandes $\mathfrak{E}$; die durch sie induzierte Topologie ist identisch mit der durch die Quasi-Metrik (Metrik) δ induzierten Topologie von $\mathfrak{E}$. Wir drücken dies kurz so aus: *Jeder quasi-metrische (metrische) Raum ist uniform (T_1-uniform)*. — Wir geben noch zwei weitere

Beispiele. 1. Es sei $\mathfrak{V} = \mathfrak{E}^n/\mathfrak{J}$ der Restklassenverband des CARTESIschen $\mathfrak{E}^n$ nach dem σ-Ideal $\mathfrak{J}$ aller LEBESGUEschen Nullmengen des $\mathfrak{E}^n$ (S. 131, Beispiel 2). Weiter sei Σ die Menge aller reellen Zahlen $\alpha > 0$ einschließlich $+ \infty$. Für jede Restklasse $[A] \in \mathfrak{V}$ und jedes $\alpha \in \Sigma$ definieren wir als Nachbarschaft $V_\alpha[A]$ die Restklasse $[U_\alpha(A_1)]$. Hierdurch ist in $\mathfrak{V}$ eine uniforme Struktur definiert. Die durch sie induzierte Topologie ist identisch mit der Topologie $\overline{[A]} = [A_{\overline{\mathfrak{J}}}]$. — 2. E sei eine nicht leere Menge und $\mathfrak{E}$ der Mengenverband aller Teilmengen von E. Es sei Σ das System aller Darstellungen α von E als Vereinigung je endlich vieler Teilmengen $E_\alpha^1, \ldots, E_\alpha^{k_\alpha}$ mit folgenden zwei Eigenschaften: 1. Zu je zwei Darstellungen α und β existiert eine Darstellung γ derart, daß jede Menge E_γ^ν von γ Teilmenge einer Menge E_α^λ von α und einer Menge E_β^μ von β ist; 2. zu jeder Darstellung α existiert eine Darstellung β derart, daß für je zwei Mengen E_α^λ und $E_\alpha^{\lambda'}$ von α mit nicht leerem Durchschnitt eine Menge E_β^μ von β existiert, welche E_α^λ und $E_\alpha^{\lambda'}$ enthält. Bezeichnen wir nun für jede Menge $A \in \mathfrak{E}$ und jede Darstellung α mit $V_\alpha(A)$

die Vereinigung aller zu A nicht elementfremden Mengen E_α^λ von α, so genügen diese Mengen $V_\alpha(A)$ den Axiomen U_1 bis U_6, bilden also eine uniforme Struktur von $\mathfrak{E}$.

Wir beweisen nun sieben Sätze über die Nachbarschaften $V_\alpha(A)$, die wir im folgenden immer wieder verwenden werden.

19.3. $V_\alpha(O) = O$.

Beweis. S. 169.

19.4. *Für jede Somenfamilie* $(A_i)_{i \in I}$, *deren Vereinigung* $\bigvee\limits_i A_i$ *existiert, ist* $V_\alpha\left(\bigvee\limits_i A_i\right) = \bigvee\limits_i V_\alpha(A_i)$.

Beweis. Wir setzen $\bigvee A_i = A$. Nach U_5 ist $V_\alpha(A_i) \leq V_\alpha(A)$ für jedes $i \in I$. Umgekehrt sei $V_\alpha(A_i) \leq B$ für jedes $i \in I$. Dann ist $V_\alpha(A_i) \wedge cB = O$ für jedes $i \in I$. Nach U_4 folgt $A_i \wedge V_\alpha(cB) = O$ für jedes $i \in I$. Also ist $A \wedge V_\alpha(cB) = O$. Nach U_4 folgt $V_\alpha(A) \wedge cB = O$, d.h. $V_\alpha(A) \leq B$.

19.5. *Zu jedem* $\alpha \in \Sigma$ *existiert ein* $\beta \in \Sigma$ *derart, daß aus* $A \leq V_\beta(B)$, $B \leq V_\beta(C)$ *folgt* $A \leq V_\alpha(C)$.

Beweis. Es sei β ein Element aus Σ gemäß U_3. Ist nun $A \leq V_\beta(B)$ und $B \leq V_\beta(C)$, so folgt aus der letzteren Beziehung $V_\beta(B) \leq V_\beta(V_\beta(C))$ nach U_5, also $V_\beta(B) \leq V_\alpha(C)$. Wegen $A \leq V_\beta(B)$ ist daher $A \leq V_\alpha(C)$.

19.6. *Zu jedem* $\alpha \in \Sigma$ *und jedem natürlichen* n *existieren* $\beta_1, \beta_2, \ldots, \beta_n \in \Sigma$ *mit* $V_{\beta_1}(V_{\beta_2} \ldots (V_{\beta_n}(A))) \leq V_\alpha(A)$. *Insbesondere können* $\beta_1, \beta_2, \ldots, \beta_n$ *gleich gewählt werden:* $\beta_1 = \beta_2 = \cdots = \beta_n = \beta$.

Beweis. Wir wählen ein natürliches k mit $n \leq 2^k$. Durch mehrmalige Anwendung von U_3 und U_5 erhalten wir ein $\beta \in \Sigma$ derart, daß $V_{\beta_1}(V_{\beta_2}(\ldots V_{\beta_{2^k}}(A))) \leq V_\alpha(A)$ mit $\beta_1 = \beta_2 = \cdots = \beta_{2^k} = \beta$ ist. Nach U_1 ist dann auch $V_{\beta_1}(V_{\beta_2}(\ldots V_{\beta_n}(A))) \leq V_\alpha(A)$.

19.7. *Ist* $A \leq V_\alpha(B)$, *so existiert ein* $B' \leq B$ *mit* $A \leq V_\alpha(B')$ *und* $B' \leq V_\alpha(A)$.

Beweis. Wir setzen $V_\alpha(A) \wedge B = B'$. Dann ist $B' \leq V_\alpha(A)$. Angenommen, es wäre nicht $A \leq V_\alpha(B')$. Dann ist $A' = A \wedge c V_\alpha(B') > O$. Aus $A' \wedge V_\alpha(B') = O$ folgt $V_\alpha(A') \wedge B' = O$ nach U_4, also $V_\alpha(A') \wedge V_\alpha(A) \wedge B = O$. Hieraus folgt $V_\alpha(A') \wedge B = O$, da wegen $A' \leq A$ gilt $V_\alpha(A') \leq V_\alpha(A)$ nach U_5. Aus $V_\alpha(A') \wedge B = O$ folgt aber $A' \wedge V_\alpha(B) = O$ nach U_4, im Widerspruch zu $O < A' \leq A \leq V_\alpha(B)$.

19.8. *Zu jedem* $\alpha \in \Sigma$ *existiert ein* $\beta \in \Sigma$ *mit* $\overline{V_\beta(A)} \leq V_\alpha(A)$.

Beweis. Zum gegebenen $\alpha \in \Sigma$ wählen wir ein $\gamma \in \Sigma$ gemäß **19.5.** und zu diesem γ ein $\beta \in \Sigma$ wieder gemäß **19.5.** Angenommen, für ein Soma A wäre nicht $\overline{V_\beta(A)} \leq V_\alpha(A)$. Wir setzen $c V_\alpha(A) = B$. Dann ist $V_\alpha(A) = c\overline{B}$. Nach Annahme ist nicht $\overline{V_\beta(A)} \leq c\overline{B}$. Dann ist das Soma $C = \overline{V_\beta(A)} \wedge \overline{B} > O$. Nach der Hüllendefinition ist $\overline{V_\beta(A)} \leq V_\beta(V_\beta(A))$. Also ist $C \leq V_\beta(V_\beta(A))$. Nach **19.7.** existiert ein Soma $V' \leq V_\beta(A)$ mit $C \leq V_\beta(V')$

und $V' \leq V_\beta(C)$. Aus $C > O$ folgt dann $V' > O$ nach **19.3.** Wegen $V' \leq V_\beta(A)$ existiert nach **19.7.** ein Soma $A' \leq A$ mit $V' \leq V_\beta(A')$ und $A' \leq V_\beta(V')$. Aus $V' > O$ folgt $A' > O$ nach **19.3.** Aus $C \leq V_\beta(V')$ und $V' \leq V_\beta(A')$ folgt $C \leq V_\gamma(A')$ nach der Wahl von β. Nach der Hüllendefinition ist $\overline{B} \leq V_\gamma(B)$. Wegen $C \leq \overline{B}$ ist also $C \leq V_\gamma(B)$. Nach **19.7.** existiert ein Soma $B' \leq B$ mit $C \leq V_\gamma(B')$ und $B' \leq V_\gamma(C)$. Wegen $C > O$ ist $B' > O$ nach **19.3.** Aus $B' \leq V_\gamma(C)$ und $C \leq V_\gamma(A')$ folgt $B' \leq V_\alpha(A')$ nach der Wahl von γ, wegen $A' \leq A$ also $B' \leq V_\alpha(A)$ nach U_5. Dies steht aber im Widerspruch zu $O < B' \leq B = cV_\alpha(A)$.

19.9. $\overline{A} = \bigwedge_\alpha V_\alpha(A) = \bigwedge_\alpha \overline{V_\alpha(A)} = \bigwedge_\alpha \underline{V_\alpha(A)}$.

Beweis. Es ist $\overline{A} = \bigwedge_\alpha V_\alpha(A)$ nach der Definition von $\overline{A}$. Aus **19.8.** folgt nun das Weitere.

Wir sagen, die Somen A und B *unterscheiden sich höchstens von der Ordnung* α und schreiben

$$|A, B| \leq \alpha,$$

wenn $A \leq V_\alpha(B)$ und $B \leq V_\alpha(A)$ ist. Wir werden später (§ 23) sehen, daß diese Unterschiedsrelation einen Maßstab der auf S. 169 verlangten Art darstellt. — Wegen U_1 ist $|A, A| \leq \alpha$ für jedes $\alpha \in \Sigma$.

19.10. *Aus* $|A, B| \leq \alpha$ *und* $\alpha \leq \beta$ *folgt* $|A, B| \leq \beta$.

19.11. *Aus* $|A, B| \leq \alpha$ *folgt* $|B, A| \leq \alpha$.

19.12. *Zu jedem* $\alpha \in \Sigma$ *existiert ein* $\beta \in \Sigma$ *derart, daß aus* $|A, B| \leq \beta$ *und* $|B, C| \leq \beta$ *folgt* $|A, C| \leq \alpha$.

Beweis. Das β des Satzes **19.5.** leistet das Verlangte.

19.13. $V_\alpha(A)$ *ist das größte Soma* B *mit* $|A, B| \leq \alpha$.

Beweis. Zweimalige Anwendung von U_1 ergibt $A \leq V_\alpha(V_\alpha(A))$. Außerdem ist $V_\alpha(A) \leq V_\alpha(A)$. Also ist $|A, V_\alpha(A)| \leq \alpha$. Ist anderseits $|A, B| \leq \alpha$, so ist $B \leq V_\alpha(A)$.

19.14. *Es ist dann und nur dann* $|A, B| \leq \alpha$ *für jedes* $\alpha \in \Sigma$, *wenn* $\overline{A} = \overline{B}$ *ist*.

Beweis. Es sei $\overline{A} = \overline{B}$. Wegen $A \leq \overline{A} = \overline{B} = \bigwedge_\alpha V_\alpha(B)$ ist $A \leq V_\alpha(B)$ für jedes $\alpha \in \Sigma$; analog ist $B \leq V_\alpha(A)$ für jedes $\alpha \in \Sigma$. Also ist $|A, B| \leq \alpha$ für jedes $\alpha \in \Sigma$. Umgekehrt sei $|A, B| \leq \alpha$ für jedes $\alpha \in \Sigma$. Dann ist $A \leq V_\alpha(B)$ für jedes $\alpha \in \Sigma$, also $A \leq \overline{B} = \bigwedge_\alpha V_\alpha(B)$ und folglich $\overline{A} \leq \overline{B}$. Analog ist $\overline{B} \leq \overline{A}$. Also ist $\overline{A} = \overline{B}$.

19.15. *Sind* $(A_i)_{i \in I}$ *und* $(B_i)_{i \in I}$ *zwei Somenfamilien, deren Vereinigungen* $\bigvee A_i$ *und* $\bigvee B_i$ *existieren, und ist* $|A_i, B_i| \leq \alpha$ *für jedes* $i \in I$, *so ist* $|\bigvee A_i, \bigvee B_i| \leq \alpha$.

Beweis. 19.4.

Wir sagen, ein Soma A sei *groß höchstens von der Ordnung* α (oder *klein mindestens von der Ordnung* α) und schreiben

$$|A| \leq \alpha,$$

wenn $|A', A''| \leq \alpha$ ist für je zwei Somen A' und A'' mit $O < A' \leq A$ und $O < A'' \leq A$. Insbesondere ist dann $|O| \leq \alpha$ für jedes $\alpha \in \Sigma$.

19.16. *Aus* $|A| \leq \alpha$ *und* $\alpha \leq \beta$ *folgt* $|A| \leq \beta$.

19.17. *Aus* $A \leq B$ *und* $|B| \leq \beta$ *folgt* $|A| \leq \beta$.

19.18. *Zu jedem* $\alpha \in \Sigma$ *existiert ein* β *derart, daß aus* $|A| \leq \beta$ *folgt* $|V_\beta(A)| \leq \alpha$.

Beweis. Wegen **19.8.** und **19.17.** genügt es, die Existenz eines $\beta \in \Sigma$ zu zeigen, für welches aus $|A| \leq \beta$ folgt $|V_\beta(A)| \leq \alpha$. Nach **19.6.** existiert ein $\beta \in \Sigma$ mit $V_\beta\big(V_\beta(V_\beta(A))\big) \leq V_\alpha(A)$. Nun seien V' und V'' zwei Somen mit $O < V' \leq V_\beta(A)$ und $O < V'' \leq V_\beta(A)$. Nach **19.7.** existieren zwei Somen $A' \leq A$ und $A'' \leq A$ mit $V' \leq V_\beta(A')$, $A' \leq V_\beta(V')$ und $V'' \leq V_\beta(A'')$, $A'' \leq V_\beta(V'')$. Aus $V' \leq V_\beta(A')$, $A' \leq V_\beta(A'')$ (dies gilt wegen $|A| \leq \beta$, $A' > O$, $A'' > O$) und $A'' \leq V_\beta(V'')$ folgt $V' \leq V_\beta\big(V_\beta(V_\beta(V''))\big)$ nach $\boldsymbol{U}_5$, also $V' \leq V_\alpha(V'')$ nach der Wahl von β. Analog ist $V'' \leq V_\alpha(V')$.

Korollar. *Zu jedem* $\alpha \in \Sigma$ *existiert ein* $\beta \in \Sigma$ *derart, daß aus* $|A| \leq \beta$ *folgt* $|\overline{A}| \leq \alpha$.

Beweis. **19.17.** und **19.18.**

19.19. *Zu jedem* $\alpha \in \Sigma$ *und jedem natürlichen* n *existiert ein* $\beta \in \Sigma$ *derart, daß aus* $|A_i| \leq \beta$ ($i = 0, 1, \ldots, n$) *und* $A_{i-1} \wedge A_i > O$ ($i = 1, \ldots, n$) *folgt* $|A_0 \vee A_1 \vee \cdots \vee A_n| \leq \alpha$.

Beweis. Zunächst sei $n = 1$. Wir wählen zum gegebenen $\alpha \in \Sigma$ ein $\beta \in \Sigma$ gemäß **19.18.** Nun seien A_0 und A_1 zwei Somen mit $|A_i| \leq \beta$ ($i = 0, 1$) und $A_0 \wedge A_1 > O$. Wir setzen $A_0 \wedge A_1 = A'$. Aus $O < A' \leq A_0$ und $|A_0| \leq \beta$ folgt $A_0 \leq V_\beta(A')$. Analog ist $A_1 \leq V_\beta(A')$. Also ist $A_0 \vee A_1 \leq V_\beta(A')$. Nach der Wahl von β ist $|\overline{V_\beta(A')}| \leq \alpha$, da aus $A' \leq A_0$ und $|A_0| \leq \beta$ nach **19.17.** folgt $|A'| \leq \beta$. Nach **19.17.** ist also $|A_0 \vee A_1| \leq \alpha$. Nun machen wir die Induktionsvoraussetzung, daß **19.19.** bewiesen ist für alle $n \leq k$. Für das gegebene α und für $n = 1$ wählen wir ein $\beta' \in \Sigma$ gemäß **19.19.** und für dieses β' und für $n = k$ ein $\beta'' \in \Sigma$ wieder gemäß **19.19.** Schließlich sei β ein Element aus dem gerichteten System Σ mit $\beta \leq \beta'$ und $\beta \leq \beta''$. Nun seien $A_0, A_1, \ldots, A_k, A_{k+1}$ Somen mit $|A_i| \leq \beta$ und $A_{i-1} \wedge A_i > O$. Wegen $|A_i| \leq \beta''$ ist $|A_0 \vee A_1 \vee \cdots \vee A_k| \leq \beta'$ nach Wahl von β''. Wegen $|A_{k+1}| \leq \beta'$ folgt $|A_0 \vee A_1 \vee \cdots \vee A_k \vee A_{k+1}| \leq \alpha$ nach Wahl von β'.

19.20. *Es sei* $(A_i)_{i \in I}$ *eine Somenfamilie, deren Vereinigung* $\underset{i}{\bigvee} A_i$ *existiert. Ist dann* $|A_{i'} \vee A_{i''}| \leq \alpha$ *für je zwei Indizes* i' *und* i'' *aus* I, *so ist auch* $|\underset{i}{\bigvee} A_i| \leq \alpha$.

Beweis. Wir setzen $\vee A_i = A$. Es seien A' und A'' zwei Somen mit $0 < A' \leq A$ und $0 < A'' \leq A$. Für jedes $i' \in I$ mit $A' \wedge A_{i'} > 0$ und jedes $i'' \in I$ mit $A'' \wedge A_{i''} > 0$ ist $A' \wedge A_{i'} \leq V_\alpha(A'' \wedge A_{i''})$ wegen $|A_{i'} \vee A_{i''}| \leq \alpha$. Also ist $A' \wedge A_{i'} \leq V_\alpha(A'')$ nach $\boldsymbol{U}_5$. Hieraus folgt $A' \leq V_\alpha(A'')$ wegen $A' = \vee_{i'}(A' \wedge A_{i'})$. Analog ist $A'' \leq V_\alpha(A')$.

Nach der Definition der Relation $|A| \leq \alpha$ ist $|O| \leq \alpha$ für jedes $\alpha \in \Sigma$. Wann für ein Soma $A > O$ gilt $|A| \leq \alpha$ für alle $\alpha \in \Sigma$, darüber gibt der folgende Satz Auskunft.

19.21. *Ist P ein Atom, so ist $|P| \leq \alpha$ für jedes $\alpha \in \Sigma$. Ist umgekehrt $P > O$ und $|P| \leq \alpha$ für jedes $\alpha \in \Sigma$ und ist außerdem $\mathfrak{B}$ $\boldsymbol{T}_1$-uniform, so ist P ein Atom.*

Beweis. Die erste Behauptung folgt unmittelbar aus der Definition der Relation $|P| \leq \alpha$ und aus $|P, P| \leq \alpha$. Nun sei $\mathfrak{B}$ $\boldsymbol{T}_1$-uniform und A ein Soma $> O$, welches kein Atom ist. Dann existiert ein Soma B mit $0 < B < A$. Nach **11.3.** existiert ein abgeschlossenes Soma A' mit $0 < A' \leq B$, also mit $0 < A' < A$. Für das Soma $A'' = A \wedge cA'$ gilt dann ebenfalls $0 < A'' < A$ und es ist nicht $A'' \leq A'$. Wegen $A' = \wedge_\alpha V_\alpha(A')$ existiert daher ein $\alpha \in \Sigma$ derart, daß nicht $A'' \leq V_\alpha(A')$, also nicht $|A', A''| \leq \alpha$ ist. Dann ist nicht $|A| \leq \alpha$.

Wir nennen zwei uniforme Strukturen $\big(V_\alpha(A)\big)_{\alpha \in \Sigma}$ und $\big(V'_{\alpha'}(A)\big)_{\alpha' \in \Sigma'}$ desselben BOOLE-Verbandes $\mathfrak{B}$ *äquivalent*, wenn folgende beiden Bedingungen erfüllt sind:

$$\text{zu jedem } \alpha \in \Sigma \text{ existiert ein } \alpha' \in \Sigma' \text{ mit } V'_{\alpha'}(A) \leq V_\alpha(A), \qquad (19.1)$$

$$\text{zu jedem } \alpha' \in \Sigma' \text{ existiert ein } \alpha \in \Sigma \text{ mit } V_\alpha(A) \leq V'_{\alpha'}(A). \qquad (19.2)$$

Äquivalente Strukturen erzeugen dieselbe Topologie von $\mathfrak{B}$. Ist beispielsweise $\big(V_\alpha(A)\big)_{\alpha \in \Sigma}$ eine uniforme Struktur von $\mathfrak{B}$ und Σ' eine konfinale Teilmenge der gerichteten Menge Σ (d.h. existiert zu jedem $\alpha \in \Sigma$ ein $\alpha' \in \Sigma'$ mit $\alpha' \leq \alpha$), so ist das Somensystem $\big(V_\alpha(A)\big)_{\alpha \in \Sigma'}$ ebenfalls eine uniforme Struktur und äquivalent zur uniformen Struktur $\big(V_\alpha(A)\big)_{\alpha \in \Sigma}$.

Ist speziell $\mathfrak{B}$ ein uniformer Raum $\mathfrak{E}$[1] und $\big(V_\alpha(A)\big)_{\alpha \in \Sigma}$ seine uniforme Struktur, ist weiter δ eine Quasi-Metrik von $\mathfrak{E}$ und $\big(U_\varepsilon(A)\big)$ die durch sie erzeugte uniforme Struktur von $\mathfrak{E}$ (vgl. S. 171), so sagen wir, die Struktur $\big(V_\alpha(A)\big)$ und die Quasi-Metrik δ seien äquivalent, wenn die Strukturen $\big(V_\alpha(A)\big)$ und $\big(U_\varepsilon(A)\big)$ äquivalent sind. Hiermit ist insbesondere definiert, wann zwei Quasi-Metriken δ und δ' äquivalent sind; dies ist dann und nur dann der Fall, wenn erstens zu jedem $\varepsilon > 0$ ein $\varepsilon' > 0$ existiert, so daß aus $\delta'(p, q) < \varepsilon'$ folgt $\delta(p, q) < \varepsilon$ und zweitens zu jedem $\varepsilon' > 0$ ein $\varepsilon > 0$ derart existiert, daß aus $\delta(p, q) < \varepsilon$ folgt $\delta'(p, q) < \varepsilon'$.

---

[1] Das heißt ein topologischer Raum, der, als BOOLE-Verband betrachtet, uniform ist (vgl. § 21).

Beispielsweise ist jede Quasi-Metrik (Metrik) δ äquivalent zu einer *beschränkten* Quasi-Metrik (Metrik) δ', d.h. einer Quasi-Metrik (Metrik) δ', für welche eine Zahl $k < +\infty$ existiert mit $\delta'(p, q) \leq k$ für je zwei Punkte p und q. Eine solche Quasi-Metrik (Metrik) ist die folgende: $\delta'(p, q) = \delta(p, q)$, wenn $\delta(p, q) \leq k$ ist; $\delta'(p, q) = k$, wenn $\delta(p, q) > k$ ist.

Für die Äquivalenz zweier uniformen Strukturen eines BOOLE-Verbandes $\mathfrak{B}$ ist natürlich notwendig, daß diese beiden Strukturen dieselbe Topologie von $\mathfrak{B}$ induzieren. Hinreichend ist diese Bedingung sicher dann, wenn $\mathfrak{B}$ bezüglich der von beiden Strukturen induzierten Topologie vollkompakt ist:

19.22. *Es sei $\mathfrak{B}$ ein vollkompakter, klassisch topologischer* BOOLE-*Verband. Es seien $\left(V_\alpha(A)\right)_{\alpha \in \Sigma}$ und $\left(V'_{\alpha'}(A)\right)_{\alpha' \in \Sigma'}$ zwei uniforme Strukturen von $\mathfrak{B}$, die die gegebene Topologie induzieren. Dann sind die beiden Strukturen äquivalent.*

Den Beweis werden wir erst auf S. 187 erbringen.

Ist $\left(V_\alpha(A)\right)_{\alpha \in \Sigma}$ eine uniforme Struktur des BOOLE-Verbandes $\mathfrak{B}$, E' ein Soma aus $\mathfrak{B}$ und $\mathfrak{B}' = \mathfrak{B}_{E'}$ der BOOLEsche Unterverband von $\mathfrak{B}$, bestehend aus allen Somen $\leq E'$, so ist das Somensystem $\left(E' \wedge V_\alpha(A')\right)_{\alpha \in \Sigma}$, wobei A' die Somen von $\mathfrak{B}'$ durchläuft, eine uniforme Struktur von $\mathfrak{B}'$. Wir nennen sie in $\mathfrak{B}'$ *induziert* durch die uniforme Struktur $\left(V_\alpha(A)\right)_{\alpha \in \Sigma}$. Sie erzeugt in $\mathfrak{B}'$ eine Topologie, die identisch ist mit derjenigen Topologie, die in $\mathfrak{B}'$ induziert wird durch die Topologie von $\mathfrak{B}$.

§ 20. Reell uniforme BOOLE-Verbände.

In der Einleitung zum vorliegenden Kapitel haben wir es als wesentlich bezeichnet, daß die Elemente $\alpha \in \Sigma$ keine reellen Zahlen zu sein brauchen. Trotzdem ist der Spezialfall der reellen Zahlen von besonderem Interesse und für die Anwendungen der Theorie wichtig. Wir behandeln daher jetzt diesen Spezialfall besonders.

Es sei $\mathfrak{B}$ ein uniformer BOOLE-Verband. Die Indexmenge Σ der uniformen Struktur $\left(V_\alpha(A)\right)_{\alpha \in \Sigma}$ von $\mathfrak{B}$ sei speziell die Menge aller reellen Zahlen α mit $0 < \alpha \leq +\infty$. An Stelle der Axiome U_2 und U_3 seien die folgenden beiden schärferen Axiome erfüllt:

Axiom U'_2. Aus $\beta \leq \alpha$ folgt $V_\beta(A) \leq V_\alpha(A)$.

Axiom U'_3. $V_\beta\left(V_\alpha(A)\right) \leq V_{\alpha+\beta}(A)$.

Die auf S. 169 zusätzlich gemachte Voraussetzung, ein Element ω von Σ betreffend, sei speziell für $\omega = +\infty$ erfüllt, d.h. es sei

$$V_{+\infty}(A) = E \quad \text{für} \quad A > 0; \qquad V_{+\infty}(O) = O.$$

Dann nennen wir die Struktur $\left(V_\alpha(A)\right)_{\alpha \in \Sigma}$ *reell uniform*.

Jeder quasi-metrische Raum und ebenso das Beispiel 1 von S. 171 ist reell uniform.

Für die reell uniforme Struktur gilt folgende Verschärfung von **19.8.**

20.1. *Aus* $\beta < \alpha$ *folgt* $\overline{V_\beta(A)} \leq V_\alpha(A)$.

Beweis. Die Behauptung ist trivial für $\alpha = +\infty$. Es sei also $\alpha < +\infty$. Wir setzen $\alpha - \beta = 2\varepsilon$. Nach der Hüllendefinition ist $\overline{V_\beta(A)} \leq V_\varepsilon\big(V_\beta(A)\big)$. Nach $\boldsymbol{U_3'}$ ist $V_\varepsilon\big(V_\varepsilon(V_\beta(A))\big) \leq V_\alpha(A)$, also $V_\varepsilon\big(V_\varepsilon(V_\beta(A))\big) \wedge c\,V_\alpha(A) = 0$. Nach $\boldsymbol{U_4}$ folgt hieraus weiter $V_\varepsilon(V_\beta(A)) \wedge V_\varepsilon(c\,V_\alpha(A)) = 0$, wegen $\overline{c\,V_\alpha(A)} \leq V_\varepsilon(c\,V_\alpha(A))$ also $V_\varepsilon(V_\beta(A)) \wedge \overline{c\,V_\alpha(A)} = 0$, wegen $\underline{V_\alpha(A)} = c\,c\,\overline{V_\alpha(A)}$ also $V_\varepsilon(V_\beta(A)) \leq V_\alpha(A)$. Dies, zusammen mit $\overline{V_\beta(A)} \leq V_\varepsilon(V_\beta(A))$ ergibt die Behauptung.

Unter der *Abweichung* $\varrho(A, B)$ zweier Somen $A > 0$ und $B > 0$ aus $\mathfrak{B}$ verstehen wir die untere Grenze aller Zahlen $\alpha \in \Sigma$ mit $|A, B| \leq \alpha$[1], also mit anderen Worten die untere Grenze aller reellen Zahlen α mit $A \leq V_\alpha(B)$ und $B \leq V_\alpha(A)$ (z.B. ist $\alpha = +\infty$ eine solche Zahl). Es ist

$$0 \leq \varrho(A, B) \leq +\infty.$$

Insbesondere ist $\varrho(A, A) = 0$.

Beispielsweise ist in einem quasi-metrischen Raum $\mathfrak{E}$ für zwei nicht leere Mengen A und B die Abweichung $\varrho(A, B)$ die untere Grenze aller Zahlen α mit $A \subseteq U_\alpha(B)$ und $B \subseteq U_\alpha(A)$.

20.2. $\varrho(A, B) = \varrho(B, A)$.

Beweis. 19.11.

Dem Satz **19.12.** entspricht folgender schärfere Satz.

20.3. $\varrho(A, C) \leq \varrho(A, B) + \varrho(B, C)$.

Beweis. Ist eine der Zahlen rechts gleich $+\infty$, so ist nichts zu beweisen. Andernfalls wählen wir ein $\alpha > \varrho(A, B)$ und ein $\beta > \varrho(B, C)$. Dann ist $A \leq V_\alpha(B)$ und $B \leq V_\beta(C)$, also $A \leq V_{\alpha+\beta}(C)$ nach $\boldsymbol{U_3'}$ und $\boldsymbol{U_5}$. Analog ist $C \leq V_{\beta+\alpha}(A)$. Also ist $\varrho(A, C) \leq \alpha + \beta$.

20.4. *Es ist dann und nur dann* $\varrho(A, B) = 0$, *wenn* $\overline{A} = \overline{B}$ *ist.*

Beweis. 19.14.

Nach **20.2.** bis **20.4.** ist die Abweichung ϱ eine Quasi-Metrik für die Menge der Somen > 0.

20.5. $\varrho(\overline{A}, \overline{B}) = \varrho(A, B)$.

Beweis. Es sei $|A, B| \leq \alpha$. Dann ist $A \leq V_\alpha(B)$, also $\overline{A} \leq \overline{V_\alpha(B)}$. Nun ist $\overline{V_\alpha(B)} \leq V_\varepsilon\big(V_\alpha(B)\big) \leq V_{\alpha+\varepsilon}(B) \leq V_{\alpha+\varepsilon}(\overline{B})$ für jedes $\varepsilon > 0$ nach

---

[1] Man beachte: Das Symbol $|A, B|$ hat keinerlei Bedeutung, ist also insbesondere keine reelle Zahl; vielmehr hat nur die Relation $|A, B| \leq \alpha$ einen Sinn; hingegen ist $\varrho(A, B)$ eine reelle Zahl.

der Hüllendefinition und nach U_3' und U_5. Also ist $\overline{A} \leq V_{\alpha+\varepsilon}(\overline{B})$ für jedes $\varepsilon > 0$. Analog ist $\overline{B} \leq V_{\alpha+\varepsilon}(\overline{A})$ für jedes $\varepsilon > 0$. Also ist $|\overline{A}, \overline{B}| \leq \alpha + \varepsilon$ für jedes $\varepsilon > 0$. Umgekehrt sei $|\overline{A}, \overline{B}| \leq \alpha$. Dann ist $A \leq \overline{A} \leq V_\alpha(\overline{B})$. Für jedes $\varepsilon > 0$ ist $\overline{B} \leq V_\varepsilon(B)$, also $V_\alpha(\overline{B}) \leq V_\alpha(V_\varepsilon(B)) \leq V_{\alpha+\varepsilon}(B)$. Folglich ist $A \leq V_{\alpha+\varepsilon}(B)$ für jedes $\varepsilon > 0$. Analog ist $B \leq V_{\alpha+\varepsilon}(A)$ für jedes $\varepsilon > 0$. Also ist $|A, B| \leq \alpha + \varepsilon$ für jedes $\varepsilon > 0$.

20.6. *Die reell uniforme Struktur von $\mathfrak{B}$ ist dann und nur dann T_1-uniform, wenn für je zwei verschiedene Somen $A > O$ und $B > O$ zwei abgeschlossene Somen A' und B' mit $O < A' \leq A$, $O < B' \leq B$ und $\varrho(A', B') > O$ existieren.*

Beweis. Diese Bedingung sei erfüllt. Dann enthält jedes Soma $> O$ ein abgeschlossenes Soma $> O$. Nach **11.3.** ist folglich $\mathfrak{B}$ T_1-topologisch. — Umgekehrt sei $\mathfrak{B}$ T_1-topologisch. Sind A und B zwei verschiedene Somen $> O$, so existieren nach **11.2.** zwei verschiedene, abgeschlossene Somen A' und B' mit $0 < A' \leq A$ und $O < B' \leq B$. Nach **20.4.** ist $\varrho(A', B') > 0$.

Unter dem *Durchmesser* δA eines Somas A aus $\mathfrak{B}$ verstehen wir die untere Grenze aller Zahlen $\alpha \in \Sigma$ mit $|A| \leq \alpha$ [1], also mit anderen Worten die untere Grenze aller Zahlen $\alpha \in \Sigma$ mit $A' \leq V_\alpha(A'')$ und $A'' \leq V_\alpha(A')$ für je zwei Somen A' und A'' mit $O < A' \leq A$ und $O < A'' \leq A$. Es ist

$$0 \leq \delta A \leq + \infty.$$

Insbesondere ist $\delta O = 0$.

Beispielsweise ist in einem quasi-metrischen Raum $\mathfrak{E}$ der Durchmesser δA einer nicht leeren Menge A die obere Grenze aller Abstände $\delta(p, q)$ von Punkten p und q aus A und der Durchmesser δL der leeren Menge L gleich 0.

Analog zu den Sätzen **19.17.** bis **19.21.** gelten die folgenden fünf schärferen Sätze.

20.7. *Aus $A' \leq A$ folgt $\delta A' \leq \delta A$.*

20.8. $\delta V_\alpha(A) \leq \delta A + 2\alpha.$

Beweis. Ist $A = O$ und damit $V_\alpha(A) = O$, also $\delta V_\alpha(A) = 0$, oder ist $\delta A = + \infty$, so ist nichts zu beweisen. Es sei also $A > O$ und $\delta A < + \infty$. Es seien V' und V'' zwei Somen mit $O < V' \leq V_\alpha(A)$ und $O < V'' \leq V_\alpha(A)$. Nach **19.7.** existieren zwei Somen $A' \leq A$ und $A'' \leq A$ mit $V' \leq V_\alpha(A')$ und $A' \leq V_\alpha(V')$ bzw. $V'' \leq V_\alpha(A'')$ und $A'' \leq V_\alpha(V'')$. Wegen $V' > O$ und $V'' > O$ ist auch $A' > O$ und $A'' > O$ nach **19.3.** Nach der Definition von δA ist $A' \leq V_\beta(A'')$ und $A'' \leq V_\beta(A')$ für jedes $\beta > \delta A$.

---

[1] Man beachte: Das Symbol $|A|$ hat keinerlei Bedeutung, ist also insbesondere keine reelle Zahl; vielmehr hat nur die Relation $|A| \leq \alpha$ einen Sinn; hingegen ist δA eine reelle Zahl.

Nach U_3' und U_5 folgt $V' \leq V_\alpha(A') \leq V_\alpha(V_\beta(A'')) \leq V_\alpha(V_\beta(V_\alpha(V''))) \leq V_{2\alpha+\beta}(V'')$. Analog ist $V'' \leq V_{2\alpha+\beta}(V')$.

Korollar. $\delta \overline{A} = \delta A$.

Beweis. Für jedes $\alpha > 0$ ist $\overline{A} \leq V_\alpha(A)$, nach **20.7.** und **20.8.** also $\delta \overline{A} \leq \delta A + 2\alpha$ und daher $\delta \overline{A} \leq \delta A$. Nach **20.7.** ist $\delta A \leq \delta \overline{A}$.

20.9. *Für je $n+1$ Somen $A_0, A_1, \ldots, A_n$ mit $A_{i-1} \wedge A_i > 0$ $(i = 1, \ldots, n)$ ist $\delta(A_0 \vee A_1 \vee \cdots \vee A_n) \leq \delta A_0 + \delta A_1 + \cdots + \delta A_n$.*

Beweis. Durch vollständige Induktion ergibt sich diese Behauptung aus der folgenden: Für je zwei Somen A und B mit $A \wedge B > 0$ ist $\delta(A \vee B) \leq \delta A + \delta B$. Es genügt also, diese letztere Behauptung zu beweisen. Ist $\delta A = +\infty$ oder $\delta B = +\infty$, so ist die Behauptung trivial. Es sei also $\delta A < +\infty$ und $\delta B < +\infty$. Wir wählen ein $\alpha > \delta A$ und ein $\beta > \delta B$. Nun seien C' und C'' zwei Somen mit $O < C' \leq A \vee B$ und $O < C'' \leq A \vee B$. Es genügt, $C'' \leq V_{\alpha+\beta}(C')$ zu beweisen. Es sei etwa $C' \wedge A > 0$. Dann ist $A \leq V_\alpha(C' \wedge A)$ wegen $\delta A < \alpha$, also $A \leq V_\alpha(C') \leq V_{\alpha+\beta}(C')$ nach U_5 und U_2'. Weiter ist $B \leq V_\beta(A \wedge B)$ wegen $\delta B < \beta$, also $B \leq V_\beta(V_\alpha(C'))$ nach U_5 wegen $A \wedge B \leq A \leq V_\alpha(C')$, also $B \leq V_{\alpha+\beta}(C')$ nach U_3'. Aus $A \leq V_{\alpha+\beta}(C')$ und $B \leq V_{\alpha+\beta}(C')$ folgt $A \vee B \leq V_{\alpha+\beta}(C')$, also $C'' \leq V_{\alpha+\beta}(C')$.

20.10. *Es sei $(A_i)_{i \in I}$ eine Somenfamilie, deren Vereinigung $\vee A_i$ existiert. Ist dann $\delta(A_{i'} \vee A_{i''}) \leq \alpha$ für je zwei Indizes i' und i'' aus I, so ist $\delta(\vee A_i) \leq \alpha$.*

Beweis. Wir setzen $\vee A_i = A$. Die Behauptung ist trivial, wenn $A = O$ oder $\alpha = +\infty$ ist. Es sei also $A > O$ und $\alpha < +\infty$. Wir wählen ein beliebiges $\beta > \alpha$. Sind nun A' und A'' zwei Somen mit $O < A' \leq A$ und $O < A'' \leq A$, so besteht für jedes $i' \in I$ mit $A' \wedge A_{i'} > 0$ und jedes $i'' \in I$ mit $A'' \wedge A_{i''} > 0$ wegen $\delta(A_{i'} \vee A_{i''}) \leq \alpha$ und U_5 die Beziehung $A' \wedge A_{i'} \leq V_\beta(A'' \wedge A_{i''}) \leq V_\beta(A'')$; also ist $A' \leq V_\beta(A'')$ wegen $A' = \vee(A' \wedge A_{i'})$. Analog ist $A'' \leq V_\beta(A')$.

Das Nullsoma O hat den Durchmesser $\delta O = 0$. Über die Somen $> O$ mit verschwindendem Durchmesser gibt folgender Satz Auskunft.

20.11. *Ist P ein Atom, so ist $\delta P = 0$. Ist umgekehrt $P > O$ und $\delta P = 0$ und ist außerdem $\mathfrak{B}$ T_1-uniform, so ist P ein Atom.*

Beweis. 19.21.

Unter dem *Abstand* $\delta(A, B)$ zweier Somen $A > O$ und $B > O$ aus $\mathfrak{B}$ verstehen wir die untere Grenze aller Zahlen $\alpha \in \Sigma$, für welche zwei Somen A' und B' mit $O < A' \leq A$, $O < B' \leq B$ und $\varrho(A', B') \leq \alpha$ existieren. Es ist

$$0 \leq \delta(A, B) \leq +\infty.$$

Insbesondere ist $\delta(A, A) = 0$.

Beispielsweise ist in einem quasi-metrischen Raum $\mathfrak{E}$ der Abstand $\delta(A, B)$ zweier nicht leerer Mengen A und B die untere Grenze der Abstände $\delta(p, q)$ aller Punkte $p \in A$ und $q \in B$.

20.12. $\delta(A, B) = \delta(B, A)$.

20.13. *Für je drei Somen $A > O$, $B > O$ und $C > O$ ist*

$$\delta(A, C) \leq \delta(A, B) + \delta B + \delta(B, C).$$

Beweis. Ist mindestens eine der drei rechts stehenden Zahlen gleich $+\infty$, so ist nichts zu beweisen. Andernfalls wählen wir ein $\alpha > \delta(A, B)$, ein $\beta > \delta B$ und ein $\gamma > \delta(B, C)$. Dann existieren zwei Somen A' und B' mit $0 < A' \leq A$, $0 < B' \leq B$ und $\varrho(A', B') < \alpha$ sowie zwei Somen B'' und C' mit $0 < B'' \leq B$, $0 < C' \leq C$ und $\varrho(B'', C') < \gamma$. Es ist $\varrho(B', B'') < \beta$. Aus $A' \leq V_\alpha(B')$, $B' \leq V_\beta(B'')$ und $B'' \leq V_\gamma(C')$ folgt $A' \leq V_{\alpha+\beta+\gamma}(C')$ nach $\boldsymbol{U_3'}$ und $\boldsymbol{U_5}$. Analog ist $C' \leq V_{\alpha+\beta+\gamma}(A')$. Hieraus folgt die Behauptung.

20.14. *Für $\delta(A, B) = 0$ ist hinreichend und, falls $\overline{A}$ kompakt ist, auch notwendig, daß $\overline{A} \wedge \overline{B} > O$ ist.*

Beweis. Es sei $\overline{A} \wedge \overline{B} = C > O$. Zu beliebigem $\alpha > 0$ wählen wir ein $\beta > 0$ gemäß **19.5.** Wegen $C \leq \overline{A}$ ist $C \leq V_\beta(A)$; nach **19.7.** existiert daher ein Soma $A' \leq A$ mit $C \leq V_\beta(A')$ und $A' \leq V_\beta(C)$; wegen $C > O$ ist dann auch $A' > O$ nach **19.3.** Analog existiert ein Soma B' mit $0 < B' \leq B$, $C \leq V_\beta(B')$ und $B' \leq V_\beta(C)$. Nach der Wahl von β folgt $A' \leq V_\alpha(B')$ und $B' \leq V_\alpha(A')$, also $\varrho(A', B') \leq \alpha$. Es ist also $\delta(A, B) \leq \alpha$ für beliebiges $\alpha > 0$ und daher $\delta(A, B) = 0$. — Umgekehrt sei $\overline{A}$ kompakt und $\delta(A, B) = 0$. Aus $\delta(A, B) = 0$ folgt, daß für jedes natürliche n der Durchschnitt $A_n = A \wedge V_{\frac{1}{n}}(B) > O$ ist. Nach $\boldsymbol{U_2'}$ ist $A_n \geq A_{n+1}$ für jedes n. Wegen der Kompaktheit von $\overline{A}$ ist der Durchschnitt $D = \wedge \overline{A_n} > O$. Es ist $D \leq \overline{A}$. Wegen $D \leq \overline{A_n} \leq \overline{V_{\frac{1}{n}}(B)}$ für jedes n ist $D \leq V_\alpha(B)$ für jedes $\alpha > 0$ nach **19.8.** und $\boldsymbol{U_2'}$, also auch $D \leq \overline{B}$. Folglich ist $\overline{A} \wedge \overline{B} > O$.

Korollar. *Für ein Atom P und ein Soma $A > O$ ist dann und nur dann $\delta(A, P) = 0$, wenn $P \leq \overline{A}$ ist.*

Beweis. Ist $P \leq \overline{A}$, so ist $\overline{A} \wedge \overline{P} > O$, also $\delta(A, P) = 0$ nach **20.14.** Ist umgekehrt $\delta(A, P) = 0$, so existiert für jedes $\alpha > 0$ ein Soma A' mit $0 < A' \leq A$ und $\varrho(A', P) < \alpha$, also mit $P \leq V_\alpha(A') \leq V_\alpha(A)$ nach $\boldsymbol{U_5}$. Folglich ist $P \leq \overline{A}$.

20.15. $\delta(\overline{A}, \overline{B}) = \delta(A, B)$.

Beweis. Aus $A \leq \overline{A}$, $B \leq \overline{B}$ folgt $\delta(A, B) \geq \delta(\overline{A}, \overline{B})$. Ist $\delta(\overline{A}, \overline{B}) = +\infty$, so sind wir schon fertig. Es sei also $\delta(\overline{A}, \overline{B}) < +\infty$. Für jedes $\alpha > \delta(\overline{A}, \overline{B})$ existieren dann zwei Somen A' und B' mit $0 < A' \leq \overline{A}$, $0 < B' \leq \overline{B}$ und $\varrho(A', B') < \alpha$, also mit $A' \leq V_\alpha(B')$ und $B' \leq V_\alpha(A')$.

Aus $A' \leq \overline{A}$ und $B' \leq \overline{B}$ folgt $A' \leq V_\varepsilon(A)$ und $B' \leq V_\varepsilon(B)$ für ein beliebiges $\varepsilon > 0$. Nach **19.7.** existiert ein Soma $A'' \leq A$ mit $A' \leq V_\varepsilon(A'')$ und $A'' \leq V_\varepsilon(A')$, sowie ein Soma $B'' \leq B$ mit $B' \leq V_\varepsilon(B'')$ und $B'' \leq V_\varepsilon(B')$. Nach $\boldsymbol{U_5}$ und $\boldsymbol{U_3'}$ ist dann $A'' \leq V_\varepsilon(A') \leq V_\varepsilon(V_\alpha(B')) \leq V_\varepsilon(V_\alpha(V_\varepsilon(B''))) \leq V_{\alpha+2\varepsilon}(B'')$. Analog ist $B'' \leq V_{\alpha+2\varepsilon}(A'')$. Also ist $\delta(A, B) \leq \alpha + 2\varepsilon$ für beliebiges $\varepsilon > 0$ und daher $\delta(A, B) \leq \alpha$. Folglich ist $\delta(A, B) \leq \delta(\overline{A}, \overline{B})$.

20.16. *Aus* $O < A' \leq A$ *und* $O < B' \leq B$ *folgt* $\delta(A', B') \geq \delta(A, B)$.

20.17. *Für je zwei Atome* P *und* Q *ist* $\delta(P, Q) = \varrho(P, Q)$.

In einem reell uniformen BOOLE-Verband $\mathfrak{B}$ heiße ein Soma A *beschränkt,* wenn sein Durchmesser $\delta A < +\infty$ ist. (Beispielsweise ist das Nullsoma O und jedes Atom P beschränkt.) Ist das Einssoma E und damit jedes Soma A aus $\mathfrak{B}$ beschränkt, so heiße $\mathfrak{B}$ beschränkt.

20.18. *Jede reell uniforme Struktur eines* BOOLE-*Verbandes* $\mathfrak{B}$ *ist äquivalent zu einer reell uniformen Struktur von* $\mathfrak{B}$, *bei welcher* $\mathfrak{B}$ *beschränkt ist.*

Beweis. Es sei $\big(V_\alpha(A)\big)$ die gegebene reell uniforme Struktur von $\mathfrak{B}$. Für jedes α mit $0 < \alpha \leq +\infty$ und jedes Soma A aus $\mathfrak{B}$ definieren wir ein Soma $V_\alpha'(A)$ folgendermaßen: $V_\alpha'(A) = V_\alpha(A)$, wenn $\alpha \leq 1$ ist; $V_\alpha'(A) = V_{+\infty}(A)$, wenn $\alpha > 1$ ist. Man bestätigt mühelos, daß das System $\big(V_\alpha'(A)\big)$ dieser Somen $V_\alpha'(A)$ eine zur gegebenen Struktur $\big(V_\alpha(A)\big)$ äquivalente, reell uniforme Struktur ist. Der Durchmesser von E bei dieser neuen Struktur ist ≤ 1.

Beispiele. 1. In der CARTESISCHEN Geraden $\mathfrak{C}^1$ sei A die Menge der rationalen Punkte x_1 mit $0 \leq x_1 \leq 1$ und B die Menge der irrationalen Punkte x_2 mit $0 \leq x_2 \leq 1$. Dann ist $\varrho(A, B) = 0$, $\delta A = 1$, $\delta B = 1$, $\delta(A, B) = 0$. — 2. In der CARTESISCHEN Ebene $\mathfrak{C}^2$ sei A die Hyperbel $x_1 x_2 = 1$ und B die Vereinigung ihrer Asymptoten $x_1 = 0$ und $x_2 = 0$. Dann ist $\varrho(A, B) = 1$, $\delta A = +\infty$, $\delta B = +\infty$, $\delta(A, B) = 0$. — 3. In der CARTESISCHEN Ebene $\mathfrak{C}^2$ sei A die Parabel $x_2 = x_1^2 + 1$ und B die x_1-Achse $x_2 = 0$. Dann ist $\varrho(A, B) = +\infty$, $\delta A = +\infty$, $\delta B = +\infty$, $\delta(A, B) = 1$.

§ 21. Uniforme Räume.

Unter einem uniformen (bzw. $\boldsymbol{T_1}$-uniformen) *Raum* verstehen wir einen uniformen (bzw. $\boldsymbol{T_1}$-uniformen) *atomaren* BOOLE-*Voll*verband.

Nach **5.3.** ist es keine Einschränkung der Allgemeinheit, wenn wir, was wir im folgenden stets tun werden, nur diejenigen uniformen Räume betrachten, die *Mengen*verbände sind, bestehend aus allen Teilmengen A einer Menge E. Wir bezeichnen dann E als den *Träger* des Raumes und die Elemente p als seine *Punkte*[1]. (Vgl. S. 47.)

---

[1] In einem uniformen Raum schreiben wir $V_\alpha(p)$ statt $V_\alpha((p))$, $|p, q| \leq \alpha$ statt $|(p), (q)| \leq \alpha$ und $|p| \leq \alpha$ statt $|(p)| \leq \alpha$.

Als erstes und wichtigstes Beispiel nennen wir hier die quasi-metrischen (metrischen) Räume.

In einem uniformen Raum können wir die Mengen der uniformen Struktur stets als offene Mengen annehmen. Es gilt nämlich:

21.1. *Zur uniformen Struktur* $(V_\alpha(A))_{\alpha \in \Sigma}$ *eines uniformen Raumes* $\mathfrak{E}$ *existiert eine äquivalente uniforme Struktur* $(U_\alpha(A))_{\alpha \in \Sigma}$, *die aus offenen Mengen besteht.*

Beweis. Für die leere Menge L sei $U_\alpha(L) = L$. Ist A eine nicht leere Menge aus $\mathfrak{E}$, so sei $U_\alpha(A)$ die Vereinigung aller Mengen $V_\alpha(q)$, ($q \in E$), die zu A nicht fremd sind. Die Mengen $U_\alpha(A)$ sind offen. Wir behaupten, daß die Mengen $U_\alpha(A)$ die Axiome $\boldsymbol{U_1}$ bis $\boldsymbol{U_6}$ erfüllen. — $\boldsymbol{U_1}$. Nach **19.8.** ist $p \in V_\alpha(p)$ für jedes $p \in A$; also ist $A \subseteq U_\alpha(A)$. — $\boldsymbol{U_2}$. Zu $\alpha \in \Sigma$ und $\beta \in \Sigma$ wählen wir ein $\gamma \in \Sigma$ gemäß $\boldsymbol{U_2}$. Aus $V_\gamma(q) \subseteq V_\alpha(q)$ und $V_\gamma(q) \subseteq V_\beta(q)$ folgt $V_\gamma(q) \subseteq V_\alpha(q)$ und $V_\gamma(q) \subseteq V_\beta(q)$, also $U_\gamma(A) \subseteq U_\alpha(A)$ und $U_\gamma(A) \subseteq U_\beta(A)$. — $\boldsymbol{U_3}$. Zu $\alpha \in \Sigma$ wählen wir ein $\gamma \in \Sigma$ gemäß **19.8.** und zu diesem $\gamma \in \Sigma$ ein $\beta \in \Sigma$ gemäß $\boldsymbol{U_3}$. Nun sei p_1 ein beliebiger Punkt aus $U_\beta(U_\beta(A))$. Dann existiert ein Punkt $q_1 \in E$ und ein Punkt $q \in U_\beta(A)$ derart, daß $p_1 \in V_\beta(q_1)$ und $q \in V_\beta(q_1)$ ist. Zu $q \in U_\beta(A)$ existiert dann weiter ein Punkt $q_2 \in E$ und ein Punkt $p_2 \in A$ mit $q \subset V_\beta(q_2)$ und $p_2 \in V_\beta(q_2)$. Aus $p_1 \in V_\beta(q_1)$ und $q \in V_\beta(q_1)$ folgt[1] $p_1 \in V_\gamma(q)$. Aus $p_2 \in V_\beta(q_2)$ und $q \in V_\beta(q_2)$ folgt $p_2 \in V_\gamma(q)$. Aus $p_1 \in V_\gamma(q)$ und $p_2 \in V_\gamma(q)$ folgt $p_1 \in V_\alpha(q)$ und $p_2 \in V_\alpha(q)$. Also ist $p_1 \in U_\alpha(A)$. — Daß die Axiome $\boldsymbol{U_4}$ bis $\boldsymbol{U_6}$ durch die Mengen $U_\alpha(A)$ erfüllt sind, ist trivial. — Die Mengen $U_\alpha(A)$ bilden also eine uniforme Struktur von $\mathfrak{E}$. Wir haben noch zu zeigen, daß sie mit der Struktur $(V_\alpha(A))$ äquivalent ist. Es sei eine nicht leere Menge A und ein $\alpha \in \Sigma$ gegeben. Einerseits wählen wir zu diesem α ein $\beta \in \Sigma$ gemäß $\boldsymbol{U_3}$. Dann existiert für jeden Punkt $p \in U_\beta(A)$ ein Punkt $q \in E$ und ein Punkt $p' \in A$ mit $p \in V_\beta(q)$ und $p' \in V_\beta(q)$. Dann ist $p \in V_\alpha(p')$, also $p \in V_\alpha(A)$. Folglich ist $U_\beta(A) \subseteq V_\alpha(A)$. Andererseits wählen wir zu α ein $\beta \in \Sigma$ gemäß **19.8.** Dann existiert nach **19.4.** für jeden Punkt $p \in V_\beta(A)$ ein Punkt $p' \in A$ mit $p \in V_\beta(p')$, also mit $p \in V_\alpha(p') \subseteq U_\alpha(A)$. Folglich ist $V_\beta(A) \subseteq U_\alpha(A)$.

Für einen *reell* uniformen Raum gilt wesentlich mehr:

21.2. *Zur reell uniformen Struktur* $(V_\alpha(A))_{0 < \alpha \leq +\infty}$ *eines reell uniformen Raumes* $\mathfrak{E}$ *existiert eine äquivalente Quasi-Metrik.*

Beweis. Für je zwei Punkte p und q aus $\mathfrak{E}$ sei $\varrho(p, q)$ die Abweichung der einpunktigen Mengen (p) und (q) bezüglich der Struktur $(V_\alpha(A))$. Dann ist $0 \leq \varrho(p, q) \leq +\infty$, $\varrho(p, q) = \varrho(q, p)$ nach **20.2.**, $\varrho(p, r) \leq \varrho(p, q) + \varrho(q, r)$ nach **20.3.** und $\varrho(p, p) = 0$ nach **20.4.** Nun sei $\delta'(p, q) = \varrho(p, q)$, wenn $\varrho(p, q) \leq 1$, und $\delta'(p, q) = 1$, wenn $\varrho(p, q) > 1$

---

[1] Aus $r \in V_\beta(s)$ folgt $s \in V_\beta(r)$ nach $\boldsymbol{U_4}$.

ist. Dann ist $0 \leq \delta'(p, q) \leq 1$, $\delta'(p, q) = \delta'(q, p)$, $\delta'(p, r) \leq \delta'(p, q) + \delta'(q, r)$ und $\delta'(p, p) = 0$. Also ist δ' eine Quasi-Metrik. Wir behaupten, daß sie zur Struktur $(V_\alpha(A))$ äquivalent ist, daß mit anderen Worten zu jedem α mit $0 < \alpha \leq +\infty$ ein ε mit $0 < \varepsilon \leq +\infty$ derart existiert, daß $U_\varepsilon(A) \subseteq V_\alpha(A)$ ist für jede Menge A aus $\mathfrak{E}$, und daß zu jedem ε ein α derart existiert, daß $V_\alpha(A) \subseteq U_\varepsilon(A)$ ist für jede Menge A aus $\mathfrak{E}$ [dabei ist $U_\varepsilon(A)$ die offene Menge aller Punkte q aus $\mathfrak{E}$, zu denen ein Punkt p aus A mit $\delta'(p, q) < \varepsilon$ existiert]. Ist ein α mit $0 < \alpha \leq +\infty$ gegeben, so setzen wir Min $(\alpha, 1) = \varepsilon$; zu jedem Punkt q aus $U_\varepsilon(A)$ existiert dann in A ein Punkt p mit $\delta'(p, q) < \varepsilon$; wegen $\varepsilon \leq 1$ ist $\delta'(p, q) = \varrho(p, q)$, wegen $\varepsilon \leq \alpha$ also $\varrho(p, q) \leq \alpha$; folglich ist q ein Punkt aus $V_\alpha(A)$; mithin ist $U_\varepsilon(A) \subseteq V_\alpha(A)$. Ist umgekehrt ein ε mit $0 < \varepsilon \leq +\infty$ gegeben, so wählen wir ein α mit $0 < \alpha < \varepsilon$; zu jedem Punkt q aus $V_\alpha(A)$ existiert nach **19.4.** ein Punkt p in A, so daß q in $V_\alpha(p)$ liegt; wegen U_4 ist dann auch p ein Punkt von $V_\alpha(q)$; also ist $\varrho(p, q) \leq \alpha$, mithin auch $\delta'(p, q) \leq \alpha$, wegen $\alpha < \varepsilon$ also q ein Punkt von $U_\varepsilon(A)$; folglich gilt $V_\alpha(A) \subseteq U_\varepsilon(A)$.

Anmerkung. Ist die Struktur von $\mathfrak{E}$ T_1-uniform, so ist die Quasi-Metrik eine Metrik.

Ist $\mathfrak{E}$ ein uniformer Raum, E' eine Menge aus $\mathfrak{E}$ und $\mathfrak{E}'$ der Mengenverband aller Teilmengen A' von E', so induziert die uniforme Struktur $(V_\alpha(A))_{\alpha \in \Sigma}$ von $\mathfrak{E}$ in $\mathfrak{E}'$ die uniforme Struktur $(E' \cap V_\alpha(A'))_{\alpha \in \Sigma}$. In diesem Sinne heiße $\mathfrak{E}'$ ein *Unterraum* des uniformen Raumes $\mathfrak{E}$. [Die durch die uniforme Struktur von $\mathfrak{E}'$ induzierte Topologie von $\mathfrak{E}'$ ist identisch mit der durch die Topologie von $\mathfrak{E}$ in $\mathfrak{E}'$ induzierte Topologie (S. 69).]

Übungen. 1. Es sei $\mathfrak{E}$ ein uniformer Raum und $(V_\alpha(A))_{\alpha \in \Sigma}$ seine uniforme Struktur. Für jeden Punkt p aus $\mathfrak{E}$ und jedes $\alpha \in \Sigma$ setzen wir $V_\alpha(p) = W_\alpha(p)$. Diese Mengen $W_\alpha(p)$ genügen den folgenden vier Axiomen von A. WEIL. (W_1) $p \in W_\alpha(p)$. (W_2) Zu jedem $\alpha \in \Sigma$ und jedem $\beta \in \Sigma$ existiert ein $\gamma \in \Sigma$ mit $W_\gamma(p) \subseteq W_\alpha(p) \cap W_\beta(p)$. (W_3) Zu jedem $\alpha \in \Sigma$ existiert ein $\beta \in \Sigma$ derart, daß aus $p \in W_\beta(r)$ und $q \in W_\beta(r)$ folgt $q \in W_\alpha(p)$. (W_4) Aus $q \in W_\alpha(p)$ folgt $p \in W_\alpha(q)$. Ist $\mathfrak{E}$ T_1-uniform, so gilt außerdem: (W_5) Sind p und q zwei verschiedene Punkte aus $\mathfrak{E}$, so existiert ein $\alpha \in \Sigma$ derart, daß nicht $q \in W_\alpha(p)$ ist. — Umgekehrt sei E eine Menge von Elementen p und $\mathfrak{E}$ der Mengenverband aller Teilmengen A von E. Weiter sei Σ eine nicht leere Menge irgendwelcher Dinge. Für jedes $p \in E$ und jedes $\alpha \in \Sigma$ sei $W_\alpha(p)$ eine eindeutig definierte Menge aus $\mathfrak{E}$ mit den Eigenschaften (W_1) bis (W_4). Definieren wir nun für jede Menge A aus $\mathfrak{E}$ und jedes $\alpha \in \Sigma$ eine Menge $V_\alpha(A)$ durch die Gleichung $V_\alpha(A) = \bigcup_{p \in A} W_\alpha(p)$, so ist das System $(V_\alpha(A))_{\alpha \in \Sigma}$ dieser Mengen eine uniforme Struktur von $\mathfrak{E}$, also $\mathfrak{E}$ ein uniformer Raum. Ist auch die Bedingung (W_5) erfüllt, so ist $\mathfrak{E}$ T_1-uniform. — 2. Wieder sei $\mathfrak{E}$ ein

uniformer Raum und $\left(V_\alpha(A)\right)_{\alpha \in \Sigma}$ seine uniforme Struktur. Für jedes
$\alpha \in \Sigma$ sei W_α die Menge aller Punktepaare (p, q) mit $q \in W_\alpha(p)$. Die so
definierten Teilmengen W_α von $E \times E$ genügen den folgenden vier
Axiomen von N. BOURBAKI. (W_1^*) $(p, p) \in W_\alpha$. (W_2^*) Zu jedem $\alpha \in \Sigma$ und
jedem $\beta \in \Sigma$ existiert ein $\gamma \in \Sigma$ mit $W_\gamma \subseteqq W_\alpha \frown W_\beta$. (W_3^*) Zu jedem $\alpha \in \Sigma$
existiert ein $\beta \in \Sigma$ derart, daß aus $(p, r) \in W_\beta$ und $(q, r) \in W_\beta$ folgt $(p, q) \in W_\alpha$.
(W_4^*) Aus $(p, q) \in W_\alpha$ folgt $(q, p) \in W_\alpha$. Ist $\mathfrak{E}$ T_1-uniform, so gilt außerdem: (W_5^*) Sind p und q zwei verschiedene Punkte aus $\mathfrak{E}$, so existiert
ein $\alpha \in \Sigma$ derart, daß nicht $(p, q) \in W_\alpha$ ist[1]. — Umgekehrt sei E eine
Menge von Elementen p und $\mathfrak{E}$ der Mengenverband aller Teilmengen
A von E. Weiter sei Σ eine nicht leere Menge irgendwelcher Dinge.
Für jedes $\alpha \in \Sigma$ sei eine Teilmenge W_α von $E \times E$ derart definiert, daß
die Axiome (W_1^*) bis (W_4^*) erfüllt sind. Bezeichnen wir nun für jedes
$p \in E$ und jedes $\alpha \in \Sigma$ mit $W_\alpha(p)$ die Menge aller $q \in E$ mit $(p, q) \in W_\alpha$, so
genügen diese Mengen $W_\alpha(p)$ den Axiomen (W_1) bis (W_4), definieren
also in $\mathfrak{E}$ eine uniforme Struktur. Ist auch das Axiom (W_5^*) erfüllt, so
ist auch (W_5) erfüllt und daher die Struktur T_1-uniform. — 3. Es sei G
eine topologische Gruppe. Das bedeutet folgendes: Die (nicht leere)
Menge G ist erstens eine (additiv geschriebene) kommutative oder nicht
kommutative Gruppe; G ist zweitens der Träger eines klassisch topologischen Raumes $\mathfrak{G}$; die Gruppenoperation $+$ ist stetig in dem Sinne,
daß wenn a und b zwei beliebige Elemente aus G sind und U eine Umgebung von $a - b$ ist, eine Umgebung W von a und eine Umgebung V
von b derart existiert, daß $x - y \in U$ ist für jedes $x \in W$ und jedes $y \in V$.
Nun sei Σ das System der Umgebungen N des Nullelements 0. Für
jedes $a \in G$ und jedes $\alpha = N \in \Sigma$ bezeichnen wir mit $W_\alpha(a)$ die Menge
aller Elemente $a + x$ mit $x \in N = \alpha$. Diese Umgebungen $W_\alpha(a)$ der
Elemente a definieren in $\mathfrak{G}$ eine uniforme Struktur. Die durch sie induzierte Topologie von $\mathfrak{G}$ ist identisch mit der gegebenen Topologie von $\mathfrak{G}$.
In diesem Sinne können wir sagen: *Jede topologische Gruppe ist uniform.*
Damit $\mathfrak{G}$ HAUSDORFFsch (also die Struktur T_1-uniform) sei, ist not-
wendig und hinreichend, daß der Durchschnitt der Umgebungen N des
Nullelements 0 gleich (0) ist.

§ 22. Gleichmäßig stetige Homomorphismen.

Eine wichtige Rechtfertigung des Begriffes einer uniformen Struktur
besteht darin, daß man mit seiner Hilfe den Begriff der gleichmäßigen
Stetigkeit eines Homomorphismus formulieren und den grundlegenden
Satz der Analysis, wonach jede stetige (reelle oder komplexe) Funktion

---

[1] (W_2^*) besagt, daß das System der Mengen W_α ein Raster in der Menge $E \times E$
aller Punktepaare (p, q) ist; (W_1^*) drückt aus, daß jede Menge dieses Rasters die
Diagonale $\varDelta$ [$=$ Menge aller (p, p)] enthält; (W_5^*) ist gleichwertig mit $\bigcap_\alpha W_\alpha = \varDelta$.

auf einer kompakten Zahlenmenge gleichmäßig stetig ist, auf uniforme BOOLE-Verbände verallgemeinern kann. (Vgl. die Einleitung zu diesem Kapitel III; S. 169.)

Es seien $\mathfrak{B}$ und $\mathfrak{B}'$ zwei uniforme BOOLE-Verbände. Ihre uniformen Strukturen seien $(V_\alpha(A))_{\alpha \in \Sigma}$ und $(V'_{\alpha'}(A'))_{\alpha' \in \Sigma'}$. Ein Homomorphismus Φ von $\mathfrak{B}$ in $\mathfrak{B}'$ heiße *gleichmäßig stetig* (bezüglich der uniformen Strukturen von $\mathfrak{B}$ und $\mathfrak{B}'$), wenn folgendes gilt:

$$\left. \begin{array}{l} \text{Zu jedem } \alpha' \in \Sigma' \text{ existiert ein } \alpha \in \Sigma \text{ derart, daß} \\ \text{aus } |A, B| \leq \alpha \quad \text{folgt} \quad |\Phi A, \Phi B| \leq \alpha'. \end{array} \right\} \quad (22.1)$$

Nach der Definition der Relationen $|A, B| \leq \alpha$ und $|A', B'| \leq \alpha'$ (S. 173) und **19.13.** ist (22.1) gleichbedeutend mit folgendem:

$$\left. \begin{array}{l} \text{Zu jedem } \alpha' \in \Sigma' \text{ existiert ein } \alpha \in \Sigma \text{ mit} \\ \Phi V_\alpha(A) \leq V'_{\alpha'}(\Phi A). \end{array} \right\} \quad (22.2)$$

Die gleichmäßige Stetigkeit von Φ ist invariant gegenüber der Ersetzung der uniformen Strukturen von $\mathfrak{B}$ und $\mathfrak{B}'$ durch äquivalente Strukturen.

Beispiele. 1. Es seien $\mathfrak{E}$ und $\mathfrak{E}'$ zwei uniforme Räume und φ eine Abbildung von $\mathfrak{E}$ in $\mathfrak{E}'$. Sie ist dann und nur dann gleichmäßig stetig, wenn zu jedem $\alpha' \in \Sigma'$ ein $\alpha \in \Sigma$ derart existiert, daß aus $|p, q| \leq \alpha$ stets folgt $|\varphi p, \varphi q| \leq \alpha'$. — 2. Es seien $\mathfrak{E}$ und $\mathfrak{E}'$ zwei quasi-metrische Räume und φ eine Abbildung von $\mathfrak{E}$ in $\mathfrak{E}'$. Sie ist dann und nur dann gleichmäßig stetig, wenn zu jedem $\varepsilon' > 0$ ein $\varepsilon > 0$ derart existiert, daß aus $\delta(p, q) < \varepsilon$ folgt $\delta'(\varphi p, \varphi q) < \varepsilon'$. — 2. In einem quasi-metrischen Raum sei A eine feste, nicht leere Punktmenge. Dann ist die Funktion $\delta(p, A)$ gleichmäßig stetig.

22.1. *Es sei Φ ein gleichmäßig stetiger Homomorphismus des uniformen BOOLE-Verbandes $\mathfrak{B}$ in den uniformen BOOLE-Verband $\mathfrak{B}'$. Dann ist Φ stetig.*

Beweis. Es sei A ein beliebiges Soma aus $\mathfrak{B}$. Für ein zunächst festes $\alpha' \in \Sigma'$ wählen wir ein $\alpha \in \Sigma$ gemäß (22.2). Wegen $\overline{A} \leq V_\alpha(A)$ ist dann $\Phi \overline{A} \leq V'_{\alpha'}(\Phi A)$. Dies gilt für jedes $\alpha' \in \Sigma'$. Wegen $\overline{B'} = \bigwedge_{\alpha'} V'_{\alpha'}(B')$ für $B' = \Phi A$ folgt weiter $\Phi \overline{A} \leq \overline{\Phi A}$. Nach **10.2.** ist also Φ stetig.

Die eingangs dieses Paragraphen angekündigte Verallgemeinerung eines Satzes der Analysis ist der folgende Satz.

22.2. *Es sei $\mathfrak{B}$ ein vollkompakter, uniformer BOOLE-Verband, $\mathfrak{B}'$ ein uniformer BOOLE-Verband und Φ ein stetiger Vollhomomorphismus von $\mathfrak{B}$ in $\mathfrak{B}'$. Dann ist Φ gleichmäßig stetig.*

Beweis. Nach S. 100 existiert in $\mathfrak{B}$ zu jedem abgeschlossenen Soma $A > 0$ ein minimales abgeschlossenes Soma $P > 0$ mit $P \leq A$.

Über diese minimalen abgeschlossenen Somen $P > O$ aus $\mathfrak{B}$ machen wir einige Vorbemerkungen.

1. Vorbemerkung. Ist jedem P eine Nachbarschaft $V(P)$ zugeordnet, so überdecken endlich viele von ihnen den Verband $\mathfrak{B}$. Zum Beweis genügt es nach **12.4.** zu zeigen, daß die offenen Kerne $\underline{V(P)}$ eine Überdeckung von $\mathfrak{B}$ bilden. Wäre dies nicht der Fall, so gäbe es ein Soma $B < E$ mit $\underline{V(P)} \leq B$ für jedes P. Nun ist das Soma $A = c\overline{B} > O$. Es existiert also ein $P \leq A$. Wegen $P \leq V(P)$ und $P \leq c\overline{B}$ ist aber $\underline{V(P)} \wedge cB > O$, also $\underline{V(P)} \wedge cB > O$ nach **7.15.**, also nicht $\underline{V(P)} \leq B$.

2. Vorbemerkung. Zu jedem $\beta \in \Sigma$ existiert ein $\gamma \in \Sigma$ derart, daß aus $O < C \leq V_\gamma(P)$ folgt $|C, P| \leq \beta$. Denn es sei zu β ein $\gamma \in \Sigma$ gemäß **19.12.** gewählt. Ist nun $O < C \leq V_\gamma(P)$, so existiert nach **19.7.** ein $Q \leq P$ mit $|C, Q| \leq \gamma$. Wegen $C > O$ ist $Q > O$ nach **19.3.** Wegen der Minimaleigenschaft von P ist $\overline{Q} = P = \overline{P}$, also $|Q, P| \leq \gamma$ nach **19.14.** Daher ist $|C, P| \leq \beta$.

3. Vorbemerkung. Zu jedem P und jedem $\beta' \in \Sigma'$ existiert ein $\beta \in \Sigma$ derart, daß aus $|C, P| \leq \beta$ folgt $|\Phi C, \Phi P| \leq \beta'$. Nach **19.8.** existiert ein $\beta'_0 \in \Sigma'$ mit $V'_{\beta'_0}(A') \leq V_{\beta'}(A')$ für jedes $A' \in \mathfrak{B}'$. Wir wählen nun ein $\beta \in \Sigma$ so, daß $\Phi V_\beta(P) \leq V'_{\beta'_0}(\Phi P)$ ist. Dies ist möglich. Denn $V'_{\beta'_0}(\Phi P)$ ist eine Nachbarschaft von ΦP; nach **10.5.** existiert daher eine Umgebung U von P mit $\Phi U \leq V'_{\beta'_0}(\Phi P)$; mithin genügt es zu zeigen, daß es ein $\beta \in \Sigma$ mit $V_\beta(P) \leq U$ gibt. Angenommen, es gäbe kein solches $\beta \in \Sigma$. Dann ist das Soma $R_\beta = V_\beta(P) \wedge cU > O$ für jedes $\beta \in \Sigma$. Nach $\boldsymbol{U_2}$ bilden die Somen R_β also einen eigentlichen Raster. Da $\mathfrak{B}$ vollkompakt ist, existiert in $\mathfrak{B}$ ein Soma $R > O$, welches diesem Raster adhärent ist. Für alle $\beta \in \Sigma$ gilt dann $R \leq \overline{R_\beta}$. Also ist auch $R \leq \overline{V_\beta(P)}$ für jedes $\beta \in \Sigma$. Nach **19.9.** ist dann $R \leq P$. Da aber auch $\overline{R_\beta} \leq cU$ ist für jedes $\beta \in \Sigma$, so wäre also $R \leq cU$, im Widerspruch zu $O < P \leq U$. Damit ist bewiesen, daß ein $\beta \in \Sigma$ existiert mit $\Phi V_\beta(P) \leq V'_{\beta'_0}(\Phi P)$. — Nun sei C ein Soma aus $\mathfrak{B}$ mit $|C, P| \leq \beta$. Angenommen, es gälte $|\Phi C, \Phi P| \leq \beta'$ nicht. Aus $|C, P| \leq \beta$ und $P > O$ folgt zunächst $C > O$ nach **19.3.** Außerdem ist $C \leq V_\beta(P)$, also $\Phi C \leq \Phi V_\beta(P) \leq V'_{\beta'_0}(\Phi P) \leq V'_{\beta'}(\Phi P)$. Aus der Annahme, daß nicht $|\Phi C, \Phi P| \leq \beta'$ ist, folgt also, daß nicht $\Phi P \leq V'_{\beta'}(\Phi C)$ ist. Dann ist auch nicht $\Phi P \leq V'_{\beta'}(\Phi C)$, also nicht $P \leq \Phi^{-1} V'_{\beta'}(\Phi C)$ wegen (3.4). Nun ist $\Phi^{-1} V'_{\beta'}(\Phi C)$ offen nach **10.4.** Wegen der Minimaleigenschaft von P ist also $P \wedge c\Phi^{-1} V'_{\beta'}(\Phi C) = P$. Hieraus folgt $P \leq c\Phi^{-1} V'_{\beta'}(\Phi C) = \Phi^{-1} c V'_{\beta'}(\Phi C)$, letzteres wegen (3.16). Daher ist $\Phi P \leq c V'_{\beta'}(\Phi C) \leq c V'_{\beta'_0}(\Phi C)$, letzteres nach der Wahl von β'_0. Mithin ist $\Phi P \wedge V'_{\beta'_0}(\Phi C) = O'$. Nach $\boldsymbol{U_4}$ folgt hieraus $V'_{\beta'_0}(\Phi P) \wedge \Phi C = O'$. Wegen $C > O$ ist aber $\Phi C > O'$ nach (3.15). Also steht diese Gleichung im Widerspruch zu $\Phi C \leq V'_{\beta'_0}(\Phi P)$.

Nun kommen wir zum eigentlichen Beweis von **22.2.** Zum gegebenen $\alpha' \in \Sigma'$ wählen wir zunächst ein $\beta' \in \Sigma'$ gemäß **19.12.** Zu diesem β' und jedem minimalen abgeschlossenen Soma $P > O$ aus $\mathfrak{B}$ wählen wir ein β_P nach der 3. Vorbemerkung. Zu jedem β_P wählen wir ein γ_P nach der 2. Vorbemerkung. Schließlich wählen wir zu jedem γ_P ein δ_P nach U_3. Von den Nachbarschaften $V_{\delta_P}(P)$ genügen nach der 1. Vorbemerkung endlich viele zur Überdeckung von $\mathfrak{B}$, etwa die Nachbarschaften $V_{\delta_{P_\nu}}(P_\nu)$, $\nu = 1, \ldots, n$. Wir setzen $\beta_{P_\nu} = \beta_\nu$, $\gamma_{P_\nu} = \gamma_\nu$ und $\delta_{P_\nu} = \delta_\nu$ für jedes $\nu = 1, \ldots, n$. Nun wählen wir noch ein $\alpha \in \Sigma$ mit $\alpha \leq \delta_\nu$ für $\nu = 1, \ldots, n$ (S. 171). Nun seien A und B zwei Somen aus $\mathfrak{B}$ mit $|A, B| \leq \alpha$. Wir haben zu zeigen, daß dann $|\Phi A, \Phi B| \leq \alpha'$ ist. Wenn $A = O$ ist, so ist auch $B = O$ nach **19.3.** und umgekehrt; dann ist aber $\Phi A = O'$ und $\Phi B = O'$ nach (3.6), also $|\Phi A, \Phi B| \leq \alpha'$. Es sei also $A > O$ und $B > O$. Nun seien $P_1, \ldots, P_m$ diejenigen unter der Somen $P_1, \ldots, P_n$, für welche $A_\mu = A \wedge V_{\gamma_\mu}(P_\mu) > O$ und gleichzeitig $B_\mu = B \wedge V_{\gamma_\mu}(P_\mu) > O$ ist. Wir behaupten, daß $A_1 \vee \cdots \vee A_m = A$ ist (und analog $B_1 \vee \cdots \vee B_m = B$). Angenommen, es wäre $A_1 \vee \cdots \vee A_m = A^1 < A$ (falls es keine solchen P_μ gibt, setzen wir $A^1 = O$). Dann ist $A^2 = A \wedge cA^1 > O$. Wegen der Überdeckungseigenschaft der $V_{\delta_\nu}(P_\nu)$ existiert dann ein $\nu > m$ mit $A^2 \wedge V_{\delta_\nu}(P_\nu) = A^3 > O$. Da $|A, B| \leq \alpha$ ist, existiert nach **19.7.** ein Soma B^3 mit $O < B^3 \leq B$ mit $|A^3, B^3| \leq \alpha \leq \delta_\nu$. Also ist $B^3 \leq V_{\delta_\nu}(A^3) \leq V_{\delta_\nu}(V_{\delta_\nu}(P_\nu)) \leq V_{\gamma_\nu}(P_\nu)$. Außerdem ist $A^3 \leq V_{\delta_\nu}(P_\nu) \leq V_{\gamma_\nu}(P_\nu)$. Also wäre ν eine der Zahlen $1, \ldots, m$, im Widerspruch zu $\nu > m$. Wegen $A_\mu \leq V_{\gamma_\mu}(P_\mu)$ ist $|A_\mu, P_\mu| \leq \beta_\mu$ nach der Wahl von γ_μ. Analog ist $|B_\mu, P_\mu| \leq \beta_\mu$. Also ist $|\Phi A_\mu, \Phi P_\mu| \leq \beta'$ und $|\Phi B_\mu, \Phi P_\mu| \leq \beta'$ nach der Wahl von β_μ. Hieraus folgt $|\Phi A_\mu, \Phi B_\mu| \leq \alpha'$ nach der Wahl von β'. Da aber aus $A_1 \vee \cdots \vee A_m = A$ und $B_1 \vee \cdots \vee B_m = B$ folgt $\Phi A_1 \vee \cdots \vee \Phi A_m = \Phi A$ und $\Phi B_1 \vee \cdots \vee \Phi B_m = \Phi B$ nach (3.12), so ist $|\Phi A, \Phi B| \leq \alpha'$ nach **19.15.**

Beispiel. Es sei $\mathfrak{E}$ ein kompakter, quasi-metrischer Raum (E sein Träger) und $f|E$ eine stetige (reelle oder komplexe) Funktion. Dann ist f gleichmäßig stetig. (Vgl. das Korollar zu **12.2.**)

Als unmittelbare Anwendung von **22.2.** erbringen wir jetzt den

Beweis von 19.22. Es sei $\mathfrak{B}$ der BOOLE-Verband mit der Struktur $(V_\alpha(A))_{\alpha \in \Sigma}$ und $\mathfrak{B}'$ derselbe BOOLE-Verband, aber mit der Struktur $(V'_{\alpha'}(A))_{\alpha' \in \Sigma'}$. Wir ordnen jedes Soma A sich selbst zu: $\Phi A = A$. Dann ist Φ ein stetiger Isomorphismus von $\mathfrak{B}$ auf $\mathfrak{B}'$. Nach **22.2.** ist Φ gleichmäßig stetig. Es gilt also (22.2), d.h. hier (19.2). Analog ergibt sich die Gültigkeit von (19.1).

Es seien wieder $\mathfrak{B}$ und $\mathfrak{B}'$ zwei uniforme BOOLE-Verbände. Ihre uniformen Strukturen seien $(V_\alpha(A))_{\alpha \in \Sigma}$ und $(V'_{\alpha'}(A'))_{\alpha' \in \Sigma'}$. Ein Homomorphismus Φ von $\mathfrak{B}$ in $\mathfrak{B}'$ heiße *in beiden Richtungen gleichmäßig stetig*, wenn neben (22.1) die folgende Bedingung erfüllt ist:

$$\left.\begin{array}{l} \text{Zu jedem } \alpha \in \Sigma \text{ existiert ein } \alpha' \in \Sigma' \text{ derart, daß} \\ \text{aus } |\Phi A, \Phi B| \leq \alpha' \text{ folgt } |A, B| \leq \alpha. \end{array}\right\} \quad (22.3)$$

Analog, wie (22.1) mit (22.2) äquivalent ist, so ist (22.3) mit folgender Bedingung äquivalent, falls Φ ein Isomorphismus von $\mathfrak{B}$ auf $\mathfrak{B}'$ ist:

$$\left. \begin{array}{l} \text{Zu jedem } \alpha \in \Sigma \text{ existiert ein } \alpha' \in \Sigma' \text{ mit} \\ V'_{\alpha'}(\Phi A) \leq \Phi V_\alpha(A) . \end{array} \right\} \tag{22.4}$$

Auch diese beiden Bedingungen sind invariant gegenüber der Ersetzung der uniformen Strukturen von $\mathfrak{B}$ und $\mathfrak{B}'$ durch äquivalente uniforme Strukturen.

Beispiel. Ist $\mathfrak{B}$ ein uniformer BOOLE-Verband, so sei $\overline{A} = \Phi A$ gesetzt für jedes Soma $A \in \mathfrak{B}$. Dann ist Φ ein in beiden Richtungen stetiger Homomorphismus von $\mathfrak{B}$ in sich.

Übungen. 1. Für jeden in beiden Richtungen gleichmäßig stetigen Homomorphismus Φ gilt: Ist $\overline{A_1} \neq \overline{A_2}$, so ist $\Phi A_1 \neq \Phi A_2$. — 2. Eine in beiden Richtungen gleichmäßig stetige Abbildung eines $\boldsymbol{T_1}$-uniformen Raumes in einen uniformen Raum ist eine Homöomorphie.

Ist Φ in beiden Richtungen gleichmäßig stetig und nicht nur ein Homomorphismus, sondern ein Isomorphismus von $\mathfrak{B}$ auf $\mathfrak{B}'$, so ist Φ nach **22.1.** eine Homöomorphie von $\mathfrak{B}$ auf $\mathfrak{B}'$. Wir nennen dann Φ eine *uniforme Homöomorphie*, $\mathfrak{B}$ und $\mathfrak{B}'$ *uniform homöomorph*. Ein Isomorphismus Φ von $\mathfrak{B}$ auf $\mathfrak{B}'$ ist dann und nur dann eine uniforme Homöomorphie, wenn das Somensystem $(\Phi V_\alpha(A))_{\alpha \in \Sigma}$ eine zur uniformen Struktur $(V'_{\alpha'}(A'))_{\alpha' \in \Sigma'}$ äquivalente uniforme Struktur von $\mathfrak{B}'$ ist. [Diese Bedingung ist nach **22.2.** für jede Homöomorphie Φ von $\mathfrak{B}$ auf $\mathfrak{B}'$ erfüllt, also jede Homöomorphie Φ von $\mathfrak{B}$ auf $\mathfrak{B}'$ uniform, wenn $\mathfrak{B}$ (und damit $\mathfrak{B}'$) vollkompakt ist.] — Ist Φ ein Isomorphismus von $\mathfrak{B}$ auf $\mathfrak{B}'$, ist $\Sigma = \Sigma'$ und $\Phi V_\alpha(A) = V'_\alpha(\Phi A)$ für jedes $\alpha \in \Sigma$ und jedes $A \in \mathfrak{B}$ (bildet mit anderen Worten der Isomorphismus Φ die uniforme Struktur von $\mathfrak{B}$ auf die uniforme Struktur von $\mathfrak{B}'$ ab), so nennen wir $\mathfrak{B}$ und $\mathfrak{B}'$ *iso-uniform* und Φ eine iso-uniforme Homöomorphie. Sind umgekehrt $\mathfrak{B}$ und $\mathfrak{B}'$ uniform homöomorph und ersetzen wir die uniforme Struktur $(V'_{\alpha'}(A'))_{\alpha' \in \Sigma'}$ durch die zu ihr äquivalente uniforme Struktur $(\Phi V_\alpha(A))_{\alpha \in \Sigma}$, so sind $\mathfrak{B}$ und $\mathfrak{B}'$ iso-uniform.

Sind $\mathfrak{E}$ und $\mathfrak{E}'$ uniforme Räume, so ist eine Abbildung φ von $\mathfrak{E}$ in $\mathfrak{E}'$ dann und nur dann in beiden Richtungen gleichmäßig stetig, wenn zu jedem $\alpha' \in \Sigma'$ ein $\alpha \in \Sigma$ existiert, so daß aus $|p, q| \leq \alpha$ folgt $|\varphi p, \varphi q| \leq \alpha'$, und wenn zu jedem $\alpha \in \Sigma$ ein $\alpha' \in \Sigma'$ existiert, so daß aus $|\varphi p, \varphi q| \leq \alpha'$ folgt $|p, q| \leq \alpha$. Ist $\mathfrak{E}$ $\boldsymbol{T_1}$-uniform, so ist eine in beiden Richtungen gleichmäßig stetige Abbildung φ von $\mathfrak{E}$ in $\mathfrak{E}'$ eine uniforme Homöomorphie von $\mathfrak{E}$ auf den uniformen Unterraum von $\mathfrak{E}'$ mit der Träger φE.

Sind $\mathfrak{E}$ und $\mathfrak{E}'$ quasi-metrische Räume, so ist eine Abbildung φ von $\mathfrak{E}$ in $\mathfrak{E}'$ dann und nur dann in beiden Richtungen gleichmäßig stetig, wenn zu jedem $\varepsilon' > 0$ ein $\varepsilon > 0$ existiert, so daß aus $\delta(p, q) < \varepsilon$ folgt $\delta'(\varphi p, \varphi q) < \varepsilon'$, und wenn zu jedem $\varepsilon > 0$ ein ein $\varepsilon' > 0$ existiert, so daß aus $\delta'(\varphi p, \varphi q) < \varepsilon'$ folgt $\delta(p, q) < \varepsilon$. Sind $\mathfrak{E}$ und $\mathfrak{E}'$ metrisch, so ist eine solche Abbildung φ eine uniforme oder, wie wir jetzt sagen, eine *metrische Homöomorphie* von $\mathfrak{E}$ auf den metrischen Unterraum $\varphi \mathfrak{E}$ von $\mathfrak{E}'$ mit dem Träger φE. Ist sogar $\delta(p, q) = \delta'(\varphi p, \varphi q)$ für je zwei Punkte p und q von $\mathfrak{E}$, so heißen $\mathfrak{E}$ und $\varphi \mathfrak{E}$ *iso-metrisch* und φ eine *Isometrie*.

22.3. *Zu jedem uniformen Raum* $\mathfrak{E}$ *existiert eine in beiden Richtungen gleichmäßig stetige Abbildung* φ *auf einen* $\boldsymbol{T}_1$-*uniformen Raum* $\mathfrak{E}'$ *derart, daß für zwei Punkte* p *und* q *von* $\mathfrak{E}$ *dann und nur dann* $\varphi p = \varphi q$ *ist, wenn* $\overline{(p)} = \overline{(q)}$ *ist.*

Dieser (bis auf uniforme Homöomorphien eindeutig bestimmte) Raum $\mathfrak{E}'$ heißt der zu $\mathfrak{E}$ *assoziierte* $\boldsymbol{T}_1$-uniforme Raum.

Beweis. Es seien p_0 und p_1 Punkte von $\mathfrak{E}$. Ist $\overline{(p_0)} \cap \overline{(p_1)} > L$ (L die leere Menge), so existiert ein Punkt p_2 mit $p_2 \in \overline{(p_0)}$ und $p_2 \in \overline{(p_1)}$. Aus $p_2 \in \overline{(p_0)}$ folgt einerseits $\overline{(p_2)} \subseteq \overline{(p_0)}$; anderseits ist $p_2 \in V_\alpha(p_0)$, nach $\boldsymbol{U}_4$ also $p_0 \in V_\alpha(p_2)$ für jedes $\alpha \in \Sigma$, daher $p_0 \in \overline{(p_2)}$ und folglich $\overline{(p_0)} \subseteq \overline{(p_2)}$; mithin ist $\overline{(p_0)} = \overline{(p_2)}$. Analog ist $\overline{(p_1)} = \overline{(p_2)}$. Aus $\overline{(p_0)} \cap \overline{(p_1)} > L$ folgt also $\overline{(p_0)} = \overline{(p_1)}$. — Die Mengen $\overline{(p)}$ sind nach dem soeben Bewiesenen, soweit sie nicht zusammenfallen, paarweise fremd. Wir nennen sie Klassen. In jeder Klasse wählen wir genau einen Punkt aus und bezeichnen die Menge aller ausgewählten Punkte mit E'. Der Mengenverband aller Teilmengen A' von E' heiße $\mathfrak{E}'$. Die uniforme Struktur $(V_\alpha)_{\alpha \in \Sigma}$ von $\mathfrak{E}$ induziert in $\mathfrak{E}'$ die aus den Mengen $V'_\alpha(A') = V_\alpha(A') \cap E'$ bestehende $\boldsymbol{T}_1$-uniforme Struktur $(V'_\alpha(A'))_{\alpha \in \Sigma}$. Jetzt ist also $\mathfrak{E}'$ ein $\boldsymbol{T}_1$-uniformer Raum. Jedem Punkt p von $\mathfrak{E}$ ordnen wir den in der Klasse $\overline{(p)}$ ausgewählten Punkt p' als Bild φp zu. Hiermit ist eine Abbildung φ von $\mathfrak{E}$ auf $\mathfrak{E}'$ derart definiert, daß $\varphi p = \varphi q$ äquivalent ist mit $\overline{(p)} = \overline{(q)}$. Schließlich seien p und q zwei beliebige Punkte von $\mathfrak{E}$ und $p' = \varphi p$ und $q' = \varphi q$ ihre Bildpunkte. Zu einem beliebigen $\beta \in \Sigma$ wählen wir ein $\gamma \in \Sigma$ gemäß **19.6.** mit $n = 3$. Dann ist $|p, p'| \leq \beta$ und $|p, p'| \leq \gamma$ wegen $p' \in \overline{(p)} = \cap V_\alpha(p)$ und $p \in \overline{(p')} = \cap V_\alpha(p')$; analog ist $|q, q'| \leq \beta$ und $|q, q'| \leq \gamma$. Ist also $|p, q| \leq \gamma$, so ist $|p', q'| \leq \beta$; ist $|p', q'| \leq \gamma$, so ist $|p, q| \leq \beta$. Die Abbildung φ ist demnach in beiden Richtungen gleichmäßig stetig.

Übung. Ein uniformer Raum $\mathfrak{E}$ und sein assoziierter $\boldsymbol{T}_1$-uniformer Raum $\mathfrak{E}'$ sind schwach homöomorph in folgendem Sinne. Zwei topologische σ-BOOLE-Verbände $\mathfrak{B}$ und $\mathfrak{B}'$ heißen *schwach homöomorph*, wenn der invariant topologische Unterverband $\mathfrak{B}$ von $\mathfrak{B}$, bestehend aus allen BORELschen Somen von $\mathfrak{B}$, homöomorph ist zum invariant topologischen Unterverband $\mathfrak{B}'$ von $\mathfrak{B}'$, bestehend aus allen BORELschen Somen von $\mathfrak{B}'$.

22.4. *Zu jedem quasi-metrischen Raum* $\mathfrak{E}$ *mit* $\delta(p, q) < +\infty$ *für je zwei Punkte* p *und* q *existiert eine Abbildung* φ *auf einen metrischen Raum* $\mathfrak{E}'$ *derart, daß* $\delta(p, q) = \delta'(\varphi p, \varphi q)$ *ist für je zwei Punkte* p *und* q.

Dieser Raum $\mathfrak{E}'$ heiße der zu $\mathfrak{E}$ *assoziierte* metrische Raum.

Beweis. Man definiert $\mathfrak{E}'$ und φ wie im Beweis von **22.3.** Die durch die Quasi-Metrik von $\mathfrak{E}$ in $\mathfrak{E}'$ induzierte Quasi-Metrik ist eine Metrik. Sind p und q zwei Punkte von $\mathfrak{E}$ und $p' = \varphi p$ und $q' = \varphi q$ ihre Bildpunkte, so ist $\delta(p, p') = 0$ und $\delta(q, q') = 0$, also $\delta(p, q) = \delta(p', q')$.

§ 23. Uniforme Konvergenz.

Es liege ein uniformer BOOLE-Verband $\mathfrak{B}$ vor. Seine uniforme Struktur sei $\big(V_\alpha(A)\big)_{\alpha \in \Sigma}$.

Da $\mathfrak{B}$ topologisch ist, so ist in $\mathfrak{B}$ nach § 8.2 ein Konvergenzbegriff definiert. Wir bezeichnen jetzt diese Konvergenz genauer als topologische Konvergenz und schreiben lim top statt wie früher nur lim.

Mittels der uniformen Struktur von $\mathfrak{B}$ läßt sich nun aber noch ein zweiter Konvergenzbegriff einführen. Es sei nämlich $(A_i)_{i \in I}$ eine gefilterte Somenfamilie in $\mathfrak{B}$; der Filter in I heiße $\mathfrak{F}$. Sie heiße *uniform konvergent* gegen das abgeschlossene Soma A, in Zeichen lim unif $A_i = A$, wenn für jedes $\alpha \in \Sigma$ die Beziehung $|A_i, A| \leq \alpha$ besteht für schließlich alle $i \in I$. Diese uniforme Konvergenz ist invariant gegenüber Ersetzung der uniformen Struktur von $\mathfrak{B}$ durch eine äquivalente und Ersetzung des Filters $\mathfrak{F}$ durch einen Oberfilter. Ist $\mathfrak{B}$ speziell ein metrischer Raum, so sprechen wir von *metrischer Konvergenz* und schreiben lim metr. Ist $\mathfrak{B}$ speziell ein uniformer oder metrischer Raum, A_i eine einpunktige Menge (p_i) und $A = $ lim unif A_i bzw. $A = $ lim metr A_i ebenfalls eine einpunktige Menge (p), so nennen wir die Punktfamilie (p_i) uniform bzw. metrisch konvergent gegen den Punkt p, in Zeichen lim unif $p_i = p$ bzw. lim metr $p_i = p$.

23.1. *Der uniforme limes* A *einer uniform konvergenten, gefilterten Somenfamilie* $(A_i)_{i \in I}$ *ist eindeutig bestimmt*[1].

Beweis. $(A_i)_{i \in I}$ sei uniform konvergent gegen die beiden (abgeschlossenen) Somen A und A'. Zu beliebig vorgegebenem $\alpha \in \Sigma$ wählen wir ein $\beta \in \Sigma$ gemäß **19.12.** Dann ist $|A_i, A| \leq \beta$ für schließlich alle $i \in I$ und $|A_i, A'| \leq \beta$ für schließlich alle $i \in I$. Für mindestens ein $i_0 \in I$ ist dann sowohl $|A_{i_0}, A| \leq \beta$ als auch $|A_{i_0}, A'| \leq \beta$. Nach **19.11.** und **19.12.** ist dann $|A, A'| \leq \alpha$. Dies gilt also für jedes $\alpha \in \Sigma$. Nach **19.14.** folgt hieraus $A = A'$.

---

[1] Damit dieser Satz gilt, wurde als limes nur ein abgeschlossenes Soma zugelassen.

23.2. *Sind die Somenfamilien* $(A_i')_{i\in I}$ *und* $(A_i'')_{i\in I}$ *uniform konvergent, so ist auch die Somenfamilie* $(A_i' \vee A_i'')_{i\in I}$ *uniform konvergent und es ist*

$$\lim \text{unif } (A_i' \vee A_i'') = \lim \text{unif } A_i' \vee \lim \text{unif } A_i''\ ^1.$$

Beweis. Es sei ein $\alpha \in \Sigma$ gegeben. Für schließlich alle $i\in I$ ist dann $|A_i', A'| \leq \alpha$ und $|A_i'', A''| \leq \alpha$, nach **19.15.** also $|A_i'\vee A_i'', A'\vee A''| \leq \alpha$.

Der Vergleich der uniformen Konvergenz mit der topologischen Konvergenz liegt nahe. Hierüber gelten die folgenden zwei Sätze.

23.3. *Ist die gefilterte Somenfamilie* $(A_i)_{i\in I}$ *uniform konvergent, so ist sie auch topologisch konvergent und es ist* $\lim \text{unif } A_i = \lim \text{top } A_i$.

Beweis. Es sei $\lim \text{unif } A_i = A$. Erstens behaupten wir, daß A der Familie $(A_i)_{i\in I}$ stark adhärent ist. Es sei also $A_i \leq B$ für konfinal viele $i\in I$. Für ein beliebiges $\alpha \in \Sigma$ ist dann $V_\alpha(A_i) \leq V_\alpha(B)$ für konfinal viele $i\in I$. Für schließlich alle $i\in I$ ist $|A_i, A| \leq \alpha$, also $A \leq V_\alpha(A_i)$. Für mindestens ein $i_0 \in I$ ist daher $A \leq V_\alpha(A_{i_0})$ und $V_\alpha(A_{i_0}) \leq V_\alpha(B)$. Hieraus folgt $A \leq V_\alpha(B)$. Dies gilt für jedes $\alpha \in \Sigma$. Mithin ist $A \leq \overline{B}$. Zweitens behaupten wir, daß $A' \leq A$ ist für jedes der Familie $(A_i)_{i\in I}$ adhärente Soma A'. Bei beliebigem $\alpha \in \Sigma$ ist $|A_i, A| \leq \alpha$, also $A_i \leq V_\alpha(A)$ für schließlich alle $i\in I$. Also ist $A' \leq \overline{V_\alpha(A)}$. Dies gilt für jedes $\alpha \in \Sigma$. Nach **19.9.** ist daher $A' \leq \overline{A} = A$. Aus den beiden bewiesenen Behauptungen folgt nach dem Lemma von S. 61, daß die Familie $(A_i)_{i\in I}$ topologisch konvergent ist gegen A.

23.4. *Der uniforme* BOOLE-*Verband* $\mathfrak{B}$ *sei vollkompakt. Es sei* $\mathfrak{R}$ *ein eigentlicher Raster in* $\mathfrak{B}$. *Ist* $\mathfrak{R}$ *topologisch konvergent, so ist* $\mathfrak{R}$ *auch uniform konvergent und es ist* $\lim \text{top } \mathfrak{R} = \lim \text{unif } \mathfrak{R}\ ^2$.

Beweis. Nach **8.18.** ist $\lim \text{top } \mathfrak{R}$ der Durchschnitt $D = \wedge \overline{R}$ der Hüllen $\overline{R}$ der Somen R von $\mathfrak{R}$. Angenommen, $\mathfrak{R}$ wäre nicht uniform konvergent gegen D. Dann existiert ein $\alpha \in \Sigma$, so daß für konfinal viele $R\in \mathfrak{R}$ nicht $|R, D| \leq \alpha$ ist. Da aus $D \leq \overline{R}$ folgt $D \leq V_\alpha(R)$, so ist also für konfinal viele $R\in \mathfrak{R}$ nicht $R \leq V_\alpha(D)$. Das Soma $S = R \wedge c V_\alpha(D)$ ist daher $> O$ für jedes $R\in \mathfrak{R}$. Das System $\mathfrak{S}$ aller dieser Somen S, wobei R den Raster $\mathfrak{R}$ durchläuft, ist mithin ein eigentlicher Raster. Da $\mathfrak{B}$ vollkompakt ist, existiert in $\mathfrak{B}$ ein Soma $A > O$, welches dem Raster $\mathfrak{S}$ adhärent ist, also mit $A \leq \overline{S}$ für jedes $S\in \mathfrak{S}$. Aus $S \leq R$ folgt $\overline{S} \leq \overline{R}$, also $A \leq \overline{R}$ für jedes $R\in \mathfrak{R}$ und daher $A \leq D = \overline{D}$. Mithin ist einerseits $A \leq V_\alpha(D)$ nach **19.9.** Wegen $S \leq c V_\alpha(D)$ ist $S \wedge V_\alpha(D) = O$, also $\overline{S} \wedge \overline{V_\alpha(D)} = O$. Zufolge $A \leq \overline{S}$ ist daher andererseits $A \wedge V_\alpha(D) = O$. Aus den beiden bewiesenen Beziehungen folgt $A = O$, im Widerspruch zu $A > O$.

23.5. $\mathfrak{B}$ *sei* T_1-*uniform. Es sei* $\mathfrak{U}$ *ein uniform konvergenter Ultrafilter in* $\mathfrak{B}$. *Dann ist* $\lim \text{unif } \mathfrak{U}$ *ein Atom.*

---

[1] Alle drei Konvergenzen beziehen sich auf denselben Filter $\mathfrak{F}$ in I.

[2] Nach S. 55 kann ein Raster als eine gefilterte Somenfamilie aufgefaßt werden.

Beweis. Wir setzen lim unif $\mathfrak{U} = P$. Dann ist $U \leq V_\alpha(P)$ für beliebiges $\alpha \in \Sigma$ und $U \in \mathfrak{U}$. Da $U > O$ ist (ein Ultrafilter ist eigentlich), so folgt $V_\alpha(P) > O$ und daher $P > O$ nach **19.3.** Angenommen nun, P wäre kein Atom. Dann existiert ein Soma Q mit $O < Q < P$. Nach **11.3.** existiert weiter ein abgeschlossenes Soma A mit $O < A \leq Q$, also mit $O < A < P$. Wegen $A < P$ und der Abgeschlossenheit von A existiert weiter ein $\alpha \in \Sigma$ derart, daß nicht $P \leq V_\alpha(A)$ ist. Zu diesem α wählen wir ein $\beta \in \Sigma$ gemäß $\boldsymbol{U}_3$. Da $O < A < P \leq V_\alpha(U)$ ist für jedes $U \in \mathfrak{U}$, letzteres wegen $P = \text{lim unif } \mathfrak{U}$, so ist also $A \wedge V_\beta(U) > O$ für jedes $U \in \mathfrak{U}$. Nach $\boldsymbol{U}_4$ ist daher auch der Durchschnitt $V_\beta(A) \wedge U > O$ für jedes $U \in \mathfrak{U}$. Fügen wir diese Durchschnitte zum Ultrafilter $\mathfrak{U}$ hinzu, so entsteht ein Raster, welcher den Ultrafilter $\mathfrak{U}$ als Teilmenge enthält. Daher ist dieser Raster gleich $\mathfrak{U}$ und folglich $V_\beta(A) \wedge U \in \mathfrak{U}$. Wegen $V_\beta(A) \wedge U \leq V_\beta(A)$ ist dann auch $V_\beta(A) \in \mathfrak{U}$. Wegen **23.3.** folgt hieraus $P \leq V_\beta(A)$, nach **19.9.** also $P \leq V_\beta\big(V_\beta(A)\big)$ und daher $P \leq V_\alpha(A)$ nach der Wahl von β. Dies steht aber im Widerspruch zur Wahl von α.

Beispiele. 1. In der Cartesischen Geraden $\mathfrak{E}^1$ sei A das Einheitsintervall $[0 \leq x \leq 1]$. Für jedes natürliche n sei A_n die Menge der Punkte $x = m/2^n$ ($m = 0, 1, \ldots, 2^n$). Dann konvergiert die Folge $(A_1, A_2, \ldots)$ topologisch und metrisch gegen A. — 2. In der Cartesischen Ebene $\mathfrak{E}^2$ sei A die x_1-Achse $x_2 = 0$ und A_n die Gerade $x_2 = 1/n$ ($n = 1, 2, \ldots$). Dann konvergiert die Folge $(A_1, A_2, \ldots)$ topologisch und metrisch gegen A. — 3. In der Cartesischen Ebene $\mathfrak{E}^2$ sei A die x_1-Achse $x_2 = 0$ und A_n die Parabel $x_1^2 = n\, x_2$ ($n = 1, 2, \ldots$). Dann konvergiert die Folge $(A_1, A_2, \ldots)$ topologisch, aber nicht metrisch gegen A.

Übung. In einem $\boldsymbol{T}_1$-uniformen Raum $\mathfrak{E}$ sei $(P_i)_{i \in I}$ eine gefilterte Familie einpunktiger Mengen $P_i = (p_i)$. Sie sei uniform konvergent gegen eine Menge P. Dann ist P eine einpunktige Menge (p), also die Punktfamilie $(p_i)_{i \in I}$ uniform konvergent gegen den Punkt p.

§ 24. Uniforme Struktur und Trennungsaxiome.

Es sei $\mathfrak{B}$ ein uniformer Boole-Verband und $\big(V_\alpha(A)\big)_{\alpha \in \Sigma}$ eine uniforme Struktur von $\mathfrak{B}$.

Wir haben $\mathfrak{B}$ $\boldsymbol{T}_1$-uniform genannt, wenn die durch die uniforme Struktur induzierte Topologie von $\mathfrak{B}$ dem Trennungsaxiom $\boldsymbol{T}_1$ genügt (S. 170). Wir behaupten, daß dann auch das Trennungsaxiom $\boldsymbol{T}_2$ gilt:

24.1. *Jeder $\boldsymbol{T}_1$-uniforme Boole-Verband $\mathfrak{B}$ ist Hausdorffsch.*

Beweis. Es seien $A_0 > O$ und $A_1 > O$ zwei Somen aus $\mathfrak{B}$ mit $A_0 \wedge A_1 = O$. Nach **11.3.** existiert ein abgeschlossenes Soma B_0 mit $O < B_0 \leq A_0$. Wegen $A_0 \wedge A_1 = O$ ist $B_0 \wedge A_1 = O$. Wegen $B_0 = \wedge V_\alpha(B_0)$ existiert ein $\alpha \in \Sigma$ derart, daß nicht $A_1 \leq V_\alpha(B_0)$ ist. Für das Soma $B_1 = A_1 \wedge c V_\alpha(B_0)$ ist dann $O < B_1 \leq A_1$ und $V_\alpha(B_0) \wedge B_1 = O$. Zu α wählen wir ein $\beta \in \Sigma$

gemäß dem Axiom U_3. Dann ist $V_\beta\big(V_\beta(B_0)\big)\wedge B_1=0$. Nach dem Axiom U_4 ist dann $V_\beta(B_0)\wedge V_\beta(B_1)=0$. Wir setzen $V_\beta(B_0)=G_0$ und $V_\beta(B_1)=G_1$. Dann sind G_0 und G_1 offen. Da $B_0\leq G_0$ und $B_1\leq G_1$ ist nach **19.2.**, folgt $A_0\wedge G_0>0$ und $A_1\wedge G_1>0$. Außerdem ist $G_0\wedge G_1=0$.

Weiter behaupten wir, daß $\mathfrak{B}$ dem Trennungsaxiom T_{3a} (und damit auch dem Trennungsaxiom T_3) genügt, gleichgültig, ob das Trennungsaxiom T_1 erfüllt ist oder nicht:

24.2. *Jeder uniforme* BOOLE-*Verband* $\mathfrak{B}$ *ist vollständig regulär.*

Beweis. Wir wählen in Σ zunächst beliebig ein Element α_0 aus. Wir machen nun die Induktionsvoraussetzung, daß für ein natürliches n bereits ein Element α_{n-1} aus Σ definiert ist. Nach U_3 existiert dann ein $\alpha_n\in\Sigma$ derart, daß

$$V_{\alpha_n}\big(V_{\alpha_n}(A)\big)\leq V_{\alpha_{n-1}}(A) \tag{24.1}$$

ist (für jedes Soma $A\in\mathfrak{B}$). Auf diese Weise erhalten wir eine Folge $(\alpha_0,\alpha_1,\alpha_2,\ldots)$ von Elementen aus Σ. Nun ist jede dyadisch rationale Zahl t mit $0<t\leq1$ auf genau eine Art in der Form

$$t=\sum_{i=0}^{j}\frac{1}{2^{n_i}}\quad(0\leq n_0<n_1<\cdots<n_j)$$

darstellbar. Wir definieren dann (für jedes $A\in\mathfrak{B}$) ein Soma $W_t(A)$ folgendermaßen:

$$W_t(A)=V_{\alpha_{n_j}}\big(V_{\alpha_{n_{j-1}}}(\ldots(V_{\alpha_{n_1}}(V_{\alpha_{n_0}}(A)))))\big). \tag{24.2}$$

Außerdem definieren wir:

$$W_0(A)=A. \tag{24.3}$$

Hiermit ist für jedes dyadisch rationale t mit $0\leq t\leq1$ (und jedes $A\in\mathfrak{B}$) ein Soma $W_t(A)$ definiert. Wir behaupten: Ist $t'=\dfrac{m}{2^n}$ und $t''=\dfrac{m+1}{2^n}$ $(0\leq t'<t''\leq1)$, so ist

$$V_{\alpha_n}\big(W_{t'}(A)\big)\leq W_{t''}(A). \tag{24.4}$$

Für $n=0$ ist dies trivial nach U_1, weil dann $t'=0$, $t''=1$, $W_0(A)=A$ und $W_1(A)=V_{\alpha_0}(A)$ ist. Wir machen die Induktionsvoraussetzung, daß (24.4) richtig ist für $n=k-1$. Nun sei $n=k$. Ist m gerade, so ist $W_{t''}(A)=V_{\alpha_n}\big(W_{t'}(A)\big)$ nach (24.2). Nun sei $m=2h+1$. Wir setzen $\dfrac{h}{2^{n-1}}=t$. Nach der Induktionsvoraussetzung ist $V_{\alpha_{n-1}}\big(W_t(A)\big)\leq W_{t''}(A)$. Wegen (24.1) ist also $V_{\alpha_n}\big(V_{\alpha_n}(W_t(A))\big)\leq W_{t''}(A)$. Nun ist aber $W_{t'}(A)=V_{\alpha_n}\big(W_t(A)\big)$ nach (24.2). Also gilt wieder (24.4). Damit ist (24.4) allgemein bewiesen. Nach **19.9.** ist weiter $\overline{W_t(A)}\leq V_{\alpha_n}\big(W_{t'}(A)\big)$. Wegen (24.4) ist also

$$\overline{W_{t'}(A)}\leq W_{t''}(A) \tag{24.5}$$

zunächst für $t' = \dfrac{m}{2^n}$ und $t'' = \dfrac{m+1}{2^n}$ und folglich auch für je zwei dyadisch rationale Zahlen t' und t'' mit $0 \leq t' < t'' \leq 1$. — Nun können wir die Gültigkeit des Axioms $\boldsymbol{T}_{3a}$ beweisen. Es seien also $A_0 > O$ und F_1 zwei Somen aus $\mathfrak{B}$, F_1 abgeschlossen, mit $A_0 \wedge F_1 = O$. Dann ist nicht $A_0 \leq F_1$. Folglich existiert ein $\alpha_0 \in \Sigma$ derart, daß nicht $A_0 \leq V_{\alpha_0}(F_1)$ ist. Wir setzen $A_0 \wedge c V_{\alpha_0}(F_1) = A_0'$. Dann ist $A_0' > O$. Da $V_{\alpha_0}(F_1) \wedge A_0' = O$ ist, so ist nach $\boldsymbol{U}_4$ auch $F_1 \wedge V_{\alpha_0}(A_0') = O$. Ausgehend von dem soeben gewählten Element α_0, definieren wir nun wie oben die Folge $(\alpha_0, \alpha_1, \ldots)$ und die Somen $W_t(A)$ für alle dyadisch rationalen t mit $0 \leq t \leq 1$. Für jedes solche t setzen wir nun $W_{\frac{t}{2} + \frac{1}{2}}(A_0') = H_t$. Zunächst ist jedes Soma H_t offen und für $t' < t''$ ist $\overline{H_{t'}} \leq \overline{W_{\frac{t'}{2} + \frac{1}{2}}(A_0')} \leq W_{\frac{t''}{2} + \frac{1}{2}}(A_0') = H_{t''}$ wegen (24.5). Weiter ist $A_0' = W_0(A_0') \leq W_{\frac{1}{2}}(A_0') = H_0$ nach (24.5), wegen $O < A_0' \leq A_0$ also $A_0 \wedge H_0 > O$. Schließlich ist $F_1 \wedge H_1 = F_1 \wedge W_1(A_0') = F_1 \wedge V_{\alpha_0}(A_0') = O$.

Unter zusätzlichen Voraussetzungen über $\mathfrak{B}$ behaupten wir, daß außer den Axiomen $\boldsymbol{T}_3$ und $\boldsymbol{T}_{3a}$ auch die Axiome $\boldsymbol{T}_4$ und $\boldsymbol{T}_5$ erfüllt sind:

24.3. *Es sei $\mathfrak{B}$ ein uniformer σ-*BOOLE*-Verband. Die Indexmenge Σ der uniformen Struktur $(V_\alpha(A))_{\alpha \in \Sigma}$ von $\mathfrak{B}$ enthalte eine abzählbare konfinale Teilmenge. Dann ist $\mathfrak{B}$ vollständig normal.*

Insbesondere ist also jeder reell uniforme σ-BOOLE-Verband vollständig normal. (Ein Spezialfall hiervon ist der Satz **11.21.**)

Beweis. Es seien $\alpha_1, \alpha_2, \ldots$ die Elemente einer abzählbaren, konfinalen Teilmenge von Σ. Zufolge des Axioms $\boldsymbol{U}_3$ können wir ohne Beschränkung der Allgemeinheit annehmen, daß

$$V_{\alpha_{n+1}}\big(V_{\alpha_{n+1}}(A)\big) \leq V_{\alpha_n}(A) \tag{24.6}$$

ist für jedes $n = 1, 2, \ldots$ und jedes $A \in \mathfrak{B}$. Wegen des Axioms $\boldsymbol{U}_1$ ist dann auch

$$\alpha_{n+1} \leq \alpha_n. \tag{24.7}$$

Nun seien B und C zwei Somen mit $B \wedge \overline{C} = O = \overline{B} \wedge C$. Wir haben die Existenz zweier offener Somen U und W mit $B \leq U$, $C \leq W$ und $U \wedge W = O$ zu beweisen. Hierzu definieren wir:

$$
\begin{aligned}
B_n &= B \wedge c\,V_{\alpha_n}(C), &\qquad C_n &= C \wedge c\,V_{\alpha_n}(B), \\
U_n &= V_{\alpha_{n+1}}(B_n), &\qquad W_n &= V_{\alpha_{n+1}}(C_n), \\
U &= \bigvee_{n=1}^{\infty} U_n, &\qquad W &= \bigvee_{n=1}^{\infty} W_n.
\end{aligned}
$$

Da die Somen U_n und W_n für $n = 1, 2, \ldots$ offen sind, so sind auch die Somen U und W offen. Da die Menge $(\alpha_1, \alpha_2, \ldots)$ eine konfinale Teilmenge von Σ ist, so ist $\bigwedge\limits_n V_{\alpha_n}(C) = \overline{C}$; wegen $B \wedge \overline{C} = O$ ist also $\bigvee\limits_n B_n = \bigvee\limits_n \big(B \wedge c\,V_{\alpha_n}(C)\big) = B \wedge \bigvee\limits_n c\,V_{\alpha_n}(C) = B \wedge c \bigwedge\limits_n V_{\alpha_n}(C) = B \wedge c\,\overline{C} = B$. Da $B_n \leq U_n$

ist nach **19.9.**, so folgt $B \leq U$. Analog ist $C \leq W$. Angenommen nun, es wäre $U \wedge W > O$. Dann existiert ein natürliches n und ein natürliches n' mit $U_n \wedge W_{n'} > O$. Es sei etwa $n \leq n'$. Wir setzen $U_n \wedge W_{n'} = D$. Dann ist $O < D \leq U_n \leq V_{\sigma_{n+1}}(B_n)$. Nach **19.7.** existiert ein Soma $B^* \leq B_n$ mit $|B^*, D| \leq \alpha_{n+1}$; wegen $D > O$ ist $B^* > O$ nach **19.3.** Analog existiert ein Soma $C^* \leq C_n$ mit $|C^*, D| \leq \alpha_{n'+1}$. Nach **19.10.** und (24.7) ist $|C^*, D| \leq \alpha_{n+1}$ wegen $n \leq n'$. Also ist $B^* \leq V_{\sigma_{n+1}}(D)$ und $D \leq V_{\sigma_{n+1}}(C)$, letzteres wegen $C^* \leq C$, also $B^* \leq V_{\sigma_n}(C)$ wegen (24.6). Dies steht aber im Widerspruch zu $O < B^* \leq B_n = B \wedge c V_{\sigma_n}(C) \leq c V_{\sigma_n}(C)$.

§ 25. Uniformierbare BOOLE-Verbände.

Einen klassisch topologischen BOOLE-Verband $\mathfrak{B}$ nennen wir *uniformierbar*, wenn in ihm eine uniforme Struktur derart eingeführt werden kann, daß die durch sie induzierte Topologie mit der gegebenen Topologie von $\mathfrak{B}$ identisch ist. Wir behaupten:

25.1. *Ein klassisch topologischer BOOLE-Verband $\mathfrak{B}$ ist dann und nur dann uniformierbar, wenn $\mathfrak{B}$ vollständig regulär ist.*

Beweis. Daß die vollständige Regularität von $\mathfrak{B}$ für die Uniformierbarkeit von $\mathfrak{B}$ notwendig ist, ergibt sich unmittelbar aus **24.2.** Wir brauchen also nur zu zeigen, daß sie auch hinreichend ist.

Es sei also $\mathfrak{B}$ ein klassisch topologischer, vollständig regulärer BOOLE-Verband. Es sei I das System aller Paare $i = (A, F)$ von Somen A und F aus $\mathfrak{B}$ mit: F abgeschlossen, $A > O$, $F > O$, $A \wedge F = O$. Für jedes solche Paar i und jedes dyadisch rationale t mit $0 \leq t \leq 1$ existiert nach dem Axiom $\boldsymbol{T}_{3a}$ ein offenes Soma H_t^i derart, daß folgendes gilt:

$$A \wedge H_0^i > O, \tag{25.1}$$

$$\overline{H_{t'}^i} \leq H_{t''}^i \quad \text{für} \quad t' < t'', \tag{25.2}$$

$$F \wedge H_1^i = O. \tag{25.3}$$

Weiter sei Σ das System aller Paare $\alpha = (J, n)$, wobei J eine endliche Teilmenge von I und n eine natürliche Zahl ist.

Für jedes natürliche n und jedes ganze m mit $0 \leq m \leq 2^n$ setzen wir $\dfrac{m}{2^n} = t_{m,n}$. Nach (25.2) ist dann[1]

$$E = H_{t_{1,n}}^i \vee \bigvee_{m=1}^{2^n - 1} \left(H_{t_{m+1,n}}^i \wedge c \overline{H_{t_{m-1,n}}^i} \right) \vee c \overline{H_{t_{2^n-1,n}}^i}. \tag{25.4}$$

Also ist für jedes $\alpha = (J, n)$

$$E = \bigwedge_{i \in J} \left(H_{t_{1,n}}^i \vee \bigvee_{m=1}^{2^n - 1} \left(H_{t_{m+1,n}}^i \wedge c \overline{H_{t_{m-1,n}}^i} \right) \vee c \overline{H_{t_{2^n-1,n}}^i} \right). \tag{25.5}$$

---

[1] Es sei nämlich $H_{t_{m,n}}^i = K_m$ gesetzt ($m = 0, 1, \ldots, 2^n$). Dann ist $\overline{K_{m-1}} \leq K_m$ nach (25.2). Aus $K_0 \leq K_1 \leq \cdots \leq K_{2^n}$ folgt $E = K_1 \vee (K_2 \wedge cK_1) \vee \cdots \vee (K_{2^n} \wedge cK_{2^n-1}) \vee cK_{2^n}$. Wegen $cK_{m-1} \leq c\overline{K_{m-2}}$ ist daher $E = K_1 \vee (K_2 \wedge c\overline{K_0}) \vee \cdots \vee (K_{2^n} \wedge c\overline{K_{2^n-2}}) \vee cK_{2^n-1}$.

Wir entwickeln den Ausdruck auf der rechten Seite dieser Gleichung distributiv. Dann geht die Gleichung (25.5) über in eine Gleichung

$$E = G_\alpha^1 \vee \cdots \vee G_\alpha^{k_\alpha}. \tag{25.6}$$

Dabei ist jedes Soma G_α^k offen als Durchschnitt endlich vieler offener Somen.

Ist nun A ein beliebiges Soma aus $\mathfrak{B}$, so sei für jedes $\alpha \in \Sigma$ mit $V_\alpha(A)$ die (offene) Vereinigung aller Somen G_α^k mit $A \wedge G_\alpha^k > O$ bezeichnet. Wir behaupten, daß das Somensystem $\left(V_\alpha(A)\right)_{\alpha \in \Sigma}$ eine uniforme Struktur von $\mathfrak{B}$ ist und daß die durch sie induzierte Topologie von $\mathfrak{B}$ identisch ist mit der gegebenen Topologie von $\mathfrak{B}$.

Zunächst ist es trivial, daß die Axiome $\boldsymbol{U}_1$, $\boldsymbol{U}_4$ und $\boldsymbol{U}_5$ erfüllt sind.

Zum Beweis, daß das Axiom $\boldsymbol{U}_2$ erfüllt ist, sei ein $\alpha = (J_1, n_1)$ und ein $\beta = (J_2, n_2)$ gegeben. Wir setzen $J_1 \cup J_2 = J$ und Max $(n_1, n_2) = n$. Dann leistet $\gamma = (J, n)$ das in $\boldsymbol{U}_2$ Verlangte, da jedes Soma G_γ^h sowohl in einem Soma G_α^k als auch in einem Soma G_β^l enthalten ist.

Zum Beweis, daß das Axiom $\boldsymbol{U}_3$ erfüllt ist, sei ein $\alpha = (J, n)$ gegeben. Dann leistet $\beta = (J, n+1)$ das in $\boldsymbol{U}_3$ Verlangte; denn haben G_β^l und $G_\beta^{l'}$ einen Durchschnitt $> O$, so existiert ein G_α^k, das sie beide enthält.

Nun wollen wir zeigen, daß auch das Axiom $\boldsymbol{U}_6$ erfüllt ist. Wir beweisen dies, indem wir zeigen, daß $\overline{A} = \underset{\alpha}{\wedge} V_\alpha(A)$ ist für jedes Soma A aus $\mathfrak{B}$. Damit ist dann gleichzeitig bewiesen, daß die uniforme Struktur $\left(V_\alpha(A)\right)_{\alpha \in \Sigma}$ von $\mathfrak{B}$ die gegebene Topologie von $\mathfrak{B}$ induziert.

Da $\mathfrak{B}$ klassisch topologisch ist, ist einerseits $\overline{O} = O$; anderseits ist $V_\alpha(O) = O$ für jedes $\alpha \in \Sigma$; also ist $\overline{O} = \underset{\alpha}{\wedge} V_\alpha(O)$. Nun sei A ein Soma $> O$ aus $\mathfrak{B}$. Zunächst ist $V_\alpha(\overline{A}) = V_\alpha(A)$ für jedes $\alpha \in \Sigma$; denn da jedes Soma G_α^k offen ist, so ist $\overline{A} \wedge G^k > O$ äquivalent mit $A \wedge G^k > O$. Die zu beweisende Gleichung $\overline{A} = \underset{\alpha}{\wedge} V_\alpha(A)$ können wir also auch so schreiben: $\overline{A} = \underset{\alpha}{\wedge} V_\alpha(\overline{A})$. Es ist mit anderen Worten zu zeigen: Ist F ein abgeschlossenes Soma $> O$, so ist $F = \underset{\alpha}{\wedge} V_\alpha(F)$. Nun ist $F \leq V_\alpha(F)$ für jedes $\alpha \in \Sigma$ nach $\boldsymbol{U}_1$. Also genügt es, folgendes zu zeigen: Es sei B ein Soma derart, daß nicht $B \leq F$ ist; dann existiert ein $\alpha \in \Sigma$ derart, daß nicht $B \leq V_\alpha(F)$ ist. Wir setzen $B \wedge cF = A$. Dann ist $A > O$ und $A \wedge F = O$. Es genügt die Existenz eines $\alpha \in \Sigma$ zu zeigen, für welches nicht $A \leq V_\alpha(F)$ ist. Wir setzen $(A, F) = i$ und $(i) = J$; wir behaupten, daß $\alpha = (J, 1)$ das Verlangte leistet. Für dieses α sind die Gleichungen (25.5) und (25.4) identisch (da J nur aus dem einzigen Element i besteht). Die letztere Gleichung lautet wegen $n = 1$ folgendermaßen: $E = H_{\frac{i}{2}}^i \vee (H_1^i \wedge c\overline{H_0^i}) \vee c\overline{H_{\frac{1}{2}}^i}$. Daher lautet Gleichung (25.6) jetzt so: $E = G_\alpha^1 \vee G_\alpha^2 \vee G_\alpha^3$ mit $G_\alpha^1 = H_{\frac{1}{2}}^i$, $G_\alpha^2 = H_1^i \wedge c\overline{H_0^i}$, $G_\alpha^3 = c\overline{H_{\frac{1}{2}}^i}$. Nun ist $V_\alpha(F) = G_\alpha^3$, da $G_\alpha^1 \vee G_\alpha^2 \leq H_1^i$ ist nach

(25.2) und $F \wedge H_1^i = O$ ist nach (25.3). Es ist aber $A \wedge H_0^i > O$ nach (25.1) und $H_0^i \leq H_{\frac{1}{2}}^i \leq H_{\frac{1}{2}}^i$ nach (25.2), also nicht $A \leq c\overline{H_{\frac{1}{2}}^i}$, wegen $c\overline{H_{\frac{1}{2}}^i} = G_\alpha^3 = V_\alpha(F)$ also nicht $A \leq V_\alpha(F)$.

Korollar. *Jeder vollkompakte, HAUSDORFFsche BOOLE-Verband $\mathfrak{B}$ ist uniformierbar.*

Beweis. Nach **12.6.** ist $\mathfrak{B}$ normal, nach **11.21.** gilt also in $\mathfrak{B}$ das Axiom T_{3a}.

Übung. Es sei $\mathfrak{B}$ ein vollkompakter, HAUSDORFFscher BOOLE-Verband. Es sei Σ das System aller offenen, endlichen Überdeckungen $\alpha = (G_\alpha^1, \ldots, G_\alpha^{n\alpha})$ von $\mathfrak{B}$. Für jedes Soma A aus $\mathfrak{B}$ sei $V_\alpha(A)$ die Vereinigung der Somen G_α^ν mit $A \wedge G_\alpha^\nu > O$. Dann ist $\big(V_\alpha(A)\big)_{\alpha \in \Sigma}$ eine uniforme Struktur von $\mathfrak{B}$, welche die gegebene Topologie von $\mathfrak{B}$ induziert.

25.2. *Der BOOLEsche Produktverband $\mathfrak{B} = \mathbf{P}^\beta \mathfrak{B}_i$ uniformer BOOLE-Verbände $\mathfrak{B}_i$ ($i \in I$) ist uniformierbar.*

Beweis. Es sei $\big(V_{\alpha_i}(A_i)\big)_{\alpha_i \in \Sigma_i}$ die uniforme Struktur von $\mathfrak{B}_i$. Wir bezeichnen mit Σ das System aller endlichen Mengen $\alpha = (\alpha_{i_1}, \ldots, \alpha_{i_n})$ mit $\alpha_{i_1} \in \Sigma_{i_1}, \ldots, \alpha_{i_n} \in \Sigma_{i_n}$ ($i_1, \ldots, i_n \in I$ paarweise verschieden). Ist $\alpha' = (\alpha_{h_1}, \ldots, \alpha_{h_l})$, so setzen wir $\alpha = \alpha'$, wenn für jedes i_ν, das kein h_λ ist, α_{i_ν} das Element ω_{i_ν} von Σ_{i_ν} ist, und für jedes h_λ, das kein i_ν ist, α_{h_λ} das Element ω_{h_λ} von Σ_{h_λ} ist (zur Definition von ω vgl. S. 169). Nun sei A ein Block aus $\mathfrak{B}$[1] und α ein Element von Σ. Dann können wir endlich viele Somen $A_{i_1} \in \mathfrak{B}_{i_1}, \ldots, A_{i_n} \in \mathfrak{B}_{i_n}$ und Elemente $\alpha_{i_1} \in \Sigma_{i_1}, \ldots, \alpha_{i_n} \in \Sigma_{i_n}$ derart finden, daß $A = \langle A_i, \ldots, A_{i_n} \rangle$ und $\alpha = (\alpha_{i_1}, \ldots, \alpha_{i_n})$ ist. Wir definieren nun: $V_\alpha(A) = \langle V_{\alpha_{i_1}}(A_{i_1}), \ldots, V_{\alpha_{i_n}}(A_{i_n}) \rangle$. Dann ist $V_\alpha(A)$ für jeden Block A aus $\mathfrak{B}$ und für jedes $\alpha \in \Sigma$ ein eindeutig bestimmtes Soma aus $\mathfrak{B}$. Ein beliebiges Soma B aus $\mathfrak{B}$ ist nach S. 38 auf mindestens eine Art als Vereinigung von Blöcken darstellbar: $B = A^1 \vee \cdots \vee A^m$. Wir definieren: $V_\alpha(B) = V_\alpha(A^1) \vee \cdots \vee V_\alpha(A^m)$. Das Soma $V_\alpha(B)$ ist unabhängig von der gewählten Darstellung von B; man zeigt dies analog wie auf S. 133 die Eindeutigkeit der Hülle $\overline{B}$. Es ergibt sich nun mühelos, daß das Somensystem $\big(V_\alpha(B)\big)_{\alpha \in \Sigma}$ den Axiomen U_1 bis U_5 genügt. Für jedes Soma A aus $\mathfrak{B}$ ist $\overline{A} = \bigwedge_\alpha V_\alpha(A)$. Für ein Soma $B = A^1 \vee \cdots \vee A^m$ ($A^\mu \in \mathfrak{B}$) aus $\mathfrak{B}$ ist $\overline{B} = \overline{A^1} \vee \cdots \vee \overline{A^m} = \bigwedge_{\alpha_1} V_{\alpha_1}(A^1) \vee \cdots \vee \bigwedge_{\sigma_m} V_{\sigma_m}(A^m)$, nach dem Korollar 1 zu **1.13.** also $\overline{B} = \bigwedge_{\alpha_1, \ldots, \sigma_m} \big(V_{\alpha_1}(A^1) \vee \cdots \vee V_{\sigma_m}(A^m)\big)$. Hieraus folgt mittels des Axioms U_2 weiter $\overline{B} = \bigwedge_\alpha \big(V_\alpha(A^1) \vee \cdots \vee V_\alpha(A^m)\big) = \bigwedge_\alpha V_\alpha(B)$. Also ist auch das Axiom U_6 erfüllt [das Somensystem $\big(V_\alpha(B)\big)_{\alpha \in \Sigma}$ eine uniforme Struktur von $\mathfrak{B}$] und die durch sie induzierte Topologie von $\mathfrak{B}$ identisch mit der Topologie von $\mathfrak{B}$ als BOOLEschem Produktverband der $\mathfrak{B}_i$.

---

[1] $\mathfrak{B}$ ist der Produktverband $\mathbf{P} \mathfrak{B}_i$ der $\mathfrak{B}_i$.

25.3. *Der* CARTESISCHE *Produktraum* $\mathfrak{E} = \boldsymbol{P}^\gamma \mathfrak{E}_i$ *uniformer Räume* $\mathfrak{E}_i$ $(i \in I)$ *ist uniformierbar.*

Beweis. Es sei $(V_{\alpha_i}(M_i))_{\alpha_i \in \Sigma_i}$ die uniforme Struktur von $\mathfrak{E}_i$. Wir definieren Σ genau so wie im Beweis des Satzes **25.2.** Für jeden Punkt p von $\mathfrak{E}$ und jedes $\alpha = (\alpha_{i_1}, \ldots, \alpha_{i_n}) \in \Sigma$ definieren wir $V_\alpha(p)$ als den Block $\langle V_{\alpha_{i_1}}(p_{i_1}), \ldots, V_{\alpha_{i_n}}(p_{i_n}) \rangle$, wobei $p_{i_1}, \ldots, p_{i_n}$ die Projektionen von p in $\mathfrak{E}_{i_1}, \ldots, \mathfrak{E}_{i_n}$ sind. Für eine beliebige Menge M aus $\mathfrak{E}$ definieren wir: $V_\alpha(M) = \bigcup_{p \in M} V_\alpha(p)$. Man zeigt wieder mühelos, daß das Mengensystem $(V_\alpha(M))_{\alpha \in \Sigma}$ eine uniforme Struktur des CARTESISCHEN Produktes $\mathfrak{E} = \boldsymbol{P}^\gamma \mathfrak{E}_i$ ist. In $\mathfrak{E}$ liegen nun zwei Topologien vor: Erstens die durch die uniforme Struktur induzierte Topologie; zweitens die Topologie von $\mathfrak{E}$ als CARTESISCHEM Produktraum der topologischen Räume $\mathfrak{E}_i$ (S. 141). Wir behaupten, daß diese beiden Topologien identisch sind. Es sei nämlich G eine offene Menge aus $\mathfrak{E}$ im Sinne der zweiten Topologie. Wir zeigen, daß G auch offen ist im Sinne der ersten Topologie. Es sei nämlich p ein Punkt aus G. Nach **17.10.** existiert ein Block $H = \langle H_{i_1}, \ldots, H_{i_n} \rangle$ über offenen Mengen $H_{i_1}, \ldots, H_{i_n}$ der Räume $\mathfrak{E}_{i_1}, \ldots, \mathfrak{E}_{i_n}$ mit $p \in H$ und $H \subseteq G$. Da $E_{i_\nu} - H_{i_\nu}$ abgeschlossen und nicht $p_{i_\nu} \in E_{i_\nu} - H_{i_\nu}$ ist, existiert ein $\alpha_{i_\nu} \in \Sigma_{i_\nu}$ derart, daß nicht $p_{i_\nu} \in V_{\alpha_{i_\nu}}(E_{i_\nu} - H_{i_\nu})$ ist. Nach dem Axiom $\boldsymbol{U}_4$ ist dann $V_{\alpha_{i_\nu}}(p_{i_\nu})$ fremd zu $E_{i_\nu} - H_{i_\nu}$, also $V_{\alpha_{i_\nu}}(p_{i_\nu}) \subseteq H_{i_\nu}$. Für $\alpha = (\alpha_{i_1}, \ldots, \alpha_{i_n})$ ist daher $V_\alpha(p) \subseteq H$, also $V_\alpha(p) \subseteq G$. Da $V_\alpha(p)$ nach **19.2.** eine Nachbarschaft von p im Sinne der ersten Topologie ist und p ein beliebiger Punkt von G war, so ist also G offen auch im Sinne der ersten Topologie. Umgekehrt sei G eine Menge aus $\mathfrak{E}$, die offen ist im Sinne der ersten Topologie. Es sei p ein Punkt aus G. Da $E - G$ abgeschlossen ist im Sinne der ersten Topologie, existiert ein $\alpha = (\alpha_{i_1}, \ldots, \alpha_{i_n}) \in \Sigma$ derart, daß nicht $p \in V_\alpha(E - G)$ ist. Nach dem Axiom $\boldsymbol{U}_4$ ist dann $V_\alpha(p) \subseteq G$. Da $V_{\alpha_{i_\nu}}(p_{i_\nu})$ eine Nachbarschaft von p_{i_ν} ist, so ist $V_\alpha(p)$ nach **17.10.** eine Nachbarschaft von p im Sinne der zweiten Topologie. Da p ein beliebiger Punkt aus G war, ist also G offen auch im Sinne der zweiten Topologie. Damit ist gezeigt, daß bei beiden Topologien dieselben Mengen offen sind. Dann sind auch bei beiden Topologien dieselben Mengen abgeschlossen und daher für jede Menge aus $\mathfrak{E}$ die Hüllen bei beiden Topologien dieselben.

Zusatz. Ist jeder Raum $\mathfrak{E}_i$ $\boldsymbol{T}_1$-uniform, so ist $\mathfrak{E}$ $\boldsymbol{T}_1$-uniformierbar (denn nach **17.11.** ist $\mathfrak{E}$ ein $\boldsymbol{T}_1$-Raum).

Beispiel. Für jedes Element i einer nicht leeren Menge I sei E_i das Intervall $[0 \le x_i \le 1]$ der reellen Zahlengeraden und $\mathfrak{E}_i$ der metrische Raum mit dem Träger E_i und der Metrik $\delta_i(x_i, y_i) = |x_i - y_i|$. Es sei $\mathfrak{E}$ der CARTESISCHE Produktraum der Räume $\mathfrak{E}_i$. Nach **17.13.** ist $\mathfrak{E}$ vollkompakt und nach **17.12.a** HAUSDORFFsch (also nach **12.6.** normal). Nach dem Korollar zu **25.1.** oder nach **25.3.** ist $\mathfrak{E}$ uniformierbar. Eine uniforme Struktur von $\mathfrak{E}$ ist die folgende: Σ sei das System aller endlichen Mengen $\alpha = (\alpha_{i_1}, \ldots, \alpha_{i_n})$ reeller Zahlen > 0 $(i_1, \ldots, i_n \in I$, paarweise verschieden); für jeden Punkt x von $\mathfrak{E}$ und jedes $\alpha \in \Sigma$ sei $V_\alpha(x)$ die Menge aller Punkte y von $\mathfrak{E}$ mit $|x_{i_\nu} - y_{i_\nu}| < \alpha_{i_\nu}$ für $\nu = 1, \ldots, n$; für jede Menge M aus $\mathfrak{E}$ und jedes $\alpha \in \Sigma$ sei $V_\alpha(M) = \bigcup_{x \in M} V_\alpha(x)$. — Ist I unabzählbar, so ist $\mathfrak{E}$ nicht metrisierbar. Angenommen nämlich, es gäbe eine Metrik δ von $\mathfrak{E}$. Es sei dann $x = 0$ der Punkt von $\mathfrak{E}$, dessen Projektion in $\mathfrak{E}_i$ für jedes i der Punkt $x_i = 0$ ist. Für jedes natürliche n sei U^n die Menge aller Punkte y von $\mathfrak{E}$ mit $\delta(x, y) < 1/n$. Nach **17.10.** existieren für jedes natürliche n endlich viele Elemente $i_1^n, \ldots, i_{k_n}^n$ von I und k_n Zahlen $\alpha_1^n, \ldots, \alpha_{k_n}^n > 0$ derart, daß die Menge V^n aller Punkte y von $\mathfrak{E}$, deren Projektionen $y_{i_\varkappa^n}$ in $\mathfrak{E}_{i_\varkappa^n}$ den Bedingungen $|y_{i_\varkappa^n}| < \alpha_\varkappa^n$ genügen, eine Teilmenge von U^n ist. Da I unabzählbar ist, existiert in I ein Element i_0, das für kein n unter den Elementen $i_1^n, \ldots, i_{k_n}^n$ vorkommt. Jeder Punkt y von $\mathfrak{E}$ nun, dessen Projektion y_{i_0} in $\mathfrak{E}_{i_0}$ beliebig und dessen Projektion y_i in $\mathfrak{E}_i$ für jedes $i \neq i_0$ aus I der Punkt 0 ist, liegt für jedes n in V^n, also in U^n. Der Durchschnitt $\cap U^n$ enthält also außer dem Punkt $x = 0$ noch weitere Punkte y. Für jeden solchen Punkt y ist $\delta(x, y) = 0$, obwohl $x \neq y$ ist, im Widerspruch zum Abstandsaxiom A_{3b}. $\mathfrak{E}$ ist also nicht metrisierbar (wohl aber uniformierbar). Dies ist ein Beispiel für die Überlegenheit der uniformen Struktur gegenüber der Metrik. (Der Begriff der uniformen Struktur ist eben erheblich allgemeiner als der Begriff der Metrik; dafür ist allerdings in der Praxis eine Metrik oft leichter zu handhaben als eine uniforme Struktur.)

§ 26. Vollständige uniforme BOOLE-Verbände.

Es sei $\mathfrak{V}$ ein uniformer BOOLE-Verband und $(V_\alpha(A))_{\alpha \in \Sigma}$ seine uniforme Struktur. Einen Raster $\mathfrak{R}$ in $\mathfrak{V}$ nennen wir *Cauchysch*, wenn bei beliebigem $\alpha \in \Sigma$ die Beziehung $|R| \leq \alpha$ für mindestens ein Soma $R \in \mathfrak{R}$ besteht (sie besteht dann für schließlich alle $R \in \mathfrak{R}$).

Beispiel. Es sei $\mathfrak{E}$ ein quasi-metrischer Raum. Ein Raster $\mathfrak{R}$ in $\mathfrak{E}$ ist dann und nur dann Cauchysch, wenn für jedes $\varepsilon > 0$ eine Menge $R \in \mathfrak{R}$ existiert, deren Durchmesser $\delta R < \varepsilon$ ist (dann ist $\delta R < \varepsilon$ für schließlich alle $R \in \mathfrak{R}$). Ist insbesondere $(p_1, p_2, \ldots)$ eine Punktfolge in $\mathfrak{E}$, so ist der aus den Mengen $R_n = (p_n, p_{n+1}, \ldots)$ bestehende Raster $\mathfrak{R}$ dann und nur dann CAUCHYsch, wenn die Folge eine CAUCHY-*Folge* ist, d.h. wenn zu jedem $\varepsilon > 0$ ein n_ε derart existiert, daß $\delta(p_n, p_{n'}) < \varepsilon$ ist für je zwei Indizes n und n' mit $n > n_\varepsilon$ und $n' > n_\varepsilon$.

26.1. *Ist der* CAUCHY*sche Raster* $\mathfrak{R}$ *uniform konvergent gegen* A, *so ist* $|A| \leq \alpha$ *für jedes* $\alpha \in \Sigma$.

Beweis. Es sei α ein beliebiges Element von Σ. Wir wählen zu α ein $\beta \in \Sigma$ gemäß **19.18.** Da $\mathfrak{R}$ CAUCHYSch ist, gilt $|R| \leq \beta$ für schließlich alle $R \in \mathfrak{R}$. Da $\mathfrak{R}$ uniform gegen A konvergiert, ist $|R, A| \leq \beta$, ebenfalls für schließlich alle $R \in \mathfrak{R}$. Nach der Wahl von β ist daher $|A| \leq \alpha$.

Korollar. *In einem T_1-uniformen* BOOLE-*Verband ist der Limes eines uniform konvergenten,* CAUCHY*schen, eigentlichen Rasters ein Atom.*

Ein uniformer BOOLE-Verband $\mathfrak{B}$ heiße *vollständig*, wenn jeder CAUCHYsche, eigentliche Raster in $\mathfrak{B}$ uniform konvergiert.

Beispiele. Der CARTESISche $\mathfrak{E}^n$ und der HILBERTSche Raum $\mathfrak{H}$ sind vollständig.

Übung. Ein metrischer Raum ist dann und nur dann vollständig, wenn jede CAUCHYSche Punktfolge (gegen einen Punkt) konvergiert.

26.2. *Ein uniformer* BOOLE-*Verband* $\mathfrak{B}$ *ist dann und nur dann vollständig, wenn jeder* CAUCHY*sche Ultrafilter in* $\mathfrak{B}$ *uniform konvergiert.*

Beweis. Jeder CAUCHYSche Ultrafilter in $\mathfrak{U}$ sei uniform konvergent. Es sei $\mathfrak{R}$ ein CAUCHYScher, eigentlicher Raster in $\mathfrak{B}$. Nach **4.3.** existiert in $\mathfrak{B}$ ein Ultrafilter $\mathfrak{U}$, welcher $\mathfrak{R}$ als Teilmenge enthält. Mit $\mathfrak{R}$ ist auch $\mathfrak{U}$ Cauchysch. Also konvergiert $\mathfrak{U}$ uniform gegen ein Soma A. Ist nun ein $\alpha \in \Sigma$ beliebig gegeben, so wählen wir ein $\beta \in \Sigma$ gemäß **19.6.** für $n = 3$. Dann ist zunächst $|A, U| \leq \beta$ für schließlich alle $U \in \mathfrak{U}$. Weiter ist $|U| \leq \beta$ für schließlich alle $U \in \mathfrak{U}$ und $|R| \leq \beta$ für schließlich alle $R \in \mathfrak{R}$, da $\mathfrak{U}$ und $\mathfrak{R}$ CAUCHYsch sind. Hieraus folgt $|U, U \wedge R| \leq \beta$ und $|U \wedge R, R| \leq \beta$ für schließlich alle $U \in \mathfrak{U}$ und schließlich alle $R \in \mathfrak{R}$ (es ist $U \wedge R > O$, da U und R Somen von $\mathfrak{U}$ sind). Aus $|A, U| \leq \beta, |U, U \wedge R| \leq \beta$ und $|U \wedge R, R| \leq \beta$ folgt $|A, R| \leq \alpha$ nach Wahl von β. Diese Beziehung gilt also, bei beliebigem $\alpha \in \Sigma$, für schließlich alle $R \in \mathfrak{R}$. Also ist $\mathfrak{R}$ uniform konvergent gegen A. — Die Umkehrung ist trivial.

26.3. *Jeder vollkompakte, T_1-uniforme* BOOLE-*Verband* $\mathfrak{B}$ *ist vollständig.*

Beweis. Es sei $\mathfrak{U}$ ein CAUCHYScher Ultrafilter in $\mathfrak{B}$. Da $\mathfrak{B}$ vollkompakt ist, existiert ein Soma $P > O$, welches $\mathfrak{U}$ adhärent ist, also mit $P \leq \overline{U}$ für jedes Soma $U \in \mathfrak{U}$. Bei beliebigem $\alpha \in \Sigma$ ist $|\overline{U}| \leq \alpha$ für schließlich alle $U \in \mathfrak{U}$ nach dem Korollar zu **19.18.** Folglich ist $|P| \leq \alpha$ für jedes $\alpha \in \Sigma$ und daher P ein Atom nach **19.21.** Mithin ist P abgeschlossen nach **11.4.**, also $P = \bigwedge_{\alpha} V_{\alpha}(P)$. Da $P \leq \overline{U}$ und $|\overline{U}| \leq \alpha$ ist für schließlich alle $U \in \mathfrak{U}$ bei beliebigem $\alpha \in \Sigma$, so ist $\overline{U} \leq V_{\alpha}(P)$ für jedes $\alpha \in \Sigma$. Folglich ist $P = \bigwedge_{U} \overline{U}$, d.h. $\mathfrak{U}$ konvergiert topologisch gegen P. Nach **23.4.** konvergiert $\mathfrak{U}$ dann auch uniform gegen P. Damit ist gezeigt, daß jeder CAUCHYsche Ultrafilter $\mathfrak{U}$ in $\mathfrak{B}$ uniform konvergiert. Nach **26.2.** ist also $\mathfrak{B}$ vollständig.

26.4. *Ist der uniforme* BOOLE-*Verband* $\mathfrak{B}$ *vollständig und D ein abgeschlossenes Soma aus* $\mathfrak{B}$, *so ist auch* $\mathfrak{B}_D$ *vollständig. Ist umgekehrt D*

ein Soma eines T_1-uniformen, atomaren BOOLE-*Verbandes* $\mathfrak{B}$ *und* $\mathfrak{B}_D$ *vollständig, so ist D abgeschlossen.*

Beweis. Ist $\mathfrak{R}$ ein Raster aus $\mathfrak{B}_D$, welcher in $\mathfrak{B}$ uniform gegen ein Soma $A \in \mathfrak{B}$ konvergiert, so ist $A \leq \overline{R}$ für jedes Soma $R \in \mathfrak{R}$ nach **23.3.**, wegen $\overline{R} \leq D$ also $A \in \mathfrak{B}_D$. — Es sei P ein beliebiges Atom $\leq \overline{D}$. Dann ist das System der Durchschnitte $D \cap V_\alpha(P)$ ein CAUCHYscher, eigentlicher Raster in $\mathfrak{B}_D$. Da $\mathfrak{B}_D$ vollständig ist, konvergiert er uniform gegen eine (nicht leere) Menge $A \leq D$. Weil aber der Raster der Mengen $V_\alpha(P)$ uniform gegen P konvergiert, muß $A = P$, also $P \leq D$ sein.

26.5. *Der* BOOLE*sche Produktverband* $\mathfrak{B} = P^\beta \mathfrak{B}_i$ *endlich vieler vollständiger, uniformer* BOOLE-*Verbände* $\mathfrak{B}_i$ *(i = 1, ..., n) ist vollständig* [1].

Beweis. Es sei $\mathfrak{U}$ ein CAUCHYscher Ultrafilter in $\mathfrak{B}$. Jedes Soma B aus $\mathfrak{U}$ ist nach (6.18) darstellbar als Vereinigung endlich vieler Blöcke $A^1, ..., A^m$. Nach **4.2.** ist mindestens einer dieser Blöcke A ein Soma aus $\mathfrak{U}$. Das System $\mathfrak{R}$ der Blöcke $A \in \mathfrak{U}$ ist also ein zu $\mathfrak{U}$ äquivalenter, CAUCHYscher, eigentlicher Raster. Für jedes i sei $\mathfrak{R}_i$ das System der Projektionen A_i in $\mathfrak{B}_i$ der Somen A aus $\mathfrak{R}$. Dann ist $\mathfrak{R}_i$ ein CAUCHYscher, eigentlicher Raster in $\mathfrak{B}_i$. Da $\mathfrak{B}_i$ vollständig ist, konvergiert $\mathfrak{R}_i$ uniform gegen ein Soma C_i. Dann konvergiert $\mathfrak{R}$ und damit auch $\mathfrak{U}$ uniform gegen den Block C über den Somen C_i. Also ist $\mathfrak{B}$ vollständig nach **26.2.**

26.6. *Der* CARTESI*sche Produktraum* $\mathfrak{E} = P^\gamma \mathfrak{E}_i$ *uniformer Räume* $\mathfrak{E}_i$ *($i \in I$) ist dann und nur dann vollständig, wenn jeder Raum $\mathfrak{E}_i$ vollständig ist* [2].

Beweis. Jeder Raum $\mathfrak{E}_i$ sei vollständig. Es sei $\mathfrak{R}$ ein CAUCHYscher, eigentlicher Raster in $\mathfrak{E}$. Für jedes $i \in I$ ist das System $\mathfrak{R}_i$ der Projektionen R_i in $\mathfrak{E}_i$ der Mengen R von $\mathfrak{R}$ ein CAUCHYscher, eigentlicher Raster in $\mathfrak{E}_i$. Da $\mathfrak{E}_i$ vollständig ist, konvergiert $\mathfrak{R}_i$ uniform gegen eine Menge A_i. Es sei A die Menge aller Punkte p von $\mathfrak{E}$, deren Projektion p_i in $\mathfrak{E}_i$ für jedes $i \in I$ in A_i liegt. Dann konvergiert $\mathfrak{R}$ uniform gegen A. Also ist $\mathfrak{E}$ vollständig. — Umgekehrt sei $\mathfrak{E}$ vollständig. Für ein festes $i_0 \in I$ sei $\mathfrak{R}_{i_0}$ ein CAUCHYscher, eigentlicher Raster in $\mathfrak{E}_{i_0}$. Für jedes $i \neq i_0$ aus I wählen wir einen festen Punkt q_i von $\mathfrak{E}_i$. Wir bezeichnen für jede Menge R_{i_0} aus $\mathfrak{R}_{i_0}$ mit R die Menge aller Punkte p von $\mathfrak{E}$ mit der Eigenschaft, daß die Projektion p_i in $\mathfrak{E}_i$ von p für $i = i_0$ in R_{i_0} liegt und für jedes $i \neq i_0$ der Punkt q_i ist. Dann ist das System $\mathfrak{R}$ der Mengen R ein CAUCHYscher, eigentlicher Raster in $\mathfrak{E}$. Da $\mathfrak{E}$ vollständig ist, konvergiert $\mathfrak{R}$ uniform gegen eine Menge A. Dann konvergiert $\mathfrak{E}_{i_0}$ uniform gegen die Projektion A_{i_0} in $\mathfrak{E}_{i_0}$ von A. Also ist $\mathfrak{E}_{i_0}$ vollständig.

---

[1] Wir betrachten $\mathfrak{B}$ als mit der uniformen Struktur versehen, die wir im Beweis von **25.2.** konstruiert haben.

[2] Wir betrachten $\mathfrak{E}$ als mit der uniformen Struktur versehen, die wir im Beweis von **25.3.** konstruiert haben.

26.7. *Im vollständigen, metrischen Raum $\mathfrak{E}$ seien $M_1, M_2, \ldots$ abzählbar viele, in E nirgends dichte Punktmengen. Dann ist $E - \cup M_n$ dicht in E* (R. BAIRE).

Beweis. Es sei U_0 eine nicht leere, offene Menge aus $\mathfrak{E}$. Da M_1 in E nirgends dicht, also $E - \overline{M_1}$ in E dicht ist, so ist $U_0 - (U_0 \cap \overline{M_1})$ nicht leer. Es sei p_1 ein Punkt von $U_0 - (U_0 \cap \overline{M_1})$. Dann existiert eine Zahl δ_1 mit $0 < \delta_1 \leq 1$ derart, daß für die Menge $U_1 = U_{\delta_1}(p_1)$ gilt $\overline{U_1} \subseteq U_0 - (U_0 \cap \overline{M_1})$. Analog erhalten wir einen Punkt $p_2 \in U_1 - (U_1 \cap \overline{M_2})$ und eine Zahl δ_2 mit $0 < \delta_2 \leq \frac{1}{2}$ derart, daß für die Menge $U_2 = U_{\delta_2}(p_2)$ gilt $\overline{U_2} \subseteq U_1 - (U_1 \cap \overline{M_2})$ usw. Die Folge $(U_1, U_2, \ldots)$ ist ein CAUCHY-scher, eigentlicher Raster. Da $\mathfrak{E}$ vollständig ist, konvergiert dieser Raster gegen einen Punkt p. Es gilt dann $p \in \overline{U_n}$ für jedes n. Wegen $\overline{U_n} \subseteq E - \overline{M_n} \subseteq E - M_n$ für jedes n ist $p \in E - \cup M_n$. Wegen $\overline{U_1} \subseteq U_0$ ist $p \in U_0$. Damit ist gezeigt, daß jede nicht leere, offene Menge U_0 mindestens einen Punkt p von $E - \cup M_n$ enthält. Also ist $\overline{E - \cup M_n} = E$.

§ 27. Darstellungs- und Erweiterungssätze.

Die uniformen Räume sind spezielle uniforme BOOLE-Verbände. Umgekehrt umfassen die uniformen Räume in gewissem Sinne alle uniformen BOOLE-Verbände, wie der folgende Satz **27.1.** lehrt.

Es sei $\mathfrak{V}''$ ein uniformer BOOLE-Verband; seine uniforme Struktur sei $\big(V_\alpha''(A'')\big)_{\alpha \in \Sigma}$. Weiter sei $\mathfrak{V}'$ ein BOOLEscher Unterverband von $\mathfrak{V}''$, der ebenfalls mit einer uniformen Struktur $\big(V_\alpha'(A')\big)_{\alpha \in \Sigma}$ (mit derselben Indexmenge Σ) versehen ist. Wenn nun $V_\alpha'(A') = V_\alpha''(A')$ ist für jedes Soma $A' \in \mathfrak{V}'$ und jedes $\alpha \in \Sigma$, so sagen wir, $\mathfrak{V}'$ sei ein *invariant uniformer* BOOLEscher Unterverband von $\mathfrak{V}''$.

27.1. *Jeder uniforme* BOOLE-*Verband $\mathfrak{V}$ ist iso-uniform zu einem invariant uniformen* BOOLE*schen Unterverband $\hat{\mathfrak{V}}$ eines vollständigen uniformen Raumes $\hat{\mathfrak{E}}$.*

Man kann mit anderen Worten jeden uniformen BOOLE-Verband $\mathfrak{V}$ darstellen als invariant uniformen BOOLEschen Unterverband eines vollständigen, uniformen Raumes $\hat{\mathfrak{E}}$.

Beweis. Es sei M die Menge aller Ultrafilter $\mathfrak{U}$ in $\mathfrak{V}$. Weiter sei $\hat{E}$ eine Menge beliebiger Elemente $\hat{p}$ derart, daß M und $\hat{E}$ dieselbe Mächtigkeit haben. Wir ordnen die Elemente $\mathfrak{U}$ von M und die Elemente $\hat{p}$ von $\hat{E}$ eineindeutig einander zu: $\hat{p} = \hat{p}(\mathfrak{U})$, $\mathfrak{U} = \mathfrak{U}(\hat{p})$. Für jedes Soma A aus $\mathfrak{V}$ sei nun $\hat{A} = \Phi A$ die Menge aller $\hat{p} \in \hat{E}$ mit $A \in \mathfrak{U}(\hat{p})$. Nach dem Beweis von **5.2.** und dem Zusatz 2 zu **5.2.** ist Φ ein Isomorphismus von $\mathfrak{V}$ auf den Mengenverband $\hat{\mathfrak{V}}$ aller Mengen $\hat{A} = \Phi A$. Es sei $\hat{\mathfrak{E}}$ der Mengenverband aller Teilmengen $\hat{M}$ von $\hat{E}$. Es genügt zum Beweis von **27.1.**, mittels der gegebenen uniformen Struktur $(V_\alpha(A))_{\alpha\in\Sigma}$ von $\mathfrak{B}$ eine uniforme Struktur $(\hat{V}_\alpha(\hat{M}))_{\alpha\in\Sigma}$ von $\hat{\mathfrak{E}}$ derart zu konstruieren, daß $\hat{V}_\alpha(\Phi A) = \Phi V_\alpha(A)$ ist für jedes Soma $A\in\mathfrak{B}$ und jedes $\alpha\in\Sigma$.

Für jedes $\hat{p}\in\hat{E}$ und jedes $\alpha\in\Sigma$ definieren wir zunächst eine Teilmenge $\hat{V}_\alpha(\hat{p})$ von $\hat{E}$:

$$\hat{V}_\alpha(\hat{p}) = \bigcap_{A\in\mathfrak{U}(\hat{p})} \Phi V_\alpha(A).$$

Diese Mengen $\hat{V}_\alpha(\hat{p})$ haben die folgenden vier Eigenschaften (W_1) bis (W_4) [1].

(W_1). $\hat{p}\in\hat{V}_\alpha(\hat{p})$. Dies folgt daraus, daß $\hat{p}\in\Phi A$ ist für jedes $A\in\mathfrak{U}(\hat{p})$ und daß $A\leq V_\alpha(A)$, also $\Phi A\leq\Phi V_\alpha(A)$ ist nach dem Axiom U_1.

(W_2). Zu jedem $\alpha\in\Sigma$ und jedem $\beta\in\Sigma$ existiert ein $\gamma\in\Sigma$ mit $\hat{V}_\gamma(\hat{p})\subseteq \hat{V}_\alpha(\hat{p})\cap\hat{V}_\beta(\hat{p})$. Wählen wir nämlich zu α und β ein $\gamma\in\Sigma$ gemäß dem Axiom U_2, so leistet dieses γ das Verlangte.

(W_3). Zu jedem $\alpha\in\Sigma$ existiert ein $\beta\in\Sigma$ derart, daß aus $\hat{p}\in\hat{V}_\beta(\hat{r})$ und $\hat{q}\in\hat{V}_\beta(\hat{r})$ folgt $\hat{q}\in\hat{V}_\alpha(\hat{p})$. Zum Beweis wählen wir zu α ein $\beta\in\Sigma$ gemäß dem Axiom U_3. Nun sei A ein zunächst festes Soma aus $\mathfrak{U}(\hat{p})$. Aus $\hat{p}\in\hat{V}_\beta(\hat{r})$ folgt $\hat{p}\in\Phi V_\beta(C)$ für jedes $C\in\mathfrak{U}(\hat{r})$ nach der Definition von $\hat{V}_\beta(\hat{r})$. Also ist $\hat{V}_\beta(C)\in\mathfrak{U}(\hat{p})$ und daher $A\wedge V_\beta(C)>O$. Nach dem Axiom U_4 folgt hieraus $V_\beta(A)\wedge C>O$. Dies gilt für jedes $C\in\mathfrak{U}(\hat{r})$. Nach **4.1.** ist daher $V_\beta(A)\in\mathfrak{U}(\hat{r})$. Aus $\hat{q}\in\hat{V}_\beta(\hat{r})$ folgt analog $V_\beta(B)\in\mathfrak{U}(\hat{r})$ für jedes $B\in\mathfrak{U}(\hat{q})$. Aus $V_\beta(A)\in\mathfrak{U}(\hat{r})$ und $V_\beta(B)\in\mathfrak{U}(\hat{r})$ folgt $V_\beta(A)\wedge V_\beta(B)\in \mathfrak{U}(\hat{r})$, also $V_\beta(A)\wedge V_\beta(B)>O$, also $V_\beta(V_\beta(A))\wedge B>O$ nach dem Axiom U_4, also $V_\alpha(A)\wedge B>O$ nach der Wahl von β. Dies gilt für jedes $B\in\mathfrak{U}(\hat{q})$. Nach **4.1.** ist daher $V_\alpha(A)\in\mathfrak{U}(\hat{q})$, also $\hat{q}\in\Phi V_\alpha(A)$. Dies gilt für jedes $A\in\mathfrak{U}(\hat{p})$. Mithin ist $\hat{q}\in\hat{V}_\alpha(\hat{p})$.

(W_4). Aus $\hat{q}\in\hat{V}_\alpha(\hat{p})$ folgt $\hat{p}\in\hat{V}_\alpha(\hat{q})$. Es sei nämlich $A\in\mathfrak{U}(\hat{p})$ und $B\in\mathfrak{U}(\hat{q})$. Ist nun $\hat{q}\in\hat{V}_\alpha(\hat{p})$, so ist $\hat{q}\in\Phi V_\alpha(A)$, also $V_\alpha(A)\in\mathfrak{U}(\hat{q})$. Hieraus folgt $V_\alpha(A)\wedge B>O$. Nach dem Axiom U_4 ist daher $A\wedge V_\alpha(B)>O$. Dies gilt für jedes $A\in\mathfrak{U}(\hat{p})$. Nach **4.1.** ist also $V_\alpha(B)\in\mathfrak{U}(\hat{p})$ und daher $\hat{p}\in\Phi V_\alpha(B)$. Dies gilt für jedes $B\in\mathfrak{U}(\hat{q})$. Also ist $\hat{p}\in\hat{V}_\alpha(\hat{q})$.

Für jede Menge $\hat{M}$ aus $\hat{\mathfrak{E}}$ und jedes $\alpha\in\Sigma$ definieren wir nun eine Menge $\hat{V}_\alpha(\hat{M})$ folgendermaßen:

$$\hat{V}_\alpha(\hat{M}) = \bigcup_{\hat{p}\in\hat{M}}\hat{V}_\alpha(\hat{p}).$$

Mittels (W_1) bis (W_4) zeigt man mühelos, daß die Mengen $\hat{V}_\alpha(\hat{M})$ den Axiomen U_1 bis U_4 genügen. Daß sie die Axiome U_5 und U_6 erfüllen, ist trivial (letzteres, weil $\hat{\mathfrak{E}}$ ein Mengenvollverband ist). Also ist jetzt $\hat{\mathfrak{E}}$ ein uniformer Raum mit der uniformen Struktur $(\hat{V}_\alpha(\hat{M}))_{\alpha\in\Sigma}$.

---

[1] Vgl. S. 183, Übung 1.

Wir zeigen nun, daß $\hat{V}_\alpha(\Phi A_0) = \Phi V_\alpha(A_0)$ ist für jedes Soma $A_0 \in \mathfrak{B}$ und jedes $\alpha \in \Sigma$. Für jeden Punkt $\hat{p} \in \Phi A_0$ ist $A_0 \in \mathfrak{U}(\hat{p})$, also $\hat{V}_\alpha(\hat{p}) \subseteq \Phi V_\alpha(A_0)$; daher ist $\hat{V}_\alpha(\Phi A_0) \subseteq \Phi V_\alpha(A_0)$. Umgekehrt sei nun $\hat{q}$ ein beliebiger Punkt aus $\Phi V_\alpha(A_0)$. Dann ist $V_\alpha(A_0) \in \mathfrak{U}(\hat{q})$. Für jedes $B \in \mathfrak{U}(\hat{q})$ ist also $V_\alpha(A_0) \wedge B > O$. Nach dem Axiom $\boldsymbol{U}_4$ folgt $A_0 \wedge V_\alpha(B) > O$. Mithin ist das System der Durchschnitte $D = A_0 \wedge V_\alpha(B)$ $(B \in \mathfrak{U}(\hat{q}))$ ein eigentlicher Raster in $\mathfrak{B}$. Nach **4.3.** existiert ein Ultrafilter $\mathfrak{U}$ in $\mathfrak{B}$, welcher ihn als Teilsystem enthält. Es ist $A_0 \in \mathfrak{U}$ wegen $D \leqq A_0$. Für jedes $A \in \mathfrak{U}$ ist $A \wedge A_0 \wedge V_\alpha(B) > O$ und daher auch $A \wedge V_\alpha(B) > O$. Nach dem Axiom $\boldsymbol{U}_4$ ist dann $V_\alpha(A) \wedge B > O$. Dies gilt für jedes $B \in \mathfrak{U}(\hat{q})$. Nach **4.1.** ist also $V_\alpha(A) \in \mathfrak{U}(\hat{q})$ und daher $\hat{q} \in \Phi V_\alpha(A)$. Dies gilt für jedes $A \in \mathfrak{U}$. Daher ist $\hat{q} \in V_\alpha(\hat{p})$, wobei $\hat{p}$ der Punkt $\hat{p}(\mathfrak{U})$ ist. Da $\hat{p} \in \Phi A_0$ ist wegen $A_0 \in \mathfrak{U}$, so folgt $\hat{q} \in \hat{V}_\alpha(\Phi A_0)$. Dies gilt für jeden Punkt $\hat{q} \in \Phi V_\alpha(A_0)$. Daher ist $\Phi V_\alpha(A_0) \subseteq \hat{V}_\alpha(\Phi A_0)$.

Schließlich zeigen wir, daß der Raum $\hat{\mathfrak{E}}$ vollständig ist. Es sei also $\hat{\mathfrak{R}}$ ein CAUCHYscher, eigentlicher Raster in $\hat{\mathfrak{E}}$. Es ist zu beweisen, daß $\hat{\mathfrak{R}}$ uniform konvergiert [und zwar gegen die Hülle einer einpunktigen Menge $(\hat{p})$].

Der Raster $\hat{\mathfrak{R}}$ besteht aus nicht leeren Mengen $\hat{M}$. Für jede Menge $\hat{M} \in \hat{\mathfrak{R}}$ sei $\mathfrak{R}(\hat{M})$ der mengentheoretische Durchschnitt aller Ultrafilter $\mathfrak{U}$ in $\mathfrak{B}$ mit $\hat{p}(\mathfrak{U}) \in \hat{M}$. Dann ist $\mathfrak{R}(\hat{M})$ ein eigentlicher Raster (sogar ein eigentlicher Filter) in $\mathfrak{B}$. Weiter sei $\mathfrak{R}$ die Menge aller endlichen Durchschnitte $A = A_1 \wedge \cdots \wedge A_n$ mit $A_\nu \in \mathfrak{R}(\hat{M}_\nu)$, $\hat{M}_\nu \in \hat{\mathfrak{R}}$. Auch diese Menge $\mathfrak{R}$ ist ein Raster in $\mathfrak{B}$; er ist eigentlich; denn in $\hat{\mathfrak{R}}$ existiert eine Menge $\hat{M}$ mit $\hat{M} \subseteq \hat{M}_\nu$ für $\nu = 1, \ldots, n$; dann ist $\mathfrak{R}(\hat{M}_\nu) \subseteq \mathfrak{R}(\hat{M})$, also $A_\nu \in \mathfrak{R}(\hat{M})$ für $\nu = 1, \ldots, n$ und daher $A_1 \wedge \cdots \wedge A_n > O$, weil $\mathfrak{R}(\hat{M})$ eigentlich ist. Nach **4.3.** existiert ein Ultrafilter $\mathfrak{U}$ in $\mathfrak{B}$ mit $\mathfrak{R} \subseteq \mathfrak{U}$. Es sei $\hat{p}$ der Punkt $\hat{p}(\mathfrak{U})$ von $\hat{\mathfrak{E}}$.

Nun sei α ein beliebiges Element aus Σ. Da $\hat{\mathfrak{R}}$ CAUCHYsch ist, existiert in $\hat{\mathfrak{R}}$ eine Menge $\hat{M}_0$ mit $|\hat{M}_0| \leqq \alpha$. Es sei $\hat{q}_0$ ein beliebiger Punkt aus $\hat{M}_0$. Für jeden Punkt $\hat{q} \in \hat{M}_0$ ist dann $\hat{q} \in \hat{V}_\alpha(\hat{q}_0)$. Nach der Definition von $\hat{V}_\alpha(\hat{q}_0)$ bedeutet dies, daß $\hat{q} \in \Phi V_\alpha(A)$ ist für jedes Soma A des Ultrafilters $\mathfrak{U}(\hat{q}_0)$. Nach der Definition von Φ ist also $V_\alpha(A)$ ein Soma des Ultrafilters $\mathfrak{U}(\hat{q})$. Dies gilt für jeden Punkt $\hat{q} \in \hat{M}_0$. Nach der Definition von $\mathfrak{R}(\hat{M}_0)$ ist also $V_\alpha(A) \in \mathfrak{R}(\hat{M}_0)$. Wegen $\mathfrak{R}(\hat{M}_0) \subseteq \mathfrak{R} \subseteq \mathfrak{U} = \mathfrak{U}(\hat{p})$ ist also $V_\alpha(A) \in \mathfrak{U}(\hat{p})$. Hieraus folgt $\hat{p} \in \Phi V_\alpha(A)$. Dies gilt für jedes $A \in \mathfrak{U}(\hat{q}_0)$. Folglich ist $\hat{p} \in \hat{V}_\alpha(\hat{q}_0)$ nach der Definition von $\hat{V}_\alpha(\hat{q}_0)$. Dies gilt für jeden Punkt $\hat{q}_0 \in \hat{M}_0$. Also ist $\hat{p} \in \hat{V}_\alpha(\hat{M})$ für jedes nicht leere $\hat{M} \subseteq \hat{M}_0$ nach der Definition von $\hat{V}_\alpha(\hat{M})$. Aus $\hat{p} \in \hat{V}_\alpha(\hat{q}_0)$ folgt $\hat{q}_0 \in \hat{V}_\alpha(\hat{p})$ nach dem Axiom $\boldsymbol{U}_4$. Auch dies gilt für jedes $\hat{q}_0 \in \hat{M}_0$. Daher ist auch

$\hat{M} \subseteq \hat{V}_\alpha(\hat{p})$ für jedes nicht leere $\hat{M} \subseteq \hat{M}_0$. Mithin ist $|(\hat{p}), \hat{M}| \leq \alpha$ für jedes nicht leere $\hat{M} \subseteq \hat{M}_0$. Nun gilt $\hat{M} \subseteq \hat{M}_0$ für schließlich alle Mengen $\hat{M} \in \Re$. Damit haben wir gezeigt, daß bei beliebigem $\alpha \in \Sigma$ die Beziehung $|(\hat{p}), \hat{M}| \leq \alpha$ besteht für schließlich alle Mengen $\hat{M} \in \Re$. Nach dem Axiom $\boldsymbol{U}_5$ und **19.12.** gilt dann auch $|(\overline{\hat{p}}), \hat{M}| \leq \alpha$ für schließlich alle $\hat{M} \in \Re$. Also konvergiert $\Re$ uniform gegen $(\overline{\hat{p}})$.

Bemerkung. Der zu $\mathfrak{V}$ iso-uniforme Unterverband $\hat{\mathfrak{V}}$ des uniformen Raumes $\hat{\mathfrak{E}}$ ist (als uniformer Verband) topologisch, aber im allgemeinen kein invariant topologischer Unterverband des topologischen Raumes $\hat{\mathfrak{E}}$. Denn ist $\hat{A}$ eine Menge aus $\hat{\mathfrak{V}}$, so ist die Hülle in $\hat{\mathfrak{V}}$ von $\hat{A}$ der Durchschnitt $\bigwedge_\alpha \hat{V}_\alpha(\hat{A})$ in $\hat{\mathfrak{V}}$, hingegen die Hülle in $\hat{\mathfrak{E}}$ von $\hat{A}$ der mengentheoretische Durchschnitt $\bigcap_\alpha \hat{V}_\alpha(\hat{A})$ und es ist im allgemeinen nur $\bigwedge \hat{V}_\alpha(\hat{A}) \subseteq \bigcap \hat{V}_\alpha(\hat{A})$. Immerhin ist die erstere Hülle durch die letztere folgendermaßen eindeutig bestimmt: Die Hülle in $\hat{\mathfrak{V}}$ von $\hat{A}$ ist die größte Menge in $\hat{\mathfrak{V}}$, welche in der Hülle in $\hat{\mathfrak{E}}$ von $\hat{A}$ enthalten ist[1].

Nun sei $\mathfrak{V}$ speziell ein uniformer Raum $\mathfrak{E}$. Nach **27.1.** existiert eine iso-uniforme Homöomorphie von $\mathfrak{E}$ auf einen Unter*verband* $\hat{\mathfrak{V}}$ eines vollständigen, uniformen Raumes $\hat{\mathfrak{E}}$. Wir behaupten nun unter anderem, daß eine iso-uniforme Homöomorphie φ von $\mathfrak{E}$ auf einen Unter*raum* $\mathfrak{E}'$ eines vollständigen, uniformen Raumes $\tilde{\mathfrak{E}}$ existiert. Identifizieren wir gemäß dieser Homöomorphie φ den Raum $\mathfrak{E}$ mit dem Raum $\mathfrak{E}'$, so können wir also sagen, daß sich jeder uniforme Raum $\mathfrak{E}$ erweitern läßt zu einem vollständigen, uniformen Raum $\tilde{\mathfrak{E}}$.

27.2. *Jeder uniforme Raum $\mathfrak{E}$ ist iso-uniform zu einem Unterraum $\mathfrak{E}'$ eines vollständigen, uniformen Raumes $\tilde{\mathfrak{E}}$, in welchem $\mathfrak{E}'$ dicht ist. Wenn $\mathfrak{E}$ $\boldsymbol{T}_1$-uniform ist, so kann auch $\tilde{\mathfrak{E}}$ $\boldsymbol{T}_1$-uniform gewählt werden.*

Beweis. Es sei Φ die im Beweis von **27.1.** konstruierte iso-uniforme Homöomorphie von $\mathfrak{V} = \mathfrak{E}$ auf einen Unterverband $\hat{\mathfrak{V}}$ eines vollständigen, uniformen Raumes $\tilde{\mathfrak{E}}$. Ist p ein Punkt aus $\mathfrak{E}$, $\mathfrak{U}$ der aus allen Mengen A von $\mathfrak{E}$ mit $p \in A$ bestehende Ultrafilter in $\mathfrak{E}$ und $\hat{p} = \hat{p}(\mathfrak{U})$, so ist $\Phi p = \hat{p}$ (vgl. die Definition von Φ). Nun sei E' die Menge aller Punkte Φp und $\mathfrak{E}'$ der Mengenverband aller Teilmengen von E'. Für jede Menge M aus $\mathfrak{E}$ setzen wir $E' \cap \Phi M = \varphi M$ (dann ist φM die Menge aller Punkte $\hat{p} = \Phi p$ mit $p \in M$; insbesondere ist $\varphi p = \Phi p$ für jeden Punkt p aus $\mathfrak{E}$). Da aus $p_1 \neq p_2$ folgt $\Phi p_1 \neq \Phi p_2$, also $\varphi p_1 \neq \varphi p_2$, ist φ ein Isomorphismus von $\mathfrak{E}$ auf $\mathfrak{E}'$. Die uniforme Struktur $\left(\hat{V}_\alpha(\hat{M})\right)_{\alpha \in \Sigma}$ von $\tilde{\mathfrak{E}}$ induziert in $\mathfrak{E}'$ die uniforme Struktur $\left(V'_\alpha(M')\right)_{\alpha \in \Sigma}$ mit $V'_\alpha(M') = E' \cap \hat{V}_\alpha(M')$.

---

[1] Man kann dies auffassen als eine Verallgemeinerung der Definition der induzierten Topologie im § 9 (denn $\overline{A} \wedge D$ ist das größte Soma $\in \mathfrak{V}_D$, das in $\overline{A}$ enthalten ist).

Da $\Phi V_\alpha(M) = \hat{V}_\alpha(\Phi M)$ ist (S. 204), so ist auch $\varphi V_\alpha(M) = V'_\alpha(\varphi M)$ für jede Menge M aus $\mathfrak{E}$. Also ist φ eine iso-uniforme Homöomorphie von $\mathfrak{E}$ auf $\mathfrak{E}'$. Die abgeschlossene Menge $\overline{E'}$ zerfällt in Klassen (vgl. den Beweis von **22.3.**). In jeder zu E' fremden Klasse wählen wir einen Punkt aus. Es sei $\tilde{E}$ die Menge E', vermehrt um die ausgewählten Punkte, und $\tilde{\mathfrak{E}}$ der Unterraum des uniformen Raumes $\hat{\mathfrak{E}}$ mit dem Träger $\tilde{E}$. Dann ist $\mathfrak{E}'$ ein Unterraum des uniformen Raumes $\tilde{\mathfrak{E}}$ und dicht in $\tilde{\mathfrak{E}}$ wegen $E' \subseteq \tilde{E} \subseteq \overline{E'}$. *Jede einpunktige Teilmenge von $\tilde{E} - E'$ ist abgeschlossen in $\tilde{\mathfrak{E}}$.* $\tilde{\mathfrak{E}}$ ist vollständig. Denn ist $\mathfrak{R}$ ein CAUCHYscher, eigentlicher Raster in $\tilde{\mathfrak{E}}$, so konvergiert dieser im vollständigen Raum $\hat{\mathfrak{E}}$ uniform gegen eine (nicht leere, abgeschlossene) Menge $A \subseteq \overline{E'}$, also in $\tilde{\mathfrak{E}}$ gegen $\tilde{E} \cap A$ (man beachte, daß die Menge A eine Klasse ist und daher mit $\tilde{E}$ einen nicht leeren Durchschnitt hat). — Ist $\mathfrak{E}$ nun T_1-uniform, so enthält jede Klasse höchstens einen einzigen Punkt von E'; daher ist jetzt auch jede einpunktige Teilmenge von E' abgeschlossen in $\tilde{\mathfrak{E}}$ und daher $\tilde{\mathfrak{E}}$ ebenfalls T_1-uniform nach **11.4.**

Übung. Einen den Satz **27.1.** nicht verwendenden Beweis von **27.2.** kann man folgendermaßen führen. Nennt man zwei CAUCHY-Filter $\mathfrak{F}_1$ und $\mathfrak{F}_2$ in $\mathfrak{E}$ äquivalent, wenn zu jedem $\alpha \in \Sigma$ eine Menge A_1 von $\mathfrak{F}_1$ und eine Menge A_2 von $\mathfrak{F}_2$ derart existiert, daß $|A_1 \cup A_2| \leq \alpha$ ist, so zerfällt die Menge aller CAUCHY-Filter $\mathfrak{F}$ in $\mathfrak{E}$ in Klassen $[\mathfrak{F}]$. Es sei $\tilde{E}$ eine Menge irgendwelcher Dinge $\tilde{p}$ von gleicher Mächtigkeit wie die Menge $([\mathfrak{F}])$ aller Klassen $[\mathfrak{F}]$. Wir bilden $([\mathfrak{F}])$ eineindeutig auf $\tilde{E}$ ab; diese Abbildung heiße ψ. Sind $\tilde{p}_1$ und $\tilde{p}_2$ zwei Elemente von $\tilde{E}$, so schreiben wir $|\tilde{p}_1, \tilde{p}_2| \leq \alpha$, wenn in mindestens einem CAUCHY-Filter $\mathfrak{F}_1$ mit $\tilde{p}_1 = \psi[\mathfrak{F}_1]$ eine Menge A_1 und in mindestens einem CAUCHY-Filter $\mathfrak{F}_2$ mit $\tilde{p}_2 = \psi[\mathfrak{F}_2]$ eine Menge A_2 derart existiert, daß $|A_1 \cup A_2| \leq \alpha$ ist. Hierdurch wird $\tilde{E}$ zum Träger eines vollständigen uniformen Raumes $\tilde{\mathfrak{E}}$. Für jeden Punkt p von $\mathfrak{E}$ sei $\mathfrak{F}(p)$ der CAUCHY-Filter aller Mengen A aus $\mathfrak{E}$ mit $p \in A$; wir ordnen dem Punkt p den Punkt $\tilde{p} = \psi \mathfrak{F}(p)$ als Bild φp zu. Ist E' die Menge aller Punkte φp von $\tilde{\mathfrak{E}}$, so ist der Unterraum $\mathfrak{E}'$ von $\tilde{\mathfrak{E}}$ mit dem Träger E' dicht in $\tilde{\mathfrak{E}}$ und φ bildet $\mathfrak{E}$ iso-uniform auf $\mathfrak{E}'$ ab.

Ist der Raum $\mathfrak{E}$ T_1-uniform, so ist der Raum $\tilde{\mathfrak{E}}$ des Satzes **27.2.** bis auf uniforme Homöomorphien eindeutig bestimmt. Es gilt nämlich allgemeiner folgender Satz.

27.3. *Es seien $\tilde{\mathfrak{E}}$ und $\tilde{\mathfrak{E}}^*$ zwei vollständige, T_1-uniforme Räume; weiter sei $\mathfrak{E}$ ein in $\tilde{\mathfrak{E}}$ dichter Unterraum von $\tilde{\mathfrak{E}}$ und $\mathfrak{E}^*$ ein in $\tilde{\mathfrak{E}}^*$ dichter Unterraum von $\tilde{\mathfrak{E}}^*$; schließlich sei χ eine uniforme Homöomorphie von $\mathfrak{E}$ auf $\mathfrak{E}^*$. Dann existiert eine uniforme Homöomorphie $\tilde{\chi}$ von $\tilde{\mathfrak{E}}$ auf $\tilde{\mathfrak{E}}^*$, die auf $\mathfrak{E}$ mit χ identisch ist.*

Man kann mit anderen Worten die uniforme Homöomorphie χ von $\mathfrak{E}$ auf $\mathfrak{E}^*$ erweitern zu einer uniformen Homöomorphie $\tilde\chi$ von $\tilde{\mathfrak{E}}$ auf $\tilde{\mathfrak{E}}^*$.

Beweis. Es seien $\left(\tilde{V}_\alpha(\tilde{M})\right)_{\alpha \in \Sigma}$ und $\left(\tilde{V}_{\alpha^*}^*(\tilde{M}^*)\right)_{\alpha^* \in \Sigma^*}$ die uniformen Strukturen von $\tilde{\mathfrak{E}}$ und $\tilde{\mathfrak{E}}^*$.

Ist $\mathfrak{R}$ ein eigentlicher Raster in $\mathfrak{E}$ und $\mathfrak{R}^* = \chi(\mathfrak{R})$ sein aus den Mengen χM ($M \in \mathfrak{R}$) bestehender (eigentlicher) Bildraster in $\mathfrak{E}^*$, so ist mit dem einen auch der andere CAUCHYsch. Ist dies der Fall, so konvergiert $\mathfrak{R}$ nach **26.1.** uniform gegen eine einpunktige Menge $(\tilde{p})$ von $\tilde{\mathfrak{E}}$ und $\mathfrak{R}^*$ gegen eine einpunktige Menge $(\tilde{p}^*)$ von $\tilde{\mathfrak{E}}^*$. Wir ordnen nun dem Punkt $\tilde{p}$ den Punkt $\tilde{p}^*$ als Bild $\tilde\chi\tilde{p}$ zu. Diese Zuordnung ist zunächst eindeutig. Denn sind $\mathfrak{R}_1$ und $\mathfrak{R}_2$ zwei CAUCHYsche, eigentliche Raster in $\mathfrak{E}$, die beide gegen $(\tilde{p})$ uniform konvergieren, so existiert zu jedem $\alpha \in \Sigma$ nach **19.12.** eine Menge $M_1 \in \mathfrak{R}_1$ und eine Menge $M_2 \in \mathfrak{R}_2$ mit $|M_1 \cup M_2| \leq \alpha$; da χ eine uniforme Homöomorphie ist, gibt es also für jedes $\alpha^* \in \Sigma^*$ in den Bildrastern $\mathfrak{R}_1^*$ und $\mathfrak{R}_2^*$ zwei Mengen M_1^* uud M_2^* mit $|M_1^* \cup M_2^*| \leq \alpha^*$; also konvergieren diese Bildraster gegen dieselbe einpunktige Menge $(\tilde{p}^*)$. Die Umkehrung dieser Schlüsse zeigt, daß $\tilde\chi$ auch eineindeutig ist. Weiter ist $\tilde\chi\tilde{p}$ für jeden Punkt $\tilde{p}$ aus $\tilde{\mathfrak{E}}$ definiert; denn das System der Mengen $E \cap \tilde{V}_\alpha(\tilde{p})$ (E der Träger von $\mathfrak{E}$) ist ein CAUCHYscher, eigentlicher Raster in $\mathfrak{E}$, der uniform gegen $(\tilde{p})$ konvergiert (kein $E \cap \tilde{V}_\alpha(\tilde{p})$ ist leer, weil $\mathfrak{E}$ in $\tilde{\mathfrak{E}}$ dicht ist). Analog ergibt sich, daß jeder Punkt $\tilde{p}^*$ von $\tilde{\mathfrak{E}}^*$ das Bild $\tilde\chi\tilde{p}$ eines Punktes $\tilde{p}$ von $\tilde{\mathfrak{E}}$ ist. Also ist $\tilde\chi$ eine eineindeutige Abbildung des Raumes $\tilde{\mathfrak{E}}$ auf den Raum $\tilde{\mathfrak{E}}^*$. Sie ist auf $\mathfrak{E}$ mit χ identisch; denn ist $\mathfrak{R}$ der nur aus der Menge (p) bestehende Raster, so ist $\mathfrak{R}^* = \chi(\mathfrak{R})$ der nur aus der Menge $\chi p = p^*$ bestehende Raster, also $\tilde\chi p = \chi p$. — Wir haben nun noch zu zeigen, daß $\tilde\chi$ und $\tilde\chi^{-1}$ gleichmäßig stetig sind. Wir zeigen dies für $\tilde\chi$; analog schließt man für $\tilde\chi^{-1}$. Es sei ein $\alpha^* \in \Sigma^*$ gegeben. Hierzu wählen wir ein β^* gemäß dem Korollar zu **19.18.** Da χ gleichmäßig stetig ist, existiert zu β^* ein $\beta \in \Sigma$ derart, daß aus $|M| \leq \beta$ folgt $|\chi M| \leq \beta^*$ für jede Menge $M \in \mathfrak{E}$. Zu diesem β wählen wir schließlich ein $\alpha \in \Sigma$ gemäß **19.6.** für $n = 3$. Nun seien $\tilde{p}_1$ und $\tilde{p}_2$ zwei beliebige Punkte aus $\tilde{\mathfrak{E}}$ mit $|\tilde{p}_1, \tilde{p}_2| \leq \alpha$. Nach dem Vorstehenden existieren in $\mathfrak{E}$ zwei CAUCHYsche, eigentliche Raster $\mathfrak{R}_1$ und $\mathfrak{R}_2$, die gegen $(\tilde{p}_1)$ und $(\tilde{p}_2)$ konvergieren. In $\mathfrak{R}_1$ und $\mathfrak{R}_2$ existieren zwei Mengen M_1 und M_2 mit $|M_1| \leq \alpha$, $|M_2| \leq \alpha$, $|M_1, (\tilde{p}_1)| \leq \alpha$ und $|M_2, (\tilde{p}_2)| \leq \alpha$. Nach der Wahl von α ist dann $|q_1, q_2| \leq \beta$ für je zwei Punkte q_1 und q_2 aus $M_1 \cup M_2$. Nach der Wahl von β folgt hieraus $|q_1^*, q_2^*| \leq \beta^*$ für die Bildpunkte $q_1^* = \chi q_1$ und $q_2^* = \chi q_2$. Für $M_1^* = \chi M_1$ und $M_2^* = \chi M_2$ ist also $|M_1^* \cup M_2^*| \leq \beta^*$. Nach der Wahl von β^* folgt hieraus $|\overline{M_1^* \cup M_2^*}| \leq \alpha^*$. Da die Bildraster $\mathfrak{R}_1^* = \chi(\mathfrak{R}_1)$ und $\mathfrak{R}_2^* = \chi(\mathfrak{R}_2)$ uniform gegen $(\tilde\chi\tilde{p}_1)$ und $(\tilde\chi\tilde{p}_2)$ konvergieren, also $\tilde\chi\tilde{p}_1 \in \overline{M_1^*}$ und $\tilde\chi\tilde{p}_2 \in \overline{M_2^*}$ ist nach **23.3.**, so folgt $|\tilde\chi\tilde{p}_1, \tilde\chi\tilde{p}_2| \leq \alpha^*$. Damit ist gezeigt: Zu jedem

$\alpha^* \in \Sigma^*$ existiert ein $\alpha \in \Sigma$ derart, daß für je zwei Punkte $\tilde{p}_1$ und $\tilde{p}_2$ aus $\tilde{\mathfrak{E}}$ mit $|\tilde{p}_1, \tilde{p}_2| \leq \alpha$ gilt $|\tilde{\chi}\tilde{p}_1, \tilde{\chi}\tilde{p}_2| \leq \alpha^*$. Wegen **19.4.** ist dann für je zwei Mengen $\tilde{M}_1$ und $\tilde{M}_2$ aus $\mathfrak{E}$ mit $|\tilde{M}_1, \tilde{M}_2| \leq \alpha$ auch $|\tilde{\chi}\tilde{M}_1, \tilde{\chi}\tilde{M}_2| \leq \alpha^*$.

27.4. *Es sei $\mathfrak{E}$ ein uniformer Raum und $\mathfrak{E}^*$ ein vollständiger, T_1-uniformer Raum; weiter sei $\mathfrak{E}$ ein in $\tilde{\mathfrak{E}}$ dichter Unterraum von $\tilde{\mathfrak{E}}$; schließlich sei χ eine gleichmäßig stetige Abbildung von $\mathfrak{E}$ in $\mathfrak{E}^*$. Dann existiert eine gleichmäßig stetige Abbildung $\tilde{\chi}$ von $\tilde{\mathfrak{E}}$ in $\mathfrak{E}^*$, die auf $\mathfrak{E}$ mit χ identisch ist.*

Man kann mit anderen Worten die gleichmäßig stetige Abbildung χ von $\mathfrak{E}$ in $\mathfrak{E}^*$ erweitern zu einer gleichmäßig stetigen Abbildung $\tilde{\chi}$ von $\tilde{\mathfrak{E}}$ in $\mathfrak{E}^*$.

Beweis. Ist $\tilde{p}$ ein Punkt von $\tilde{\mathfrak{E}}$, so existiert in $\mathfrak{E}$ ein CAUCHYscher, eigentlicher Raster $\mathfrak{R}$, welcher gegen $\overline{(\tilde{p})}$ konvergiert; dies zeigt man analog wie im Beweis von **27.3.** Der Bildraster $\mathfrak{R}^*$ ist dann ebenfalls CAUCHYsch und eigentlich. Da $\mathfrak{E}^*$ vollständig und T_1-uniform ist, konvergiert er gegen eine einpunktige Menge $(\tilde{p}^*)$ von $\mathfrak{E}^*$. Wir setzen $\tilde{p}^* = \tilde{\chi}\tilde{p}$. Wie im Beweis von **27.3.** zeigt man, daß die hiermit definierte Abbildung $\tilde{\chi}$ von $\tilde{\mathfrak{E}}$ in $\mathfrak{E}^*$ eindeutig und gleichmäßig stetig ist und daß $\tilde{\chi}$ auf $\mathfrak{E}$ mit χ identisch ist.

Die Sätze **27.3.** und **27.4.** lassen sich für quasi-metrische und metrische Räume verschärfen:

27.5. *Jeder quasi-metrische (metrische) Raum $\mathfrak{E}$ ist iso-metrisch zu einem Unterraum $\mathfrak{E}'$ eines vollständigen, quasi--metrischen (metrischen) Raumes $\tilde{\mathfrak{E}}$, in welchem $\mathfrak{E}'$ dicht ist.*

Beweis. Jede CAUCHYsche Punktfolge $(p_1, p_2, \ldots)$ in $\mathfrak{E}$ erzeugt einen CAUCHYschen, eigentlichen Filter $\mathfrak{F}$, bestehend aus allen Mengen von $\mathfrak{E}$, deren jede schließlich alle Punkte p_n enthält; wir bezeichnen diesen Filter $\mathfrak{F}$ auch mit $\{p_1, p_2, \ldots\}$ (für jeden Punkt p von $\mathfrak{E}$ besteht der Filter $\{p, p, \ldots\}$ aus allen p enthaltenden Mengen aus $\mathfrak{E}$). Es sei M die Menge aller solchen Filter $\mathfrak{F}$. Weiter sei $\tilde{E}$ eine Menge beliebiger Elemente $\tilde{p}$ derart, daß M und $\tilde{E}$ dieselbe Mächtigkeit haben. Wir ordnen die Elemente $\mathfrak{F}$ von M und die Elemente $\tilde{p}$ von $\tilde{E}$ eineindeutig einander zu: $\tilde{p} = \tilde{p}(\mathfrak{F})$, $\mathfrak{F} = \mathfrak{F}(\tilde{p})$. Sodann ordnen wir jedem Punkt p von $\mathfrak{E}$ das Element $\tilde{p} = \tilde{p}(\{p, p, \ldots\})$ von E als Bild φp zu. Aus $p \neq q$ folgt $\varphi p \neq \varphi q$. Also ist φ eine eineindeutige Abbildung des Trägers E von $\mathfrak{E}$ auf $E' = \varphi E$ und damit von $\mathfrak{E}$ auf den Mengenverband $\mathfrak{E}'$ aller Teilmengen von E'. Dieser Mengenverband $\mathfrak{E}'$ ist ein Unterverband des Mengenverbandes $\tilde{\mathfrak{E}}$ aller Teilmengen von $\tilde{E}$.

Für je zwei Elemente $\tilde{p}$ und $\tilde{q}$ von $\tilde{E}$ sei nun $\delta(\tilde{p}, \tilde{q})$ die untere Grenze der Zahlen $\alpha \leq +\infty$ mit der Eigenschaft, daß in $\mathfrak{F}(\tilde{p})$ eine

Menge P und in $\mathfrak{F}(\tilde{q})$ eine Menge Q derart existiert, daß $\delta(P \cup Q) \leq \alpha$ ist. Wir behaupten, daß δ in $\tilde{\mathfrak{E}}$ eine Quasi-Metrik ist. Daß das Axiom A_1 gilt, ist trivial. Zum Beweis von A_2 seien $\tilde{p}, \tilde{q}$ und $\tilde{r}$ drei Elemente von $\tilde{E}$; für jedes $\varepsilon > 0$ existieren dann in $\mathfrak{F}(\tilde{p})$, $\mathfrak{F}(\tilde{q})$ und $\mathfrak{F}(\tilde{r})$ drei Mengen P, Q und R mit $\delta(P \cup Q) \leq \delta(\tilde{p}, \tilde{q}) + \varepsilon$ und $\delta(Q \cup R) \leq \delta(\tilde{q}, \tilde{r}) + \varepsilon$; da A_2 in $\mathfrak{E}$ gilt, ist $\delta(P \cup R) \leq \delta(P \cup Q) + \delta(Q \cup R)$; also gilt $\delta(\tilde{p}, \tilde{r}) \leq \delta(\tilde{p}, \tilde{q}) + \delta(\tilde{q}, \tilde{r}) + 2\varepsilon$. Zum Beweis von A_{3a} sei schließlich $\tilde{p} = \tilde{q}$; im Filter $\mathfrak{F}(\tilde{p}) = \mathfrak{F}(\tilde{q})$ existiert für jedes $\varepsilon > 0$ eine Menge $P = Q$ mit $\delta(P \cup Q) < \varepsilon$; also ist $\delta(\tilde{p}, \tilde{q}) < \varepsilon$. — Sind p und q zwei beliebige Punkte aus $\mathfrak{E}$, so ist die Menge $P = (p)$ ein Element des Filters $\{p, p, \ldots\}$ und die Menge $Q = (q)$ ein Element des Filters $\{q, q, \ldots\}$; wegen $\delta(P \cup Q) = \delta(p, q)$ ist also $\delta(\varphi p, \varphi q) = \delta(p, q)$.

$\mathfrak{E}'$ ist dicht in $\tilde{\mathfrak{E}}$. Denn ist $\tilde{p}$ ein beliebiger Punkt aus $\tilde{\mathfrak{E}}$ und $\varepsilon > 0$ beliebig, so existiert im Filter $\mathfrak{F}(\tilde{p})$ eine Menge P mit $\delta P < \varepsilon$; für einen beliebigen Punkt q aus P ist dann $\delta(P \cup (q)) < \varepsilon$ und daher $\delta(\tilde{p}, \varphi q) < \varepsilon$.

Nun haben wir noch zu zeigen, daß $\tilde{\mathfrak{E}}$ vollständig ist. Es sei also $\tilde{\mathfrak{R}}$ ein CAUCHYscher, eigentlicher Raster in $\tilde{\mathfrak{E}}$. Für jedes natürliche n existiert eine Menge $\tilde{M}_n \in \tilde{\mathfrak{R}}$ mit $\delta \tilde{M}_n \leq 1/n$ derart, daß $\tilde{M}_1 \supseteq \tilde{M}_2 \supseteq \cdots$ gilt. In jeder Menge $\tilde{M}_n$ wählen wir einen Punkt $\tilde{p}_n$ aus. Dann ist $\delta(\tilde{p}_n, \tilde{p}_{n+k}) \leq 1/n$ für jedes $k = 1, 2, \ldots$ und es genügt zu zeigen, daß in $\tilde{\mathfrak{E}}$ ein Punkt $\tilde{p}$ existiert, für welchen $\lim \delta(\tilde{p}, \tilde{p}_n) = 0$ ist. Da $\mathfrak{E}'$ in $\tilde{\mathfrak{E}}$ dicht ist, existiert für jedes n ein Punkt φp_n von $\mathfrak{E}'$ mit $\delta(\varphi p_n, \tilde{p}_n) \leq 1/n$. Nach der Dreiecksungleichung ist dann $\delta(\varphi p_n, \varphi p_{n+k}) \leq 3/n$ für jedes k. Dann ist auch $\delta(p_n, p_{n+k}) \leq 3/n$. Also ist $(p_1, p_2, \ldots)$ eine CAUCHY-Folge in $\mathfrak{E}$. Sie erzeuge den Filter $\mathfrak{F}$. Für den Punkt $\tilde{p} = \tilde{p}(\mathfrak{F})$ ist dann $\delta(\tilde{p}, \varphi p_n) \leq 3/n$, da für die Menge $P = (p_n, p_{n+1}, \ldots) \in \mathfrak{F}$ gilt $\delta P \leq 3/n$, also $\delta(P \cup (p_n)) \leq 3/n$. Folglich ist $\delta(\tilde{p}, \tilde{p}_n) \leq 4/n$ und daher $\lim \delta(\tilde{p}, \tilde{p}_n) = 0$.

Schließlich sei $\mathfrak{E}$ speziell metrisch. Die in der Definition von $\delta(\tilde{p}, \tilde{q})$ auftretenden Mengen P und Q können wir so wählen, daß $\delta P < +\infty$ und $\delta Q < +\infty$ ist; sind nun p und q zwei Punkte aus P und Q, so ist $\delta(p, q) < +\infty$, weil $\mathfrak{E}$ metrisch ist; dann ist aber $\delta(P \cup Q) \leq \delta P + \delta(p, q) + \delta Q < +\infty$, also $\delta(\tilde{p}, \tilde{q}) < +\infty$ für je zwei Punkte $\tilde{p}$ und $\tilde{q}$ aus $\tilde{\mathfrak{E}}$. Es sei weiter $\tilde{\varphi}$ die Abbildung des Satzes **22.4.** von $\tilde{\mathfrak{E}}$ auf den zu $\tilde{\mathfrak{E}}$ assoziierten metrischen Raum $\tilde{\tilde{\mathfrak{E}}}$. Dann ist $\tilde{\varphi}\varphi$ eine Abbildung von $\mathfrak{E}$ auf einen in $\tilde{\tilde{\mathfrak{E}}}$ dichten Unterraum von $\tilde{\tilde{\mathfrak{E}}}$; es ist $\delta(\tilde{\varphi}\varphi p, \tilde{\varphi}\varphi q) = \delta(p, q)$ für je zwei Punkte p und q aus $\mathfrak{E}$ und mit $\tilde{\mathfrak{E}}$ ist auch $\tilde{\tilde{\mathfrak{E}}}$ vollständig. Damit ist **27.5.** bewiesen.

Ist der Raum $\mathfrak{E}$ metrisch, so ist der vollständige, metrische Raum $\tilde{\mathfrak{E}}$ des Satzes **27.5.** im wesentlichen eindeutig bestimmt:

27.6. *Es seien $\tilde{\mathfrak{E}}$ und $\tilde{\mathfrak{E}}^*$ zwei vollständige, metrische Räume; weiter sei $\mathfrak{E}$ ein in $\tilde{\mathfrak{E}}$ dichter Unterraum von $\tilde{\mathfrak{E}}$ und $\mathfrak{E}^*$ ein in $\tilde{\mathfrak{E}}^*$ dichter Unterraum von $\tilde{\mathfrak{E}}^*$; schließlich sei χ eine Isometrie von $\mathfrak{E}$ auf $\mathfrak{E}^*$. Dann existiert eine Isometrie $\tilde{\chi}$ von $\tilde{\mathfrak{E}}$ auf $\tilde{\mathfrak{E}}^*$, die auf $\mathfrak{E}$ mit χ identisch ist.*

Beweis. Nach **27.3.** existiert eine stetige Abbildung $\tilde{\chi}$ von $\tilde{\mathfrak{E}}$ auf $\tilde{\mathfrak{E}}^*$, die auf $\mathfrak{E}$ mit χ identisch ist. Es seien $\tilde{p}$ und $\tilde{q}$ zwei Punkte aus $\tilde{\mathfrak{E}}$. Für ein beliebiges $\varepsilon > 0$ existieren dann in $\mathfrak{E}$ zwei Punkte p und q von $\mathfrak{E}$ mit $|\delta(p,q) - \delta(\tilde{p},\tilde{q})| < \varepsilon$ und $|\delta(\tilde{\chi}p,\tilde{\chi}q) - \delta(\tilde{\chi}\tilde{p},\tilde{\chi}\tilde{q})| < \varepsilon$, weil $\tilde{\chi}$ stetig und $\mathfrak{E}$ in $\tilde{\mathfrak{E}}$ dicht ist. Weil $\tilde{\chi}$ auf $\mathfrak{E}$ mit χ identisch und $\delta(p,q) = \delta(\chi p, \chi q)$ ist, folgt $|\delta(\tilde{p},\tilde{q}) - \delta(\tilde{\chi}\tilde{p},\tilde{\chi}\tilde{q})| < 2\varepsilon$. Also ist $\delta(\tilde{p},\tilde{q}) = \delta(\tilde{\chi}\tilde{p},\tilde{\chi}\tilde{q})$.

Im Sinne von **27.1.** umfassen die uniformen Räume die uniformen BOOLE-Verbände. In einem schwächeren Sinne umfassen sogar die CARTESIschen Produkträume metrischer Räume die uniformen BOOLE-Verbände:

27.7. *Zu jedem uniformen BOOLE-Verband $\mathfrak{B}$ existiert ein in beiden Richtungen gleichmäßig stetiger Homomorphismus von $\mathfrak{B}$ auf einen $\cup$-invarianten Unterverein eines CARTESIschen Produktraumes metrischer Räume* [1].

Beweis. Nach **27.1.** existiert eine uniforme Homöomorphie $\hat{\Phi}$ von $\mathfrak{B}$ auf einen invariant uniformen BOOLEschen Unterverband $\hat{\mathfrak{B}}$ eines uniformen Raumes $\hat{\mathfrak{E}}$. Angenommen nun, **27.7.** wäre bereits bewiesen für den Spezialfall, daß $\mathfrak{B}$ ein uniformer Raum ist. Dann existiert ein in beiden Richtungen gleichmäßig stetiger Homomorphismus Φ' von $\hat{\mathfrak{E}}$ auf einen $\cup$-invarianten Unterverein $\mathfrak{B}'$ eines CARTESIschen Produktraumes $\mathfrak{M}$ metrischer Räume. Dann ist $\Phi'\hat{\Phi}$ ein in beiden Richtungen gleichmäßig stetiger Homomorphismus von $\mathfrak{B}$ auf $\mathfrak{B}'$. — Wir haben also **27.7.** nur für den Spezialfall eines uniformen Raumes $\mathfrak{E}$ zu beweisen. Wir beweisen statt dessen etwas mehr:

27.8. *Zu jedem uniformen Raum $\mathfrak{E}$ existiert eine in beiden Richtungen gleichmäßig stetige Abbildung φ von $\mathfrak{E}$ in einen CARTESIschen Produktraum $\mathfrak{M}$ metrischer Räume* [1,2].

Beweis. Es sei $\mathfrak{E}$ ein uniformer Raum und $(V_\alpha(M))_{\alpha \in \Sigma}$ seine uniforme Struktur.

Es liege eine (zunächst feste) Folge Σ^λ von Elementen α_n $(n = 0, 1, \ldots)$ aus Σ mit folgender Eigenschaft vor:

$$V_{\alpha_n}(V_{\alpha_n}(M)) \subseteqq V_{\alpha_{n-1}}(M). \tag{27.1}$$

---

[1] Den Produktraum betrachten wir als mit der T_1-uniformen Struktur versehen, die wir im Beweis von **25.3.** konstruiert haben.

[2] Ist $\mathfrak{E}$ T_1-uniform, so ist φ eine uniforme Homöomorphie (vgl. S. 188, Übung 2).

Nun ist jede dyadisch rationale Zahl t mit $0 < t \leq 1$ auf genau eine Art in der Form

$$t = \sum_{i=0}^{j} \frac{1}{2^{n_i}} \qquad (0 \leq n_0 < n_1 < \cdots < n_j)$$

darstellbar. Wir definieren dann (für jedes $M \in \mathfrak{E}$) zwei Mengen $W_t(M)$ und $W_t^{-1}(M)$ folgendermaßen:

$$W_t(M) = V_{\alpha_{n_j}}\left(V_{\alpha_{n_{j-1}}}\left(\ldots\left(V_{\alpha_{n_1}}\left(V_{\alpha_{n_0}}(M)\right)\right)\right)\right), \qquad (27.2)$$

$$W_t^{-1}(M) = V_{\alpha_{n_0}}\left(V_{\alpha_{n_1}}\left(\ldots\left(V_{\alpha_{n_{j-1}}}\left(V_{\alpha_{n_j}}(M)\right)\right)\right)\right). \qquad (27.3)$$

Außerdem definieren wir:

$$W_0(M) = M, \qquad (27.4)$$

$$W_0^{-1}(M) = M. \qquad (27.5)$$

Analog zu (24.4) beweist man, daß für $t' = \dfrac{m}{2^n}$ und $t'' = \dfrac{m+1}{2^n}$ gilt

$$V_{\alpha_n}\left(W_{t'}(M)\right) \subseteq W_{t''}(M), \qquad (27.6)$$

$$W_{t'}^{-1}\left(V_{\alpha_n}(M)\right) \subseteq W_{t''}^{-1}(M). \qquad (27.7)$$

Wir bezeichnen nun für je zwei Punkte p und r aus $\mathfrak{E}$ mit $f^\lambda(p, r)$ die obere Grenze aller dyadisch rationalen Zahlen t $(0 \leq t \leq 1)$, für welche nicht $p \in W_t\left(W_t^{-1}(r)\right)$ ist[1], falls es solche t gibt; andernfalls setzen wir $f^\lambda(p, r) = 0$. Wir behaupten, daß $f^\lambda(p, r)$ gleichmäßig stetig ist in p und r, d.h. daß zu jedem $\varepsilon > 0$ ein $\alpha \in \Sigma$ derart existiert, daß für je vier Punkte p, q, r und s aus $\mathfrak{E}$ mit $|p, q| \leq \alpha$ und $|r, s| \leq \alpha$ die Ungleichung $|f^\lambda(p, r) - f^\lambda(q, s)| < \varepsilon$ gilt. Genauer behaupten wir:

Aus $|p, q| \leq \alpha_n$ und $|r, s| \leq \alpha_n$ folgt $|f^\lambda(p, r) - f^\lambda(q, s)| \leq \dfrac{1}{2^{n-1}}$. $\quad$ (27.8)

Zum Beweis betrachten wir jedes $t' = \dfrac{m}{2^n}$ und $t'' = \dfrac{m+1}{2^n}$. Ist nun $f^\lambda(p, r) < t'$, so gilt

$$
\begin{aligned}
q &\in V_{\alpha_n}(p) && \text{wegen } |p, q| \leq \alpha_n \\
&\subseteq V_{\alpha_n}\left(W_{t'}(W_{t'}^{-1}(r))\right) && \text{wegen } f^\lambda(p, r) < t' \\
&\subseteq W_{t''}\left(W_{t'}^{-1}(r)\right) && \text{wegen (27.6)} \\
&\subseteq W_{t''}\left(W_{t'}^{-1}(V_{\alpha_n}(s))\right) && \text{wegen } |r, s| \leq \alpha_n \\
&\subseteq W_{t''}\left(W_{t''}^{-1}(s)\right) && \text{wegen (27.7)}.
\end{aligned}
$$

Also ist $f^\lambda(q, s) \leq t''$. Ist umgekehrt $f^\lambda(q, s) < t'$, so folgt analog $f^\lambda(p, r) \leq t''$. Also ist $\left|f^\lambda(p, r) - f^\lambda(q, s)\right| \leq \dfrac{1}{2^{n-1}}$, wie behauptet.

---

[1] Wir schreiben $W_t(r)$ und $W_t^{-1}(r)$ statt $W_t((r))$ und $W_t^{-1}((r))$.

Nun sei $(\Sigma^\lambda)^{\lambda \in \Lambda}$ ein System von Folgen von Elementen aus Σ derart, daß erstens die Elemente $\alpha_n = \alpha_n^\lambda$ jeder Folge Σ^λ die Eigenschaft (27.1) haben und so daß zweitens zu jedem $\alpha \in \Sigma$ ein Element α_n mindestens einer Folge Σ^λ existiert mit $\alpha_n \leq \alpha$. Ein solches System von Folgen kann konstruiert werden, indem man z.B. von jedem Element $\alpha = \alpha_0$ ausgehend, durch vollständige Induktion mittels des Axioms U_3 eine Folge von Elementen α_n von Σ mit der Eigenschaft (27.1) konstruiert und alle so erhaltenen Folgen mit Σ^λ bezeichnet.

Für jedes $\lambda \in \Lambda$ sei $\mathfrak{M}^\lambda$ der metrische Raum aller reellen Funktionen $\varphi^\lambda | E$ mit $0 \leq \varphi^\lambda r \leq 1$ für jeden Punkt $r \in E$, welche gleichmäßig stetig sind, d.h. die Eigenschaft haben, daß zu jedem $\varepsilon > 0$ ein $\alpha \in \Sigma$ derart existiert, daß aus $|r, s| \leq \alpha$ folgt $|\varphi^\lambda r - \varphi^\lambda s| < \varepsilon$ [nach (27.8) ist für jeden festen Punkt p die Funktion $f^\lambda(p, r)$ ein solches φ^λ]; als Abstand zweier solcher Funktionen φ_1^λ und φ_2^λ definieren wir das Supremum von $|\varphi_1^\lambda r - \varphi_2^\lambda r|$ für alle Punkte r von $\mathfrak{E}$. Es sei $\mathfrak{M} = \boldsymbol{P}^\nu \mathfrak{M}^\lambda$ der CARTESI-sche Produktraum aller dieser metrischen Räume $\mathfrak{M}^\lambda$ $(\lambda \in \Lambda)$. Nach **25.3.** ist $\mathfrak{M}$ ein uniformer Raum [die Indizes der uniformen Struktur von $\mathfrak{M}$ sind die Systeme $(\lambda_1, \ldots, \lambda_n; \varepsilon_1, \ldots, \varepsilon_n)$; für jeden solchen Index und jeden Punkt (φ_0^λ) von $\mathfrak{M}$ ist die zugehörige Nachbarschaft $V_{\varepsilon_1, \ldots, \varepsilon_n}^{\lambda_1, \ldots, \lambda_n}((\varphi_0^\lambda))$ der Block über den Umgebungen $|\varphi_0^{\lambda \nu} r - \varphi^{\lambda \nu} r| < \varepsilon_\nu$ $(\nu = 1, \ldots, n)]$.

Jedem Punkt p aus $\mathfrak{E}$ ordnen wir nun den Punkt (φ^λ) von $\mathfrak{M}$ mit $\varphi^\lambda r \equiv f^\lambda(p, r)$ als Bild φp zu. Wir behaupten, daß diese Abbildung φ von $\mathfrak{E}$ in $\mathfrak{M}$ in beiden Richtungen gleichmäßig stetig ist.

Es seien $\Sigma^{\lambda_1}, \ldots, \Sigma^{\lambda_m}$ endlich viele Folgen des Systems $(\Sigma^\lambda)^{\lambda \in \Lambda}$ und n eine natürliche Zahl. In Σ existiert dann ein Element α derart, daß für jedes λ_i $(i = 1, \ldots, m)$ gilt $\alpha \leq \alpha_n^{\lambda_i}$, wobei $\alpha_n^{\lambda_i}$ das n-te Glied der Folge Σ^{λ_i} ist. Nun seien p und q zwei beliebige Punkte aus $\mathfrak{E}$ mit $|p, q| \leq \alpha$. Dann ist $|p, q| \leq \alpha_n^{\lambda_i}$ für $i = 1, \ldots, m$, also $|f^{\lambda_i}(p, r) - f^{\lambda_i}(q, r)| \leq \frac{1}{2^{n-1}}$ nach (27.8). Folglich gilt $\varphi q \in V_{\varepsilon, \ldots, \varepsilon}^{\lambda_1, \ldots, \lambda_m}(\varphi p)$ und $\varphi p \in V_{\varepsilon, \ldots, \varepsilon}^{\lambda_1, \ldots, \lambda_m}(\varphi q)$ mit $\varepsilon = \frac{1}{2^{n-2}}$. Damit ist bewiesen, daß (22.1) gilt. — Umgekehrt sei α ein beliebiges Element aus Σ. Dann existiert eine Folge Σ^λ mit einem Element $\alpha_n \leq \alpha$. Nun seien p und q zwei Punkte aus $\mathfrak{E}$ mit $\varphi p \in V_{\varepsilon'}^\lambda(\varphi q)$ und $\varphi q \in V_{\varepsilon'}^\lambda(\varphi p)$ für $\varepsilon' = \frac{1}{2^{n+2}}$. Dann ist $|f^\lambda(p, r) - f^\lambda(q, r)| < \frac{1}{2^{n+1}}$ für jeden Punkt r aus $\mathfrak{E}$. Für $r = q$ ist also $f^\lambda(p, q) < \frac{1}{2^{n+1}}$ wegen $f^\lambda(q, q) = 0$. Nach der Definition von f^λ folgt $p \in W_t(W_t^{-1}(q))$ mit $t = \frac{1}{2^{n+1}}$. Daher ist $p \in V_{\alpha_{n+1}}(V_{\alpha_{n+1}}(q))$ nach (27.2) und (27.3). Wegen (27.1) folgt $p \in V_{\alpha_n}(q)$ und hieraus $p \in V_\alpha(q)$ wegen $\alpha_n \leq \alpha$. Für $r = p$ erhält man analog $q \in V_\alpha(p)$. Also gilt auch (22.3). Damit ist **27.8.** bewiesen.

Enthält die Indexmenge Σ der uniformen Struktur von $\mathfrak{C}$ eine abzählbare, konfinale Teilmenge, so können wir im soeben beendeten Beweis an Stelle des Folgensystems $(\Sigma^\lambda)^{\lambda \in \Lambda}$ eine einzige Folge Σ^0 nehmen. Dann wird $\mathfrak{M} = \mathfrak{M}^0$ und wir haben folgendes

Korollar 1. *Zu jedem uniformen Raum $\mathfrak{C}$, dessen Indexmenge Σ eine abzählbare, konfinale Teilmenge enthält, existiert eine in beiden Richtungen gleichmäßig stetige Abbildung φ von $\mathfrak{C}$ in einen metrischen Raum $\mathfrak{M}$.*

Ist hierbei $\mathfrak{C}$ speziell T_1-uniform, so ist φ eine uniforme Homöomorphie von $\mathfrak{C}$ auf einen Unterraum von $\mathfrak{M}$. Also gilt das

Korollar 2. *Jeder T_1-uniforme Raum $\mathfrak{C}$, dessen Indexmenge Σ eine abzählbare, konfinale Teilmenge enthält, ist uniform homöomorph zu einem metrischen Raum.*

Ordnen wir je zwei Punkten des uniformen Raumes $\mathfrak{C}$ als Abstand zu den Abstand ihrer Bildpunkte, so erhalten wir eine Metrik des Raumes $\mathfrak{C}$, die zu seiner uniformen Struktur äquivalent ist. Damit eine solche Metrik existiert, ist also hinreichend, daß die Indexmenge Σ des Raumes eine abzählbare, konfinale Teilmenge enthält. Daß dies auch notwendig ist, ist trivial. Wir haben also folgendes

Korollar 3. *Es sei $\mathfrak{C}$ ein T_1-uniformer Raum. Damit eine zu seiner uniformen Struktur $\big(V_\alpha(M)\big)_{\alpha \in \Sigma}$ äquivalente Metrik von $\mathfrak{C}$ existiert, ist notwendig und hinreichend, daß die Indexmenge Σ eine abzählbare, konfinale Teilmenge enthält.*

IV. Anhang.

Wir definieren nun noch den Begriff der Mächtigkeit einer Menge und beweisen darüber zwei Sätze (**9.** und **10.**), die wir im Vorangehenden verwendet haben.

Zwei Mengen A und A' heißen *gleichmächtig*, in Zeichen $A \sim A'$, wenn eine eineindeutige Abbildung φ von A auf A' existiert. Es ist $A \sim A$; aus $A \sim A'$ folgt $A' \sim A$; aus $A \sim A'$, $A' \sim A''$ folgt $A \sim A''$.

1. *Zwei Mengen A und A', von denen jede zu einer Teilmenge der anderen gleichmächtig ist, sind gleichmächtig.*

Beweis. Es sei $A \sim A_1'$ und $A' \sim A_1$ mit $A_1 \subseteqq A$ und $A_1' \subseteqq A'$. Wir können $A_1 \subset A$ und $A_1' \subset A'$ annehmen, da sonst nichts zu beweisen wäre. Bilden wir eineindeutig A auf A_1' und dann A' auf A_1 ab, so wird dadurch A auf eine echte Teilmenge A_2 von A_1 abgebildet und weiter A_1 auf eine echte Teilmenge A_3 von A_2, A_2 auf eine echte Teilmenge A_4 von A_3, usw. (so daß also $A > A_1 > A_2 > A_3 > \cdots$ gilt). Folglich wird $A - A_1$ auf $A_2 - A_3$, dieses auf $A_4 - A_5$ abgebildet usw. Nun bilden wir jedes Element der Mengen $A_1 - A_2$, $A_3 - A_4$, ... und $D = \bigcap A_k$

auf sich ab. Wegen $A = D \cup (A - A_1) \cup (A_1 - A_2) \cup (A_2 - A_3) \cup \cdots$ und
$A_1 = D \cup (A_1 - A_2) \cup (A_2 - A_3) \cup \cdots$ ist dann A eineindeutig auf A_1
abgebildet. Mithin ist $A \sim A_1$, wegen $A_1 \sim A'$ also $A \sim A'$.

Jeder Menge A ordnen wir eindeutig ein Ding $\mathfrak{m} A$ zu und schreiben
$\mathfrak{m} A = \mathfrak{m} A'$, wenn und nur wenn $A \sim A'$ ist. Wir nennen $\mathfrak{m} A$ die
Mächtigkeit oder die *Kardinalzahl* von A. Als Mächtigkeit einer Menge
von genau k Elementen (k eine nicht negative ganze Zahl) nehmen
wir die Zahl k. Die Mächtigkeit einer abzählbar unendlichen Menge
wird mit $\aleph_0$ bezeichnet[1].

Sind $\mathfrak{m}$ und $\mathfrak{m}'$ die Mächtigkeiten zweier Mengen A und A', so
schreiben wir $\mathfrak{m} < \mathfrak{m}'$, wenn A mit einer Teilmenge von A', nicht aber
mit A' selbst gleichmächtig ist. Aus $\mathfrak{m} < \mathfrak{m}'$ und $\mathfrak{m}' < \mathfrak{m}''$ folgt $\mathfrak{m} < \mathfrak{m}''$
nach **1.** Außerdem folgt aus **1.**, daß für je zwei Mächtigkeiten $\mathfrak{m}$ und $\mathfrak{m}'$
höchstens eine der drei Relationen $\mathfrak{m} = \mathfrak{m}'$, $\mathfrak{m} < \mathfrak{m}'$ und $\mathfrak{m}' < \mathfrak{m}$ besteht.
Später wird sich ergeben, daß stets genau eine dieser Relationen besteht.

Irgendwelche Dinge, die mit kleinen lateinischen Buchstaben bezeichnet seien, mögen *wohlgeordnet* heißen, wenn für verschiedene Dinge
a und b eine Relation $a < b$ definiert ist mit folgenden drei Eigenschaften:
1. Für je zwei verschiedene Dinge a und b besteht genau eine der beiden
Relationen $a < b$ und $b < a$; 2. aus $a < b$, $b < c$ folgt stets $a < c$; 3. in
jeder nicht leeren Menge M von Dingen a existiert ein kleinstes Element
(d.h. ein Element a_0 mit $a_0 \leqq a$ für jedes $a \in M$).

Beispiele. Sind $a_0, a_1, a_2, \ldots$ endlich oder abzählbar unendlich viele
Dinge und schreibt man $a_m < a_n$, wenn $m < n$ ist, so sind hiermit die
Dinge a_i wohlgeordnet. Auch die leere Menge wird als wohlgeordnet
betrachtet.

Ist A eine wohlgeordnete Menge und a ein Element von A, so ist
auch die Menge A^a aller Elemente $< a$ von A wohlgeordnet; sie heißt
ein *Abschnitt* von A. Außerdem bezeichnen wir auch A selbst als Abschnitt von A.

2. *Jede Menge A kann wohlgeordnet werden.*

Beweis. Sind B und C zwei wohlgeordnete Teilmengen von A, so
schreiben wir $B \underset{\approx}{\subseteq} C$, wenn B ein Abschnitt von C ist; wenn B mit C
identisch ist (einschließlich der Wohlordnung), schreiben wir $B \approx C$. Es
sei $\mathfrak{B}$ das System aller wohlgeordneten Teilmengen von A (genauer das
System aller Paare $(B, <)$, wobei B alle Teilmengen von A durchläuft,
die wohlgeordnet werden können, und $<$ für jedes solche B alle Wohl-
ordnungen von B durchläuft; mit anderen Worten zwei wohlgeordnete
Teilmengen von A gelten auch dann als verschiedene Elemente von $\mathfrak{B}$,

---

[1] Beispielsweise können wir folgendermaßen vorgehen: Wir ordnen jeder unendlichen Menge A als ihre Mächtigkeit $\mathfrak{m} A$ die Menge A zu und schreiben
$\mathfrak{m} A = \mathfrak{m} A'$, wenn und nur wenn $A \sim A'$ ist.

wenn sie zwar aus denselben Elementen bestehen, aber in ihrer Wohl-ordnung nicht übereinstimmen). Bezüglich der Relation $\underset{\approx}{\subseteq}$ ist $\mathfrak{B}$ ein Verein. $\mathfrak{B}$ ist nicht leer; denn jede höchstens abzählbare Teilmenge von A kann wohlgeordnet werden. Die Bedingung des Satzes **1.17.** von M. Zorn ist erfüllt; es sei nämlich $\mathfrak{K}$ eine Kette in $\mathfrak{B}$; wir bilden die mengentheoretische Vereinigung C aller Mengen B von $\mathfrak{K}$; sind a und a' zwei verschiedene Elemente von C, so existiert in $\mathfrak{K}$ eine Menge B mit $a \in B$ und $a' \in B$ (denn zunächst existiert in $\mathfrak{K}$ ein B mit $a \in B$ und ein B' mit $a' \in B'$; da $\mathfrak{K}$ eine Kette ist, so ist B ein Abschnitt von B' oder umgekehrt; im ersten Fall leistet B', im zweiten Fall B das Verlangte); in B besteht zwischen a und a' genau eine der Relationen $a < a'$ oder $a' < a$; dieselbe Relation besteht zwischen ihnen in jeder Menge B^* aus $\mathfrak{K}$, welche a und a' enthält, da B ein Abschnitt von B^* ist oder umgekehrt; also besteht zwischen je zwei verschiedenen Elementen a und a' von C eindeutig genau eine der beiden Relationen $a < a'$ und $a' < a$; hiermit ist C wohlgeordnet; denn daß die Bedingung 2. erfüllt ist, folgt daraus, daß je drei Elemente von C in einer Menge B aus $\mathfrak{K}$ enthalten sind; ist schließlich C' eine nicht leere Teilmenge von C, so ist der Durchschnitt $B' = B \cap C'$ für mindestens eine Menge B von $\mathfrak{K}$ nicht leer; da B wohlgeordnet ist, existiert in B' ein Element a_0 mit $a_0 \leqq a$ für jedes $a \in B'$; ist nun a ein beliebiges Element von C', aber nicht von B, so existiert in $\mathfrak{K}$ eine Menge B^*, welche a_0 und a enthält; dann ist B ein Abschnitt von B^*, wegen $a_0 \in B$ und $a \in B^* - B$ also $a_0 < a$. Nach dem Satz **1.17.** existiert in $\mathfrak{K}$ ein maximales Element M, also eine wohlgeordnete Teilmenge von A derart, daß keine wohlgeordnete Teilmenge $N \neq M$ von A mit $M \underset{\approx}{\subseteq} N$ existiert. Wäre nun $M \neq A$, so gäbe es in $A - M$ ein Element a'. Setzen wir nun noch $a < a'$ für jedes $a \in M$, so ist hiermit die wohlgeordnete Menge M erweitert zur wohl-geordneten Menge $M \cup (a')$. Es wäre also M nicht ein maximales Element in $\mathfrak{B}$. Also ist $M = A$. Die Menge A kann also wohlgeordnet werden.

Es seien A und B zwei wohlgeordnete Mengen. Sie heißen *ähnlich*, wenn eine *Ähnlichkeitsabbildung* oder kurz eine *Ähnlichkeit* von A auf B existiert, d.h. eine eineindeutige Abbildung φ von A auf B mit der Eigenschaft, daß für je zwei Elemente a und a' von A, für welche $a < a'$ gilt, auch $\varphi a < \varphi a'$ ist.

3. *Sind A und B zwei wohlgeordnete Mengen und ist A die mengen-theoretische Vereinigung von Abschnitten A_i, die zu Abschnitten B_i von B ähnlich sind, so ist A zu einem Abschnitt von B ähnlich.*

Beweis. Es sei φ_i eine Ähnlichkeit von A_i auf B_i (für jedes i). Ist $a \in A_i$ und $a \in A_j$, so ist $\varphi_i a = \varphi_j a$. Denn angenommen, es wäre $\varphi_i a \neq \varphi_j a$. Dann existiert in der Menge der gemeinsamen Elemente von A_i und A_j mit $\varphi_i a \neq \varphi_j a$ ein kleinstes Element a_0. Es sei etwa $\varphi_i a_0 < \varphi_j a_0$. Für alle $a < a_0$ ist dann $\varphi_j\, a = \varphi_i\, a < \varphi_i\, a_0$; für alle $a \geq a_0$ aus A_j ist $\varphi_j\, a \geq$ $\varphi_j\, a_0 > \varphi_i\, a_0$. Es gibt also in A_j kein Element a mit $\varphi_j\, a = \varphi_i\, a_0$. Also ist φ_j keine eineindeutige Abbildung, also keine Ähnlichkeit von A_j auf einen Abschnitt von B. Damit ist gezeigt, daß aus $a \in A_i$, $a \in A_j$ folgt $\varphi_i\, a = \varphi_j\, a$. Setzen wir also $\varphi_i\, a = \varphi\, a$, wenn $a \in A_i$ ist, so ist damit $\varphi\, a$ für jedes $a \in A$ eindeutig definiert. Aus $a < a'$ folgt $\varphi\, a < \varphi\, a'$; denn ist etwa $a' \in A_i$, so ist auch $a \in A_i$, da A_i ein Abschnitt von A ist; also ist $\varphi_i\, a < \varphi_i\, a'$. Ist nicht $\varphi A = B$, so existiert in B ein kleinstes Element b, zu welchem kein $a \in A$ mit $\varphi\, a = b$ existiert; dann ist $\varphi A = B^b$.

4. *Sind A und B zwei wohlgeordnete Mengen, so ist A zu einem Abschnitt von B oder B zu einem Abschnitt von A ähnlich.*

Beweis. B sei zu keinem Abschnitt von A ähnlich. Nun sei A' die mengentheoretische Vereinigung aller Abschnitte von A, die zu Abschnitten von B ähnlich sind. Dann ist auch A' ein Abschnitt von A und nach **3.** ähnlich zu einem Abschnitt B' von B. Da B zu keinem Abschnitt von A ähnlich ist nach Voraussetzung, so ist $B' \neq B$, also B' ein Abschnitt B^b von B. Wäre nun nicht $A' = A$, so wäre A' ein Abschnitt A^a von A. Ordnen wir nun dem Element a das Element b zu, so wäre damit die Ähnlichkeit von $A^a = A'$ auf $B^b = B'$ erweitert zu einer Ähnlichkeit des Abschnittes $A' \cup (a)$ auf den Abschnitt $B' \cup (b)$, im Widerspruch zur Definition von A'.

Aus **4.** folgt unmittelbar:

5. *Sind A und B zwei wohlgeordnete Mengen und ist $\mathfrak{m} A < \mathfrak{m} B$, so ist A zu einem Abschnitt B^b von B ähnlich.*

Aus **2.** und **4.** folgt, daß für zwei Mächtigkeiten $\mathfrak{m}$ und $\mathfrak{m}'$ mindestens, nach dem auf S. 214 Gesagten also genau eine der drei Beziehungen $\mathfrak{m} = \mathfrak{m}'$, $\mathfrak{m} < \mathfrak{m}'$ und $\mathfrak{m}' < \mathfrak{m}$ besteht. Wir behaupten aber mehr:

6. *Die Mächtigkeiten sind wohlgeordnet.*

Beweis. Wir haben nur noch die Bedingung 3. von S. 214 als erfüllt nachzuweisen. Es sei also $\mathfrak{M}$ eine nicht leere Menge von Mächtigkeiten $\mathfrak{m}$. Es sei $\mathfrak{m}_1$ eine Mächtigkeit aus $\mathfrak{M}$. Ist $\mathfrak{m}_1 \leq \mathfrak{m}$ für jedes $\mathfrak{m} \in \mathfrak{M}$, so sind wir fertig. Andernfalls ist die Menge $\mathfrak{M}'$ aller $\mathfrak{m} \in \mathfrak{M}$ mit $\mathfrak{m} < \mathfrak{m}_1$ nicht leer. Es sei A eine wohlgeordnete Menge mit der Mächtigkeit $\mathfrak{m}_1$. Für jedes $\mathfrak{m} \in \mathfrak{M}'$ existiert dann nach **5.** ein Abschnitt $A^{a_\mathfrak{m}}$ von A mit der Mächtigkeit $\mathfrak{m}$. Ordnen wir jedem $\mathfrak{m} \in \mathfrak{M}'$ das Element $a_\mathfrak{m}$ von A zu, so ist dies eine eineindeutige Zuordnung und aus $\mathfrak{m}' < \mathfrak{m}''$ folgt $a_{\mathfrak{m}'} < a_{\mathfrak{m}''}$. In der Menge aller $a_\mathfrak{m}$ existiert, da A wohlgeordnet ist, also der Bedingung 3. von S. 214 genügt, ein kleinstes Element $a_{\mathfrak{m}_0}$. Die ihm entsprechende Mächtigkeit $\mathfrak{m}_0$ ist dann das kleinste Element von $\mathfrak{M}'$ und damit von $\mathfrak{M}$.

Wir werden den Satz **6.** in den Beweisen der Sätze **9.** und **10.** in folgender Weise verwenden. In beiden Sätzen handelt es sich um Behauptungen über die Mächtigkeiten $\mathfrak{m} \geq \aleph_0$. Zunächst wird die Richtigkeit der Behauptung für die Mächtigkeit $\aleph_0$ bewiesen und sodann gezeigt, daß, wenn die Behauptung für alle Mächtigkeiten $\mathfrak{m}$ mit $\aleph_0 \leq \mathfrak{m} < \mathfrak{m}_0$ richtig ist, sie auch für die Mächtigkeit $\mathfrak{m}_0$ richtig ist. Hiermit ist gezeigt, daß die Behauptung für jede Mächtigkeit $\mathfrak{m} \geq \aleph_0$ richtig ist. Denn andernfalls gäbe es eine Mächtigkeit $\mathfrak{m}_1$, für welche die Behauptung falsch ist. Dann ist zunächst $\mathfrak{m}_1 > \aleph_0$. Nach **6.** gibt es in der Menge aller Mächtigkeiten $\mathfrak{m}$, für welche $\aleph_0 \leq \mathfrak{m} < \mathfrak{m}_1$ gilt und die Behauptung falsch ist, eine kleinste Mächtigkeit $\mathfrak{m}_0$. Dann ist also die Behauptung richtig für jede Mächtigkeit $\mathfrak{m}$ mit $\aleph_0 \leq \mathfrak{m} < \mathfrak{m}_0$, während sie für $\mathfrak{m}_0$ falsch ist, im Widerspruch zum Bewiesenen.

Wir können nun den Satz **2.** noch ein wenig verschärfen.

7. *Jede nicht leere Menge A kann derart wohlgeordnet werden, daß für jedes $a \in A$ gilt $\mathfrak{m} A^a < \mathfrak{m} A$.*

Eine solche Wohlordnung wollen wir *ausgezeichnet* nennen.

Beweis. Nach **2.** können wir A als wohlgeordnet annehmen. Ist diese Wohlordnung nicht schon ausgezeichnet, so ist die Menge M aller Elemente a von A, für welche nicht $\mathfrak{m} A^a < \mathfrak{m} A$ ist, nicht leer. Für jedes $a \in M$ ist $\mathfrak{m} A^a > \mathfrak{m} A$ oder $\mathfrak{m} A^a = \mathfrak{m} A$ nach **6.** Wegen $A^a \subseteq A$ und **1.** ist aber nicht $\mathfrak{m} A^a > \mathfrak{m} A$. Also ist $\mathfrak{m} A^a = \mathfrak{m} A$ für jedes $a \in M$. Nach der Bedingung 3. von S. 214 existiert in M ein kleinstes Element a_0. Dieses Element ist das kleinste Element von A mit $\mathfrak{m} A^{a_0} = \mathfrak{m} A$. Wegen $\mathfrak{m} A^{a_0} = \mathfrak{m} A$ existiert eine eineindeutige Abbildung von A^{a_0} auf A. Mittels dieser Abbildung übertragen wir die Wohlordnung von A^{a_0} auf A. Diese neue Wohlordnung von A ist ausgezeichnet.

8. *Zwei ausgezeichnet wohlgeordnete Mengen gleicher Mächtigkeit sind ähnlich.*

Beweis. Satz **4.**

9. *Sind $A_1, A_2, \ldots$ abzählbar viele Mengen mit $\mathfrak{m} A_n \leq \mathfrak{m}$ $(\mathfrak{m} \geq \aleph_0)$, so ist auch $\mathfrak{m} \bigcup_n A_n \leq \mathfrak{m}$.*

Beweis. Für $\mathfrak{m} = \aleph_0$ ist die Behauptung richtig, da die Vereinigung abzählbar vieler abzählbarer Mengen abzählbar ist. Nun sei $\mathfrak{m}_0$ eine Mächtigkeit $> \aleph_0$ und **9.** sei richtig für jede Mächtigkeit $\mathfrak{m}$ mit $\aleph_0 \leq \mathfrak{m} < \mathfrak{m}_0$ Wir behaupten, daß **9.** dann auch für $\mathfrak{m}_0$ richtig ist. Es seien also A_1, $A_2, \ldots$ abzählbar viele Mengen mit $\mathfrak{m} A_n \leq \mathfrak{m}_0$. Wir zeigen, daß dann auch $\mathfrak{m} \bigcup_n A_n \leq \mathfrak{m}_0$ ist. Damit wird **9.** bewiesen sein. Setzen wir $A_1 = A_1'$ und $A_n - (A_1 \cup \cdots \cup A_{n-1}) = A_n'$ für jedes $n > 1$, so ist $\mathfrak{m} A_n' \leq \mathfrak{m} A_n \leq \mathfrak{m}_0$ und $\bigcup_n A_n' = \bigcup_n A_n$. Indem wir statt A_n' wieder A_n schreiben, können wir die Mengen A_n als paarweise fremd voraussetzen. — Es sei B eine Menge mit $\mathfrak{m} B = \mathfrak{m}_0$. Nach **7.** können wir jede Menge A_n und die Menge B ausgezeichnet wohlordnen. Nach **5.** und **8.** existiert für jedes n eine Ähnlichkeit φ_n eines Abschnittes B_n von B auf A_n (ist $\mathfrak{m} A_n =$

$\mathfrak{m}_0 = \mathfrak{m} B$, so ist $B_n = B$). Wir definieren nun in der Menge $A = \bigcup_n A_n$ folgendermaßen eine Wohlordnung: Es seien a und a' zwei verschiedene Elemente von A; dann existiert genau ein n mit $a \in A_n$ und genau ein n' mit $a' \in A_{n'}$; sodann existiert genau ein $b \in B_n$ mit $a = \varphi_n b$ und genau ein $b' \in B_{n'}$ mit $a' = \varphi_{n'} b'$; wir schreiben nun $a < a'$ erstens, wenn $b < b'$ ist, und zweitens, wenn $b = b'$ und $n < n'$ ist. Für jedes $b \in B$ hat der Abschnitt B^b von B eine Mächtigkeit $\leq \mathfrak{m} = \mathfrak{m}(b)$ mit $\aleph_0 \leq \mathfrak{m} < \mathfrak{m}_0$, da B ausgezeichnet wohlgeordnet ist. Der Abschnitt $A_n^{(b)}$ von A_n, bestehend aus allen $a \in A_n$ mit $\varphi_n^{-1} a \leq b$, hat eine Mächtigkeit $\mathfrak{m} A_n^{(b)} \leq \mathfrak{m}$. Da **9.** richtig ist für $\mathfrak{m}$, so ist $\mathfrak{m} \bigcup_n A_n^{(b)} \leq \mathfrak{m} < \mathfrak{m}_0$. Nach **5.** ist also die als Teilmenge von A wohlgeordnete Menge $\bigcup_n A_n^{(b)}$ zu einem Abschnitt von B ähnlich. Nun ist $\bigcup_n A_n^{(b)}$ ein Abschnitt von A für jedes $b \in B$ und außerdem ist $A = \bigcup_b \bigcup_n A_n^{(b)}$. Nach **3.** ist also A zu einem Abschnitt von B ähnlich.

10. *Es sei A eine Menge mit $\mathfrak{m} A = \mathfrak{m}$ ($\mathfrak{m} \geq \aleph_0$) und B die Menge aller endlichen Teilmengen von A. Dann ist auch $\mathfrak{m} B = \mathfrak{m}$.*

Beweis. Für $\mathfrak{m} = \aleph_0$ ist die Behauptung richtig, da für jedes natürliche n die Menge aller Mengen von je n Elementen einer abzählbaren Menge abzählbar ist. Nun sei $\mathfrak{m}_0$ eine Mächtigkeit $> \aleph_0$ und die Behauptung sei richtig für alle Mächtigkeiten $\mathfrak{m}$ mit $\aleph_0 \leq \mathfrak{m} < \mathfrak{m}_0$. Wir zeigen, daß sie dann auch für $\mathfrak{m}_0$ richtig ist. Es sei also A eine Menge mit $\mathfrak{m} A = \mathfrak{m}_0$. Da für die Menge B_1 aller einelementigen Teilmengen von A gilt $\mathfrak{m} B_1 = \mathfrak{m}_0$ und B_1 eine Teilmenge von B ist, so ist $\mathfrak{m} B \geq \mathfrak{m}_0$. Wir brauchen also nur $\mathfrak{m} B \leq \mathfrak{m}_0$ zu beweisen. Für jedes natürliche n sei B_n die Menge aller Mengen von je n Elementen von A. Es ist $B = \bigcup_n B_n$. Wegen **9.** genügt es also, $\mathfrak{m} B_n \leq \mathfrak{m}_0$ zu beweisen. Wegen $\mathfrak{m} B_1 = \mathfrak{m}_0$ können wir uns auf $n > 1$ beschränken. Nach **7.** können wir A ausgezeichnet wohlordnen. Wir wohlordnen nun B_n folgendermaßen: Es seien $b = (a_1, \ldots, a_n)$ und $b' = (a_1', \ldots, a_n')$ zwei verschiedene Elemente von B_n; hierbei nehmen wir die Elemente a und a' sofort als so numeriert an, daß $a_1 < \cdots < a_n$ und $a_1' < \cdots < a_n'$ (was auf genau eine Weise möglich ist); ist nun ν die größte unter den Zahlen $1, \ldots, n$, für welche $a_\nu \neq a_\nu'$ ist, so werde $b < b'$ bzw. $b' < b$ gesetzt, je nachdem $a_\nu < a_\nu'$ oder $a_\nu' < a_\nu$ ist. Hiermit ist B_n wohlgeordnet, und zwar derart, daß für jedes $a \in A$ die Menge aller $b = (a_1, \ldots, a_n) \in B_n$ mit $a_\nu < a$ ($\nu = 1, \ldots, n$) ein Abschnitt $B_n^{(a)}$ von B_n ist und die Gleichung $B_n = \bigcup_a B_n^{(a)}$ gilt. Nun ist $B_n^{(a)}$ die Menge aller Mengen von je n Elementen des Abschnittes A^a von A. Da A ausgezeichnet wohlgeordnet ist, so ist $\mathfrak{m} A^a = \mathfrak{m} < \mathfrak{m}_0$. Nun ist **10.** nach Voraussetzung richtig für jedes $\mathfrak{m} < \mathfrak{m}_0$. Also ist $\mathfrak{m} B_n^{(a)} \leq \mathfrak{m} < \mathfrak{m}_0$. Nach **5.** ist also jedes $B_n^{(a)}$ zu einem Abschnitt von A ähnlich. Wegen $B_n = \bigcup_a B_n^{(a)}$ ist daher nach **3.** auch B_n zu einem Abschnitt von A ähnlich und folglich $\mathfrak{m} B_n \leq \mathfrak{m}_0$.

Bibliographie.

ALEXANDROFF, P., u. H. HOPF: Topologie, Bd. I. Berlin: Springer 1935.

APPERT, A.: Propriétés des espaces abstraits les plus généraux, 2 Bde. (Act. sci. ind. 145, 146.) Paris: Hermann 1934.

APPERT, A., et KY-FAN: Espaces topologiques intermédiaires. (Act. sci. ind. 1121.) Paris: Hermann 1951.

BIRKHOFF, G.: Lattice theory. (Amer. Math. Soc. Coll. Publ. XXV.) New York: Amer. Math. Soc. 1948.

BOURBAKI, N.: Topologie générale. (Act. sci. ind. 858 = 1142, 916, 1029, 1045, 1084.) Paris: Hermann 1942, 1947, 1948, 1949, 1951.

FRÉCHET, M.: Les espaces abstraits. Paris: Gauthier-Villars 1928.

HAUSDORFF, F.: Grundzüge der Mengenlehre. Leipzig: Veit 1914. (New York: Chelsea Publ. Comp. 1949.) — Mengenlehre. Berlin: W. de Gruyter & Co. 1935.

HUREWICZ, W., and H. WALLMAN: Dimension theory. Princeton: Princeton Univ. Press 1948.

KERÉKJARTÓ, B. v.: Vorlesungen über Topologie, Bd. I. Berlin: Springer 1923.

KURATOWSKI, C.: Topologie, Bd. I u. II. (Monogr. mat. XI, XXI.) Warszawa u. Wrocław: Sem. Mat. Uniw. 1948, 1950.

MENGER, K.: Dimensionstheorie. Leipzig u. Berlin: J. B. Teubner 1928. — Kurventheorie. Leipzig u. Berlin: J. B. Teubner 1932.

MOORE, R. L.: Foundations of point set theory. (Amer. Math. Soc. Coll. Publ. XIII.) New York: Amer. Math. Soc. 1932.

NEWMAN, M. H. A.: Elements of the topology of plane sets of points. Cambridge: Univ. Press 1939.

SCHOENFLIES, A.: Entwickelung der Mengenlehre und ihrer Anwendungen. Teil 1. Leipzig u. Berlin: J. B. Teubner 1913.

SIERPINSKI, W.: Introduction to general topology. Toronto: Univ. Toronto Press 1934. (Übersetzung.)

VAIDYANATHASWAMY, R.: Treatise on set topology. Part I. Madras: Ind. Math. Soc. 1947.

WEIL, A.: Sur les espaces à structure uniforme et sur la topologie générale. (Act. sci. ind. 551.) Paris: Hermann 1937.

WHYBURN, G. T.: Analytic topology. (Amer. Math. Soc. Coll. Publ. XXVIII.) New York: Amer. Math. Soc. 1942.

Sachverzeichnis.